电子技术基础课程设计指导教程

主　编　王亚君
副主编　孟丽囡　关维国　宁　武
参　编　李光林　吕　娓　曹洪奎　富斯源

北京理工大学出版社
BEIJING INSTITUTE OF TECHNOLOGY PRESS

内 容 简 介

本书共6章，分别是课程设计基础知识、模拟电路课程设计、数字电路课程设计、电子电路综合性设计实例、电子电路绘图与制作、常用电子元器件选用指南。

本书以课题设计为重点，知识先进，内容新颖，案例丰富，可起到加强实践教学环节，巩固学生所学模拟电路、数字电路理论知识，提高学生电路设计能力和创新实践能力的作用。本书可作为全国各类高等学校电子类、电气类、自控类等专业的“模拟电子技术基础课程设计”“数字电子技术基础课程设计”“电子技术基础综合实验”等教材使用，也可供从事电子技术的工程技术人员及广大电子技术爱好者参考。

图书在版编目（CIP）数据

电子技术基础课程设计指导教程 / 王亚君主编. --北京：北京理工大学出版社，2023.5

ISBN 978-7-5763-2348-1

Ⅰ.①电… Ⅱ.①王… Ⅲ.①电子技术-课程设计-高等学校-教材 Ⅳ.①TN-41

中国国家版本馆CIP数据核字（2023）第081061号

出版发行 / 北京理工大学出版社有限责任公司
社　　址 / 北京市海淀区中关村南大街5号
邮　　编 / 100081
电　　话 /（010）68914775（总编室）
　　　　　（010）82562903（教材售后服务热线）
　　　　　（010）68944723（其他图书服务热线）
网　　址 / http：//www.bitpress.com.cn
经　　销 / 全国各地新华书店
印　　刷 / 河北盛世彩捷印刷有限公司
开　　本 / 787毫米×1092毫米　1/16
印　　张 / 19
字　　数 / 445千字
版　　次 / 2023年5月第1版　2023年5月第1次印刷
定　　价 / 99.00元

责任编辑 / 江　立
文案编辑 / 李　硕
责任校对 / 刘亚男
责任印制 / 李志强

前　言

FOREWORD

本书是辽宁工业大学的立项教材，并由辽宁工业大学资助出版。

电子技术基础课程设计是电类专业学生的一门十分重要的实践性教学课程，是对电子技术基础课程理论知识的综合性训练。《电子技术基础课程设计指导教程》是该综合性训练的指导教材。学生通过独立进行某一课题的分析、设计、仿真、调试和制作，能够理解电子技术基础的理论知识，掌握电子电路的分析方法和设计方法，增强独立分析与解决复杂电子电路问题的能力，提高实践与创新能力，成为新时代需要的应用型创新人才。

二十大报告明确指出："实施科教兴国战略，强化现代化建设人才支撑""深入实施人才强国战略""加快建设国家战略人才力量，努力培养造就更多大师、战略科学家、一流科技领军人才和创新团队、青年科技人才、卓越工程师、大国工匠、高技能人才"。这就为我们的人才观和培养观提出了新的理念、新的格局和新的要求。电子技术基础课程在教学中全面贯彻党的教育方针，落实立德树人的根本任务，夯实理论基础，加深学生对教材内容的理解，培养实践创新能力，全面提高人才自主培养质量，着力造就拔尖创新人才。

本书内容覆盖模拟电子技术基础、数字电子技术基础、可编程器件、单片机系统等知识，设计实例有基本型和综合型，本书的大部分设计实例来源于生活实际。

本书第 1 章、第 3 章由王亚君编写；第 2 章由孟丽因编写；第 4 章由宁武、李光林、富斯源共同编写；第 5 章由宁武、关维国、曹洪奎共同编写；第6章由王亚君、孟丽囡、吕娓共同编写。全书由王亚君统稿，由王亚君、孟丽囡完成文字校对。

本书在编写过程中，得到了辽宁工业大学电子信息工程教研室马永红老师、王宇老师、王景利老师的关心和指导，研究生庞哲铭、杨芳、沈亚慧、杜威、李鑫妮、李岩君参与本书部分章节初稿的编写工作和电子电路系统调试工作，在此表示一并感谢。

本书可作为全国各类高等院校电子类、电气类和自控类等专业的电子技术基础综合实验和课程设计教材，也可供电气、电子工程技术人员及电子技术爱好者参考。

由于编者水平有限，加之电子技术基础课程设计的系统性和复杂性，书中难免存在不妥之处，诚恳地欢迎广大读者批评指正，并将意见反馈给我们，在此谨向热情的读者致以诚挚的谢意。

编　者

2022年12月

目　录

CONTENTS

第 1 章　课程设计基础知识

1.1　绪论

1.1.1　课程设计的目的和意义

“电子技术基础课程设计”是继“模拟电子技术基础”及“数字电子技术基础”理论课程学习和实验教学之后又一重要的实践性教学环节。它是在学生掌握和具备电子技术基础知识与单元电路的设计能力之后，为进一步学习电子电路系统的设计方法和实验方法所进行的一项综合性训练，是应用型人才培养的重要一环。学生通过独立进行某一课题的分析、设计和仿真，为今后从事电子技术领域的工程设计打下良好基础。

电子技术基础课程设计使学生具备以下 4 种能力。

（1）深入理解电子技术的理论知识，提高运用电子技术知识的能力，如掌握电子电路的分析方法和设计方法，能够针对特定需求，设计满足指标和要求的软硬件模块、系统或工艺流程。

（2）独立分析与解决电子技术问题的能力，基于测试和调试的基本技能，如设计实验方案、组建实验平台、获取实验数据，能够对实验数据和结果进行合理分析、解释，并反馈到设计和实验中。

（3）能够撰写课程设计报告，具有清晰表达或回应指令的基本沟通技能。

（4）培养正确的工程意识和严谨求实的工作作风，具有树立科学、系统及全面的科学态度的能力。

1.1.2 课程设计的特点和现状

为了适应现代化建设发展的需要，高校需要在现有的教学基础上，开拓新的道路，提高教学水平和教学质量，向社会输送高素质应用型人才。随着硬件技术和网络技术的快速发展，电子技术在高新科技领域和电力系统的应用越来越广泛，电子技术高素质人才的缺口也在逐渐增大，加强电子技术专业人才的培养和输送是当前高校及高校教师的重要任务。

“电子技术基础”是一项专业性较强的基础性课程，是确保电子类、电气类和自控类专业后续教学顺利开展的重要基础课程之一，具有很强的实践性。课程设计是“电子技术基础”实践教学中的重要环节，能够让学生掌握基本电子元器件的性能特点和应用方法，且具备基本的电子电路设计能力。但是，在实际教学过程中，高校教师在教授“电子技术基础”课程设计时，通常将模拟电路和数字电路分开进行，学生无法掌握模拟电路和数字电路之间的具体联系，且容易形成惯性思维，不利于对“电子技术基础”课程设计的全面掌握。

1.1.3 课程设计的实施过程

电子技术基础课程设计大体按照以下 4 个阶段实施。

1.1.3.1 分析与论证阶段

学生根据所选题目的设计任务和技术要求，查阅整理文献资料，进行题目分析和总体方案设计，通过方案比对和论证，确定总体设计方案。指导教师审查通过后，学生再选择核心元器件。

1.1.3.2 硬件电路设计和仿真调试阶段

学生按照设计方案，设计单元电路，绘制单元电路图，计算电路参数，对单元电路进行仿真调试，仿真通过后级联各单元电路，绘制总体电路图，完成总体电路的仿真调试。

1.1.3.3 安装与测试阶段

指导教师介绍元器件识别方法，讲述焊接注意事项。学生按照设计电路进行制板、布线、单元电路焊接调试、整体电路焊接调试，测试数据和波形，查找和排除电路故障，调整元器件和参数，最终达到设计指标要求。

1.1.3.4 撰写课程设计说明书阶段

课程设计说明书是学生对整个课程设计过程的全面总结，通过撰写课程设计说明书，学生不仅要把分析、设计、安装、调试的内容进行全面总结，还要把实践内容上升到理论高度。课程设计说明书应按照规定的格式编写，具体包括以下 10 项内容。

（1）设计题目及内容摘要。

（2）题目的调研与分析。

（3）设计内容及技术要求。

（4）比较和选定系统的设计方案，画出系统方案框图。

（5）设计单元电路，计算参数、选择元器件，设计总体电路，说明电路的工作原理。
（6）软件仿真与调试。
（7）电路布线、焊接、调试和测试。具体包括以下 4 点。
①使用的主要仪器和仪表。
②调试电路的方法和技巧。
③测试的数据和波形，与计算结果比较并分析。
④调试中出现的故障、原因及排除方法。
（8）总结设计电路的特点和方案的优缺点，指出课题的核心及实用价值，并提出改进意见和展望。
（9）列出参考文献。
（10）列出系统需要的元器件。
课程设计结束后，教师将根据以下 6 个方面进行考核。
（1）设计方案的正确性与合理性。
（2）结果的准确性，达到指标要求的程度。
（3）动手实践能力、调试过程中独立分析解决问题的能力及创新精神等。
（4）课程设计说明书书写规范性、内容完整性、参考文献等。
（5）答辩情况（课程设计内容的论述和回答问题的情况）。
（6）设计过程中的表现、学习态度、工作作风和科学精神。

1.2　电子电路的设计方法

1.2.1　设计题目的解析

课程设计的设计题目通常是一个较完整的电子电路系统。学生首先必须明确系统的设计任务，对系统的设计任务进行具体分析，充分了解系统的性能、指标、内容及要求，明确系统应完成的任务；然后广泛收集与查阅文献资料，研究分析和调研，对设计题目进行全面的了解和掌握；最后进行方案设计，利用所学的理论知识，提出尽可能多的设计方案，以便做出更合理的选择。

1.2.2　总体方案的论证

总体方案论证的工作要求是，把系统要完成的任务分配给若干个单元电路，并画出一个能表示各单元功能的整体原理框图。如果提出多个设计方案，那么要对方案进行比较，包括原理方案比较、总体方案比较、单元电路比较及总体电路比较。方案选择的主要任务是根据掌握的知识和资料，针对系统提出的任务、要求和条件，完成系统的功能设计。在这个过程中要敢于探索，勇于创新，力争做到设计方案合理、可靠、经济、功能齐全、技术先进，要对方案不断进行可行性和优缺点分析，最终设计出一个完整框图。框图必须正确反映系统应完成的任务和各组成部分的功能，清楚表示系统的基本组成和相互关系。

1.2.3 单元电路的功能分析与设计

总体方案确定以后，学生根据系统的指标和功能框图，明确各部分任务，进行各单元电路的设计、参数计算和元器件选择。

1.2.3.1 单元电路设计

单元电路是整体的一部分，只有把各单元电路设计好，才能提高整体设计水平。设计每个单元电路前都需明确本单元电路的任务，详细拟定单元电路的性能指标，与前后级之间的关系，分析电路的组成形式。在具体设计时，可以模仿成熟的先进的电路，也可以进行创新或改进，但都必须保证性能要求。最终，不仅单元电路本身要设计合理，各单元电路间也要互相配合，注意各部分的输入信号、输出信号和控制信号的关系。

1.2.3.2 参数计算

（1）元器件的工作电流、电压、频率和功耗等参数应能满足电路指标的要求。

（2）元器件的极限参数必须留有足够裕量，一般应大于额定值的 1.5 倍。

（3）电阻和电容的参数应选计算值附近的标称值。

1.2.3.3 元器件选择

（1）阻容元件的选择。

电阻和电容种类很多，正确选择电阻和电容是很重要的。不同电路对电阻和电容性能要求也不同，有些电路对电容的漏电要求很严，还有些电路对电阻、电容的性能和容量要求很高，如滤波电路中常用大容量（100~3 000 μF）铝电解电容，为滤掉高频通常还需并联小容量（0.01~0.1 μF）瓷片电容。设计时要根据电路的要求，选择性能和参数合适的阻容元件，并要注意功耗、容量、频率和耐压范围是否满足要求。

（2）分立元件的选择。

分立元件包括二极管、晶体三极管、场效应管、光敏二（三）极管、晶闸管等，应根据其用途分别进行选择。选择的分立元件不同，注意事项也不同。例如，选择晶体三极管时，首先考虑的是选择 NPN 型还是 PNP 型管，是高频管还是低频管，是大功率管还是小功率管，并注意管子的参数 P_{CM}、I_{CM}、V_{CEO}、V_{EBO}、I_{CBO}、f_T 和 f 是否满足电路设计指标的要求。高频工作时，要求 $f_T=(5\sim10)f$，f 为工作频率。

（3）集成电路的选择。

由于集成电路可以实现很多单元电路甚至整体电路的功能，所以选用集成电路来设计单元电路和总体电路既方便又灵活，它不仅能够使系统体积缩小，而且性能可靠，便于调试及运用，在设计电路时颇受欢迎。集成电路有模拟集成电路和数字集成电路。国内外已生产出大量集成电路，器件的型号、原理、功能、特性可查阅有关手册。选择的集成电路不仅要在功能和特性上实现设计方案，而且要满足功耗、电压、速度、价格等多方面的要求。

1.2.4 单元电路的仿真与级联

1.2.4.1 单元电路仿真

单元电路仿真就是将设计好的单元电路图通过仿真软件进行实时模拟，模拟出实际功能，然后通过其分析改进，从而实现电路的优化设计。常用的仿真软件有 Multisim、EDA 等，利用仿真产生的数据进行分析，而且分析范围很广，从基本的、极端的到不常见的都有，还可以将一个分析作为另一个分析的一部分，通过仿真得到运行结果，可以检测所设计单元电路的正确性。

1.2.4.2 单元电路级联

各单元电路确定以后，要进行级联，同时要考虑级联存在的问题，如信号间的耦合方式、电气性能的相互匹配，以及时序配合等问题。如果这些问题不解决，将会导致单元电路和总体电路的性能变差或无法正常工作。

(1) 信号间的耦合方式。

a. 直接耦合。直接耦合是最简单的耦合方式，即耦合电路采用直接连接或电阻连接，不采用电抗性元件。直接耦合电路可传输低频甚至直流信号，因而缓慢变化的漂移信号也可以通过直接耦合电路，这会使前后级间的工作点互相影响，应认真加以解决。

b. 阻容耦合。阻容耦合采用电抗性元件耦合，即级间通过电容和电阻相连，只能传输交流信号，而漂移信号和低频信号不能通过。这样一来，前后级之间没有直流电的关系，可各自选取最佳的工作点。但级间耦合电容对低频频率特性有负面作用，而且所用的元件较多。

c. 变压器耦合。变压器耦合可以隔除直流，传递一定频率的交流信号，因此前后级之间的工作点互相独立，而且可以实现输出级与负载的阻抗匹配，以获得有效的功率传输。但变压器制造困难，不能集成化，频率特性差，体积大，效率低，因此这种耦合方式很少采用。

d. 光电耦合。光电耦合通过光耦器件进行信号传输，可传送模拟信号，也可传送数字信号。但由于传送模拟信号的光耦器件较贵，因此多用来传送数字信号。

(2) 电气性能的相互匹配。

单元电路级联时存在电气性能的相互匹配问题，主要包括阻抗匹配、线性范围匹配、高低电平匹配、负载能力匹配等。其中，阻抗匹配和线性范围匹配是模拟单元电路级联间的匹配问题；高低电平匹配是数字单元电路级联间的匹配问题；负载能力匹配是两种电路级联都存在的匹配问题。

对于阻抗匹配问题，若从提高放大能力和负载能力的角度来看，则通常要求前一级输出电阻要小，后一级输入电阻要大；若从改善频率响应的角度来看，则通常要求后一级输入电阻要小。

对于线性范围匹配问题，若要保证信号不失真地放大，则要求后一级单元电路的动态范围大于前一级的动态范围。

对于高低电平匹配问题，若出现高低电平不匹配，则要设计电平转换电路。

对于负载能力匹配问题，要求前一级单元电路能正常驱动后一级单元电路，若驱动能力不足，则要在前一级单元电路上增加一级功率驱动单元。

（3）时序配合。

单元电路之间的时序配合在数字系统中非常重要。如果时序配合错乱，将导致系统无法工作。为保证系统正常运行所需的时序，需要对各单元电路的时序进行分析，画出时序波形图，采取保证稳定工作的时序措施。

1.2.5 总体电路的仿真调试

总体电路是后期电路安装和电路板制作等工艺设计的主要依据，是电路系统设计不可缺少的一部分。

在完成单元电路仿真的基础上，进行总体电路联调仿真。例如，数据采集系统和控制系统一般由模拟电路、数字电路和微处理器电路构成，在调试时常把这 3 部分电路分开调试，待其分别达到设计指标后，再加进接口电路进行联调。联调是对总电路的性能指标进行测试和调整，若不符合设计要求，则应仔细分析原因，找出相应的单元进行调整。在此期间，不排除要调整多个单元的参数或调整多次，甚至有修正方案的可能，直到电路性能全部达到设计要求后，再绘制总体电路图。

1.3 电子电路制作方法与流程

1.3.1 电子电路制作流程

完成电子电路的设计之后，需要进行电子电路的制作，在电子工程技术中，电子电路的制作技术非常重要，制作技术的优劣，直接影响到系统的好坏，其制作流程主要包括以下 4 步。

（1）合理进行电子电路安装布局。电子电路的安装布局分为整体结构的布局和元器件的安装布局，决定电子系统各部分在空间位置的布局就是整体布局，元器件的位置安排称为元器件布局。

（2）选择元器件的组装方式。元器件的组装方式有焊接与插接两种，在不同场合使用不同组装方式，达到便捷的目的。

（3）进行印制电路板（Printed-Circuit Board，PCB）设计。简单来说就是进行 PCB 上连线设计，主要分为人工设计和计算机辅助设计。

（4）进行 PCB 制作。前期由于尚未确定，先人工自制 PCB，一般为实验板，经过调试验证好后，再批量生产 PCB。

1.3.2 电子电路安装布局的原则

电子电路的安装布局分为两部分，一是电子装置的整体结构布局，二是电路板上元器件的安装布局。

整体结构布局广义上是一个空间布局问题，指合理安排电子装置各部分在全局空间上的位置，需要遵循一定的原则，具体包括以下 6 点。

（1）维持电路板的重心。例如，将一些轻的电子装置如二极管、电阻等放入边部，将一些重的装置如集成电路等放入底部，使板子的重心在中心位置。

（2）排除电磁干扰。避免干扰的主要措施是将容易接收干扰的元器件尽可能远离干扰源。当远离有困难时，应采取屏蔽措施，即将干扰源屏蔽或将易受干扰的元器件屏蔽。

（3）注意发热部件的散热及其热干扰。大功率部件周围应该加上散热片，或者安排在靠近外壳处，必要时可以安装排风扇。由于热干扰，需要将热敏元件远离发热源，高热器件要均衡分布。

（4）电路板的分块与布置。考虑到安装、调试和检修的方便，需要对大规模电路进行分块处理，可根据电路规模和功能来定。

（5）走线应互不影响。输入端与输出端的走线要分开，强弱电流走线也要分开，以达到互不影响的目的。

（6）按钮、指示器、显示器的安装位置，需要统一安装在合适位置，如安装在面板之上。

以上这些原则是从技术的角度提出的，应在尽量满足这些原则的前提下，进行整体的布局。

元器件的安装布局主要指元器件在电路板上的结构布局问题，一般没有固定的形式，因为人的主观因素，会有不同的设计结果，通常可参考以下 4 点原则进行设计。

（1）将晶体管和组成集成电路的元器件放在合理位置。一般是按主电路信号流向顺序布置，对于一些芯片少的电路较为容易，但当元器件较多且电路板面积有限时，一般采用“U”形布局，“U”形的口一般应尽量靠近电路板的引出线端，且元器件间的间距要以周围元器件的多少来定。

（2）布置连线应得当。为避免产生干扰，板面布线应疏密得当。当疏密差别太大时，应以网状铜箔填充。特别应注意不要把电源插座及其他焊接连接器布置在连接器之间，以利于这些插座、连接器的焊接及电源线缆设计和扎线。电源插座及焊接连接器的布置间距应考虑方便电源插头的插拔。

（3）小元器件的安排应合理。如电阻、电感、电容等的位置，通常按就近、互不干扰原则，合理布置。

（4）合理布置接地线。为避免各级电流通过地线时产生相互间的干扰，尤其是末级电流通过地线对第一级的反馈干扰，以及数字电路部分电流通过地线对模拟电路产生干扰，在这种情况下通常使其自成回路，即各级的接地是分开的，没有相连，最终接到公共的一点地上。

1.3.3　关键元器件的引脚识别与应用

准确识别关键元器件的引脚和布线是初学者必须掌握的知识，其中最可靠、有效的方法是查阅器件手册，本小节主要介绍一些常见的引脚排列规则和识别方法，主要包括二极管、稳压管、双极型晶体管、场效应管、集成电路等的引脚识别与布线。

1.3.3.1 二极管和稳压管

（1）二极管。

在一般情况下，二极管有色点的一端为正极，如2AP1~2AP7，2AP11~2AP17等。如果是透明玻璃壳二极管，那么可直接看出极性，即内部连接触丝的一端是正极，连半导体片的一端是负极。塑封二极管有圆环标志的是负极，如1N4000系列。

无标记的二极管，则可用万用表电阻挡来判别正、负极，根据二极管正向电阻小，反向电阻大的特点，将模拟万用表拨到电阻挡（一般用 $R\times100$ 或 $R\times1\text{k}$ 挡。不用 $R\times1$ 或 $R\times10\text{k}$ 挡，因为 $R\times1$ 挡的电流太大，容易烧坏管子，而 $R\times10\text{k}$ 挡使用的电压太高，可能击穿管子）。用表笔分别与二极管的两极相接，测出两个电阻。在所测得电阻较小的一次，与黑表笔相接的一端为二极管的正极。同理，在所测得电阻较大的一次，与黑表笔相接的一端为二极管的负极。若用该方法测得的正、反向电阻均很小，则说明管子内部短路；若正、反向电阻均很大，则说明管子内部开路。在这两种情况下，二极管就不能使用了。

另外，还可以用数字万用表的二极管挡测试，将数字万用表调至二极管挡，用表笔分别与二极管的两极相接，有示值的时候，与红表笔相接的一端为二极管的正极；同理，没有示值的时候，与黑表笔相接的一端为二极管的正极。

（2）稳压管。

常见的稳压二极管外观和普通二极管类似，需要根据型号来进行识别。需要注意的是，稳压二极管的稳定电压通常是一个范围，主要用在对电压没有精确要求的电路中，如简单的限压电路。例如，一个电路输入端的输入电压不能超过10 V，我们就可以在该电路的输入端并联一个1N757的稳压二极管。另外，稳压二极管在使用时应该串联电阻，以保证反向电流不会超过额定电流，避免形成破坏性的热击穿。

1.3.3.2 双极型晶体管和场效应管

（1）双极型晶体管。

在实际应用中，从不同的角度对三极管可有不同的分类方法。按材料分，有硅管和锗管；按结构分，有NPN型管和PNP型管；按工作频率分，有高频管和低频管；按制造工艺分，有合金管和平面管；按功率分，有中、小功率管和大功率管等。

在老式的电子产品中，还能见到3DG12B（低频小功率硅管）、3AX21（低频小功率锗管）等，它们的型号通常也都印在金属的外壳上。一般地，管型是NPN还是PNP应根据管壳上标注的型号来辨别。根据我国半导体三极管的命名方法（参见表6.10），三极管型号的第二位（字母），A、C表示PNP管，B、D表示NPN管。

如果一个三极管没有型号标注，也没有可以参考的资料，可以用指针式万用表的电阻挡来简单判别。判别管极时，应首先确认基极，将万用表置于 $R\times100$ 或 $R\times1\text{k}$ 挡，对于NPN管，用黑表笔接假定的基极，用红表笔分别接另外两个极，若测得电阻都小，为几百欧至几千欧；而将黑、红两表笔对调，测得电阻均较大，在几百千欧以上，此时黑表笔接的就是基极。对于PNP管则相反，测量时两个PN结都正偏的情况下，红表笔接基极。实际上，小功率管的基极一般排列在3个引脚的中间，可用上述方法，分别将黑、红表笔接基极，这样既可测定三极管的两个PN结是否完好（与二极管PN结的测量方法一样），又可确认管型。

确定基极后，假设余下引脚之一为集电极C，另一为发射极E，用手指分别捏住C极与

B 极（即用手指代替基极电阻 R_B）。同时，将万用表两表笔分别与 C、E 接触，若被测管为 NPN，则用黑表笔接 C 极、用红表笔接 E 极（PNP 管相反），观察指针偏转角度；然后设另一引脚为 C 极，重复以上过程，比较两次测量指针的偏转角度，大的一次表明 I_C 大，管子处于放大状态，相应假设的 C、E 极正确。

硅管、锗管的判别方法同二极管，即硅管 PN 结正向电阻为几千欧姆，锗管的 PN 结正向电阻为几百欧姆。

（2）场效应管。

场效应管一般采用金属管帽封装，与双极型晶体管相似，但引脚功能不同，由定位销起，按顺时针方向，引脚依次为漏极（D）、源极（S）、栅极（G），若有第四个引脚，则为外壳引线。

场效应管分为结型场效应管（Junction Field Effect Transistor，JFET）与金属-氧化物-半导体场效应管（Metal-Oxide-Semiconductor Field Effect transistor，MOSFET），JFET 的栅极是 PN 结的一个极，而 MOSFET 的栅极是绝缘栅，所以，JFET 可以用万用表测量来判别引脚，而 MOSFET 不行，因为这样测量容易造成 MOSFET 损坏，MOSFET 可用图示仪来识别。

1.3.3.3　集成电路

这里主要讲的是双列直插式封装，引脚从封装两侧引出，封装材料有塑料和陶瓷两种。该种集成电路的定位识别标记有半圆缺口、凹坑、小圆孔等。识别方法是将集成电路水平放置，引脚向下，识别标记朝着左侧，标记下方从左向右按逆时针方向，依次为第一引脚、第二引脚……，直至数完全部引脚。

1.3.4　元器件插接与焊接方法

1.3.4.1　元器件插接

在电路板上，元器件的组装方式有插接与焊接两种。

插接方法中常采用面包板。面包板是一块有孔板，该板中间是一个无孔槽，槽的两边有大量的插孔，集成组块安装在无孔槽上，它的引脚插在两边的插孔中，如果一个面包板面积不大，而接入的元器件又很多，就需要将多块面包板连接使用。在面包板上安装电路需要注意以下 5 个问题。

（1）插线和走线要规范，为了便于布线和检查线，需要保持所有集成模块方向一致。

（2）引脚要修正整齐，如一些集成电路、电感、电容、电阻等，引脚要稍向外偏，且不能弯曲，以保证与插孔有良好的接触。

（3）插接分立元件时，应注意给一些外露引脚加上套管。接线过程中，不需要剪断引线，以利于后期再次使用。

（4）连线尽量美观，应紧贴面包板，不要留太大空隙，且适宜采用不同颜色的连接线，便于观察和后来的维修和检测。

（5）插孔允许通过的电流不宜太大，一般不超过 500 mA，如果超过此值，需要改换其他接线方式。

插接方式的优点是不需 PCB，不用焊接，更换走线和元器件简便，可以重复使用，简单快捷，价格实惠，所以在课程设计和产品研发中得到了广泛的应用；其缺点是插孔使用多次后容易造成线路接触不良，不便于发现，所以使用时应挑选好的面包板。

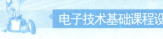

1.3.4.2 元器件焊接

（1）焊接工具与材料。

焊接时使用的工具与材料主要包括电烙铁、焊锡、助焊剂和其他辅助工具。

常用电烙铁的功率（W）有 20、25、45、75、100 等，其工作温度（端头温度℃）可达 350、400、420、440、455。焊接 CMOS 集成电路可选用 20 W 电烙铁，焊接 TTL 集成电路和半导体元器件一般采用 25 W 电烙铁，焊接部位较大时可采用 45 W 或功率更大的电烙铁。

焊料是一种易熔金属，能使元器件引线与 PCB 的连接点连接在一起。锡（Sn）是一种质地柔软、延展性大的银白色金属，熔点为 232 ℃，在常温下化学性质稳定，不易氧化，不失金属光泽，抗大气腐蚀能力强。铅（Pb）是一种较软的浅青白色金属，熔点为327 ℃，高纯度的铅耐大气腐蚀能力强，化学稳定性好，但对人体有害。向锡中加入一定比例的铅和少量其他金属，可制成熔点低、流动性好、对元件和导线的附着力强、机械强度高、导电性好、不易氧化、抗腐蚀性好、焊点光亮美观的焊料，这种材料一般被称为焊锡。焊锡按含锡量的多少可分为 15 种，按含锡量和杂质的化学成分可分为 S、A、B 这 3 个等级。

为了能够更好地使元器件引线与 PCB 的连接点连接在一起，需要一些特殊的化学试剂，称之为助焊剂。助焊剂一般可分为无机助焊剂、有机助焊剂和树脂助焊剂，用它们能溶解去除金属表面的氧化物，并在焊接加热时包围金属的表面，使之和空气隔绝，防止金属在加热时氧化，并可降低熔融焊锡的表面张力，有利于焊锡的粘连。电子电路焊接时常使用的助焊剂为松香。

焊接过程中还有可能用到镊子、剪刀、斜口钳、尖嘴钳等辅助工具。

（2）焊接工具使用方法。

焊接主要的工具是电烙铁。一般来说，电烙铁的功率越大其发热量越大，烙铁头的温度越高。使用的烙铁功率过大，容易使元器件热损伤，如普通的晶体管结点温度不能超过 200 ℃，否则会因热损伤而被烧坏。另外，电路上走线的铜箔还有可能由于高温的作用，使其从印制电路基板上脱落。若使用的烙铁功率太小，则焊锡不能充分熔化，助焊剂不能发挥其作用，使焊点不光滑、不牢固，易产生虚焊。

新买的电烙铁在使用前要先通电，给烙铁头“上锡”。由于电烙铁是高温发热工具，因此不能长时间通电而不使用，这样容易使烙铁芯加速氧化而烧断，缩短其寿命，同时也会使烙铁头因长时间加热而氧化，严重时甚至被“烧死”，不再“吃锡”。在使用过程中，不能随意敲击电烙铁头，以免内部损伤。在使用过程中，要对烙铁头经常维护，保证烙铁头上一直挂有一层焊锡。当烙铁头上焊锡过多时，可用布擦掉，不可乱甩，以防烫伤他人。

（3）焊接方法。

在焊接时，要先考虑焊接元器件在 PCB 上所占尺寸及焊接高度，应按照“先小后大”的原则进行，否则先焊接好大的元器件会妨碍小尺寸元器件的焊接。

在焊接时，通常右手握电烙铁，左手握焊料，或左手用尖嘴钳或镊子夹持元件或导线，保持随时可焊的状态。焊接前，电烙铁要充分预热，烙铁头上要带一定量的焊锡。用烙铁加热备焊件，将烙铁头紧贴在焊点处。电烙铁与水平面大约成 60°角，随后送入焊锡，熔化适量焊锡，以便于熔化的焊锡在烙铁头和焊点上充分接触，移开焊锡，整个烙铁头在焊点处停留的时间控制在 2~3 s。迅速移开电烙铁，左手仍把持元件不动，待焊点处的锡冷却凝固后，方可松开左手。用镊子转动引线，确认不松动，然后可用偏口钳剪去多余的引线。

整个过程需要掌握好焊接的温度和时间，在焊接的过程中，要有足够的热量和温度。如温度过低，易形成虚焊；温度过高，可能导致 PCB 上的焊盘脱落，严重时 PCB 将被烧焦，或造成铜箔脱落。尤其在使用天然松香作为助焊剂时，焊锡温度过高，很易氧化脱皮而产生炭化，造成虚焊。从 PCB 上拆卸元件时，可将电烙铁头贴在焊点上，待焊点上的锡熔化后，将元件拔出。具体焊接时应遵循相应的步骤和要求。

具体焊接步骤如下。

a. 右手持电烙铁。左手用尖嘴钳或镊子夹持元件或导线。焊接前，电烙铁要充分预热。烙铁头刃面上要“吃锡”，即带上一定量焊锡。

b. 将烙铁头刃面紧贴在焊点处。电烙铁与水平面大约成 60°角，以便于熔化的锡从烙铁头上流到焊点上。

c. 抬开烙铁头。左手仍持元件不动，待焊点处的锡冷却凝固后，才可松开左手。

d. 用镊子转动引线，确认不松动，然后可用偏口钳剪去多余的引线。

具体焊接要求如下。

a. 焊点要有足够的机械强度，保证被焊件在受到振动或冲击时不致脱落、松动。不能用过多焊锡堆积，这样容易造成虚焊、焊点与焊点的短路。即使焊点具有一定的固定作用，但对于尺寸较大、质量较大的元器件，在 PCB 上要额外固定，增加其与 PCB 之间的机械强度，不能单纯依靠焊点固定。

b. 焊接可靠，具有良好导电性，必须防止虚焊。虚焊是指焊料与被焊件表面没有形成合金结构，只是简单地依附在被焊金属表面上，电路导通性能差。

c. 焊点表面要光滑、清洁，焊点表面应有良好光泽，不应有毛刺、空隙、污垢，尤其是使用焊锡膏等含有害物质、腐蚀性物质时，焊接完成后要及时清理 PCB，防止 PCB 腐蚀损伤，有条件的要选择合适的焊料与焊剂。

（4）焊接注意事项。

在焊接时，需要注意以下 8 点。

a. 焊接过程中需要选用合适的焊锡丝，手工焊接电子元件通常要用低熔点的焊锡丝，再根据焊接元器件的大小选择合适直径的焊锡丝。

b. 使用助焊剂能够很好地帮助焊接，用 25%的松香溶解在 75%的酒精（质量比）中作为助焊剂能够很好地帮助焊接。在清理元器件引脚和 PCB 之后，有必要均匀地在其表面上涂一层助焊剂。由于松香酒精溶液比较黏稠、易于挥发，使用时要防止其溅到衣物上，如果溅到了，要及时用酒精清洗。

c. 电烙铁使用前要上锡，使烙铁头上均匀地“吃”上一层锡，这样可以防止电烙铁干烧使烙铁头氧化，缩短其使用寿命。

d. 焊接时间不宜过长，否则容易烫坏元件，必要时可用镊子夹住管脚帮助散热。

e. 焊点应呈波峰形状，表面应光亮圆滑，无锡刺，锡量适中。

f. 焊接完成后，用酒精把 PCB 上残余的助焊剂等杂质清洗干净，以防炭化后的助焊剂影响电路正常工作。

g. 集成电路应最后焊接，有些集成电路焊接时电烙铁要可靠接地，或断电后利用余热焊接。有条件的，可以使用集成电路专用插座，将插座焊接好后，把集成电路插上去使用。

h. 暂时不用的电烙铁应放在烙铁架上，较长时间不使用电烙铁时，要将电源插头拔下，防止电烙铁长时间高温。

1.4 电子电路调试

1.4.1 电子电路常用的调试仪器

电子电路常用的调试仪器主要有万用表、示波器和信号发生器等。

万用表可用来测量直流电压、直流电流、交流电压、电阻等，有的还可以测量交流电流、电容、电感及半导体的部分参数（如β）。根据实现测量的技术手段不同，万用表可分为模拟万用表和数字万用表。模拟万用表是一种平均值式仪表，其读数值与指针摆动角度密切相关，因此读数指示非常直观、形象。数字万用表是瞬时取样式仪表，它采用0.3 s取一次样来显示测量结果，有时每次取样结果只是十分相近，并不完全相同，这样读取结果就不如使用指针式读取方便，但数字万用表的测量精度和频率特性都比模拟万用表好。

示波器是一种能够显示波形的仪器，能够将电信号变换成图像显示出来，便于人们研究各种电信号随时间的变化过程，如观测并测量一个正弦信号的波形、幅度、周期（频率）等基本参量。广义来说，示波器不仅能够观测信号与时间变化情况（时域测量），还可以反映任意两个参数（X-Y）相互关联的情况。只要将两个变量均转化成电参数，分别加到示波器的X、Y通道，就可以在屏幕上显示两个变量之间的关系。利用示波器能观察各种不同信号幅度随时间变化的波形曲线，还可以用它测试各种不同的电量，如电压、电流、频率、相位差、调幅度等。

当测试系统需要外加一定波形的信号，如正弦波、三角波和方波时，就需要一个能够产生不同频率、不同幅度波形的信号发生器，如正弦信号发生器、函数信号发生器、脉冲信号发生器和噪声信号发生器等。

1.4.2 电子电路调试方法

电子电路通常有两种调试方法。

第一种方法是边安装边调试。把一个总电路按框图上的功能分成若干单元电路，分别进行安装和调试，在完成各单元电路调试的基础上，逐步扩大安装和调试的范围，最后完成整机调试。对于新设计的电路，此方法既便于调试，又可及时发现和解决问题。该方法适于课程设计。第二种方法是整个电路安装完毕后，实行一次性调试。这种方法适用于定型产品。调试时应注意做好调试记录，准确记录电路各部分的测试数据和波形，便于分析和运行时参考。

第二种方法的一般调试步骤如下。

(1) 通电前检查。

电路安装完毕后，应直观检查电路各部分接线是否正确，检查电源、地线、信号线、元器件引脚之间有无短路，器件有无接错。

（2）通电检查。

接入电路所要求的电源电压后，观察电路中各部分器件有无异常现象。如果出现异常现象，应立即关断电源，排除故障后方可重新通电。

（3）单元电路调试。

在调试单元电路时，应明确本部分的调试要求，按调试要求测试性能指标和观察波形。调试顺序与信号的流向一致，这样可以把前面调试过的输出信号作为后一级的输入信号，为最后的整机联调创造条件。电路调试包括静态和动态调试，通过调试掌握必要的数据、波形，然后对电路进行分析、判断、排除故障，完成调试要求。

（4）整机联调。

各单元电路调试完成后，就为整机调试打下了基础。整机联调时，应观察各单元电路连接后各级之间的信号关系，主要观察动态结果，检查电路的性能和参数，分析测量的数据和波形是否符合设计要求，对发现的故障和问题及时采取处理措施。

电路故障的排除可以按下述方法进行。

（1）信号寻迹法。

一般可以按信号的流程逐级进行，在电路的输入端加入适当的信号，用示波器或电压表等仪器逐级检查信号在电路内部传输的情况，根据电路的工作原理，分析电路的功能是否正常，如果有问题，应及时处理。调试电路时，也可从输出级向输入级倒推，信号从最后一级电路的输入端加入，观察输出端是否正常，然后逐级将适当信号加入前面一级电路的输入端，继续检查。这里所指的“适当信号”是指频率、电压幅值等参数应满足电路要求，这样才能使调试顺利进行。

（2）对分法。

对分法是指把有故障的电路分为两部分，先检测这两部分中究竟是哪部分有故障，然后将有故障的部分再进行对分，直到找出故障为止。采用对分法可减少调试工作量。

（3）分割测试法。

对于一些有反馈的环形电路，如振荡器、稳压器等电路，它们各级的工作情况互相有牵连，这时可采取分割环路的方法，将反馈环去掉，然后逐级检查，这样可更快地查出故障部分。对自激振荡现象，也可以用此法。

（4）电容器旁路法。

如遇电路发生自激振荡或寄生调幅等故障，检测时可将一只容量较大的电容并联到故障电路的输入或输出端，观察对故障现象的影响，据此分析故障的部位。在放大电路中，旁路电容失效或开路，会使负反馈加强，输出量下降，此时用适当的电容并联在旁路电容两端，就可以看到输出幅度恢复正常，即可断定旁路电容故障，这种检查可能要多处试验才有效，这时要细心分析可能引起故障的原因，这种方法也可用来检查电源滤波和去耦电路的故障。

（5）对比法。

将有问题电路的状态、参数与相同的正常电路进行对比，使用此方法可以较快地从异常的参数中分析出故障。

（6）替代法。

用已调试好的单元电路代替有故障或有疑问的相同的单元电路（注意共地），这样可以很快判断故障部位。有时，元器件的故障不是很明显，如电容漏电、电阻变质，晶体管和集成电路性能下降等，这时用相同规格的优质元器件逐一替代实验，就可以具体地判断故障点，加快查找故障点的速度，提高调试效率。

（7）静态测试法。

故障部位找到后，要确定是哪一个或哪几个元件有问题，最常用的就是静态测试法和动态测试法，静态测试是指用万用表测试电阻值，电容是否漏电，电路是否断路或短路，晶体管和集成电路的各引脚电压是否正常等，这种测试是在电路不加信号时进行的，所以被称为静态测试。通过这种测试，可发现元器件的故障。

（8）动态测试法。

当通过静态测试还不能发现故障原因时，可以采用动态测试法。动态测试是指在电路输入端加上适当的信号，再测试元器件的工作情况，观察电路的工作状况，分析、判别故障原因。

组装电路要认真细心，要有严谨的科学作风；安装电路要注意布局合理；调试电路要注意正确使用测量仪器，系统各部分要“共地”，调试过程中要不断跟踪和记录观察到的现象、测量到的数据和波形。通过组装调试电路，发现问题、解决问题，提高设计水平，从而圆满地完成设计任务。

第 2 章 模拟电路课程设计

2.1 模拟电路课程设计实例

2.1.1 多路输出直流稳压电源

2.1.1.1 任务与要求

（1）设计任务。

多路输出直流稳压电源可将 220 V/50 Hz 交流电转换为多路输出直流稳压电源。主要由变压电路、整流电路、滤波电路、稳压电路等组成。变压电路用于将电网电压转换成所需的电压；整流电路用于将交流电压变换成脉动的直流；滤波电路用于去掉脉动直流电中含有的较大纹波成分；稳压电路用于保持输出电压稳定。

（2）技术要求。

a. 输出直流电压$V_o = \pm 5$ V，±12 V，±15 V。

b. 最大输出电流 $I_{LM} = 500$ mA。

c. 具有过流保护功能。

2.1.1.2 总体设计方案

电网所供交流电为 220 V/50 Hz，要获得低压直流输出，首先必须采用电源变压器将电网电压降低到需要幅度的交流电压。降压后的交流电压，通过整流电路变成单向直流电，但其幅度变化大（即脉动大）。脉动大的直流电压须经过滤波电路变成平滑、脉动小的直流电，即将交流成分滤掉，保留其直流成分。滤波后的直流电压，再通过 7805、7905、7812、7912、7815、7915 稳压器件构成的稳压电路实现稳压功能，得到基本稳定的±15 V、±12 V、±5 V 直流电压负载。多路输出直流稳压电源总体设计方案框图如图 2.1 所示。

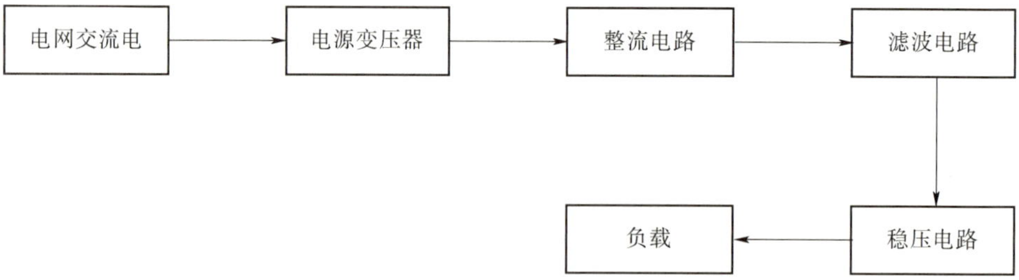

图 2.1　多路输出直流稳压电源总体设计方案框图

2.1.1.3　单元电路设计

（1）变压整流电路设计。

电源变压器：采用降压变压器，它将电网所供 220 V 交流电压变换成符合需要的交流电压，并送给整流电路。

整流电路：利用二极管的单向导电性，将大小和时间都随时间变化的工频交流电变换成单方向的脉动直流电。电源变压器与二极管构成的变压整流电路如图 2.2 所示，这里采用桥式整流电路。在 V_2 正半周时，D_1、D_3 正向导通，D_2、D_4 反偏截止；在 V_2 负半周时，D_2、D_4 正向导通，D_1、D_3 反偏截止。输入端交流电经变压器降压后，在副边经整流得到了一个单向的脉动电压。

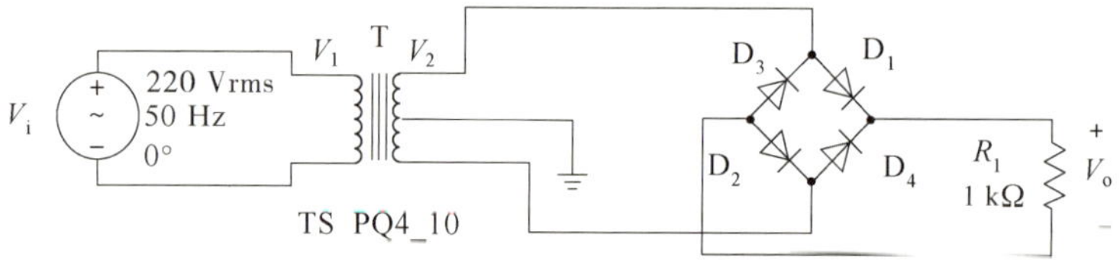

图 2.2　变压整流电路

（2）滤波电路设计。

滤波电路：经过整流的脉动电压纹波很大，需要经过滤波电路进行滤波，才能得到比较平滑的直流电。滤波电路一般由电抗元件组成，如在电路两端并联电容 C，或在整流电路输出端与负载间串联电感器 L，以及由电容、电感组合而成的各种复式滤波电路。小功率稳压电源一般采用电容输入式滤波电路，将整流电路输出的脉动成分大部分滤除，从而得到比较平滑的直流电。3 种常见滤波电路如图 2.3 所示。

（3）稳压电路设计。

交流电路经过变压、整流、滤波后，负载上得到比较平滑的直流电源，脉动的交流成分大大减小，但是输出电压是不稳定的。在电网电压发生变化时，会引起变压器副边电压的波动，导致输出电压波动；在负载变化引起电流变化时，因为整流滤波电路存在一定的内阻，所以内阻压降的变化会使输出电压发生相应的变化。在要求直流电压稳定的场合，必须采用稳

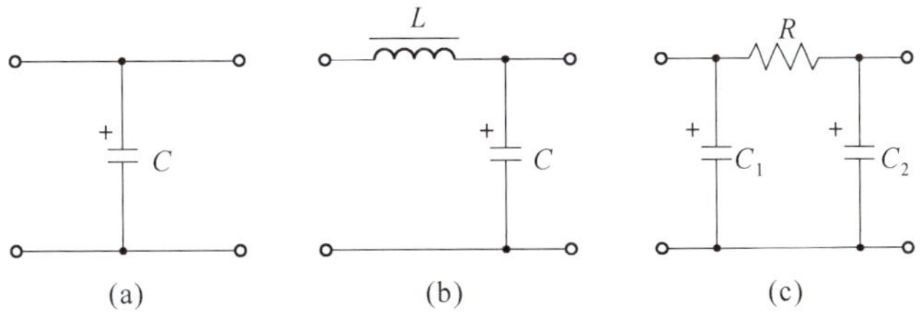

图 2.3　3 种常见滤波电路

(a) C 形滤波电路；(b) 倒 L 形滤波电路；(c) π 形滤波电路

压措施。在小功率电源中普遍使用的是三端集成稳压器，本电路采用三端集成稳压器 78、79 系列，其中 78 系列对应正电压输出，79 系列对应负电压输出。LM79 系列和 LM78 系列的外形相似但是连接不同，LM79 系列的 1 端接地，2 端接负的输入，3 端接输出。稳压电路如图 2.4 所示。

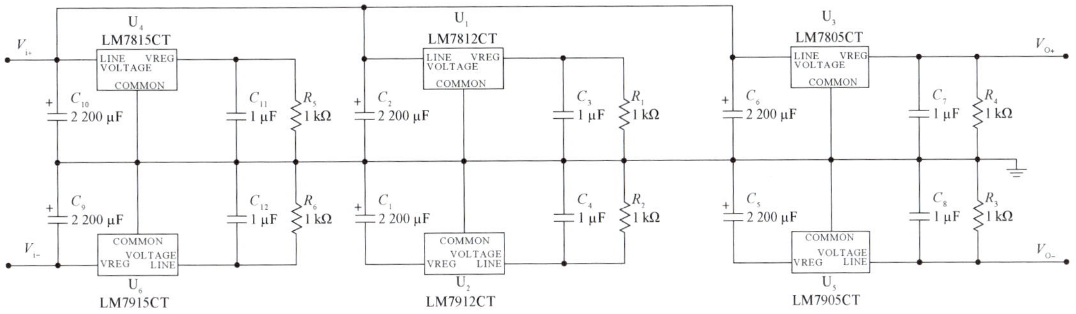

图 2.4　稳压电路

2.1.1.4　整体电路设计

多路输出的直流稳压电源由 220 V 交流电源经变压、整流、滤波、稳压电路，最终实现持续稳定的直流±5 V、±12 V、±15 V 输出电压。多路输出直流稳压电源整体电路如图 2.5 所示。

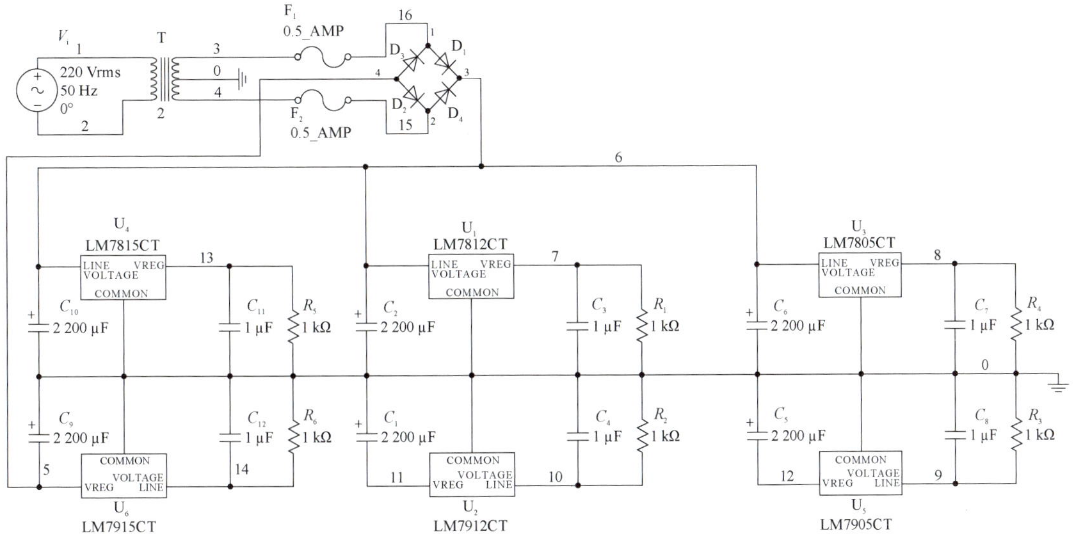

图 2.5　多路输出直流稳压电源整体电路

2.1.1.5 仿真测试

利用 Multisim14.0 对整流电路进行仿真，输出仿真结果如图 2.6 所示，通道 A 为整流输入端电压（220 V/50 Hz）波形，变压器变比 10∶1，负载电阻为 1 kΩ，通道 B 为整流输出端电压波形。由图可知，正弦交流电整流输出为单相脉动直流电。

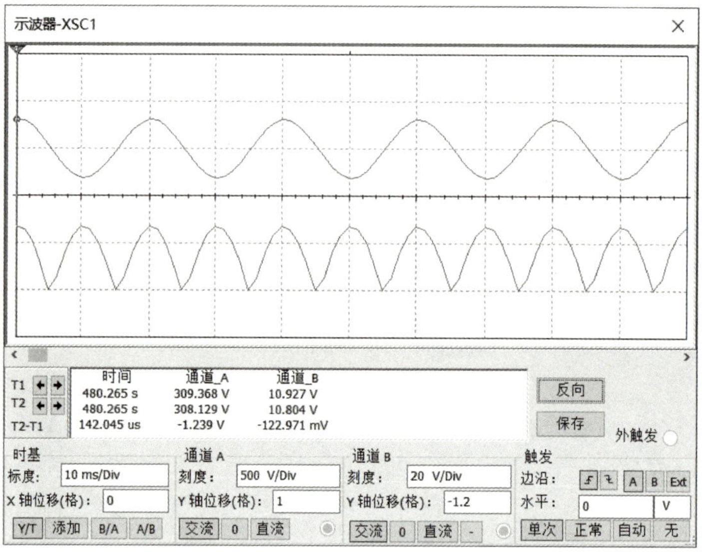

图 2.6 整流电路输出仿真结果

±15 V 电压输出仿真结果如图 2.7 所示，通道 A 为正电压输出波形，通道 B 为负电压输出波形。由图可知，输出结果基本符合要求。

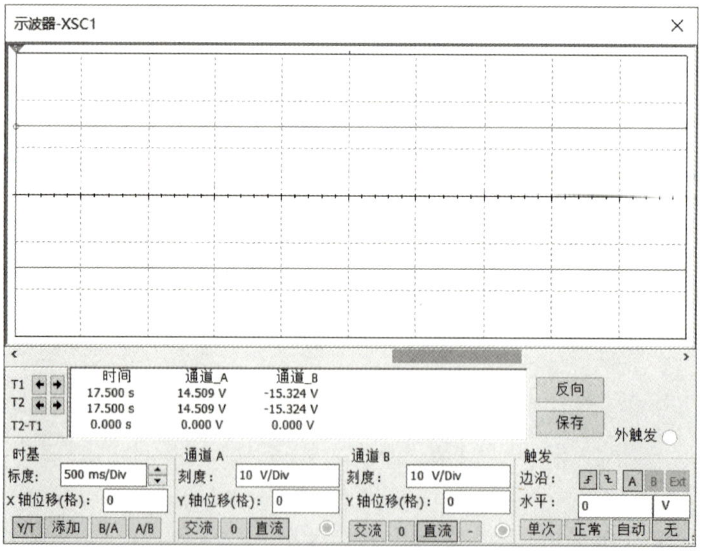

图 2.7 ±15 V 电压输出仿真结果

±12 V 电压输出仿真结果如图 2.8 所示，通道 A 为正电压输出波形，通道 B 为负电压输出波形。由图可知，输出结果基本符合要求。

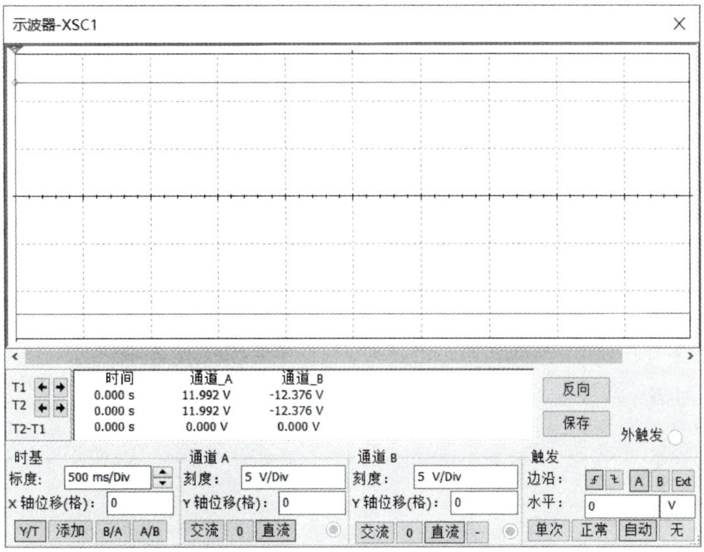

图 2.8 ±12 V 电压输出仿真结果

±5 V 电压输出仿真结果如图 2.9 所示，通道 A 为正电压输出波形，通道 B 为负电压输出波形。由图可知，输出结果基本符合要求。

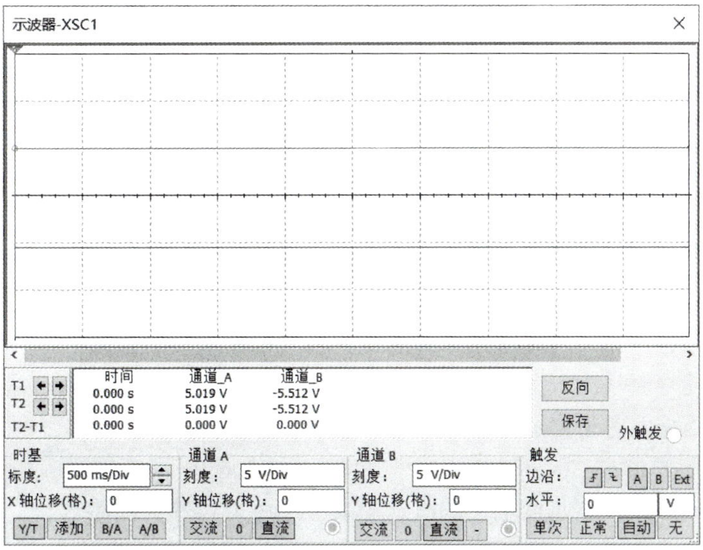

图 2.9 ±5 V 电压输出仿真结果

2.1.2 幅度频率可调的锯齿波发生器

2.1.2.1 任务与要求

（1）设计任务。

幅度频率可调的锯齿波发生器常作为时基电路使用，不同电子产品需要不同频率和幅度的锯齿波。该锯齿波发生器以集成运算放大器为主要器件，由迟滞电压比较器（简称迟滞比较器)、锯齿波发生电路及电源电路等部分组成。

(2) 技术要求。

a. 设计电路所需的直流稳压电源。

b. 输出波形工作频率范围 0.02 Hz~1 kHz 连续可调。

c. 方波幅值±10 V，锯齿波峰峰值 20 V。

d. 各种输出波形幅值均连续可调。

2.1.2.2 总体设计方案

锯齿波发生电路由同相输入迟滞比较器和充放电时间常数不等的积分器构成，还需要设计一个稳压源。这种设计电路简单，性能良好，器件可以灵活选择，并且器件价格低廉。

幅度频率可调的锯齿波发生器总体设计方案框图如图 2.10 所示。

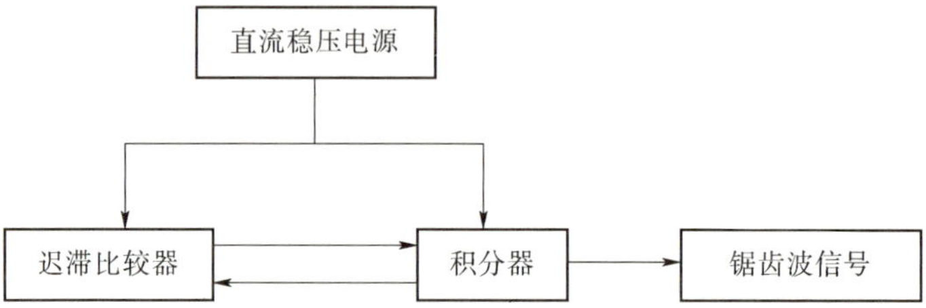

图 2.10 幅度频率可调的锯齿波发生器总体设计方案框图

由图可知，锯齿波发生器由与之适配的直流稳压电源供电，通过迟滞比较器和充放电时间常数不等的积分器构成的反馈网络实现锯齿波电压的输出。输出的锯齿波信号作为迟滞比较器的输入信号，迟滞比较器输出的方波作为积分器的输入信号，由于积分器充放电时间常数不同，所以输出的信号为锯齿波。合理调整迟滞比较器的比较门限，可以调整锯齿波电压的输出幅度。调整充放电时间常数的差值，可以调整锯齿波电压的输出频率。

2.1.2.3 单元电路设计

(1) 直流稳压电源电路设计。

直流电源可以将 220 V/50 Hz 的交流电压转换为幅值稳定的直流电压，同时可以提供直流电流。小功率的直流稳压电源主要由 4 部分组成：电源变压器、整流电路、滤波电路和稳压电路。电源变压器：考虑集成稳压器额定压差以及输出电压为 15 V，所以整流电路所需交流电压为 18 V。整流电路：可以用 4 个二极管（1N4007）将次级交流电压变成单向直流电压。滤波电路：可以采用两种不同的电容组成，小电容过滤掉高频纹波，大电容过滤掉低频纹波，进而输出比较平滑的直流电压。稳压电路：本电路采用简单的三端集成稳压器 LM7815CT 和 LM7915CT，分别输出 15 V 和−15 V。直流稳压电源电路如图 2.11 所示。

(2) 同相输入迟滞电压比较器电路设计。

迟滞比较器又称为施密特触发器，具有电路简单、灵敏度高等优点。在比较电路中，若输入电压受到干扰或噪声的影响，门限电平上下波动，则输出电压将在高、低两个电平之间反复跳变。如在控制系统中发生这种情况，将对执行机构产生不利的影响。迟滞比较器则克服了单限比较器的这种缺陷。迟滞比较器电路如图 2.12 所示。

由图可知，输入电压 V_i 经电阻 R_1 加在集成运放的反相输入端，参考电压 V_{REF} 经电阻 R_2 接在同相输入端，此外，将输出端经电阻 R_4 引回同相输入端。此电路中，电阻 R_4 和背靠背

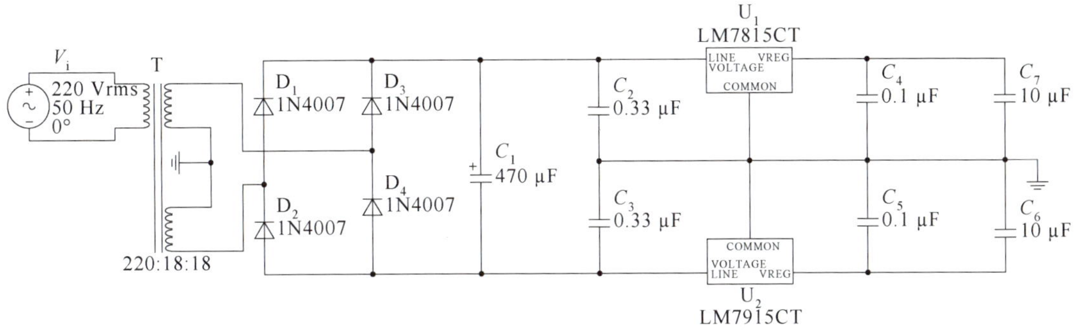

图 2.11　直流稳压电源电路

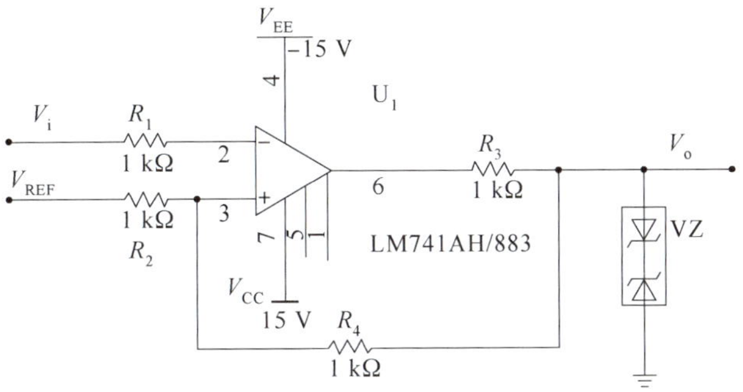

图 2.12　迟滞比较器电路

稳压管 VZ 的作用是限幅，将输出电压的幅度限制在$\pm V_Z$。

当集成运放反相输入端与同相输入端的电位相等，即 $V_- = V_+$时，输出端的状态将发生跳变。其中，V_+由参考电压 V_{REF}及输出电压 V_o共同决定，而 V_o有两种可能的状态：$+V_Z$或$-V_Z$。由此可见，这种比较器有两个不同的门限电平，故传输特性呈滞回形状。迟滞比较器传输特性如图 2. 13 所示。根据需要所设计的同相输入迟滞电压比较器电路如图 2. 14 所示。

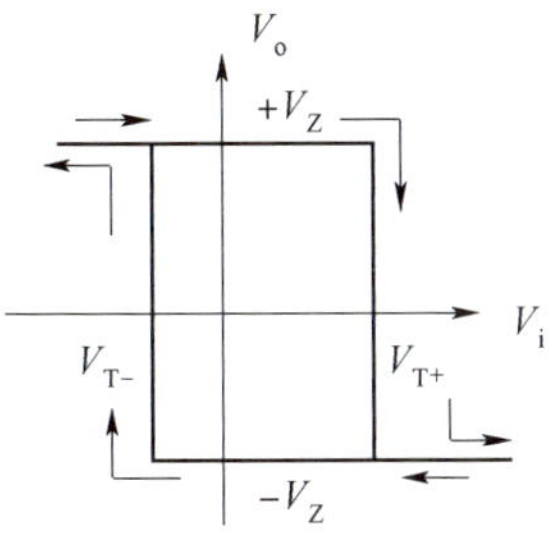

图 2. 13　迟滞比较器传输特性

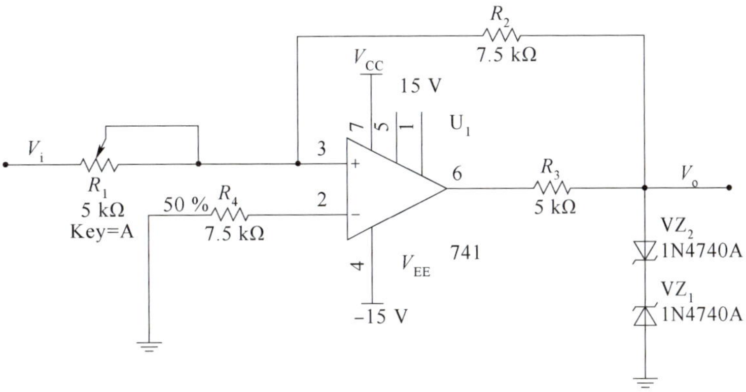

图 2. 14　同相输入迟滞电压比较器电路

(3) 充放电时间常数不等的积分器电路设计。

积分器电路是一种应用比较广泛的模拟信号运算电路，它是组成模拟计算机的基本单元，利用其充放电过程可以实现延时、定时及各种波形的产生。

正反向充电时间常数不等的积分器电路如图 2.15 所示。根据理想运放工作在线型区时"虚短"和"虚断"的特点，电路的输出电压 V_o 与电容两端的电压 V_C 成正比，而电路的输入电压 V_i 与流过电容的电流 i_C 成正比，即 V_o 与 V_i 之间成为积分运算关系。

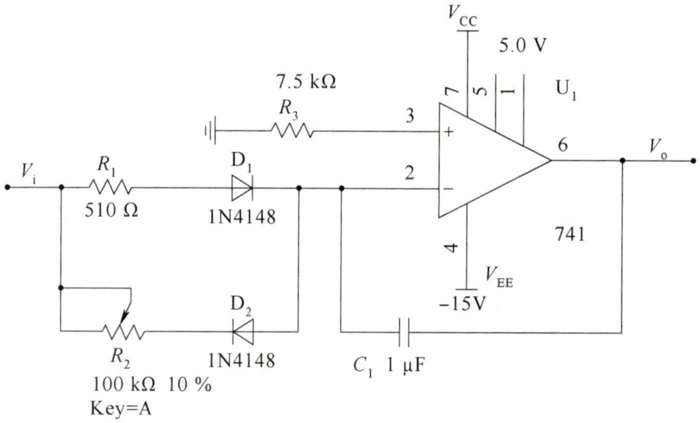

图 2.15 正反向充电时间常数不等的积分器电路

2.1.2.4 整体电路设计

将设计好的直流稳压电源与锯齿波发生电路相连，组成幅度频率可调的锯齿波发生器电路，整体电路如图 2.16 所示。

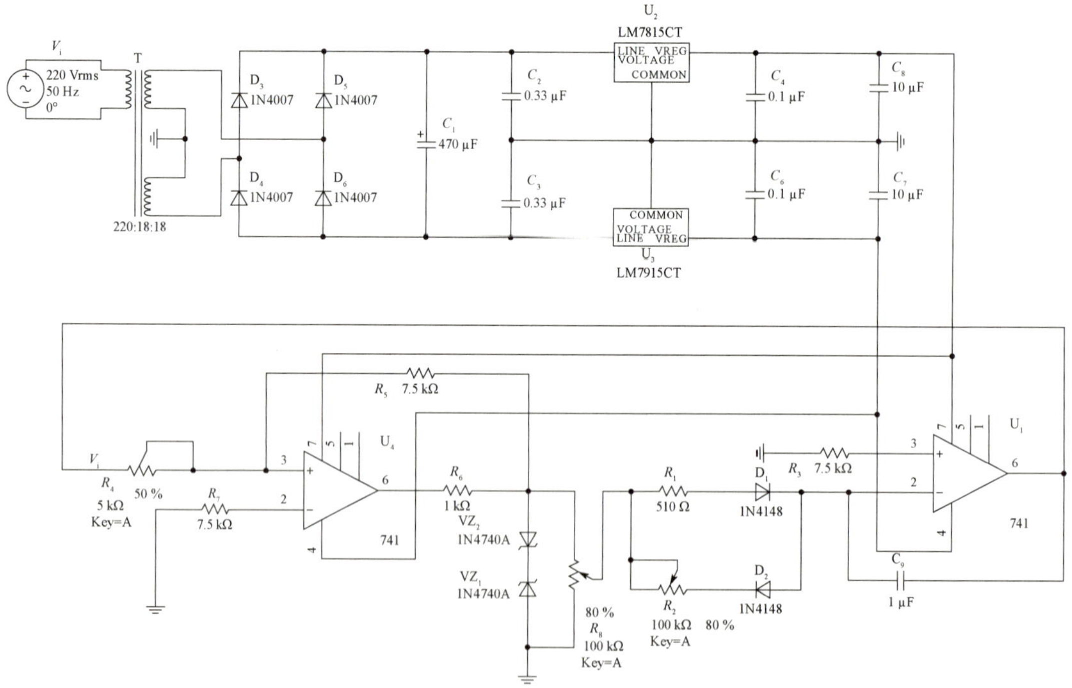

图 2.16 锯齿波发生器整体电路

2.1.2.5　仿真测试

图 2.17 所示为方波和锯齿波发生电路，对该电路进行仿真，可以得到输出波形。调节滑动变阻器的阻值，可实现锯齿波的输出幅度和频率的连续可调。该电路产生的方波的幅值为±10 V，其幅值可通过调节滑动变阻器 R_8 改变。方波仿真结果如图 2.18 所示。

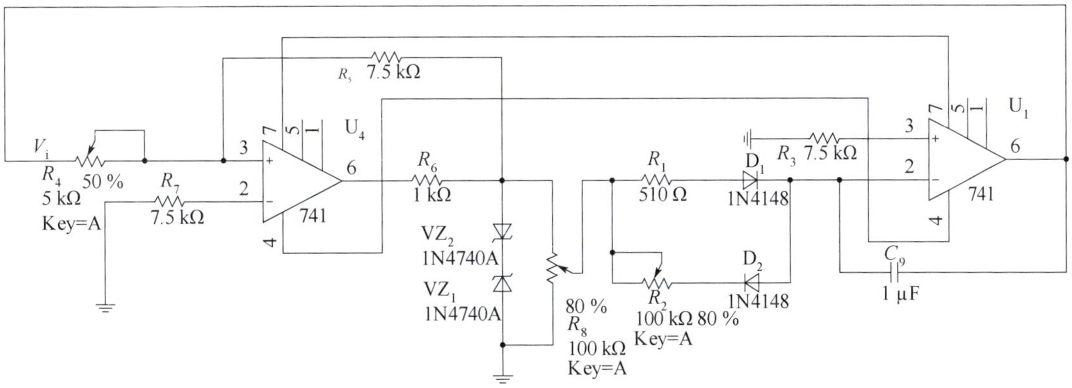

图 2.17　方波和锯齿波发生电路

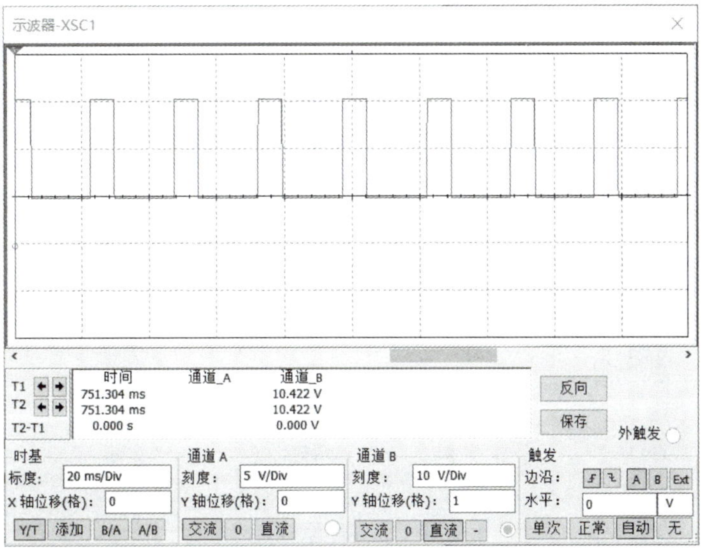

图 2.18　方波仿真结果

图 2.17 所示电路产生的锯齿波，其频率可通过调节滑动变阻器 R_2 改变，锯齿波仿真结果如图 2.19 所示。

经过适当的参数调整，可使图 2.17 中积分器的电容充电时间常数不同，从而产生不同参数的锯齿波。整体电路仿真结果如图 2.20 所示，此波形为在仿真软件中示波器所显示的方波与锯齿波波形。

在 Multisim 14.0 中对电路元件参数进行调整，可以产生频率连续可调的锯齿波，其中方波幅值控制在±10 V 左右，峰-峰值在 10 V。锯齿波输出频率调整范围在 11 Hz～1.5 kHz 之间，基本满足设计的频率要求。

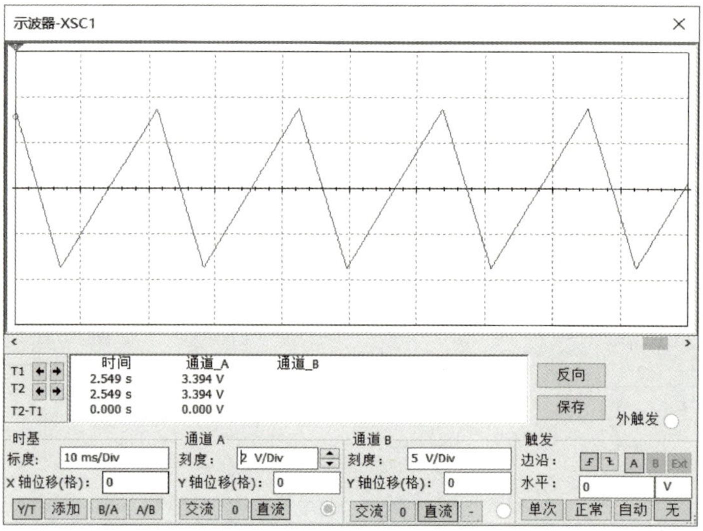

图 2.19　锯齿波仿真结果

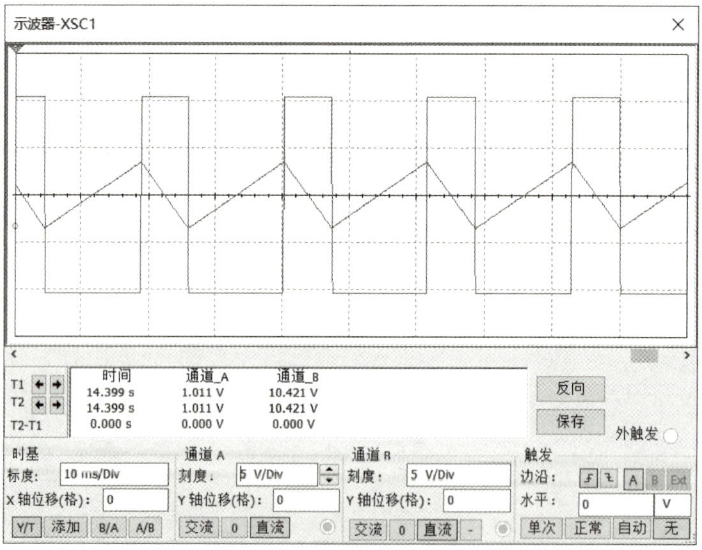

图 2.20　整体电路仿真结果

2.1.3　高精度电压电流变换器

2.1.3.1　任务与要求

(1) 设计任务。

高精度电压电流变换器是将以电压形式输出的信号转换为电流形式输出。由于电压信号在传输过程中常常会产生衰减，为避免信号过度衰减，需要设计一个高精度电压电流变换器，以保证输出信号质量。电压电流变换器的核心是电压电流转换电路，为此还需要设计转换电路所需的直流稳压电源。

(2) 技术要求。

a. 设计电路所需的直流稳压电源。

b. 电压 0~10 V。

c. 电流 4~20 mA。

2.1.3.2　总体设计方案

为实现输入、输出参数的匹配，需要使用两级运算放大器。首先通过 N1 级放大器进行反相衰减，再通过 N2 级反相加法放大器进行调整，最后通过三极管电路进行电压跟随，引入电流负反馈，实现电压电流的转换，同时利用可调电阻实现输出电流的可调。高精度电压电流变换器总体设计方案框图如图 2.21 所示。

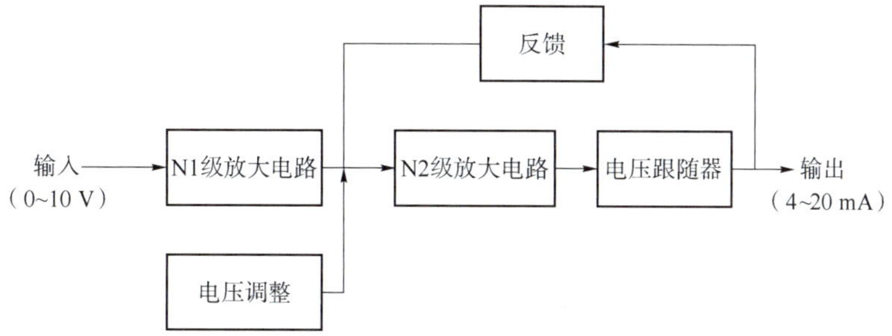

图 2.21　高精度电压电流变换器总体设计方案框图

2.1.3.3　单元电路设计

(1) 直流稳压电源电路设计。

图 2.22 所示为输出电压为±12 V 的直流稳压电源电路。采用 220 V/50 Hz 市电输入，由变压器降压、二极管整流桥整流、滤波电容 C_1 滤波，变为±18 V 直流电压信号，再由 LM7812CT、LM7912CT 两个正负电压稳压器进行进一步稳压。C_2、C_3、C_4、C_5 用来消除高频干扰，减小纹波。图 2.22 电路可以输出稳定的±12 V 电压，为集成运算放大器供电。

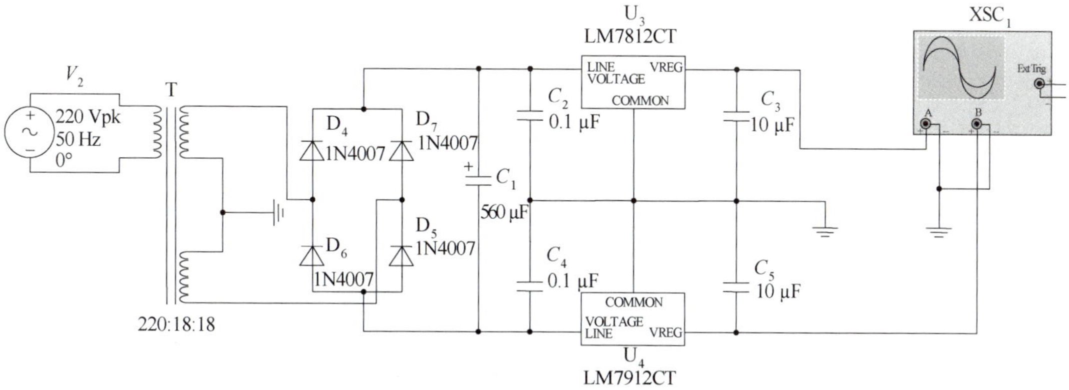

图 2.22　输出电压为±12 V 的直流稳压电源电路

(2) N1 级放大电路设计。

反相输入电压经过 N1 级放大电路进行放大，N1 级放大电路为反相放大电路，如图 2.23 所示。

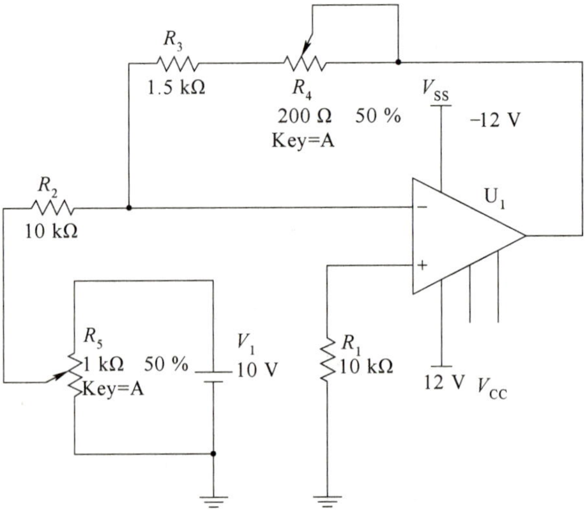

图 2.23 N1 级放大电路

（3）N2 级放大电路设计。

N2 级放大电路由放大器和三极管等元件组成，三极管搭成的电路起到电压跟随作用，如图 2.24 所示。

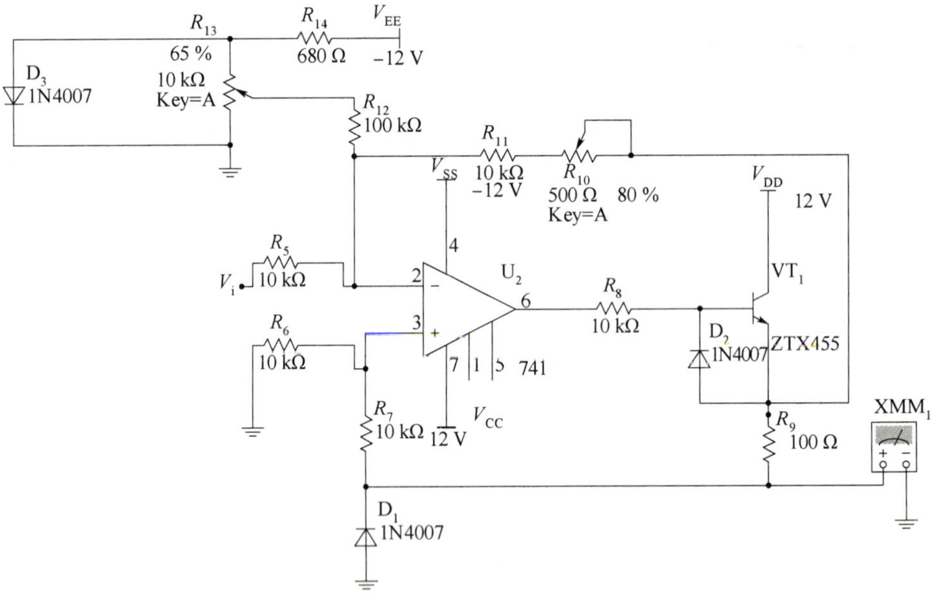

图 2.24 N2 级放大电路

由图可知，输入电压经过 N1 级放大电路放大后，从 U_2 的反相端输入，经电压调整后再经 U_2 放大，再通过三极管的电压跟随作用，在 R_9 处产生与输入电压对应的输出电流。

2.1.3.4 整体电路设计

高精度电压电流变换器整体电路如图 2.25 所示。

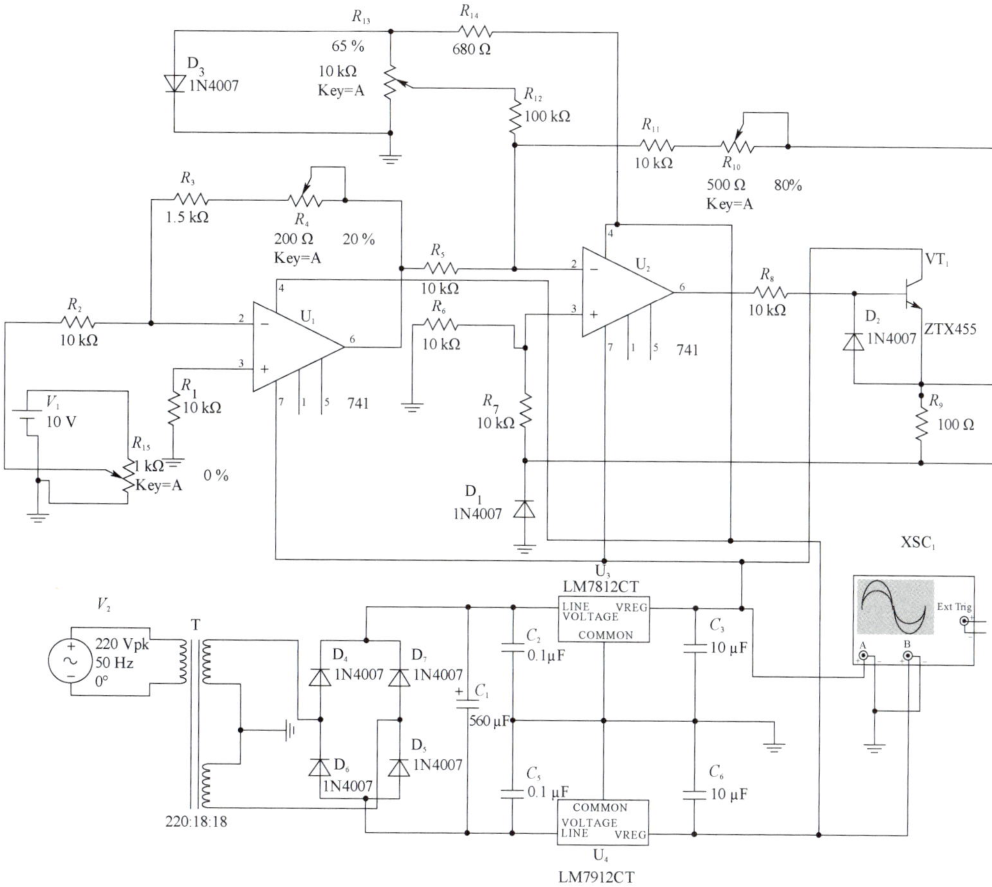

图 2.25　高精度电压电流变换器整体电路

由图可知，10 V 直流电压通过电位器调整模拟 0～10 V 输入，检测流过 R_9 处的电流即为输出电流。

2.1.3.5　仿真测试

电压电流变换器仿真电路如图 2.26 所示。按要求调节输入电压，测量对应的输出电流，输出电流在一定范围内变化，满足设计要求。

分别对输入电压为 0 V、5 V、10 V 时的输出电流进行仿真，结果如图 2.27～图 2.29 所示。图 2.27 表明当输入电压为 0 V 时，测得的输出电流为 4.013 mA，与题目要求的输出电流4 mA基本相同，误差在允许范围内。图 2.28 表明当输入电压为 5 V 时，输出电流为 12.02 mA。图 2.29 表明当输入电压为 10 V 时，输出电流为 20.028 mA，与要求的输出电流 20 mA 基本相同。

由仿真结果可知，当输入电压在 0～10 V 变化时，输出电流在 4～20 mA 内变化，基本满足设计要求。

图中的仿真结果有偏差，主要是由于可变电阻的阻值无法过于精确导致微小误差，也可能是因为放大器本身存在的误差导致其结果有偏差，但在允许范围内，并且不会影响电路的功能。

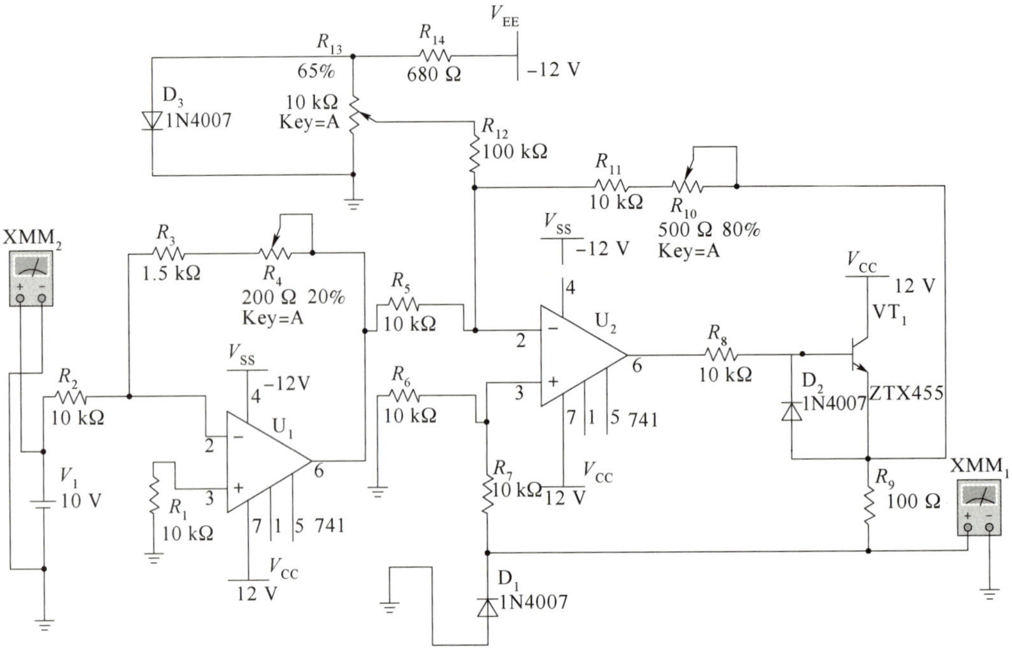

图 2.26 电压电流变换器仿真电路

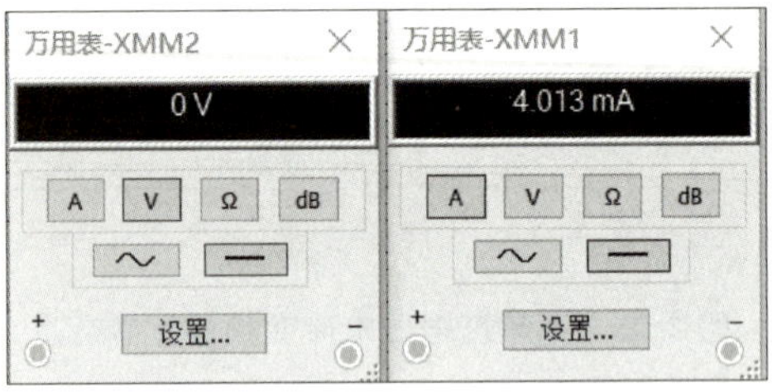

图 2.27 输入电压为 0 V 时的仿真结果

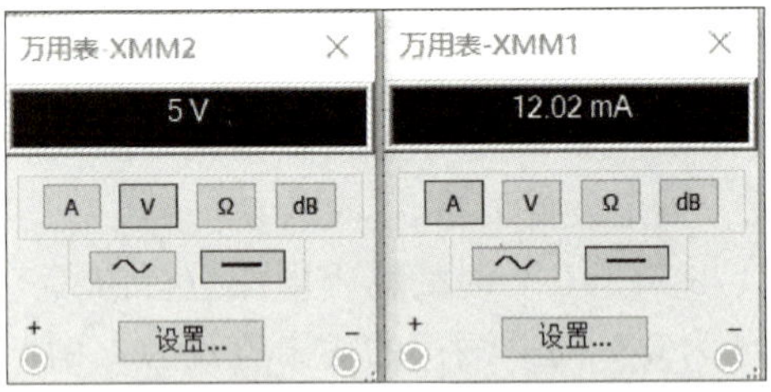

图 2.28 输入电压为 5 V 时的仿真结果

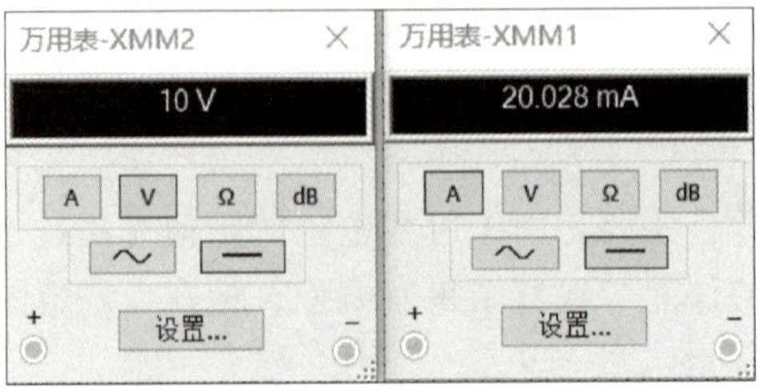

图 2.29 输入电压为 10 V 时的仿真结果

2.1.4　程控增益放大器

2.1.4.1　任务与要求

（1）设计任务。

程控增益放大器是一种放大倍数由程序控制的，在多通道多参数空间测量的放大器。多通道放大器的信号大小并不相同，因此对各个通道要求测量放大器的增益也不同。放大器增益的变化是由数字信号控制其反馈电阻实现的。

（2）技术要求。

a. 电压放大倍数 N 由拨码开关控制，$1 \leqslant N \leqslant 99$ 。

b. 输出电压 V_o 的绝对值为 1~10 V。

c. 输入电阻 $R_i \geqslant 8$ MΩ。

d. 输出电阻 $R_o \leqslant 20$ Ω。

2.1.4.2　总体设计方案

放大器是应用最广泛的一类电子线路，它的功能是将输入信号不失真地放大，在广播、通信、自动控制、电子测量等各种电子设备中广泛应用。集成运放配上不同的反馈网络和采用不同的反馈方式，就可以构成功能和特性完全不同的各种集成运放电路。这些运放电路是各种电子电路中的最基本的组成环节。程控增益放大器是采用拨码开关控制电压增益的。对输入电压进行 N 倍放大时，可由拨码开关控制实现 $1 \leqslant N \leqslant 99$ 的要求，由拨码开关的不同挡位形成不同的电阻网络，从而控制增益。程控增益放大器总体设计方案框图如图 2.30 所示，由拨码开关、反馈电阻网络和 LM358 运算放大器组成。

2.1.4.3　单元电路设计

（1）拨码开关的设计。

拨码开关是用来操作控制的地址开关，采用的是 0/1 的二进制编码原理。每一个键对应的背面上下各有两个引脚，拨至 ON 一侧，其下面两个引脚接通，反之则断开。这十个键是互相独立的，相互之间没有关联。此类元件多用于二进制编码，可以设接通为 1，断开为 0。本实验由 DSWPK_10 来控制反馈电阻网络，从而控制增益。拨码开关如图 2.31 所示。

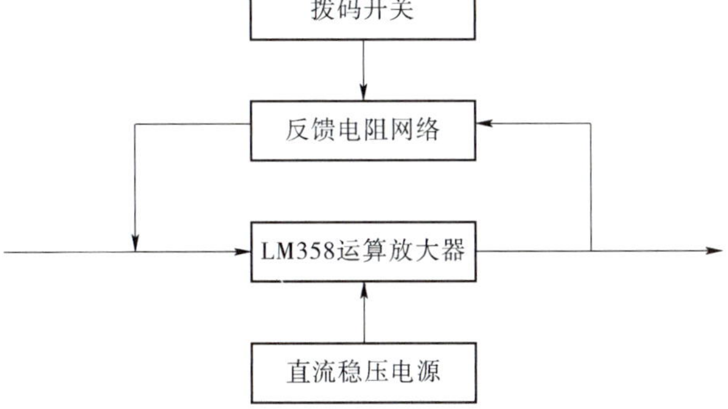

图 2.30　程控增益放大器总体设计方案框图

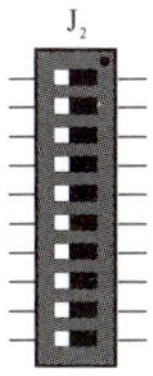

图 2.31　拨码开关

（2）反馈电阻网络的设计。

反馈电阻网络是由拨码开关电阻网络组成的可调式反馈电阻网络，拨码开关输入 3 位 10 进制数 1～999 时，输出为 20 Ω，实际上是 3 个数字位上的电阻并联，相当于 1 个 560 kΩ 的可调电阻，共有 10×10×10＝1 000 种组合的阻值，在一般情况下，完全可以取代在模拟电路中广泛使用的无级调节的可调电阻。通过调节开关来改变反馈电阻的大小，反馈电阻网络对外两接口 1 和 2 接对应的放大部分的两个接口 1 和 2 连入反馈网络中。反馈电阻网络如图 2. 32 所示。

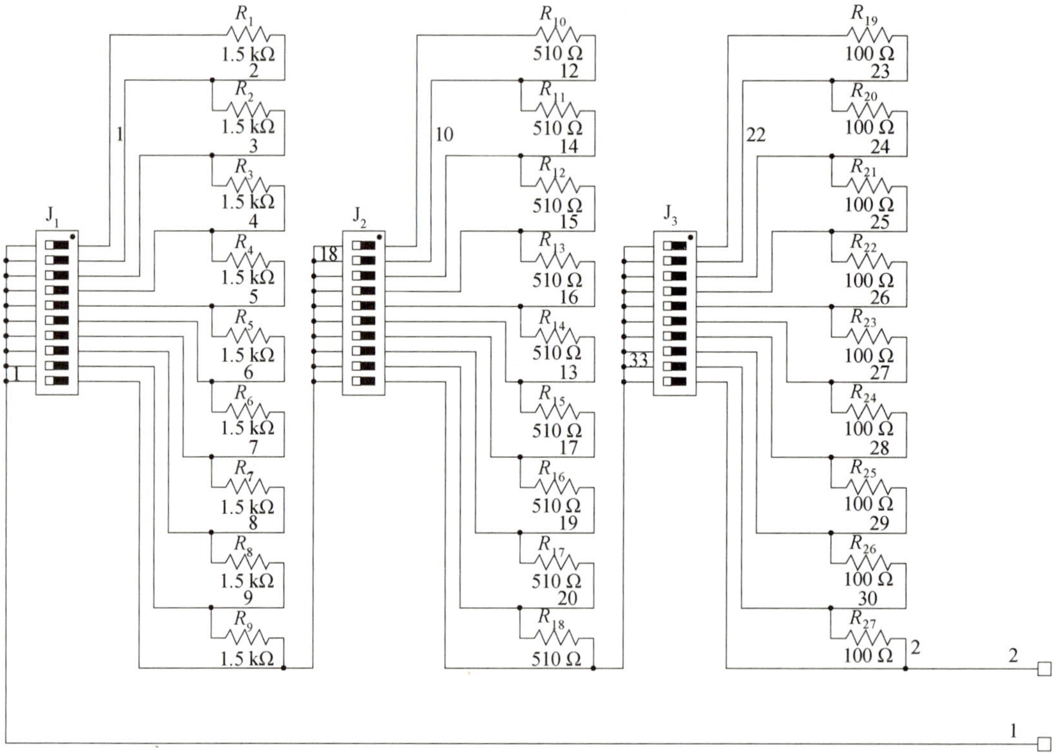

图 2. 32　反馈电阻网络

（3）增益调整电路的设计。

利用拨码开关改变反馈电阻，相应的电压增益就会改变。1 和 2 两个接线端子接对应的反馈网络 1 和 2 接线端子，LM358AD 的 1 引脚为输出端。增益调整电路如图 2. 33 所示。

2. 1. 4. 4　整体电路设计

由于采用了拨码开关和反馈电阻网络，因此不需要任何外部调整元件就能保证电路可靠地工作。电路中选用运算放大器 LM358AD，这种差动放大器的差模输入电压很高，可达 30 V。同时，为了使 V_o 绝对值在 1～10 V 之间变化，输入电阻 $R_i \geqslant 8$ MΩ，输出电阻 $R_o \leqslant$ 20 Ω，该电路利用接通通道改变一个状态，从而使反馈电阻改变一次，相应的电压增益也改变一次。

本系统所设计的程控增益放大器利用拨码开关和集成运放来完成程控增益放大器的设计，为了保证有足够的电源供应放大器正常工作，电源电路采用±15 V 的电压源。程控增益放大器整体电路如图 2. 34 所示，图中 V_o 为输出端。

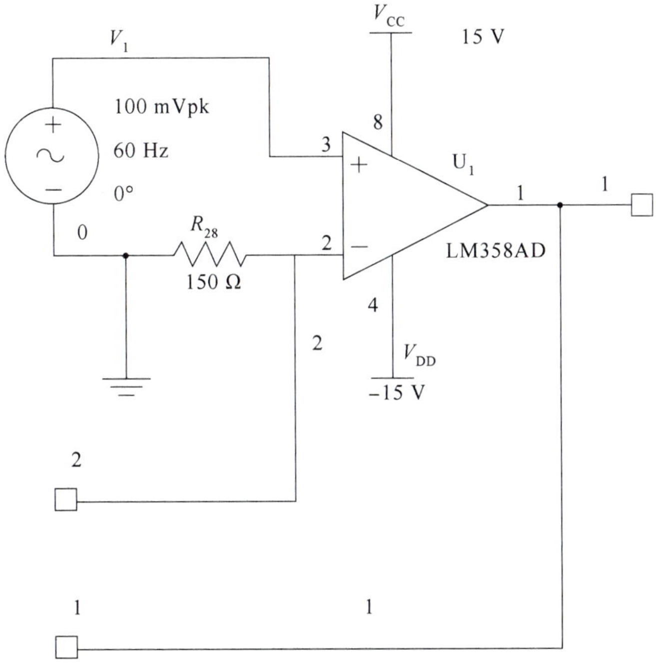

图 2.33　增益调整电路

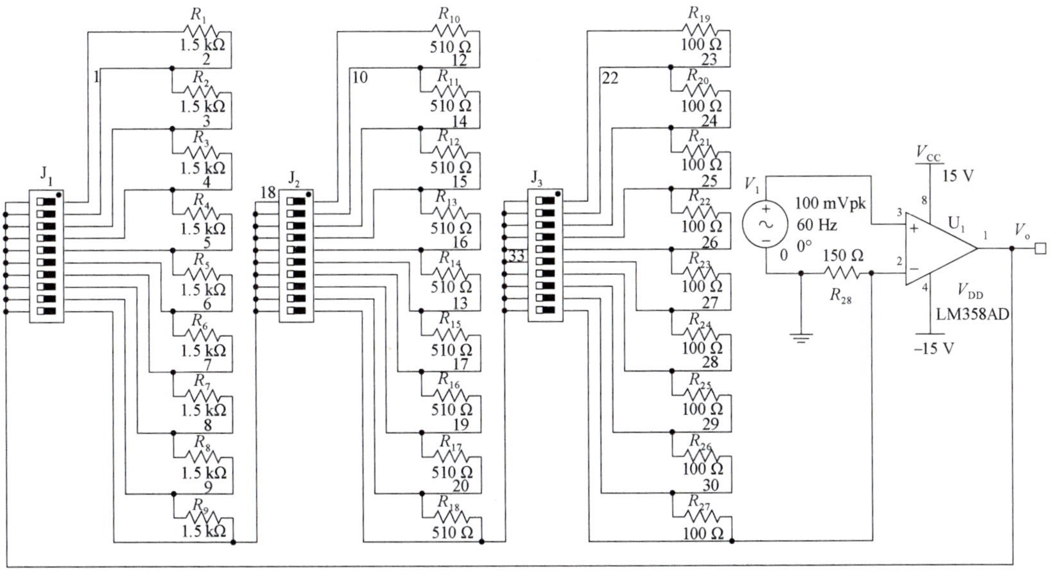

图 2.34　程控增益放大器整体电路

2.1.4.5　电路仿真

调整信号源为 100 mV 正弦波，改变拨码开关得到不同增益情况下的输出波形。图 2.35、图 2.36 所示分别为增益为 2（放大 2 倍）和增益为 99（放大 99 倍）时的输出波形。

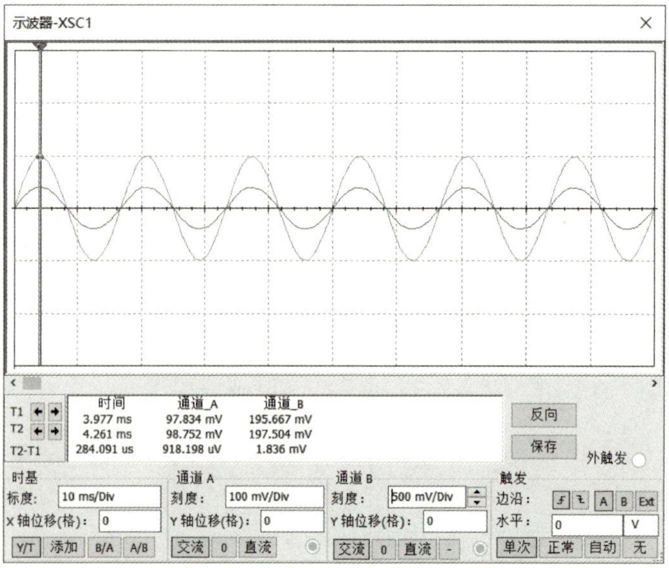

图 2.35　增益为 2 时的输出波形

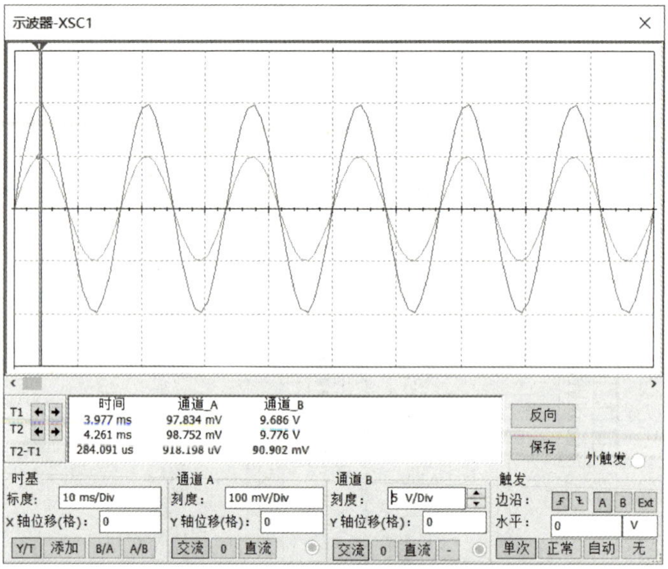

图 2.36　增益为 99 时的输出波形

2.1.5　高保真音频功率放大器

2.1.5.1　任务与要求

（1）设计任务。

高保真音频功率放大器主要用于对弱音频信号的放大、音频信号的传输增强，常与输音器、放大器、音频变换器等配接使用，其性能优劣直接影响音频传输效果的好坏。高保真音频功率放大器由前置放大电路、功率放大电路、直流电源电路等部分组成。

（2）技术要求。

a. 额定输出功率 $P_o \geq 10$ W。

b. 负载阻抗 $R_L = 8\ \Omega$。

c. 失真度 $\gamma \leq 3\%$。

d. 设计放大器所需的直流稳压电源。

2.1.5.2　总体设计方案

高保真音频功率放大器要求在负载一定的情况下，输出功率尽可能高，且输出信号的非线性失真尽可能小，效率尽可能高，由直流电源电路、前置放大电路、功率放大电路这 3 个部分组成。220 V 市电经过变压、整流、滤波、稳压 4 个环节后，输出±18 V 的直流电，为其他电路供电。前置放大电路由 NE5532 构成，放大倍数为 5，对输入小信号进行电压放大。集成功率放大电路由 TDA2030 构成，TDA2030 输出功率能达到 16 W，且失真小，内部具有保护电路，并兼有放大、滤波等功能，可对输入电压进行放大并去掉信号中的杂质。高保真音频功率放大器总体设计方案框图如图 2.37 所示。

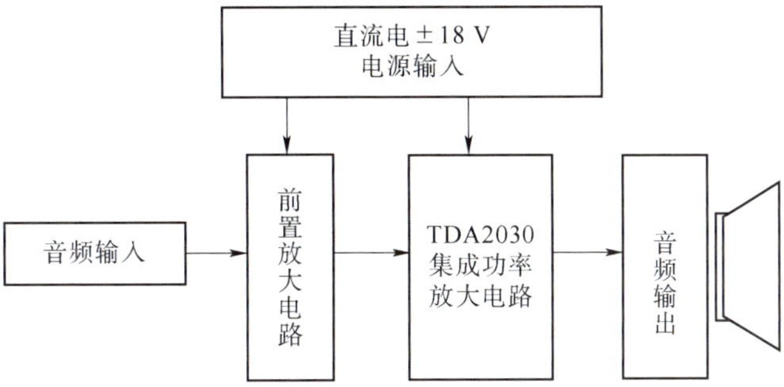

图 2.37　高保真音频功率放大器总体设计方案框图

2.1.5.3　单元电路设计

（1）直流电源电路设计。

该高保真音频功率放大器要求稳压电源的输出电压为±18 V，因此采用 220 V/50 Hz 市电输入，通过变压器转换为±22 V 电压，经 4 个整流二极管构成的桥式整流电路进行整流，再由电容进行滤波，稳压电路采用 LM7818CT 和 LM7918CT 两个集成稳压器。直流电源电路如图 2.38 所示。

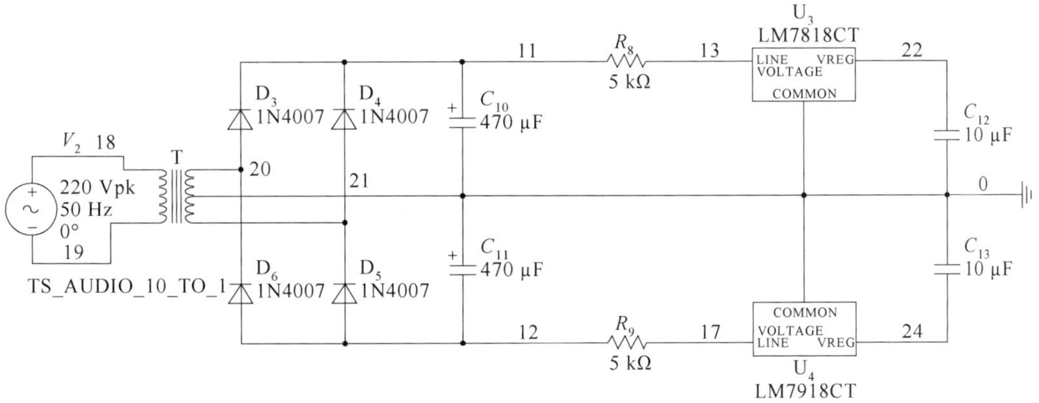

图 2.38　直流电源电路

(2) 前置放大电路。

前置放大电路用于放大输入信号，因为输入信号比较弱，所以需要先被放大到一定的电压值才可以输出到输出级上，设计采用 NE5532 芯片对信号进行一级放大。NE5532 采用八引脚 PDIP-8 封装，工作电压± (5~22 V)，增益带宽 10 MHz，输出短路电流 38 mA。NE5532 是高性能低噪声双运算放大器集成电路，具有更好的噪声性能，优良的输出驱动能力及相当高的小信号带宽，电源电压范围大等特点。由于功放电路有一定的放大能力，所以前置放大电路的放大倍数适宜即可。前置放大电路如图 2.39 所示。

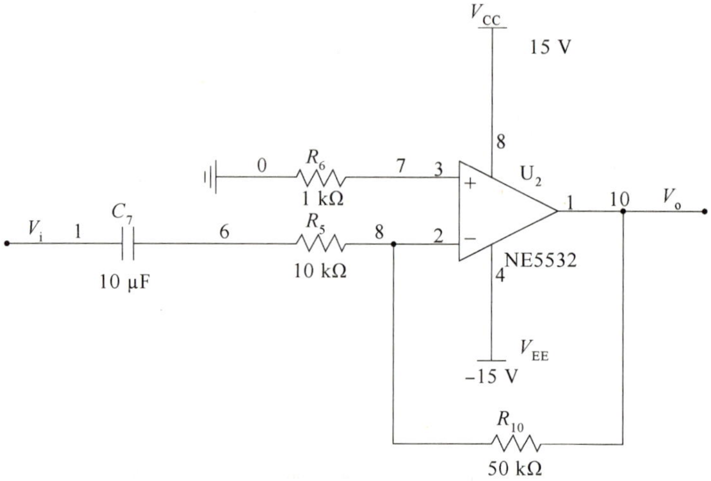

图 2.39 前置放大电路

根据虚短和虚断的概念，有：

$$V_p = V_n = 0, \qquad I_p = I_n = 0$$

可得：

$$\frac{V_i - V_n}{R_5} = \frac{V_n - V_o}{R_{10}} \tag{2.1}$$

从而得到电压增益为：

$$A_v = -\left(\frac{R_{10}}{R_5}\right) = 5 \tag{2.2}$$

(3) 功率放大电路。

由 TDA2030 构成的 OCL 功率放大电路如图 2.40 所示。其中，TDA2030 常用 V 型 5 脚单排直插式塑料封装结构。TDA2030 是高保真集成放大器芯片，能在± (6~22 V) 的电压下工作，其功率为 10 W 以上，功率频率响应为 20 Hz~20 kHz，输出电流峰值最大可达 3.5 A。TDA2030 具有负载泄放电压反冲保护电路，一旦输出电流过大或管壳过热，集成块就自动减流或截止，使自己得到保护。TDA2030 的主要特点是电压上升率高、瞬态互调失真小。

2.1.5.4 整体电路

高保真音频功率放大器的总体电路如图 2.41 所示。电源电路为其他电路供电。音频信号经由输入端输入前置放大电路，通过前置放大电路进行前置放大，完成小信号的电压放大任务。经前置放大后的信号再送入后级功率放大，实现对电压和电流的同时放大，从而使输出电流增大，功率放大。

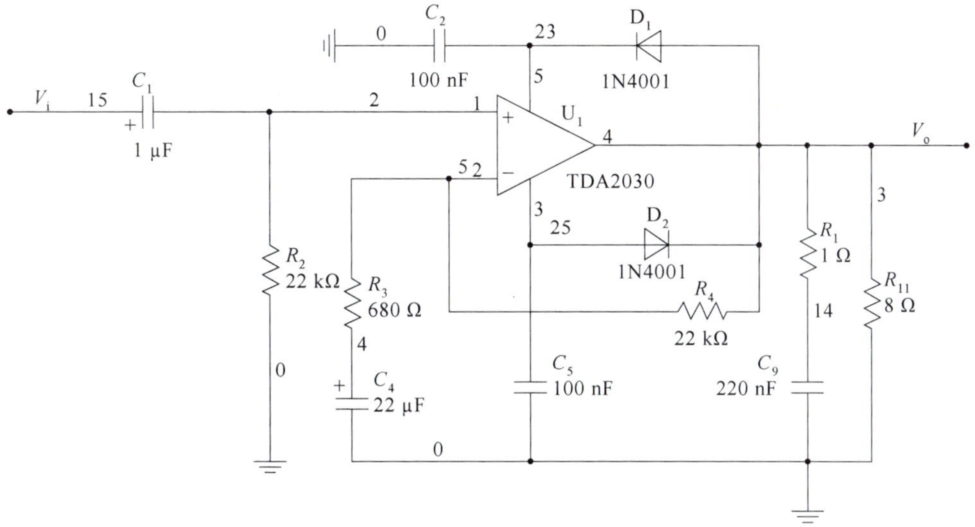

图 2.40　功率放大电路

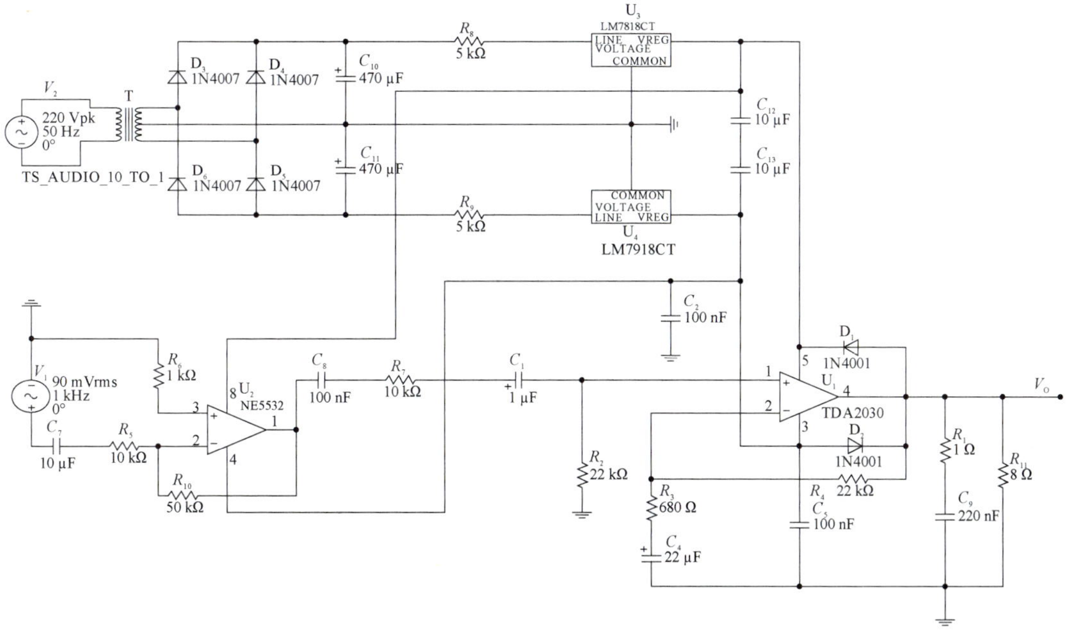

图 2.41　高保真音频功率放大器总体电路

2.1.5.5　电路仿真

对高保真音频功率放大器总体进行仿真，结果如图 2.42 所示。通道 A 为输出波形，输出电压幅值为 14.251 V，通道 B 为输入波形，输入电压为 124.684 mV。由仿真输出波形可以看出，输入信号可以被不失真地放大，且波形质量良好。

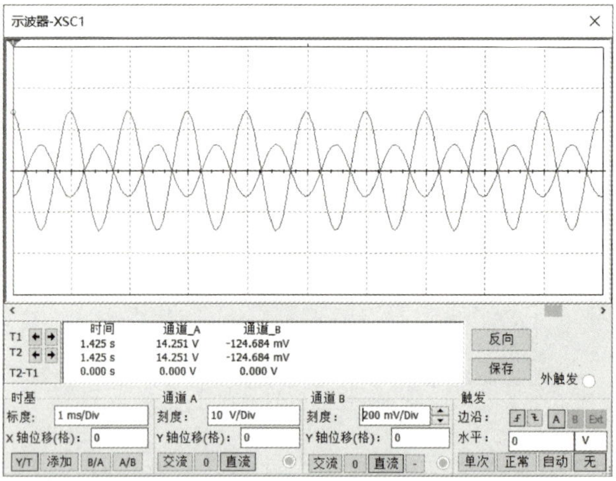

图 2.42　高保真音频功率放大器总体仿真结果

2.1.6　电压/频率变换器

2.1.6.1　任务和要求

(1) 设计任务。

电压/频率变换器是一种振荡频率随外加控制电压变化的振荡器，其输出信号频率与输出电压的大小成正比。电压/频率变换器由振荡电路、电压比较器等部分电路组成。

(2) 技术要求。

a. 设计放大器所需的直流稳压电源。

b. 电压/频率变换器输入电压 V_i 为直流电压（控制信号），输出频率为 f_o 的矩形脉冲，且 $f_o \propto V_i$。

c. V_i 变化范围：0～10 V。

d. f_o 变化范围：0～10 kHz。

e. 转换精度小于 1%。

2.1.6.2　总体设计方案

电压/频率变换器由与之适配的直流稳压电源供电，由迟滞电压比较器和充放电时间常数不等的积分器构成的反馈网络实现锯齿波电压的输出。由输出的锯齿波信号作为迟滞电压比较器的输入信号，迟滞电压比较器输出的方波作为积分器的输入信号。由于积分器充放电时间常数不同，因此输出的信号为锯齿波。电压/频率变换器总体设计方案框图如图 2.43 所示。

2.1.6.3　单元电路设计

(1) 直流稳压电源电路的设计。

电压/频率变换器要求运算放大器供电电压为±12 V，以此为依据，设计稳压电源的输出电压为±12 V。该电路采用 220 V/50 Hz 市电输入，由变压器降压、二极管整流桥整流、滤波电容滤波、三端集成稳压器稳压变为直流电压信号。直流稳压电源电路可以输出稳定的±12 V 电压，用于为构成迟滞电压比较器和积分器的集成运算放大器供电，如图 2.44 所示。

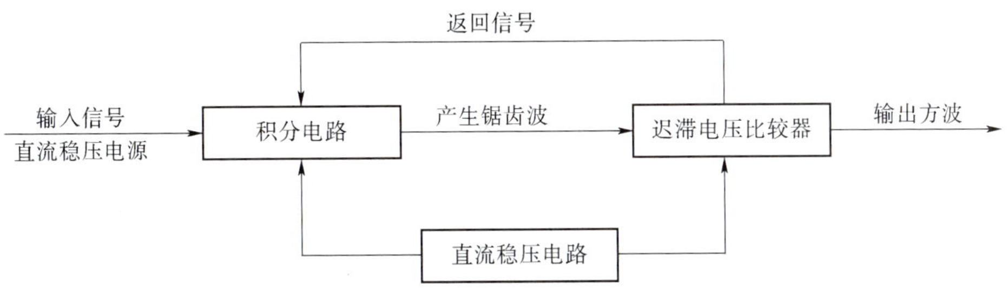

图 2.43　电压/频率变换器总体设计方案框图

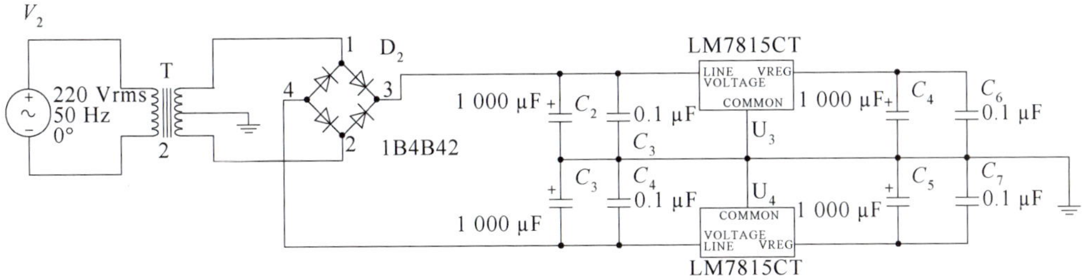

图 2.44　直流稳压电源电路

（2）同相输入迟滞电压比较器的设计。

同相输入迟滞电压比较器以经过反馈通路反馈回来的积分器输出的锯齿波电压信号作为输入信号，与自身输出的矩形波信号进行电压比较。整个单元电路承担着向积分器提供一定幅值和频率的矩形波信号，用以产生锯齿波的作用。其输出的矩形波频率受输入的锯齿波频率控制，二者近似相等，所以迟滞电压比较器重要的设计指标为上下门限、门限宽度及输出矩形波电压幅值。同相输入迟滞电压比较器输入和输出波形的对应关系如图 2.45 所示。

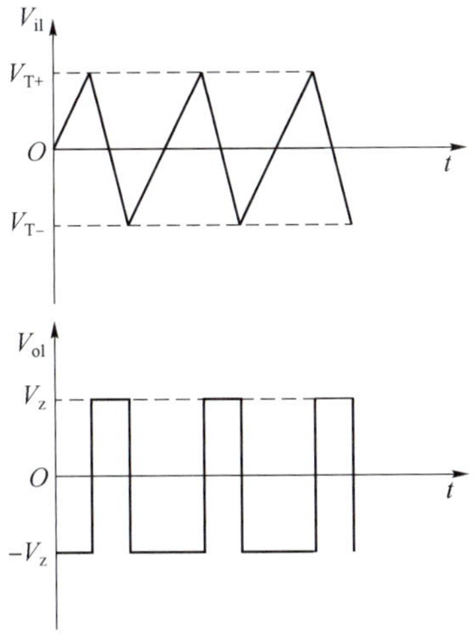

图 2.45　同相输入迟滞电压比较器输入和输出波形的对应关系

同相输入迟滞电压比较器由集成运算放大器及电阻反馈网络构成，如图 2.46 所示。

设运算放大器同相输入端电压为 V_P，则有如下关系：

$$V_P = V_{i1} - \frac{V_i - V_{o1}}{R_4 + R_5} R_4 \tag{2.3}$$

设运算放大器的反相输入端电位为 V_N，由理想运算放大器虚短、虚断的特性可得，在电路翻转时有：

$$V_P \approx V_N \tag{2.4}$$

设门限电压为 V_T，门限宽度为 ΔV_T，可得：

$$V_T = -\frac{R_4}{R_5}V_o \tag{2.5}$$

由稳压二极管的作用可得：

$$V_o = \pm V_Z \tag{2.6}$$

$$V_{T+} = \frac{R_5}{R_4}V_Z \tag{2.7}$$

$$V_{T-} = -\frac{R_5}{R_4}V_Z \tag{2.8}$$

$$\Delta V_T = V_{T+} - V_{T-} = 2\frac{R_5}{R_4}V_Z \tag{2.9}$$

（3）积分电路的设计。

积分器电路采用集成运算放大器 LM324AD 和 *RC* 元件构成，如图 2.47 所示，该积分电路为反相输入积分电路。

反相积分电路可以完成输出信号对输入信号的积分运算，主要是利用电容两端电压与通过电容的电流为积分关系，以及运放虚短和虚断的特性设计的。

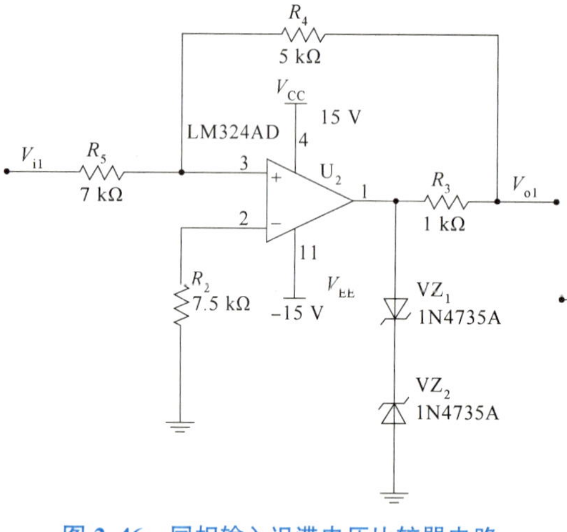

图 2.46　同相输入迟滞电压比较器电路

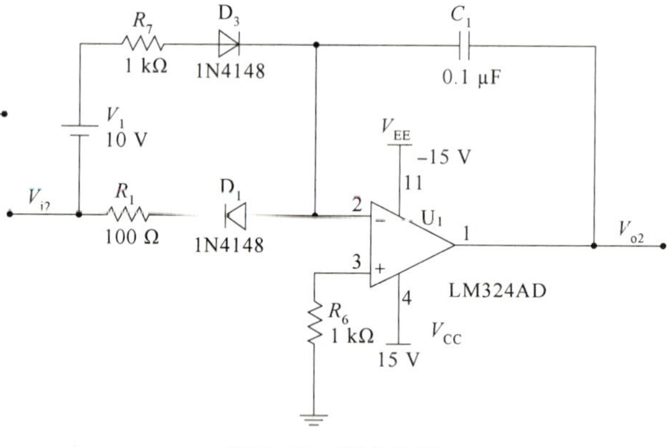

图 2.47　积分电路

2.1.6.4　整体电路设计

积分器的输出信号用于控制由 LM324AD 集成放大器构成的电压比较器（迟滞比较器），电压比较器（迟滞比较器）的输出信号返回到积分器，可得到矩形脉冲输出，输出频率与输入电压基本呈线性关系，满足输出信号频率的大小与输出电压的大小成正比，即 $f_o \propto V_i$。V_i 变化范围：0~10 V，f_o 变化范围：0~10 kHz。由输出信号电平通过一定反馈方式控制积分电容恒流放电，当电容放电到某一域值时，电容 *C* 再次充电。由此实现 V_i 控制电容充放电速度，即控制输出脉冲频率。放大器所需的直流稳压电源为±5 V 左右。电压/频率变换器整体电路如图 2.48 所示。

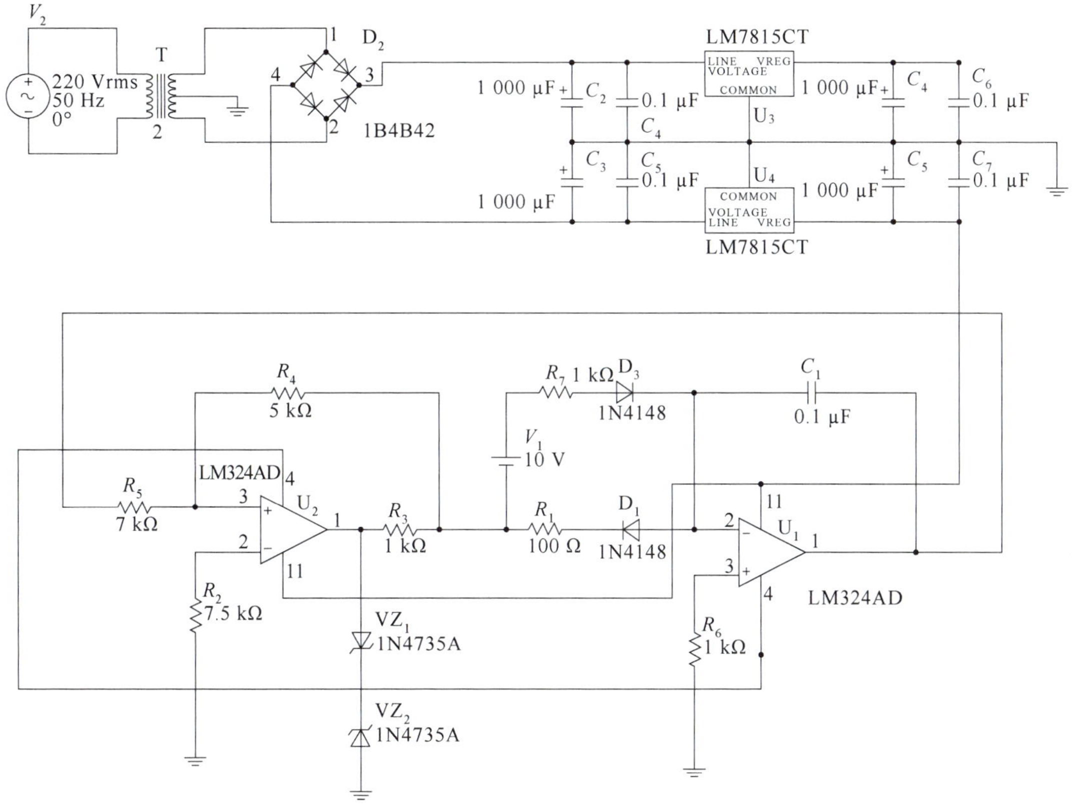

图 2.48　电压/频率变换器整体电路

2.1.6.5　电路仿真

对整体电路进行仿真，通过调整输入电压，可得到不同频率的锯齿波信号。当输入电压分别为 2 V、4 V 时，仿真结果与频率如图 2.49~图 2.52 所示。

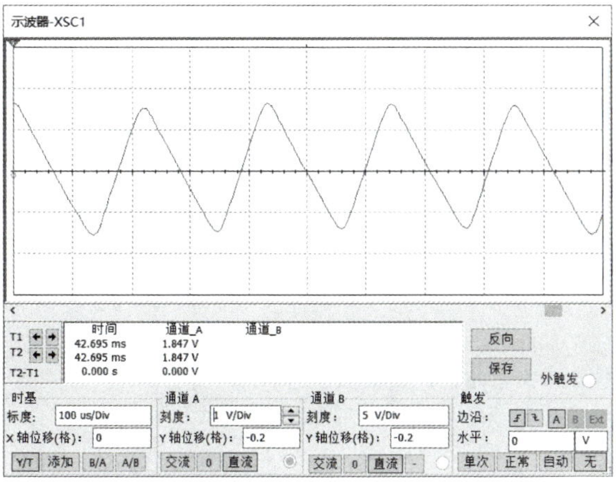

图 2.49　电压为 2 V 的仿真结果

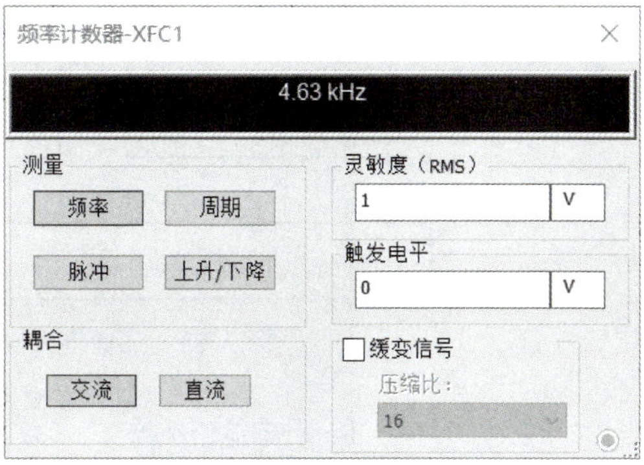

图 2.50　电压为 2 V 的频率

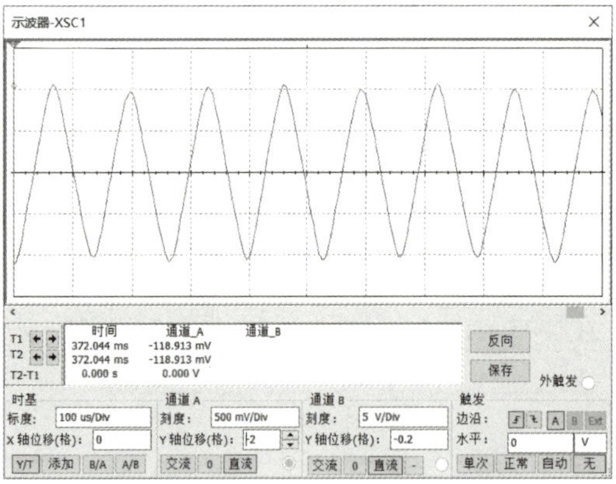

图 2.51　电压为 4 V 的仿真结果

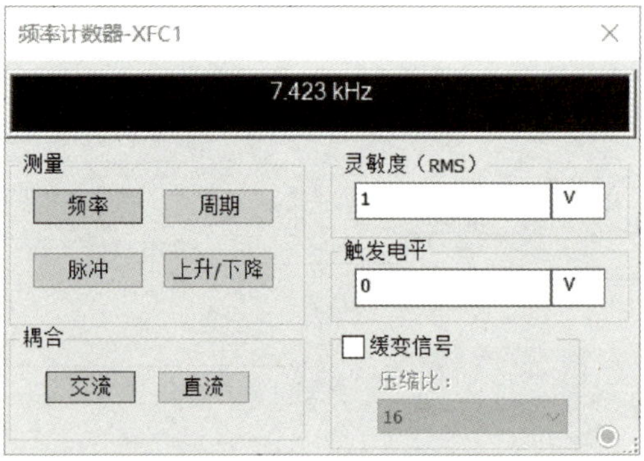

图 2.52　电压为 4 V 的频率

2.1.7　三极管 β 值自动测量分选仪

2.1.7.1　任务和要求

（1）设计任务。

使用三极管 β 值自动测量分选仪，可实现对低频小功率硅三极管的直流电流放大系数 β 分挡选出。要测量三极管的电流放大系数 β，必须给三极管以合适的静态偏置；要将三极管按 β 值进行分挡，可将三极管集电极电流转换成相应的电压输出。三极管 β 值自动测量分选仪由工电流电压转换电路、电压比较、发光二极管（Light Emitting Diode，LED）显示电路等部分组成。

（2）技术要求。

a. 对低频小功率三极管的直流电流放大系数 β 进行分挡选出。

b. β 值的范围分别为：50~80，80~120，120~180，180~270，270~400。

c. 用发光二极管构成的数码管显示不同的挡位。

2.1.7.2　总体设计方案

三极管 β 值自动测量分选仪由电流电压转换电路、电压比较电路、发光二极管显示电路组成。其中，电流电压转换电路由微电流源、被测三极管和差分电路组成；比较电路由基准电压和 4 个 LM324 比较器组成；发光二极管显示电路由发光二极管和电阻组成。三极管 β 值自动测量分选仪总体设计方案框图如图 2.53 所示。

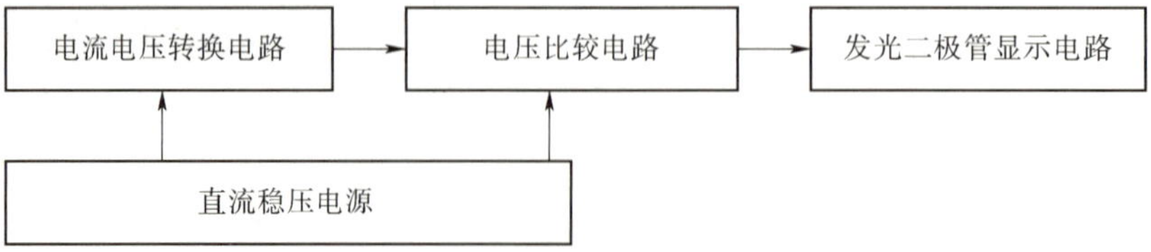

图 2.53　三极管 β 值自动测量分选仪总体设计方案框图

2.1.7.3　单元电路设计

（1）电流电压转换电路的设计。

电流电压转换电路：把微电流源提供的基极电流通过差分电路转换为要输入比较电路的

电压值 V_2，因为电流值不方便测量，会有一定的变动，所以转化为比较稳定的电压值输出。电流电压转换电路如图 2. 54 所示。由图可知，电流电压转换电路由微电流源、被测三极管和一个差分放大电路组成；微电流源由两个 PNP 三极管和一些电阻组成，它的作用是给被测三极管提供一个稳定的基极电流。基极电流流过被测三极管之后，因为集电极电流流经电阻 R_4，会在电阻 R_4 上产生一个电压值 V_1，所以电阻 R_4 在集电极中起到了转换电压信号的功能，然后经过差分电路输出 V_2。这个差分电路的作用是提供输入电阻给输入电压，并能控制输出电压的范围。

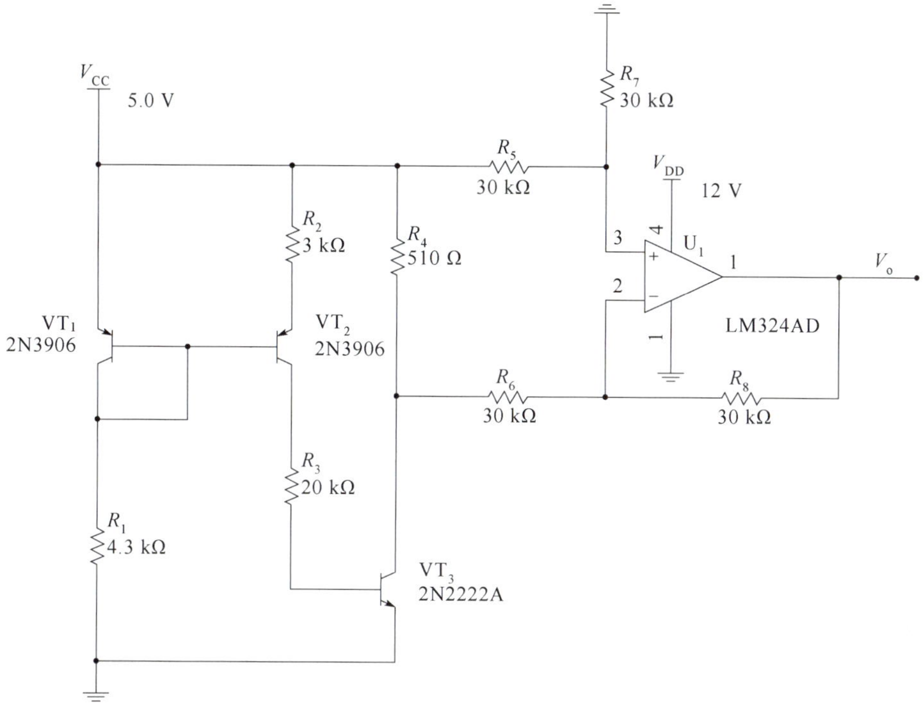

图 2. 54　电流电压转换电路

（2）电压比较电路的设计。

电压比较电路包含 4 个基准电压，通过输入电压 V_i 和基准电压比较得到输出。当输入电压 V_i 大于基准电压时，输出为高电平，反之为低电平。β 值的范围分别为：50～80，80～120，120～180，180～270，270～400。由于压降越来越高，因此选用不同电阻分压来设置基准电压。电压比较电路如图 2. 55 所示。由图可知，基准电压由电阻分压得到，总电阻共 240 kΩ，经过计算需要 6 V 分压，采用 120 kΩ 电阻分 12 V 一半的压降来解决这一问题，输入电压 V_i 与基准电压的比较值输入比较器之后，就可以分别驱动不同的挡位，实现电压的比较输出。本电路中输入电压 V_i 输入比较电路同相端，在比较器中与 4 个基准电位作比较，若输入电压大于基准电压，则会输出高电平，反之则输出低电平。

（3）发光二极管显示电路。

在发光二极管显示电路中，输入电压为高电平时灯亮，低电平时灯不亮，通过灯亮的盏数来判断不同的挡位，如图 2. 56 所示。发光二极管显示电路由发光二极管和限流电阻组成，因为要求比较电路输出为高电平时灯亮，所以需要发光二极管正向连接，当输入端输入高电平时，连接电阻后输出接地，灯就会亮，反之若输入低电平，则灯不亮，通过二极管灯亮的个数来表示出相应的挡位。当没有发光二极管亮时，挡位为 50~80；当 LED_1 亮时，挡位为 80~120；当 LED_1 和 LED_2 亮时，挡位为 120~180；当 LED_1、LED_2 和 LED_3 亮时，挡位为 180~270；当 LED_1、LED_2、LED_3 和 LED_4 全亮时，挡位为 270~400。通过不同的灯亮，可实现分选三极管 β 值的功能。

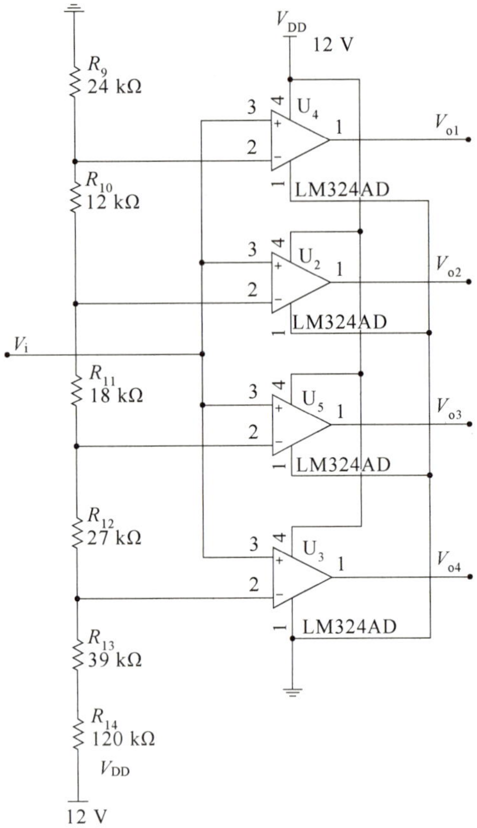

图 2.55　电压比较电路

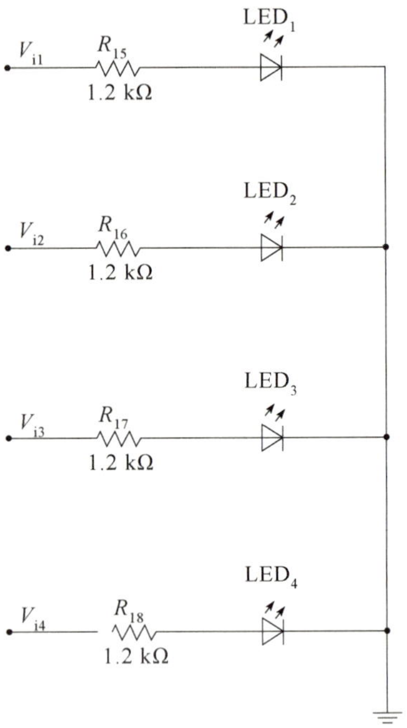

图 2.56　发光二极管显示电路

2.1.7.4　整体电路设计

整体电路由电流电压转换电路、电压比较电路和发光二极管显示电路组成，如图 2.57 所示。第一部分为电流电压转换电路，由微电流源、被测三极管和差分电路构成，微电流源提供30 μA 电流作为被测三极管的基极电流，被测三极管集电极电流和基极电流有 β 倍的放大关系，集电极电流流过电阻 R 会有一个电压值 V_1，通过差分电路输出电压 V_2，这样电流值就转化为电压值 V_2 来表示。第二部分为电压比较电路，由基准电压和 4 个 LM324AD 比较器组成，β 值的范围分别为：50~80，80~120，120~180，180~270，270~400，共 5 个挡位，将输出电压 V_2 输入比较电路同相端，与基准电压的 4 个基准点相比较，若输入电压大于基准电压，则会输出高电平，反之则输出低电平。第三部分为发光二极管显示电路，由发光二极管和电阻组成，因为要求比较电路输出为高电平时灯亮，所以发光二极管正向连接，输入端为高电平，连接电阻后输出接地，灯就会亮，反之若为低电平，灯为截止状态则不亮，挡位为 50~80 时灯都不亮，80~120 时 LED_1 亮，120~180 时 LED_1 和 LED_2 亮，180~270 时 LED_1、LED_2 和 LED_3 亮，270~400 时 LED_1、LED_2、LED_3 和 LED_4 全亮，通过灯亮的个数来表示出相应的挡位，就可以实现分选三极管 β 值的功能。

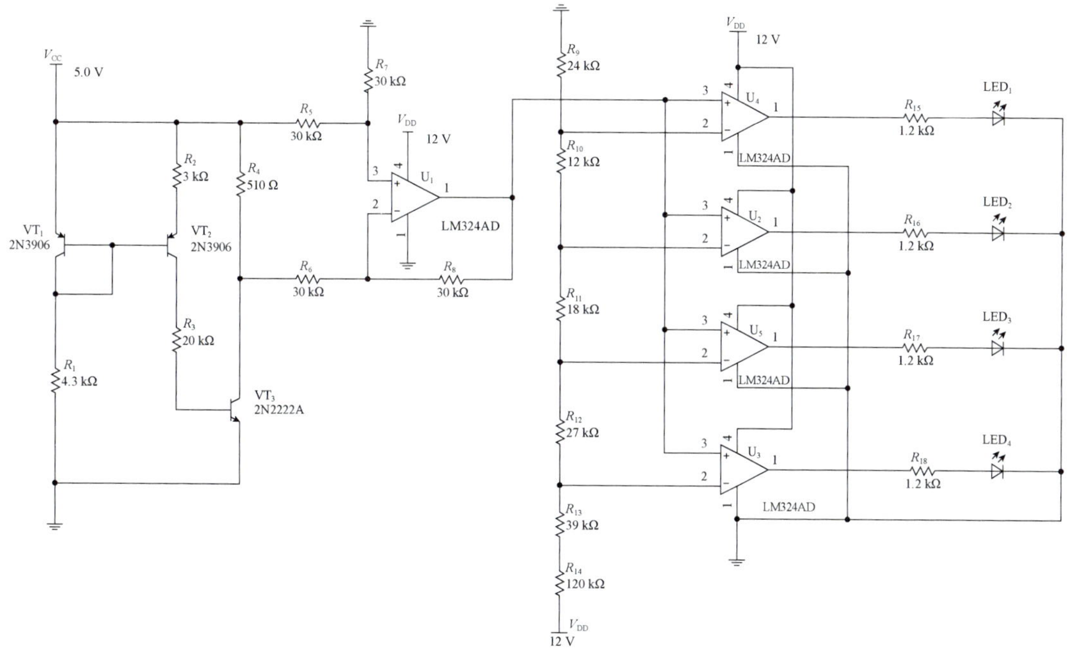

图 2. 57　整体电路

2. 1. 7. 5　电路仿真

对整体电路进行仿真测试，改变三极管 β 值，观察发光二极管状态，可知三极管 β 值的挡位，图 2. 58、图 2. 59 分别为三极管 β 值为 300 和 150 时的仿真结果。

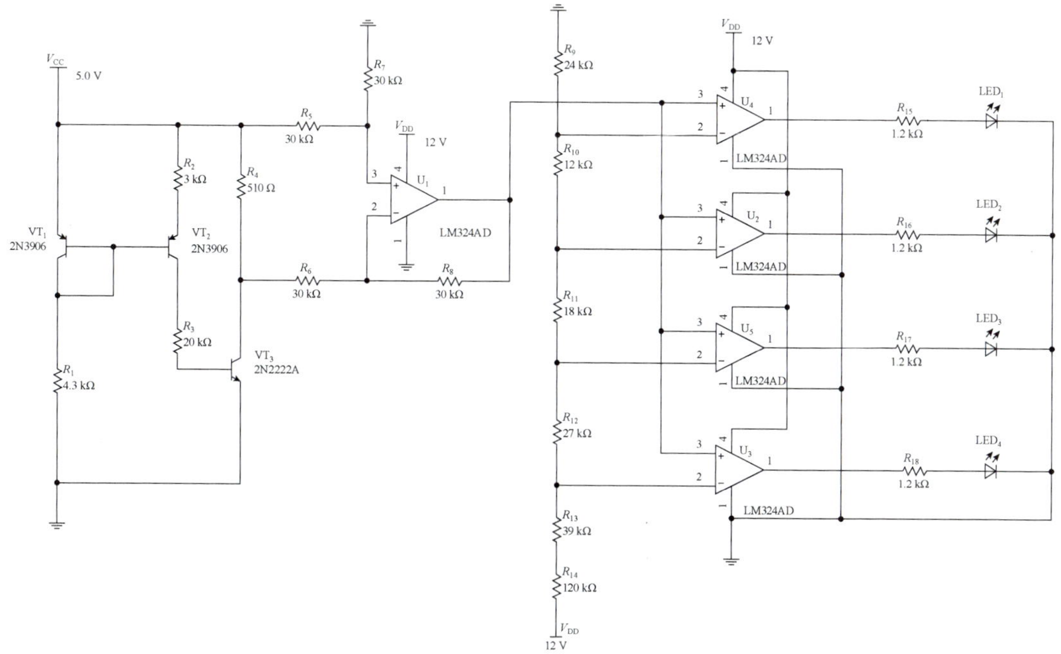

图 2. 58　β 值为 300 时的仿真结果

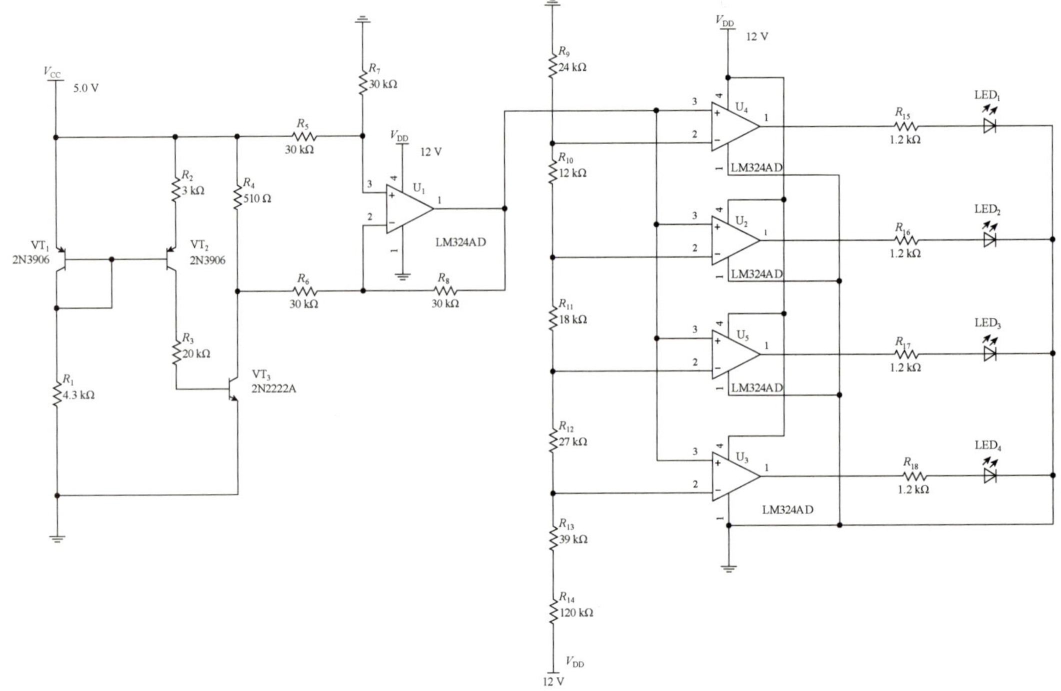

图 2.59 β 值为 150 时的仿真结果

2.1.8 高精度线性放大器

2.1.8.1 任务与要求

（1）设计任务。

高精度线性放大器是一个可以将微小的、变化缓慢的直流或交流信号精确放大的线性放大器，需要采用高精度运算放大器（简称运放）来设计。高精度运放主要是指失调和噪声非常低，增益和共模抑制比非常高的运放，这样才能达到高精度的目的。高精度线性放大器由运放、直流稳压电源等部分电路组成。

（2）技术要求。

a. 线性失真度不大于 0.5%。

b. 放大倍数 2 000。

c. 输入电阻 2 MΩ。

d. 输出电阻 100 Ω。

2.1.8.2 总体设计方案

高精度线性放大器是用来放大微弱、不易观察的信号，这就需要放大器有较高的增益。信号较小时，为了减轻信号源的衰减，放大器必须有很高的输入阻抗。系统放大时，只要求放大特定频率段的信号，对于干扰信号，要求放大器有较高的共模抑制比。另外，由于信号的微弱性，还要求放大器具有低噪声和低漂移的特性。所以本设计采用两级放大电路来满足要求，其中二级放大电路还有滤波的功能。

高精度线性放大器总体设计方案框图如图 2.60 所示。

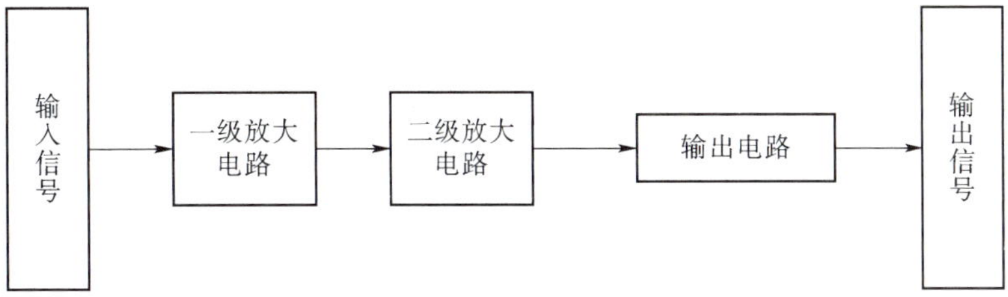

图 2.60　高精度线性放大器总体设计方案框图

2.1.8.3　单元电路设计

（1）一级放大电路。

一级放大电路采用同相比例放大电路，运放 LM741EH 的输入电阻值足够大，满足输入电阻为 2 MΩ 的需求。由于整体电路的输入电阻取决于第一级放大电路，因此其阻值符合输入电阻的要求，电位器用来调零，调整运放本身的偏差。运放 LM741EH 用±12 V 供电，交流信号由信号发生器输入同相端，电阻 R_1、R_2 决定了放大倍数。在运放的电源输入口处放一个电位器，通过改变电阻来调节运放的输入电压，使运放的静态工作点在最合适的位置上。

根据设计原理，一级放大电路如图 2.61 所示。

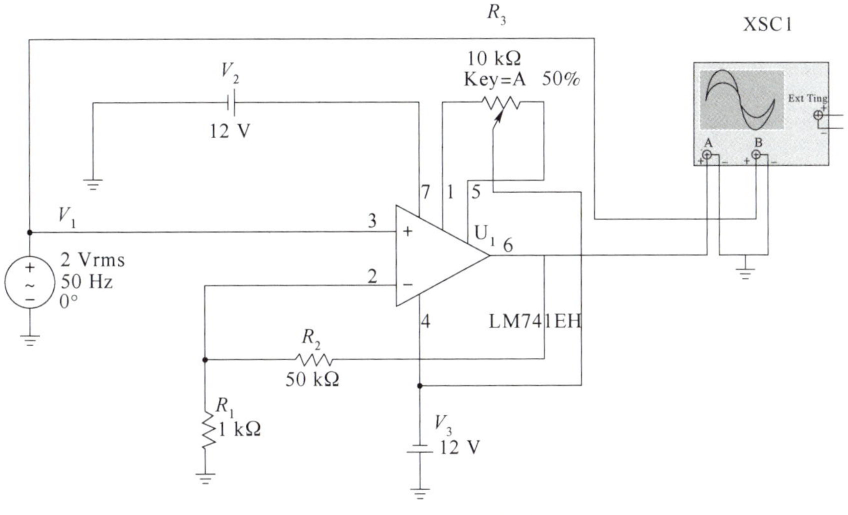

图 2.61　一级放大电路

（2）二级放大电路。

二级放大电路依旧采用同相比例放大电路，来自一级放大电路的输出信号输入二级放大电路的同相端，电阻 R_1 和 R_2 构成反馈元件，电位器用来调节电路的增益，可以抵消掉一级放大电路中被放大的误差，保证符合放大倍数的要求。电路依然用±12 V 供电。

根据设计原理，二级放大电路如图 2.62 所示。

（3）输出电路。

输出电路的输出端采用电压跟随器，起缓冲、隔离、提高带载能力的作用，对前级电路呈高阻状态，对后级电路呈低阻状态。电压跟随器的输入阻抗很大，输出阻抗很小，可以看成是一个阻抗转换的电路，这样可以提高原来电路带负载的能力，输出端接 100 Ω 的电阻，

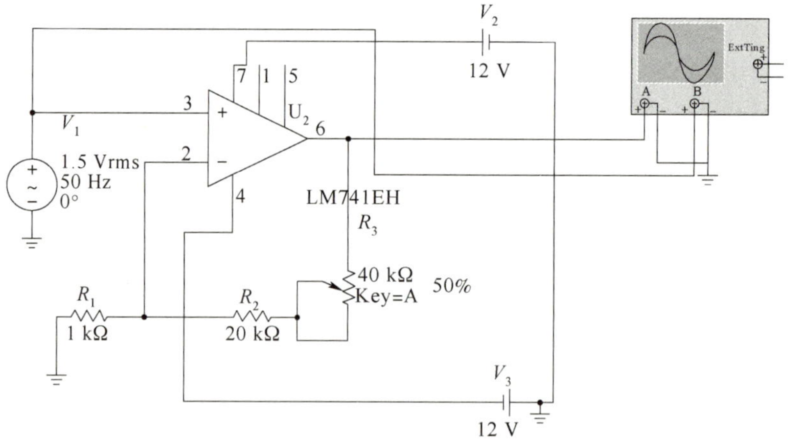

图 2.62　二级放大电路

满足输出电阻 100 Ω 的要求，因为其电压增益恒小于但接近于 1，对整体电路增益基本不贡献。来自二级放大电路的信号通过限流电阻接入跟随器的同相输入接口，反相端和输出端短接。

根据设计原理，输出电路如图 2.63 所示。

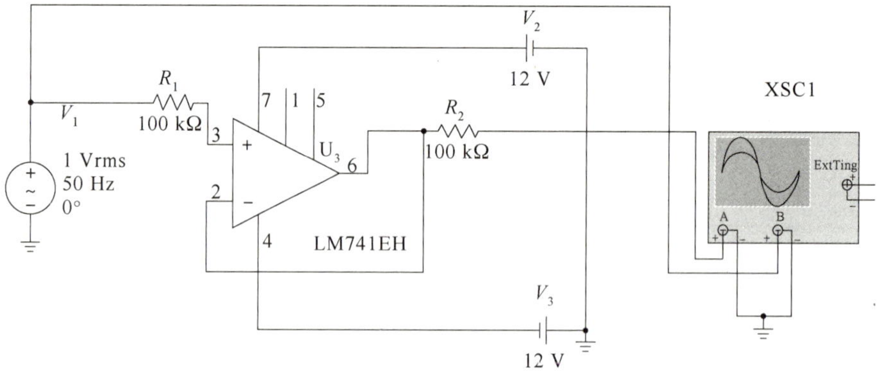

图 2.63　输出电路

2.1.8.4　整体电路设计

高精度线性放大器包括一级放大电路、二级放大电路、输出电路 3 个部分，3 个电路都以 LM741EH 为核心元件，直流偏置电路直接用实验室电源。一级放大电路是基本的同相放大电路，由 LM741 和一个反馈电阻、一个接地电阻构成，放大的倍数是 50 倍；二级放大电路也是同相放大电路，增益可以用电位器调节，由 LM741EH、反馈电阻、接地电阻和一个电位器构成，放大倍数是 20~60 倍，可以输出要求的 40 倍；输出电路设计为携带一个 100 Ω 电阻作为输出电阻的电压跟随器，能够输出稳定的信号。

高精度线性放大器的整体电路如图 2.64 所示，接入±12 V 电源，输入的小信号经过一级、二级放大电路放大后，由电压跟随器输出。

2.1.8.5　仿真测试

对整体电路进行仿真，结果如图 2.65 所示。通道 A 为输出波形，通道 B 为输入波形，

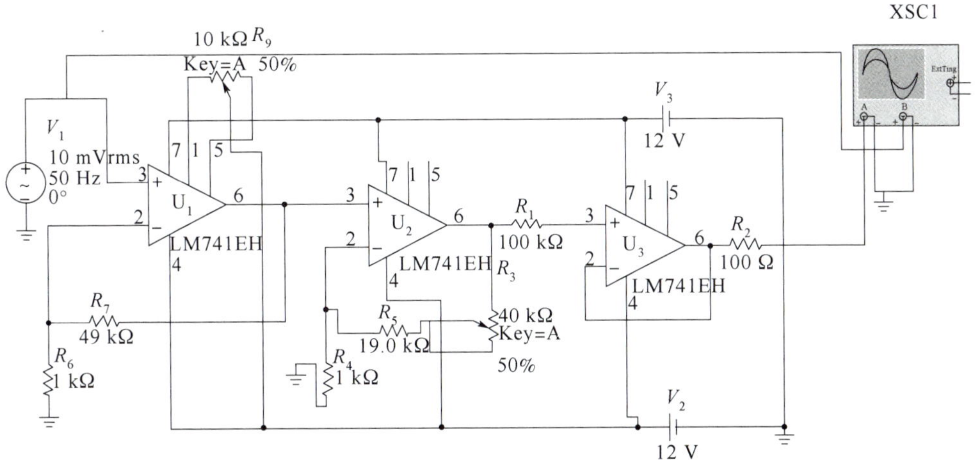

图 2.64　高精度线性放大器的整体电路

可以看出输入波形可以被不失真地放大，且波形质量良好。

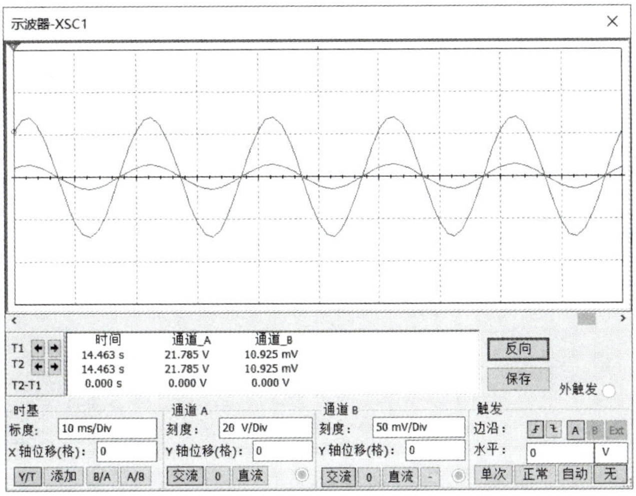

图 2.65　整体电路仿真结果

2.1.9　语音放大器

2.1.9.1　任务与要求

（1）设计任务。

语音放大器是一种既能放大语音信号又能降低外来噪声的仪器。能识别不同频率范围的小信号放大系统。语音放大器是一个典型的多级放大器，由前置放大电路、功率放大电路等部分组成。

（2）技术要求。

a. 采用全部或部分分立元件设计。

b. 额定输出功率 $P_o \geq 5$ W。

c. 负载阻抗 $R_L=4\ \Omega$。

d. 频率响应 300 Hz～3 kHz。

2.1.9.2 总体设计方案

语音放大器由前置放大电路、有源带通滤波电路和功率放大电路这 3 个部分组成。将语音信号作为电路的输入，前置放大电路将微小的语音信号进行放大，再由有源带通滤波电路滤除各种噪声信号，而使正常的语音信号通过，最后由功率放大电路进行功率放大，使信号能够驱动负载（喇叭）。

语音放大器总体设计方案框图如图 2.66 所示。

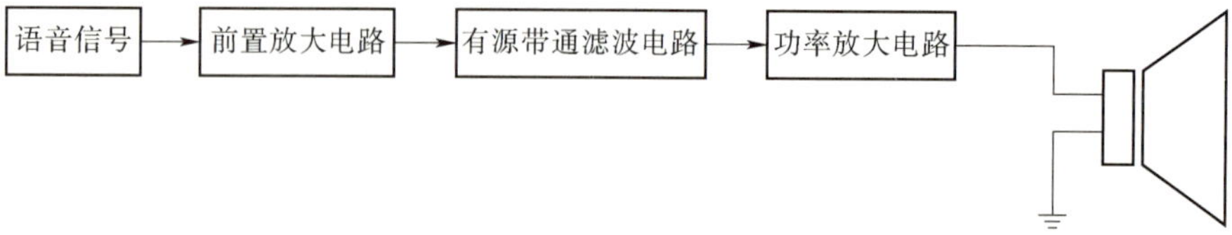

图 2.66 语音放大器总体设计方案框图

2.1.9.3 单元电路设计

（1）前置放大电路。

前置放大电路所接收的信号一般为有用信号与噪声信号的叠加信号，其中有用信号可能仅有若干毫伏，而共模噪声信号可能高达几伏。因此，前置放大电路必须设计成一个抗共模信号干扰强、输入阻抗高、输出阻抗小的小信号放大电路。采用 NE5532P 集成运算放大器、电阻和电容构成电压串联负反馈电路，作为前置放大电路的第一级。

根据设计原理，前置放大电路如图 2.67 所示。

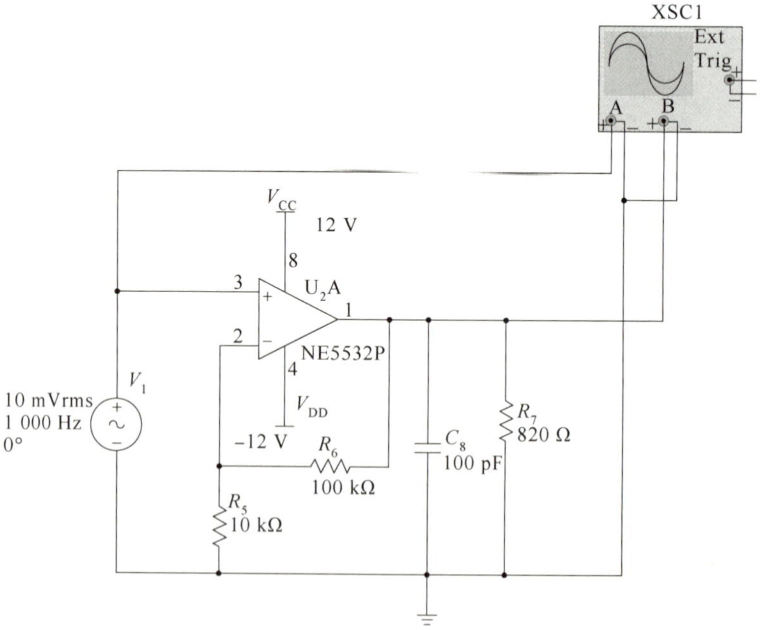

图 2.67 前置放大电路

（2）功率放大电路。

功率放大电路采用 TDA2030 运算放大器。TDA2030 是一块性能十分优良的功率放大集成电路，其主要特点是上升速率高、瞬态互调失真小、输出功率大。输入信号 V_i 通过交流耦合电容 C_1 输入同相输入端 1 脚，交流闭环增益为 32.5。电阻 R_2 同时又使电路构成直流全闭环组态，确保电路直流工作点稳定。

根据设计原理，功率放大电路如图 2.68 所示。

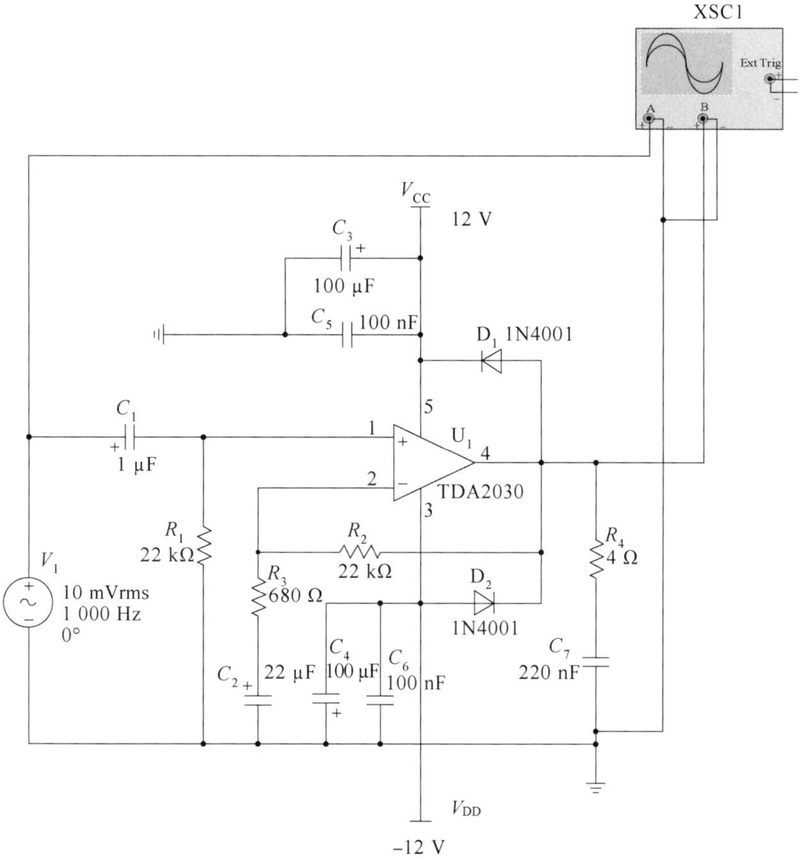

图 2.68　功率放大电路

2.1.9.4　整体电路设计

前置放大电路采用集成运放 NE5532P 组成的放大倍数为 11 倍的同相放大电路，将输入语音信号进行电压放大。功率放大电路采用音频功放芯片 TDA2030，将经过前级放大的语音信号进行功率放大，最终经过扬声器输出无失真的语音信号。语音放大器的整体电路如图 2.69 所示。

2.1.9.5　仿真测试

输入/输出信号比较仿真结果如图 2.70 所示。通道 A 为信号源输入的 10 mV/100 Hz 波形，通道 B 为输出波形，输出电压峰值为 5.077 V。由输入和输出波形可以看出，输入信号被不失真地放大，且波形质量良好。

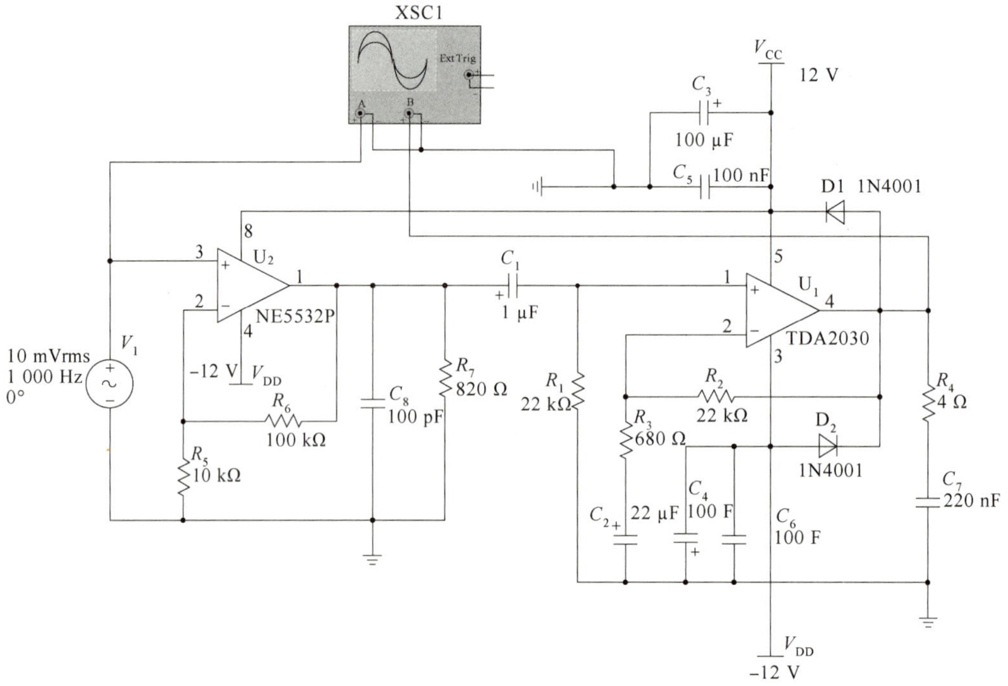

图 2.69　语音放大器的整体电路

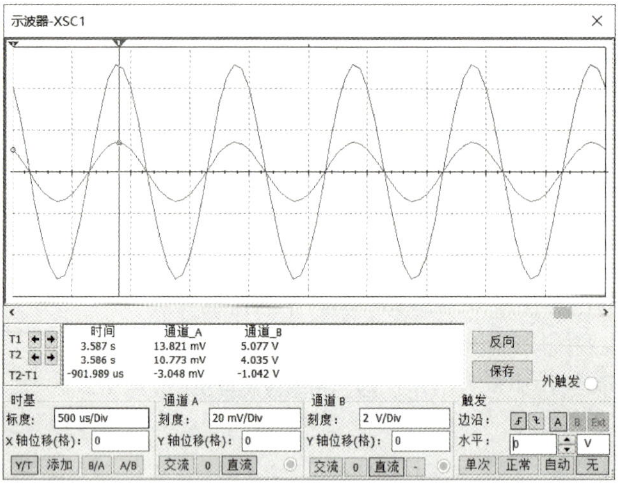

图 2.70　输入/输出信号比较仿真结果

2.1.10　函数发生器

2.1.10.1　任务与要求

(1) 设计任务。

函数发生器是一种能输出多种波形的信号源，可以产生方波、三角波、正弦波等工作波形。函数发生器由方波产生电路、变换电路等部分组成。

(2) 技术要求。

a. 能产生方波、三角波及正弦波等多种波形。

b. 设计电路所需的直流稳压电源。

c. 输出的各种波形工作频率范围为 0.02 Hz~1 kHz 且连续可调。

d. 方波幅值±10 V。

e. 正弦波幅值±10 V。

f. 失真度小于 1.5%。

g. 三角波峰峰值 20 V。

h. 各种输出波形幅值均连续可调。

2.1.10.2　总体设计方案

函数发生器是能自动产生正弦波、三角波、方波、锯齿波、阶梯波等电压波形的电路或仪器。本设计采用由电压比较器和积分器组成的方波-三角波产生电路，电压比较器输出的方波通过积分器转变得到三角波，三角波到正弦波的变换电路主要由低通滤波电路来完成。

函数发生器总体设计方案框图如图 2.71 所示。

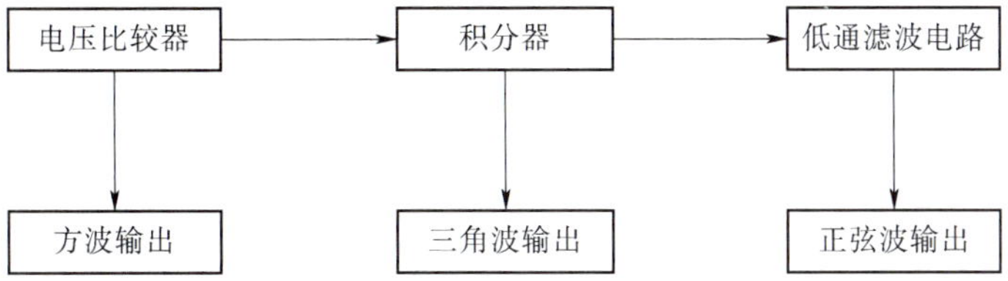

图 2.71　函数发生器总体设计方案框图

2.1.10.3　单元电路设计

(1) 直流稳压电路。

直流稳压电路如图 2.72 所示。锯齿波发生器设计要求各波形幅值为 10 V，所以稳压电源的输出电压为±12 V。采用 220 V/50 Hz 市电输入，由变压器降压、二极管整流电桥整流、滤波电容 C_1 滤波，变为±18 V 直流电压信号。再由 LM7812CT、LM7912CT 两个正负电压稳压芯片进行进一步稳压，C_3、C_4 两个电容用以减小稳压电源输出端由输入电源引入的低频干扰。本电路可以输出稳定的±12 V 电压，可以为构成迟滞电压比较器和积分器的集成运算放大器供电。

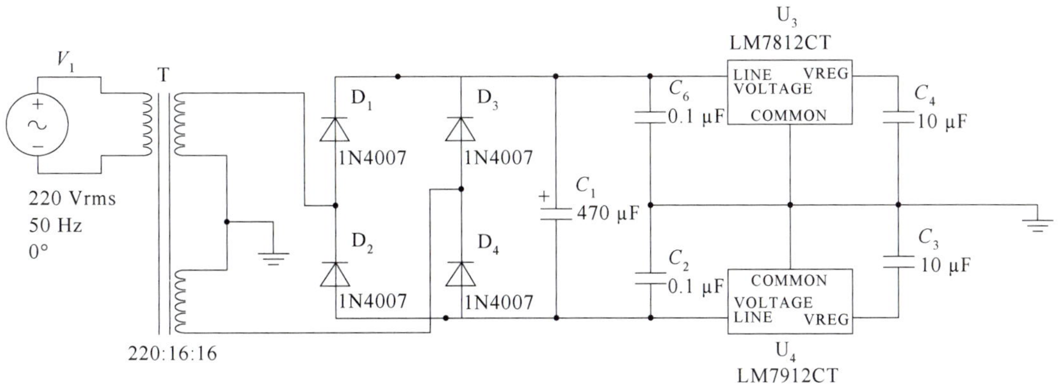

图 2.72　直流稳压电路

（2）方波–三角波电路。

方波–三角波电路如图 2.73 所示，运算放大器 A_1 与电阻 R_1、R_2、R_6 和电位器 R_7 组成电压比较器，C_1 为加速电容，可加速比较器的翻转。运放的反相端接基准电压，即 $U_-=0$，同相输入端接输入电压 V_{ia}，R_1 称为平衡电阻。比较器的输出 V_{o1} 的高电平等于正电源电压 $+V_{CC}$，低电平等于负电源电压 $-V_{EE}$（$|+V_{CC}|=|-V_{EE}|$），当比较器的 $V_+=V_-=0$ 时，比较器翻转，输出 V_{o1} 从高电平跳到低电平 $-V_{EE}$，或者从低电平 V_{EE} 跳到高电平 V_{CC}。

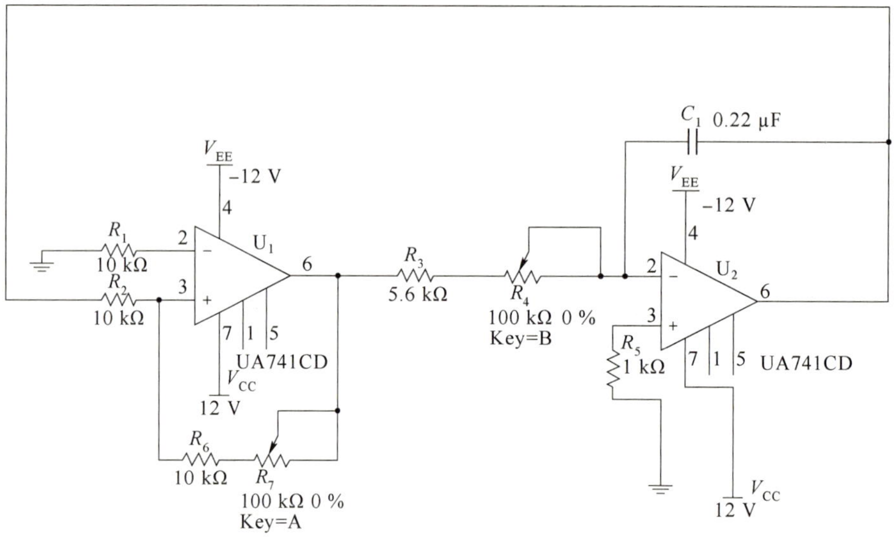

图 2.73　方波–三角波电路

设 $V_{o1}=+V_{CC}$，则：

$$V_+=\frac{R_2}{R_2+R_3+R_7}(+V_{CC})+\frac{R_3+R_7}{R_2+R_3+R_7}V_{ia}=0 \tag{2.10}$$

将上式整理，得到比较器翻转的下门限 V_{ia-} 为：

$$V_{ia-}=\frac{-R_2}{R_3+R_7}(+V_{CC})=\frac{R_2}{R_3+R_7}V_{CC}=0 \tag{2.11}$$

由以上两式可以得到如下结论。

a. 电位器 R_4 在调整方波–三角波的输出频率时，不会影响输出波形的幅度。若要求输出频率的范围较宽，可用 C_2 改变频率的范围，R_4 实现频率微调。

b. 方波的输出幅度应等于电源电压 $+V_{CC}$。三角波的输出幅度应不超过电源电压 $+V_{CC}$。电位器 R_7 可实现幅度微调，但会影响方波–三角波的频率。

（3）正弦波电路。

正弦波电路由放大电路、选频网络、正反馈网络和稳幅环节 4 个部分组成。其振荡是电路的自激振荡，由直流信号变成正弦信号的过程。它是由放大、反馈、选频和稳幅环节组成，属于正反馈回路。正弦波电路如图 2.74 所示，UA741CD 为放大环节，R_8 和 RC 串并联构成正负反馈，RC 串并联也是选频环节。

2.1.10.4　整体电路设计

函数发生器整体电路如图 2.75 所示。其中，直流稳压电路未画在整体电路中，具体电路见图 2.72。

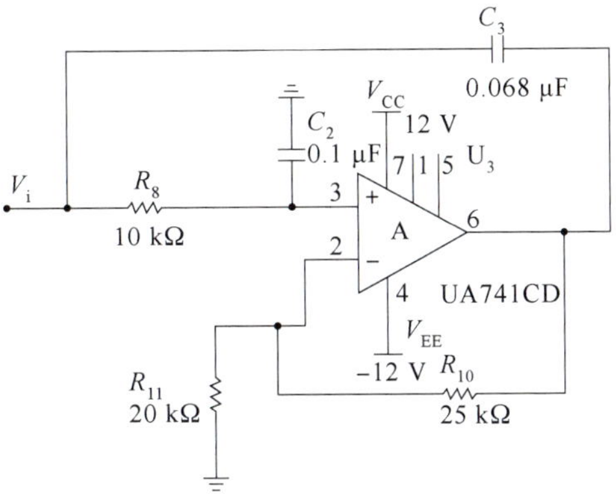

图 2.74　正弦波电路

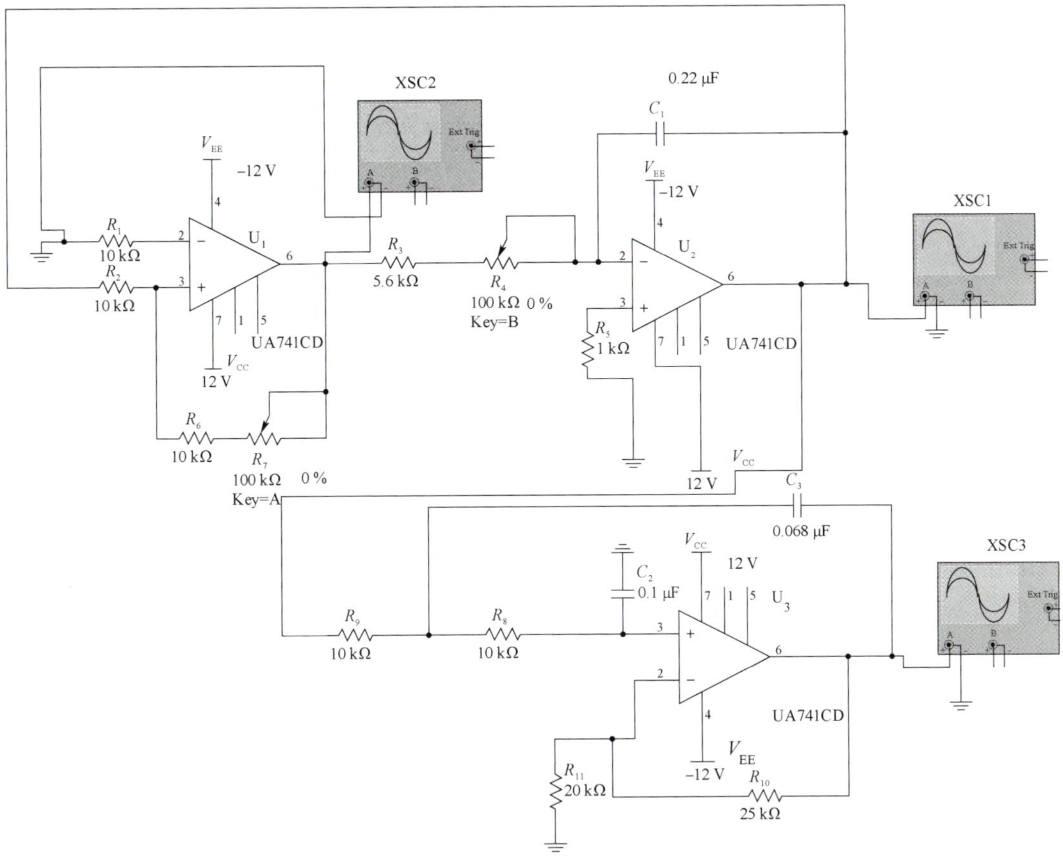

图 2.75　函数发生器整体电路

2.1.10.5　电路仿真

对整体电路进行仿真，结果如图 2.76～图 2.78 所示。图 2.76 所示为方波输出波形，图 2.77 所示为三角波输出波形，图 2.78 所示为正弦波输出波形，通过调节 R_4 可以调节频率，通过调节 R_7 可以调节幅值。由仿真波形图可以看出，输出波形质量好，实现了预期功能。

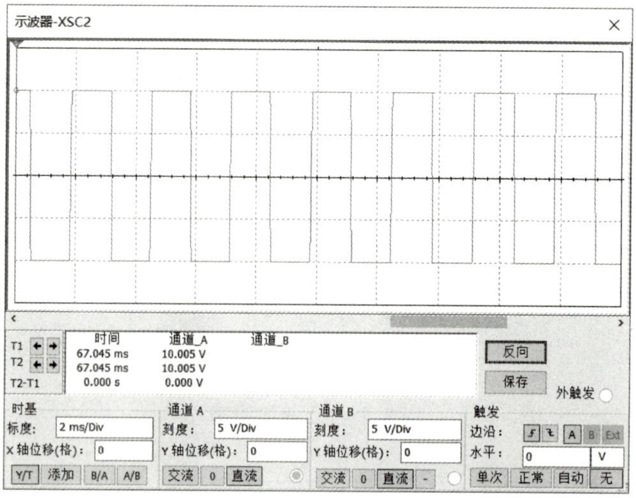

图 2.76　方波输出波形

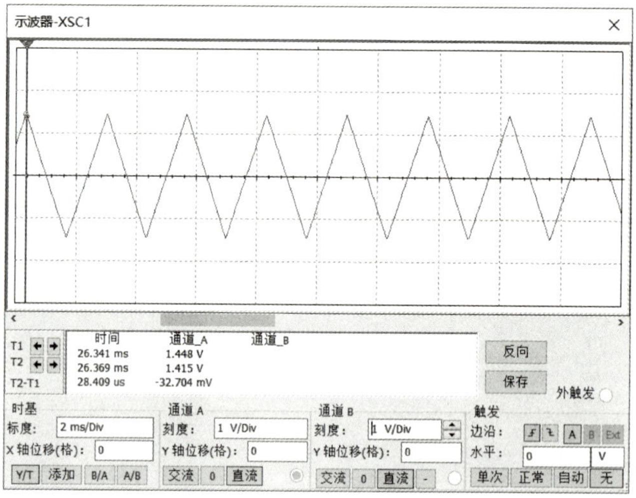

图 2.77　三角波输出波形

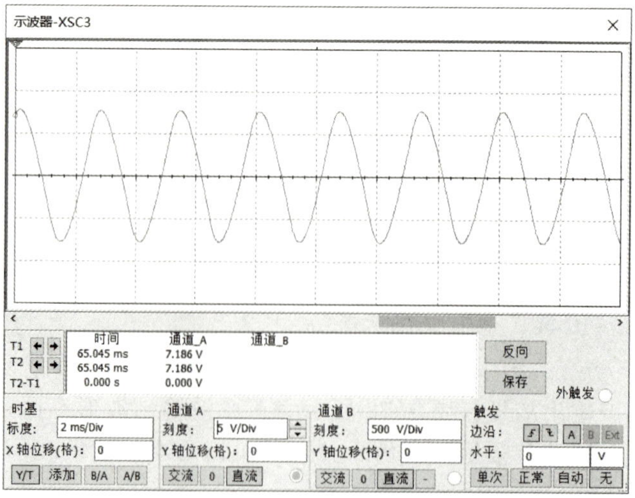

图 2.78　正弦波输出波形

2.2　模拟电路中常用的典型电路

2.2.1　直流供电电源电路

常用的电子电路几乎都需要直流电源为其提供能量，电子设备的电源通常为公共电网，即 220 V/50 Hz 正弦交流电。因此需要电路将 220 V/50 Hz 正弦交流电转换为稳定的直流电，常见的电路结构为变压器降压、整流、滤波、稳压电路几个部分。变压器的作用主要是调整电压幅值及隔离；整流电路的功能是将交流电转换成为脉动直流电；滤波电路将脉动直流中的交流成分滤除，减少交流成分，增加直流成分；稳压电路的功能是当电网电压波动或负载发生变化导致输出变化时，实现反馈调整以实现稳定输出，该部分电路通常做成集成器件称作三端稳压器。变压器降压、整流、滤波电路在前面 2.1.6 小节已有介绍，此处不再赘述，下面重点介绍三端稳压器。

2.2.1.1　固定输出三端稳压器

串联型线性集成稳压器是将分立元件构成的串联型稳压电路部分或全部集成在一块硅片上，加以封装后引出管脚做成集成芯片。常见的线性集成稳压器以三端稳压器居多，三端稳压器有两种，一种输出电压固定的被称为固定输出三端稳压器，另一种输出电压可调的被称为可调三端稳压器。它们的基本组成及工作原理都相同，均采用晶体管串联型稳压电路，如固定输出正电压的有 78XX 系列，固定输出负电压的有 79XX 系列等。

固定输出三端稳压器的 78XX、79XX 系列中的 XX 表示固定输出电压的数值，如 7805、7806、7809、7812、7815、7818、7824 等，指输出电压是+5 V、+6 V、+9 V、+12 V、+15 V、+18 V、+24 V，79XX 系列也与之对应，只不过是负电压输出。

78XX 系列集成稳压器构成的稳压电路如图 2.79 所示，其输出电压由集成稳压器决定，若选择的是 7812，则输出电压为 12 V。为了保证电路能够正常工作，要求输入电压至少应大于输出电压 2.5 V。电路中 C_1 的作用是消除输入端引线的电感效应，防止集成稳压器自激振荡，还可以抑制输入侧的高频脉冲干扰，一般选择 0.1～1 μF 的陶瓷电容；输出端电容 C_2 为高频去耦电容用于消除高频噪声，一般选择 0.1～1 μF 的陶瓷电容，在实际布线时应尽可能地将 C_1、C_2 放置在集成稳压器附近；输出端电容 C_3 用于改善稳压电路输出端的负载瞬态响应，根据负载变化情况进行选择，一般选用 100～1 000 μF 的电解电容。D_1 是保护二极管，当输出端电压高于输入端电压时，可防止电流逆向通过稳压器而损坏器件。

固定输出负电压的 79XX 系列电路连线与 78XX 系列基本相同，如图 2.80 所示。需要注意的是引脚连接顺序，78XX 和 79XX 的引脚 TO-220 封装的排列顺序如图 2.81 所示。

为了保证电路能够正常工作，虽然要求输入电压应大于输出电压 2.5 V，但输入端电压与输出端电压的压差不要太大，压差过大会增加稳压器上的功耗，过大的稳压器功耗很有可能会损坏集成稳压器，使用时要保证稳压器消耗的功率不超过额定值，塑料封装（TO-220）的最大功耗为 10 W（加散热器），金属壳封装（TO-3）的最大功耗能达到 20 W（加散热器）。

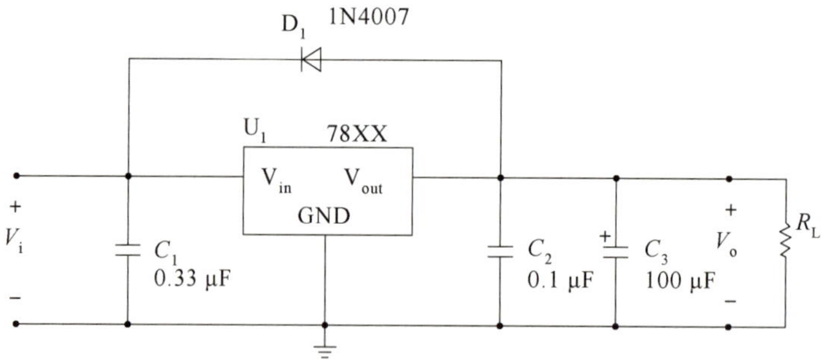

图 2.79　78XX 系列集成稳压器构成的稳压电路

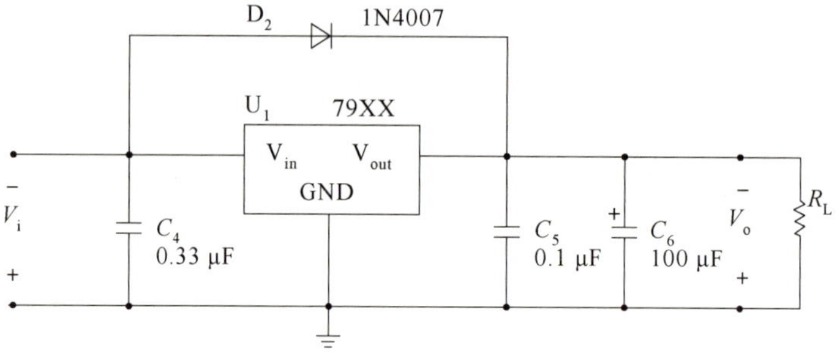

图 2.80　固定输出负电压的 79XX 系列电路

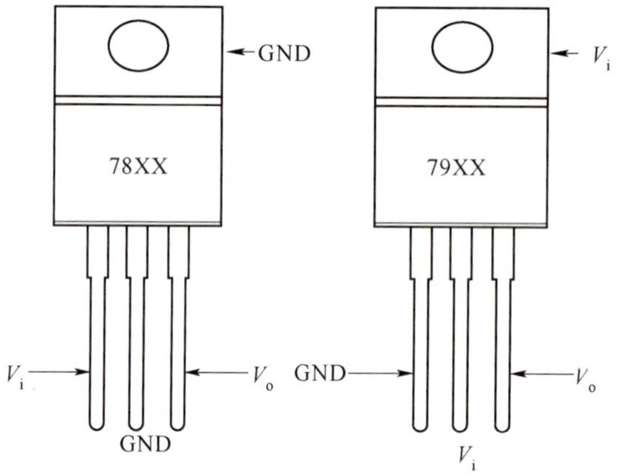

图 2.81　78XX 和 79XX 的引脚 TO-220 封装的排列顺序

同样，电流也有限制，普通塑料封装（TO-220）稳压器的最大输出电流为 1.5 A，但需要加装一定大小的散热器。如果使用过程中不加装散热器，为了安全起见，输入/输出压差应控制在 2.5~5 V 之间，输出电流不应超过 0.5 A。

例如，用 7805 搭建一个 5 V/1 A 的稳压电路，整流滤波以后的输入电压最好为 7.5~10 V，由于输出电流较大，需要在 7805 上加装一个足够大的散热器。

可以采用两个输出电压等级相同的固定输出三端稳压器，构成具有双电源输出的稳压电路，如图 2.82 所示。若使用的是 7812 和 7912，则输出电压为±12 V。需要注意的是，在连接这个电路的时候，需要选择具有中间抽头的对称双输出变压器或相同双输出（异相端需要短接）变压器，且电路只能使用一个整流桥，中间抽头（相同双输出变压器短接的异相端）与电路中的地相连。

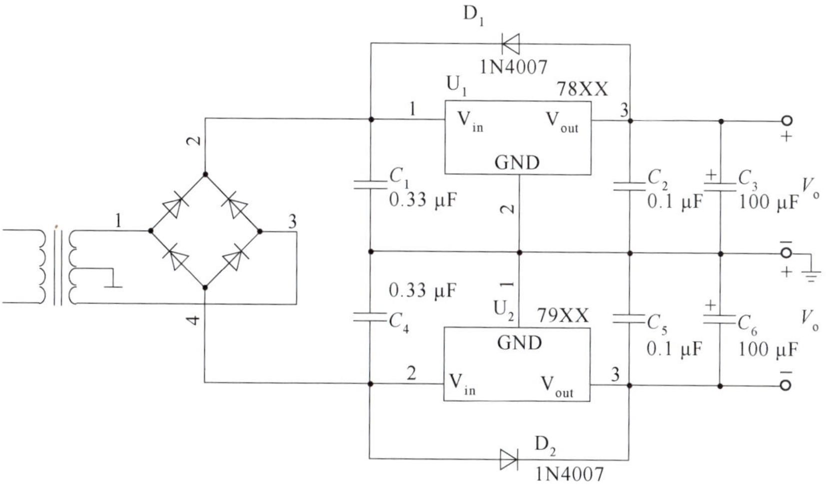

图 2.82　双电源输出稳压电路

2.2.1.2　可调三端稳压器

可调三端稳压器将调节电阻作为外接元件来控制，稳压器本身没有接地端。常见的电压可调正电压输出的有 117/217/317 系列（控制输出电压为 1.2~37 V 连续可调），电压可调负电压输出的有 137/237/337 系列（控制输出电压为−37~−1.2 V 连续可调）等。可调三端稳压器和固定输出三端稳压器一样，也用字母表示不同输出电流加以区分，L 表示输出电流为 0.1 A，M 表示输出电流为 0.5 A，没有标识的塑料封装（TO-220）输出电流为 1.5 A、金属壳封装（TO-3）输出电流为5 A等。如 LM317M 表示的是该稳压器的输出电压是 1.2~37 V 可调，输出电流为 0.5 A。

可调三端稳压器可以说是在固定输出三端稳压器的基础上发展起来的，稳压器的输出电流几乎全部流到输出端，流到公共端的电流 I_{ADJ} 非常小，最大的时候在 50 μA 左右（不同公司生产的略有差异，有的能达到 100 μA），由于该电流非常小，因此通常忽略不计。可调三端稳压器内部还有一个电压基准 V_{REF} 为 1.25 V（个别公司生产的略有差异，通常在 1.2~1.3 V 之间），设计电路的时候，可以按照 $V_{REF}=1.2$ V（精确计算可以按照 $V_{REF}=1.25$ V）进行计算。LM317 基本应用电路如图 2.83 所示。

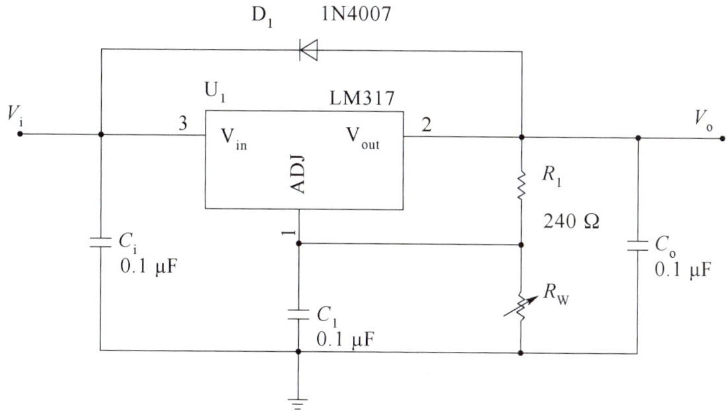

图 2.83　LM317 基本应用电路

电路中输出端电压 V_O 与参考端电压 V_{ADJ} 的电压差为 V_{REF}，为了方便计算，R_1 的取值通常为 $V_{REF}=1.2$ V 的整数倍，一般在 120 Ω~1 kΩ 之间取值，典型应用时 R_1 取 240 Ω，则该应用电路的输出端电压为：

$$V_o = V_{REF}\left(1+\frac{R_W}{R_1}\right) \tag{2.12}$$

2.2.2 信号产生电路

信号产生电路是指在没有外部输入的情况下，能够自行产生一定幅度、一定函数特性的信号输出电路。由于信号产生电路通常是周期性的，且产生的信号波形具有一定的规则函数特性，因此人们常把这些电路称为振荡电路。信号产生电路广泛应用于各种电子设备，如模拟通信中的载波信号、电子测量仪器中的信号源、数字系统的时钟源等。

根据信号产生电路输出的信号是否具有周期性，可将其分为周期信号产生电路、非周期信号产生电路、噪声信号产生电路。电子技术基础课程设计中常使用的是周期信号，因此这里只介绍周期信号产生电路（振荡电路）。根据其输出信号的波形不同，可分为正弦波信号产生电路和非正弦波信号产生电路。正弦波信号产生电路按电路振荡形式不同还可分为 *RC* 电路、*LC* 电路和石英晶体电路，非正弦波信号包括矩形波信号、三角波信号、锯齿波信号、脉冲信号等。

常用的正弦波信号产生电路属于反馈式正弦波信号产生电路，主要包括放大电路、反馈网络、选频网络和稳幅电路，其电路框图如图 2.84 所示。放大电路将直流电源供给的能量转换成交流能量输出；反馈网络组成正反馈并保证反馈电压与放大电路输入电压相同；选频网络用来确定振荡的频率并起到滤波作用，可以有不同的电路形式（*RC*、*LC*、石英晶体等）；稳幅电路用来保证信号稳态输出。另外，反馈式信号产生电路要想正常工作，放大电路与反馈网络之间需要满足两个必要条件：一是电路的起振条件 $|\dot{A}\dot{F}|>1$ 且 $\varphi_A+\varphi_F=2n\pi(n=1,2,3,\cdots)$，二是稳定振荡条件 $|\dot{A}\dot{F}|=1$ 且 $\varphi_A+\varphi_F=2n\pi(n=1,2,3,\cdots)$。

2.2.2.1 正弦波信号产生电路

实际电路为了产生正弦波，常用的方法是采用 *RC* 振荡、*LC* 振荡和晶体振荡。图 2.85 所示为 *RC* 桥式正弦波振荡电路，图中 R_1、C_1 串联（Z_1）与 R_2、C_2 并联（Z_2）构成的选频网络连接在运算放大器的输出端和同相端之间构成正反馈，R_3、R_4 连接在运算放大器的输出端和反相端之间构成负反馈。正负反馈电路构成电气连接的桥路，运算放大器的输入端和输出端分别跨接在电桥的对角线上，因此这种振荡电路被称为 *RC* 桥式振荡电路（又称文氏电桥电路）。

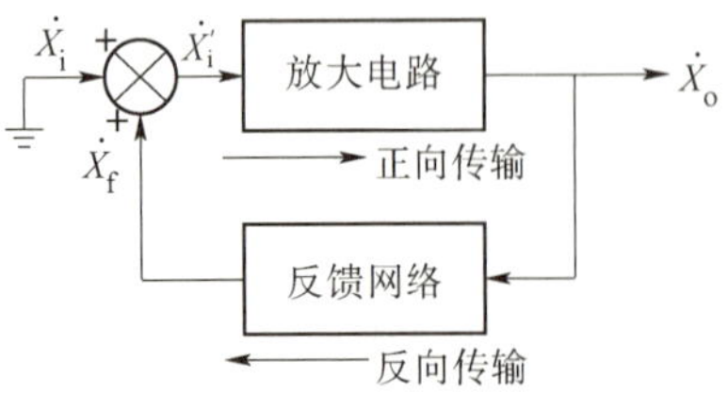

图 2.84　反馈式正弦波信号产生电路框图

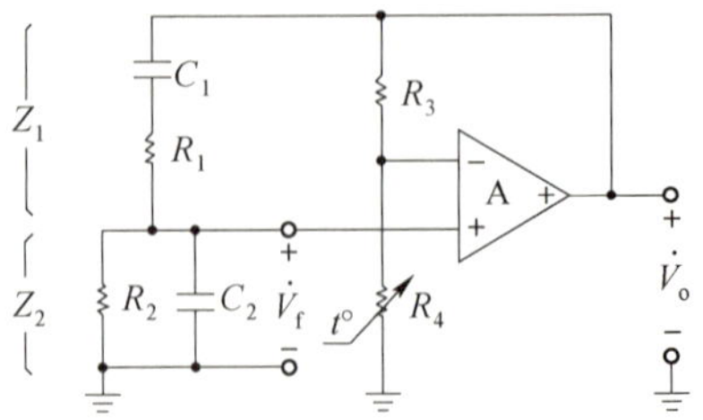

图 2.85　*RC* 桥式正弦波振荡电路

振荡信号由同相端输入构成同相放大器，输出电压与输入电压同相，可以通过集成运算放大器的负反馈电路计算出放大电路的放大倍数：

$$\dot{A}=1+\frac{R_3}{R_4}$$

为满足振荡的幅度条件 $|\dot{A}\dot{F}|=1$，选频网络在 $\omega=\omega_0=\frac{1}{RC}$ 时，只要 $\dot{A}=1+\frac{R_3}{R_4}\geqslant 3$，即 $R_3\geqslant 2R_4$ 构成串联电压负反馈，振荡电路就能满足自激振荡的条件。振荡频率为：

$$f_0=\frac{1}{2\pi RC}$$

该 RC 桥式振荡电路的稳幅作用是靠热敏电阻 R_4 实现的。R_4 是正温度系数热敏电阻，当输出电压升高时，R_4 上的电压升高，功率变大使温度升高，R_4 的阻值增加，负反馈增强，输出幅度下降；反之，输出幅度升高。如果没有正温度系数的热敏电阻，那么采用负温度系数的热敏电阻，应将热敏电阻放置在 R_3 的位置。

LC 正弦波振荡电路的组成与 *RC* 正弦波振荡电路相似，也包括放大电路、正反馈网络、选频网络和稳幅电路。只是其中的选频网络由 *LC* 并联谐振电路构成，正反馈网络因不同类型的 *LC* 正弦波振荡电路而有所不同。另外，还可以采用电感性的石英晶体构成 *LC* 振荡电路产生正弦波，由于石英晶体的品质因数很高，可达到几千以上，因此能够获得很高的振荡频率及稳定性。相关内容在很多参考资料中均有介绍，在此不再详细介绍。

2.2.2.2　非正弦波信号产生电路

方波信号产生电路由迟滞比较电路和 *RC* 积分电路构成，如图 2.86 所示。图中反馈电阻 R_f 和电容 *C* 组成积分电路（常称为定时电路），将输出的电压反馈到集成运算放大器的反相端，比较器的输出端连接电阻 *R* 和反馈电阻 R_f 构成迟滞比较电路。

电路在电容的交替充放电过程中完成振荡过程，当输出电压达到最大即 $v_o=V_Z$ 时，电容充电；随着电容两端电压的不断上升，当电容两端电压上升到略大于电阻 R_2 的电压时，比较器输出为低电平，随之电容开始放电；当电容两端电压低于电阻 R_2 上电压时，比较器输出为高电平，即输出电压最大 $v_o=V_Z$，此时电容又开始充电过程。重复电容充放电的过程，输出端就可以得到图 2.87 所示的方波信号产生电路的电容端电压及输出波形。

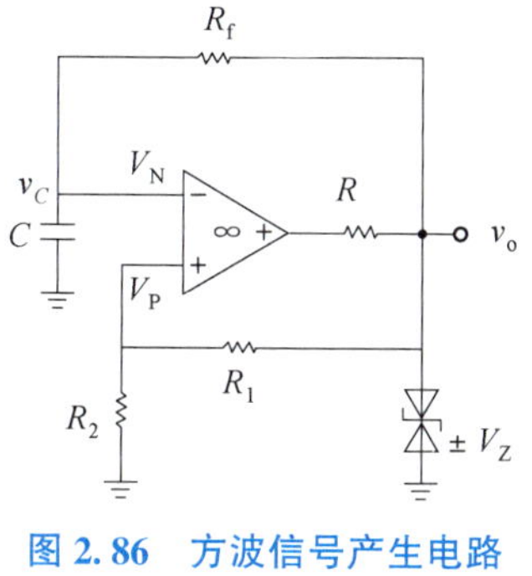

图 2.86　方波信号产生电路

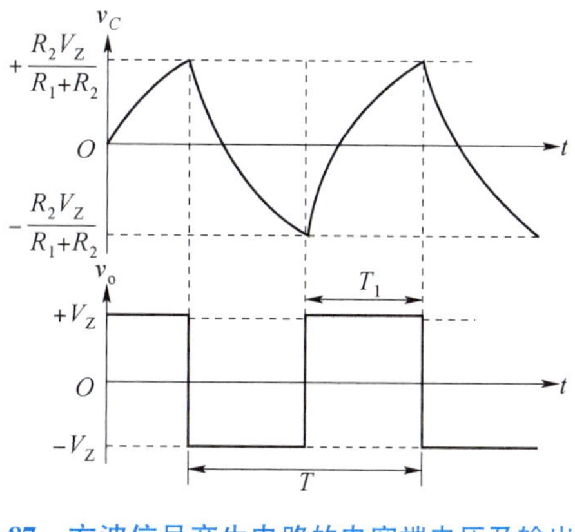

图 2.87　方波信号产生电路的电容端电压及输出波形

方波信号产生电路结构简单，按照图 2.86 所示连接电路，就能够得到理想的方波信号波形。方波信号产生电路的具体振荡频率可以通过一阶 RC 电路的电容端电压变化规律推导出来，方波信号产生电路的振荡频率为：

$$f=\frac{1}{T}=\frac{1}{2R_fC\ln\left(1+\frac{2R_2}{R_1}\right)}$$

可见方波信号产生电路的振荡频率和电路时间常数 R_fC 和 R_2/R_1 有关，而输出电压的幅值却与之无关。在实际搭建电路的时候，通过改变时间常数 R_fC 来调节振荡频率，调节 R_1、R_2 和 V_Z 来改变输出电压的幅值。

如果选用通用型的比较器搭建该电路，建议振荡频率不要超过 100 kHz，否则将导致波形失真严重，如果想要得到更高频率的方波信号产生电路，那么需要采用高速电压比较器。另外，可以将电容和放电回路分开，使得充电和放电时间常数不相等，通过改变电容充放电时间常数，可以得到不同占空比的方波信号。

在方波信号产生电路的基础上，可以利用积分电路，将方波信号波形变成三角波电压信号，图 2.88 所示为三角波信号产生电路。

三角波信号产生电路由同相输入迟滞比较器和反相输入积分电路组成，其中同相输入迟滞比较器的反相端并没有连接反馈电阻和接地电容，但其实际是根据积分电路的电容充放电得到v_{o1}的方波输出的，得到的方波信号经过后级积分电路的作用，输出三角波。三角波信号产生电路的输出波形如图 2.89 所示。

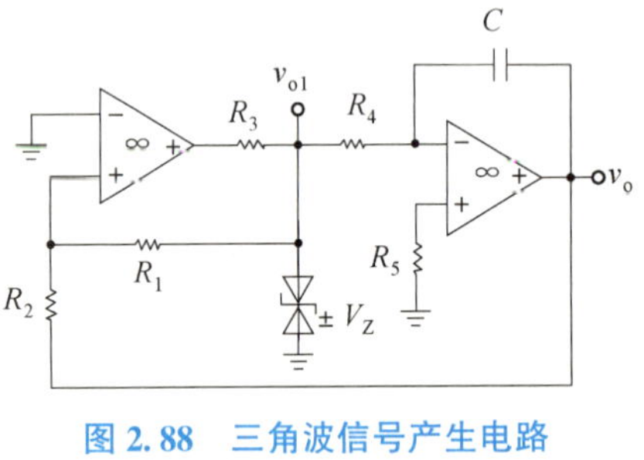

图 2.88　三角波信号产生电路

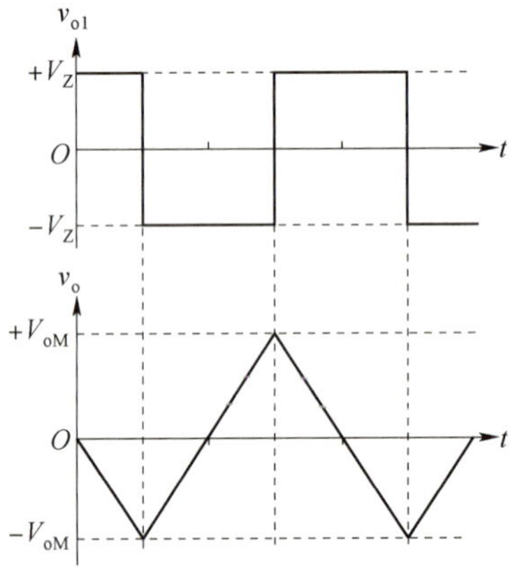

图 2.89　三角波信号产生电路的输出波形

其输出三角波电压峰值为：

$$V_{oM}=\pm\frac{R_1}{R_2}V_Z$$

振荡频率为：

$$f=\frac{1}{T}=\frac{R_2}{4R_1R_4C}$$

由此可知，改变R_4C 或$\frac{R_1}{R_2}$的比值均可以改变振荡频率，但由于改变$\frac{R_1}{R_2}$不仅改变振荡频率，还改变输出电压幅值，因此习惯将$\frac{R_1}{R_2}$设置为固定值，只是通过改变R_4和 C 的值来调整振荡频率。通常采用可调电容 C 来粗调频率，采用可调电阻R_4来精确调整频率。

另外，比较器还可以搭建锯齿波信号产生电路。锯齿波实际上是不对称的三角波，其波形上升时的斜率和下降时的斜率不相等。因此锯齿波信号产生电路实际是在三角波信号产生电路的基础上，对积分电阻稍加调整，使得积分电容的充放电时间不相等，从而得到锯齿波电压信号。

2.2.2.3　集成函数信号产生电路

集成芯片高速发展的今天，有很多高品质的集成信号产生电路，可以产生高品质的正弦波、方波、三角波和矩形波等信号波形，不仅外围电路结构简单，还可以通过调整相应芯片引脚的电压（或电平）实现输出波形的频率、幅度或者波形参数（如占空比等）的调整，如 ICL8038、MAX038 等。

2.2.3　信号放大电路

信号放大电路是电子线路中常见的电路之一，可以说无处不在，在很多场合都有应用，如信号的调整、电压放大、电流放大、功率放大等。

放大电路的分类方法有很多：根据放大电路中使用的放大元件来划分，可分为单管放大电路、双管放大电路、多管放大电路和集成放大电路等；根据放大电路的功能来划分，可分为电压放大电路、电流放大电路、功率放大电路等；根据放大电路的级数来划分，可分为单级放大电路、多级放大电路等。

2.2.3.1　分立元件构成的放大电路

（1）电压放大电路。

放大电路的核心器件是晶体管，可以采用半导体三极管，也可以采用场效应晶体管，最基本的放大电路就是由一个晶体管组成的电路。一个半导体三极管可以构成共射极、共集电极、共基极 3 种基本组态的放大电路，与此相对应一个场效应晶体管可以构成共源极、共漏极、共栅极 3 种组态的放大电路，其中场效应晶体管组成的共栅极放大电路应用较少。由于由半导体三极管构成的基本共射极放大电路应用最为广泛，因此下面只对基本共射极放大电路进行介绍。

固定偏置的共射极放大电路是最基本的放大电路，如图 2.90 所示。

图 2.90 所示为 NPN 型三极管构成的共射极放大电路，输入信号经过电容 C_{B1}耦合至输入端，经放大电路放大后通过电容 C_{B2}耦合至输出端，图中 C_{B1}、C_{B2}为耦合电容，可使交流信号顺利通过。为了不使信号源及负载对放大电路静态工作点产生影响，要求 C_{B1}、C_{B2}的漏电流很小，防止直流成分通过，因此耦合电容的另外一个作用为隔断直流，电容 C_{B1}、C_{B2}也称为隔直电容。共射极放大电路的交流电压放大倍数为：

$$A_v=\frac{v_o}{v_i}=\frac{-\beta i_B(R'_L)}{i_B r_{BE}}=-\frac{\beta R'_L}{r_{BE}}$$

可以看出，共射极放大电路的输出电压与输入电压相位相反，β 为三极管共射极交流放大系数，i_B 为三极管的交流分量基极电流，r_{BE}为三极管共发射极的等效输入电阻：

$$r_{BE}=\frac{\Delta v_{BE}}{\Delta i_B}\bigg|_{v_{CE}=v_{CEQ}}=\frac{v_{BE}}{i_B}\bigg|_{v_{CE}=v_{CEQ}}$$

已知电路静态参数，可以通过下式得到：

$$r_{BE}=r_{BB'}+(1+\beta)\frac{V_T}{I_{EQ}}$$

式中，$r_{BB'}$为三极管基区体电阻，低频小功率管约为 200 Ω；V_T为温度电压当量，室温情况下其值为 26 mV；I_{EQ}为发射极静态电流。需要注意的是，该式适用于静态电流I_{EQ}为 0.1~5 mA 的情况，否则误差较大。

共射极放大电路的输入电阻 $R_i=R_B /\!/ r_{BE}$，其输出电阻 $R_o=R_C$。

在实际应用中，环境温度的变化、直流电源电压的波动、元件参数的分散性及元件的老化等都会造成静态工作点的不稳定，影响放大电路正常工作，因此通常都会将图 2.90 所示的共射极放大电路改进为图 2.91 所示的基极分压式射极偏置电路。

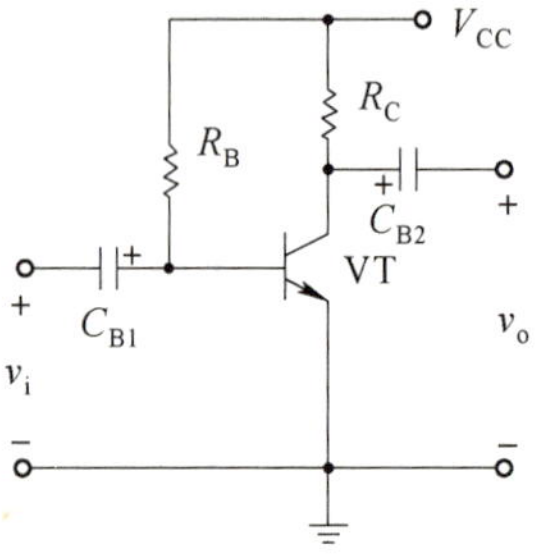

图 2.90　固定偏置的共射极放大电路

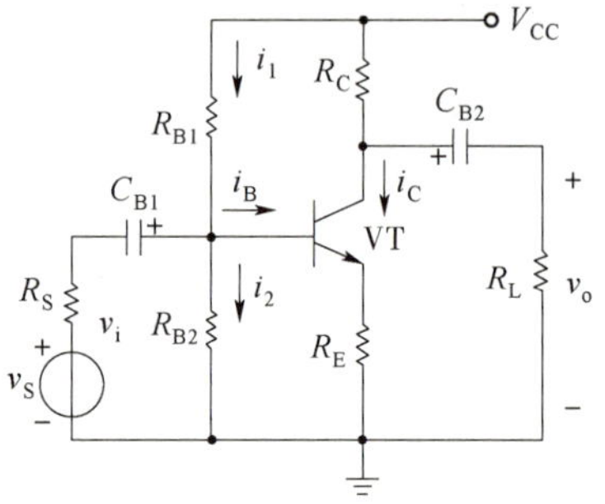

图 2.91　基极分压式射极偏置电路

改进后的电路电压放大倍数为：

$$A_v=\frac{v_o}{v_i}=\frac{-\beta\cdot i_B(R_C /\!/ R_L)}{i_B[r_{BE}+(1+\beta)R_e]}=-\frac{\beta\cdot(R_C /\!/ R_L)}{r_{BE}+(1+\beta)R_E}$$

输入电阻为：

$$R_i=\frac{v_i}{i_i}=\frac{1}{\dfrac{1}{r_{BE}+(1+\beta)R_E}+\dfrac{1}{R_{B1}}+\dfrac{1}{R_{B2}}}$$
$$=R_{B1}\| R_{B2}\|[r_{BE}+(1+\beta)R_E]$$

输出电阻为：

$$R_o\approx R_C$$

可以看出，改善静态工作点后，电压增益降低，输入电阻提高。为了避免增益降低，可以在射极偏置电阻 R_E 旁并联电容进行改进。

（2）功率放大电路。

功率放大电路的种类有很多，从其器件工作状态可以分为甲类、乙类、甲乙类、丙类功率放大电路等几种，其中甲乙类应用较多。甲乙类功率放大电路如图 2.92 所示。为了消除甲类功率放大电路工作效率低和乙类功率放大电路交越失真的缺点，甲乙类功率放大电路在两个放大器件的基极间加入电阻 R_2 和两只二极管进行改善，通过一定的偏置电压消除交越失真。在无信号输入时，放大器件处于微导通状态，有信号输入时，两个放大器件轮流工作，相互交替比较平滑，从而消除了交越失真。甲乙类功率放大电路静态功耗较小，输出功率随输入信号的大小变化，工作效率相对较高。

2.2.3.2　集成运放构成的放大电路

（1）电压放大电路。

运算放大器具有高电压增益、高输入阻抗和低输出阻抗的特性。实际电路中，通常结合反馈网络共同组成某种功能放大电路。运放的种类繁多，广泛应用于各类行业当中。运放的供电方式有双电源供电和单电源供电两种。对于双电源供电运放，在差动输入电压为零时输出也可置零。采用单电源供电的运放，输出在电源与地之间的某一范围变化。

随着半导体集成工艺的发展，集成运算放大电路的性能得到了很大的改进和完善，并根据不同的应用场合，设计并制造了性能及指标有特殊性的多种专用型集成运算放大器。按照集成运算放大器的应用场合和功能参数来分，集成运算放大器可分为通用型运算放大器、高阻型运算放大器、高精度低温漂型运算放大器、高速型运算放大器、低功耗型运算放大器、高压大功率型运算放大器、可编程控制运算放大器等。

运算放大器构成的同相输入比例运算电路也称为同相放大器，电路如图 2.93 所示，可以实现电压放大的功能，电路采用电压串联负反馈连接方式。图中 R_2 为平衡电阻，需要满足 $R_2=R_1//R_f$。同相输入比例运算电路的电压放大倍数为：

$$A_{vf}=\frac{v_o}{v_i}=1+\frac{R_f}{R_i}$$

输出电压 V_o 与输入电压 V_i 同相，电压放大倍数取决于反馈电阻和输入电阻，因此放大倍数大于或等于 1。电路的输入电阻趋近于无穷大，输出电阻趋近于 0，由于输入电阻高，适用于小信号放大。

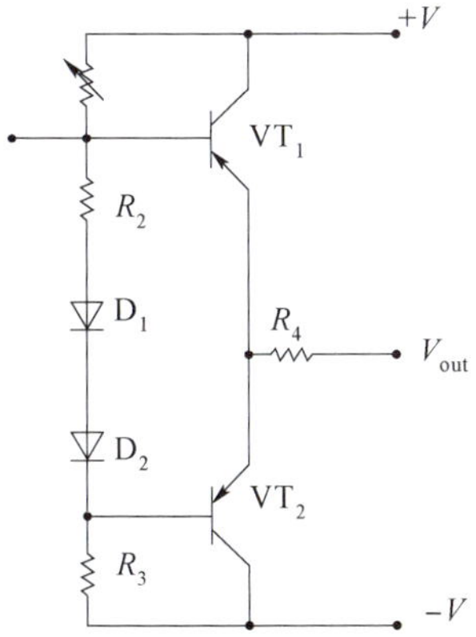

图 2.92　甲乙类功率放大电路

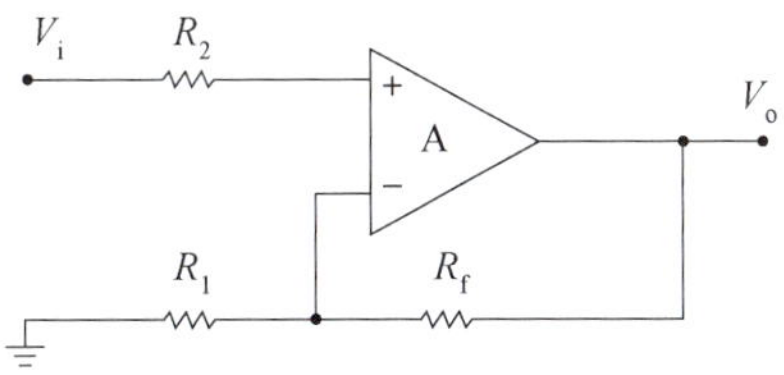

图 2.93　同相输入比例运算电路

如果将图 2.93 中的 R_1 去掉，电路变成图 2.94 所示的两种形式，图（a）中电阻R_f对电路有一定的限流保护作用，此时要求 $R_2=R_f$。由于其输出电压与输入电压相同，具有理想电压跟随特性，因此称为电压跟随器。它输入电阻高（趋近于无穷大），输出电阻趋近于 0，可以将电压跟随器放置在需要隔离的两个电路之间，起到良好的隔离作用。

（2）功率放大电路。

常见的功率放大电路的连接形式主要有 OCL、OTL、BTL 等，其工作方式也有甲类、乙类、甲乙类等。设计功率放大器的方案有很多，采用分立元件也能实现，但电路相对复杂，设计人员不仅需要对电路中各个分立器件的性能参数了如指掌，而且需要有较为丰富经验，才能完成具体的制作与调试，并确保其性能达到规定要求，这对于初学者来说还是很困难的。

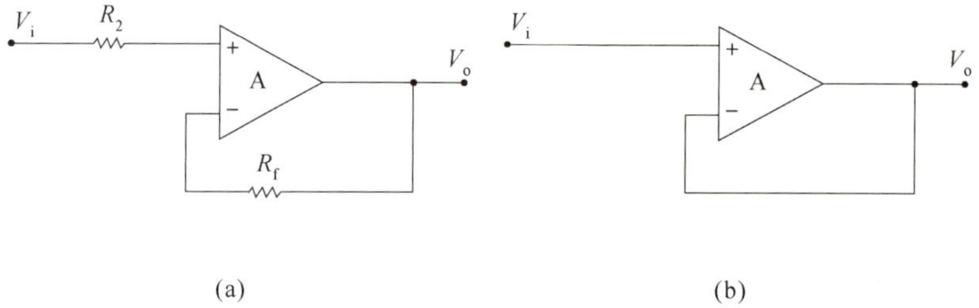

图 2.94 电压跟随器

现在有很多公司把分立元件集成在一起，做成集成的功率放大芯片，一些功率放大器性能非常好，能够满足很多的功率放大设计要求，并且可以根据功率需要选择不同的型号，带宽、非线性失真系数及效率等参数，数据手册上一应俱全。集成的功率放大器具有工作可靠，外围电路简单，保护电路完善，易于制作与调试，性价比高等优点，性能上能够满足普通设计中的性能要求。常见集成优质音频功率放大器有：TDA1521、TDA1514A、TDA2030、LM1875 等，厚膜电路的 STK4044XL、STK4191II 等，表 2.1 中列举了一些常用的集成音频功率放大器参数。

表 2.1 常用的集成音频功率放大器参数

	TDA1521	TDA1514A	TDA2030	LM1875
供给电压 V_P/V	±7.5~±20	±9~±30	±6~±22	±8~±30
输出功率 P_o/W	2×6	28	18	20
频率范围/Hz	20~20 000	20~20 000	20~20 000	20~20 000
封装形式	SOT110-1	SOT131A	TO220-5	TO220-5

单通道音频功率放大器有 TDA2030 和 LM1875，这两种功率放大器在引脚上相互兼容，在性能指标上，LM1875 相对于 TDA2030 有很多优越之处，但 TDA2030 的价格却只有 LM1875 的一半不到。当设计的电路中对输出要求不高时，采用 TDA2030 具有很高的性价比。在电子元器件日益丰富的今天，采用外围器件少、性能优越的电子器件逐渐成为设计者的优选。TDA2030 的基本外围连接电路在 2.1.5 小节已有介绍，这里不再赘述，设计人员根据典型电路正确连接即可，不需要调整任何外围器件，就能够满足设计要求。

2.2.4 信号处理电路

信号处理电路主要是指滤波电路，是一种能使有用频率信号通过而同时抑制无用频率信号的电子装置，工程上常用它来进行信号处理、数据传送和抑制干扰等。这里主要讨论有源滤波电路。

2.2.4.1 有源低通滤波电路

有源滤波电路主要由运算放大器和电阻电容等元件构成，它不仅有滤波功能，还有信号放大作用。二阶低通滤波电路如图 2.95 所示，由两节 *RC* 滤波电路和同相比例放大电路组成，其特点是输入阻抗高，输出阻抗低。

通带电压增益为：

$$A_{VF}=1+\frac{R_f}{R_1}$$

得：

$$A_{VF}=\frac{V_o(s)}{V_P(s)}$$

$$V_P(s)=\frac{1/sC}{R+1/sC}\cdot V_A(s)$$

$$\frac{V_i(s)-V_A(s)}{R}-\frac{V_A(s)-V_o(s)}{1/sC}-\frac{V_A(s)-V_P(s)}{R}=0$$

可得滤波电路传递函数为：

$$A(s)=\frac{V_o(s)}{V_i(s)}=\frac{A_{VF}}{1+(3-A_{VF})sCR+(sCR)^2}$$

令 $A_0=A_{VF}$ 称为通带增益，$Q=\frac{1}{3-A_{VF}}$ 称为等效品质因数，$\omega_c=\frac{1}{RC}$ 称为特征角频率。

则：

$$A(s)=\frac{A_0\omega_c^2}{s^2+\frac{\omega_c}{Q}s+\omega_c^2}$$

注意：当 $3-A_{VF}>0$，即 $A_{VF}<3$ 时，滤波电路才能稳定工作。

将 $s=j\omega$ 代入，可得传递函数的频率响应：

归一化幅频响应：

$$20\lg\left|\frac{A(j\omega)}{A_0}\right|=20\lg\frac{1}{\sqrt{\left[1-\left(\frac{\omega}{\omega_c}\right)^2\right]^2+\left(\frac{\omega}{\omega_c Q}\right)^2}}$$

相频响应：

$$\varphi(\omega)=-\arctan\frac{\frac{\omega}{\omega_c Q}}{1-\left(\frac{\omega}{\omega_c}\right)^2}$$

二阶低通滤波电路的幅频响应如图 2.96 所示。

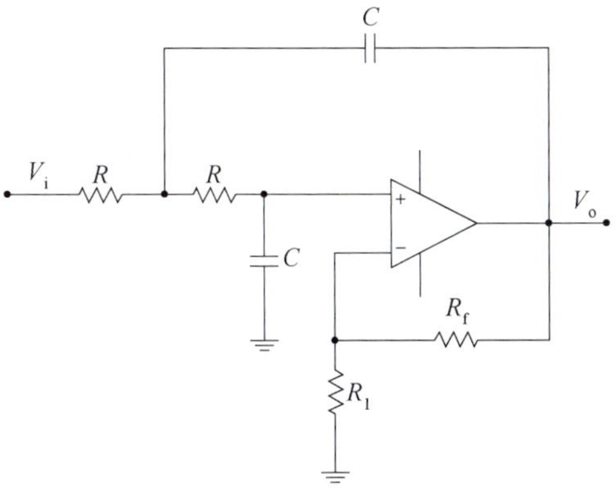

图 2.95　二阶低通滤波电路

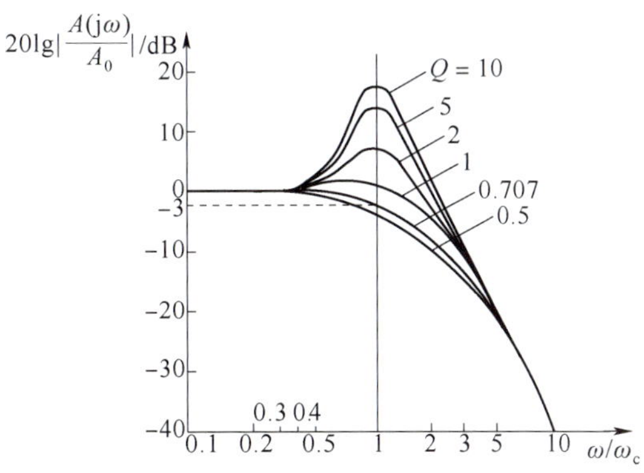

图 2.96　二阶低通滤波电路的幅频响应

当需要进一步改善幅频响应时，可以增加滤波电路阶数。

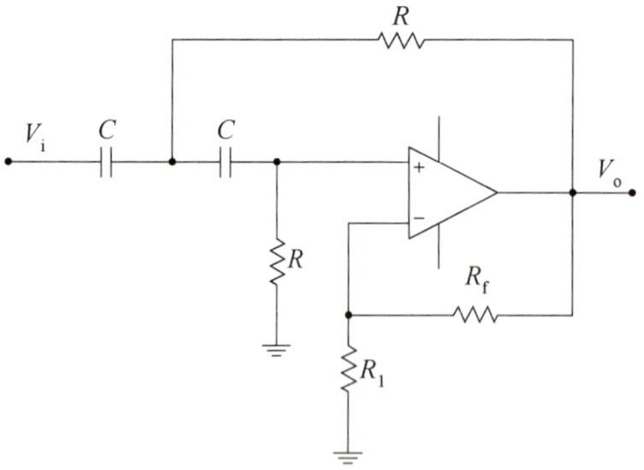

图 2.97　二阶高通滤波电路

2.2.4.2　有源高通滤波电路

将低通滤波电路中的电容和电阻对调位置，便可构成高通滤波电路。二阶高通滤波电路如图 2.97 所示。

传递函数：

$$A(s)=\frac{A_0 s^2}{s^2+\frac{\omega_c}{Q}s+\omega_c^2}$$

归一化幅频响应：

$$20\lg\left|\frac{A(j\omega)}{A_0}\right|=20\lg\frac{1}{\sqrt{\left[\left(\frac{\omega_c}{\omega}\right)^2-1\right]^2+\left(\frac{\omega_c}{\omega Q}\right)^2}}$$

2.2.4.3　有源带通滤波电路

将低通滤波电路与高通滤波电路串联，就得到带通滤波电路，如图 2.98 所示。

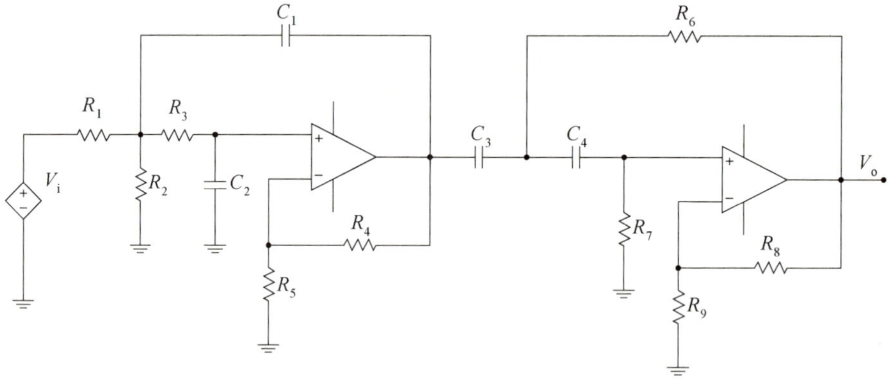

图 2.98　带通滤波电路

其传递函数为：

$$A(s)=\frac{A_{VF}sCR}{1+(3-A_{VF})sCR+(sCR)^2}$$

令：

$$A_0=\frac{A_{VF}}{3-A_{VF}}$$

$$\omega_0=\frac{1}{RC}$$

$$Q=\frac{1}{3-A_{VF}}$$

得

$$A(s)=\frac{A_0\frac{s}{Q\omega_0}}{1+\frac{s}{Q\omega_0}+\left(\frac{s}{\omega_0}\right)^2}$$

其中，ω_0既是特征角频率，也是带通滤波器的中心角频率。

2.3　模拟电路课程设计推荐题目

2.3.1　串联型二路输出直流稳压负电源

2.3.1.1　任务与要求

（1）设计任务。

串联型二路输出直流稳压负电源，通过变压、整流、滤波、稳压等手段，把交流电变成直流电。接通电源后，能输出稳定-12 V 的电压及-5～-12 V 的可调电压，该设计可应用于各种电源应用场合。

（2）技术要求。

a. 一路输出直流电压-12 V。

b. 一路输出-12～-5 V 的连续可调直流电压。

c. 输出电流 $I_{oM}=200$ mA。

d. 稳压系数 $S_r<0.05$。

2.3.1.2　总体设计方案

首先利用原边与副边匝数之比为 10∶1 的降压变压器，将 220 V 的电网交流电降压为 22 V，然后接入由 4 个 1N4007 二极管组成的单相桥式整流电路对其进行整流，再用容量为 470 μF 的电解电容进行滤波，通过滤波电路后，将电路分为两部分，一路由三端稳压器 LM7912 组成，输出恒定直流电压-12 V；另一路由可调三端稳压器 LM337 组成，输出-12～-5 V 可调稳定直流电压。串联型二路输出直流稳压负电源总体设计方案框图如图 2.99 所示。

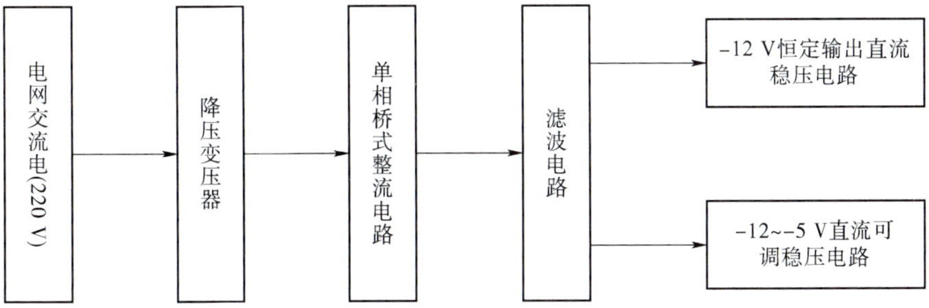

图 2.99　串联型二路输出直流稳压负电源总体设计方案框图

2.3.2 超低频可调正弦信号发生器

2.3.2.1 任务与要求

(1) 设计任务。

超低频可调正弦信号发生器具有产生可变低频信号的功能，可用于通信设备的测试和故障的检修，由振荡电路、放大电路等部分组成。振荡电路用来产生可调低频信号；再由电压放大电路对信号进行放大处理；功率放大电路可用来增大输出功率，以提高带载能力。

(2) 技术要求。

a. 线性失真度不大于 0.5%。

b. 最低频率 1 Hz。

c. 频率调节范围至少分为 3 挡。

d. 应保证电路的温度稳定性。

2.3.2.2 总体设计方案

RC 桥式振荡电路由同相比例放大电路、*RC* 串并联反馈网络、选频网络（也称为 *RC* 串并联网络）组成。通过电容自动充电和放电产生低频振荡，该低频振荡产生的低频信号再通过电压放大电路提高信号幅值。功率放大电路用于实现功率放大，同时提高带载能力，并且可降低静态功耗，即减小静态电流。因此，该发生器主要由 3 个部分组成：*RC* 振荡电路、电压放大电路和功率放大电路。超低频可调正弦信号发生器总体设计方案框图如图 2.100 所示。

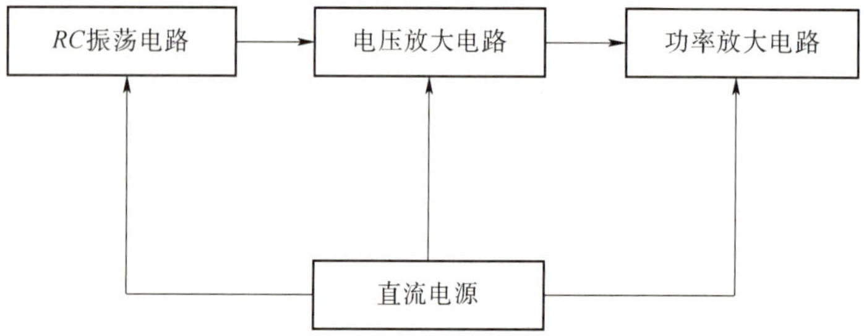

图 2.100　超低频可调正弦信号发生器总体设计方案框图

2.3.3 双工对讲机

2.3.3.1 任务与要求

(1) 设计任务。

采用集成运放和集成功放及阻容元件等构成对讲机电路，实现甲、乙双方异地有线通话对讲。用扬声器兼作话筒和喇叭，双向对讲，互不影响。实现对讲的关键是将声音信号变换成电信号，经过放大、传输后，又将电信号还原成声音信号输出，供对方接收。对讲机电路由声电转换电路和放大电路等部分组成。声电转换电路实现声电信号的转换；放大电路将微弱电信号进行放大，去驱动扬声器发出声音。

（2）技术要求。

a. 用扬声器兼作话筒和喇叭，双向对讲，互不影响。

b. 电源电压为+9 V。

c. $P_o \leq 0.5$ W。

d. 设计电路所需的直流电源。

2.3.3.2　总体设计方案

双工对讲机主要由 4 个部分构成：前置放大电路、消侧音电路、功率放大电路及扬声器。其中，扬声器兼作话筒和喇叭，作为人的音频信号的采集接收转换装置。前置放大电路的作用是放大电信号，因为人们说话的声音通过声电转化器转化的模拟电信号比较小，需经过前置放大器进行电信号放大。接着通过消侧音电路滤除干扰，不让说话者从己方喇叭听到自己的声音。最后通过功率放大电路把处理后的声音通过扬声器还原出来。在整个过程中，直流稳压电路为前置放大电路、消侧音电路和功率放大电路提供稳定的电压。甲讲话通过扬声器、前置放大电路、消侧音电路、功率放大电路，到达乙扬声器。同理，乙到甲的过程也是一样的。双工对讲机总体设计方案框图如图 2.101 所示。

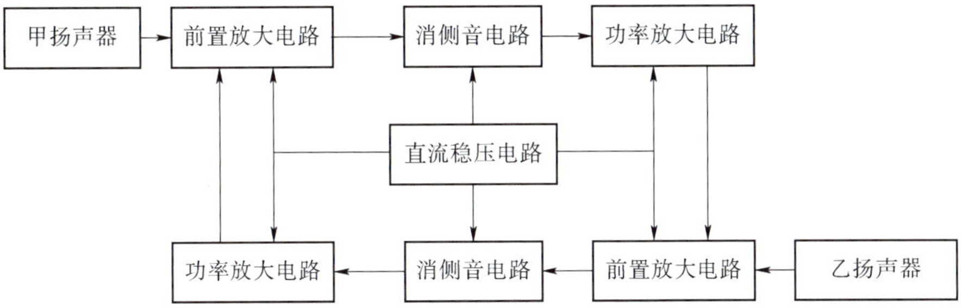

图 2.101　双工对讲机总体设计方案框图

2.3.4　智能型开关电源

2.3.4.1　任务与要求

（1）设计任务。

智能型开关电源是各种电子设备必不可少的组成部分，其性能优劣直接关系到电子设备的技术指标及能否安全可靠地工作。

（2）技术要求。

a. 输出直流电压 $V_o = 0 \sim 20$ V。

b. 最大输出电流 $I_{oM} = 3$ mA。

c. 具有断电保护功能。

d. 具有故障显示功能。

2.3.4.2　总体设计方案

智能型开关电源由电源变压器、整流电路、滤波电路、稳压取样电路、保护电路及控制电路等几部分组成。220 V/50 Hz 交流电经过 8∶1 的电源变压器和整流滤波后，采用 LM317H 进行稳压，并且通过可调电阻实现输出电压和输出电流的调整，经保护电路及负载得到稳定的直流输出电压和输出电流。智能型开关电源总体设计方案框图如图 2.102 所示。

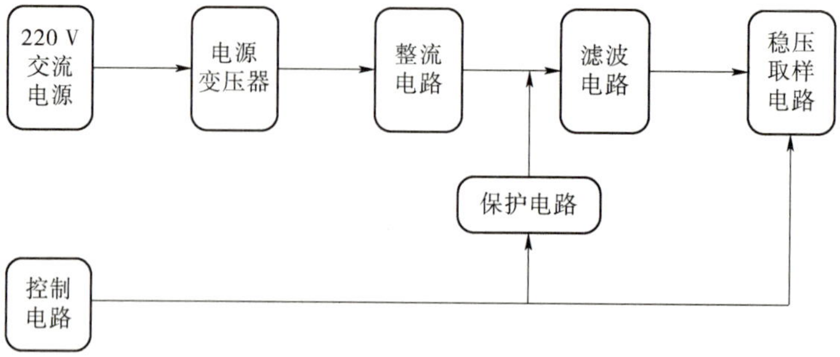

图 2.102　智能型开关电源总体设计方案框图

2.3.5　高频功率放大器

2.3.5.1　任务与要求

（1）设计任务。

高频功率放大器是一种能量变换器件，将电源供给的直流能量转换成高频交流输出。用于发射机的末级，将高频已调波信号功率进行放大，以满足发送功率的要求。

（2）技术要求。

a. 采用全部或部分分立元件设计一种高频功率放大器。

b. 额定输出功率 $P_o \geqslant 5$ W。

c. 负载阻抗 $R_L = 50\ \Omega$。

d. 载波频率为 6.5 MHz。

2.3.5.2　总体设计方案

本设计主要由直流稳压电源、两级甲类放大器、丙类功率放大器 3 个模块组成。由于高频功率放大器的主要功能是放大高频信号，并且能高效地输出，主要应用于各种无线电发射器中。由于发射器中的振荡器产生的信号功率很小，因此要采用多级高频功率放大器才能获得足够的功率。可用两级功率放大器组成高频功率放大器，高频功率放大器总体设计方案框图如图 2.103 所示。

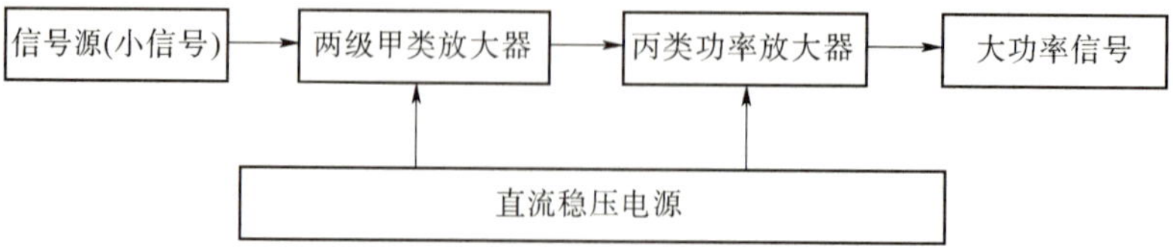

图 2.103　高频功率放大器总体设计方案框图

2.3.6　电容测量电路

2.3.6.1　任务与要求

(1) 设计任务。

电容测量电路用于测量电容的容量。当需要一个特定的电容时，可用电容测量电路来测量它以检验电容性能。电容测量电路是以集成运放为核心，用来测试多种电容范围的电容测试电路。利用电压与电容量成比例的关系，通过测试电容电压来实现对电容量的测量。

(2) 技术要求。

a. 电路具有判断电容好坏的功能。

b. 设计中应含有信号产生电路。

c. 要求能测试的电容容量在 100 pF～100 μF 范围内。

d. 设计本测试电路所需的直流稳压电源。

e. 至少设计两个测量量程。

2.3.6.2　总体设计方案

电容测量电路以集成运放为核心器件，可将其分解为 5 个部分，即直流稳压电源、文氏电桥电路、电压跟随器、电容/电压变换器、带通滤波器。直流稳压电源是保证在电网电压波动或负载发生变化时，能输出稳定的供电电压。文氏电桥电路用来产生所需的正弦波信号。电压跟随器起到隔离信号发生电路与被测电容的作用。电容/电压变换器是将输入信号作用于电容并将其转换成电压信号输出，传递给带通滤波器。带通滤波器过滤掉其他频率的信号，允许 500 Hz 信号通过，从而测出电容值。电容测量电路总体设计方案框图如图 2.104 所示。

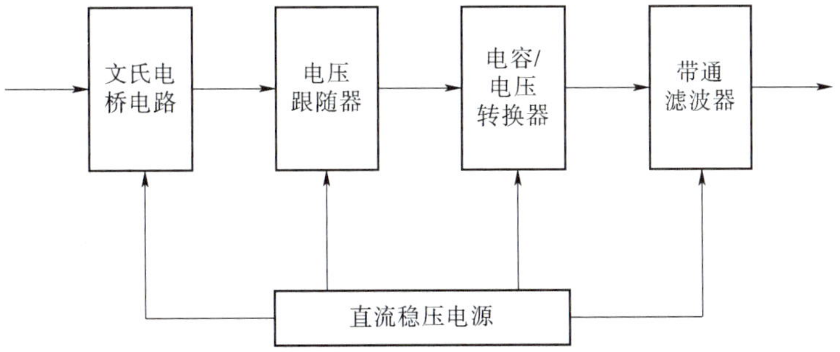

图 2.104　电容测量电路总体设计方案框图

2.3.7　集成运算放大器简易测试仪

2.3.7.1　任务与要求

(1) 设计任务。

集成运算放大器简易测试仪用于判断集成运算放大器放大功能的好坏。测试集成运算放大器性能、参数的方法有多种，本设计采用简易电路实现对集成运算放大器性能的测试。

（2）技术要求。

a. 设计本测试仪所需的直流稳压电源。

b. 电路能够判断集成运算放大器放大功能的好坏。

c. 设计中应含有信号产生电路。

d. 电路中应含有测试用毫伏表电路。

2.3.7.2 总体设计方案

直流稳压电源为正弦波信号产生电路、集成运算放大器检测电路和毫伏表电路提供工作电源。被测的集成运算放大器接成反相放大电路，在输入端接入标准的正弦波信号，输出端使用示波器观测，若放大倍数为所设计放大倍数，则表示运算放大器正常工作。而后正弦波信号经过集成运算放大器放大后，毫伏表测出其电压最大值，并与正弦波产生的信号最大值进行比较。根据输入和输出信号的对比，则能判断出该集成运算放大器是否处于正常工作状态。正弦波振荡电路可以使用 *RC* 桥式振荡电路，毫伏表电路可用集成运放、整流电桥和电流表组成，使其电流值与输入电压值成正比。集成运算放大器简易测试仪总体设计方案框图如图 2.105 所示。

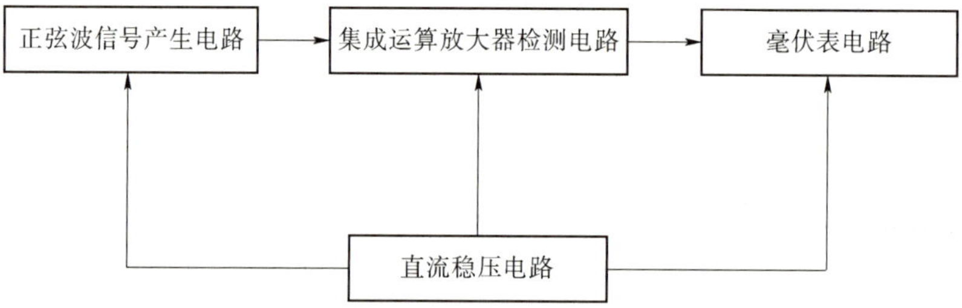

图 2.105 集成运算放大器简易测试仪总体设计方案框图

2.3.8 交流电压越限报警系统

2.3.8.1 任务与要求

（1）设计任务。

交流电压越限报警系统可设定上/下限电压报警值；当检测电压超过设定上/下限值时，蜂鸣器发出报警声，要求报警的嘀嘀声间断发声，频率约 1 Hz。

（2）技术要求。

a. 可设定上/下限电压报警值。

b. 当越限时，蜂鸣器发出报警声。

c. 报警声间断发声，频率约 1 Hz。

2.3.8.2 总体设计方案

交流电压越限报警系统电路由交流电压源供电，通过降压电路，再通过整流、滤波电路后进行电压采样。设计一个报警电路，其中心为上/下限比较器，设定好上/下限值。当滤波后的采样电压在上/下限之间时，输出电压为 0，报警器不发声；当采样电压超过上/下限时，采样电压等于稳压管两端的电压，满足条件，蜂鸣器报警。电压检测电路负责实时测量电路的电压值并显示。合理调整报警电路对应电阻的阻值，可以调整报警电压范围。交流电压越限报警系统总体设计方案框图如图 2.106 所示。

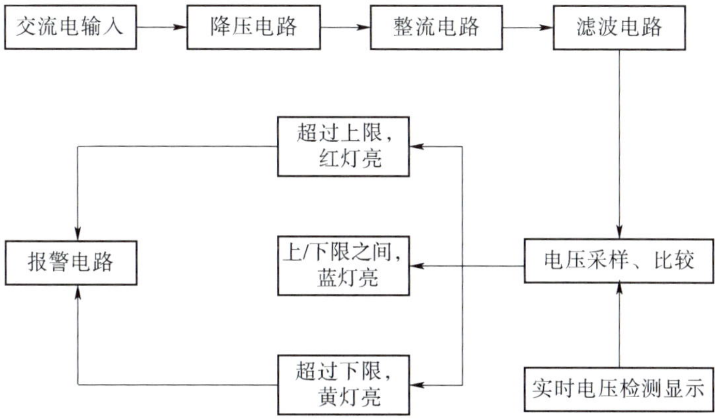

图 2.106　交流电压越限报警系统总体设计方案框图

2.3.9　标准信号发生器电路

2.3.9.1　任务与要求

（1）设计任务。

波形的产生及变换电路是应用极为广泛的电子电路，要求设计能输出标准方波波形信号的信号发生器。波形产生电路的关键部分是振荡器，而设计振荡器电路的关键是选择有源器件。

（2）技术要求。

a. 确定振荡器电路的形式及元件参数值等。

b. 方波幅值 5 V、2 V、1 V［峰-峰值］。

c. 输出的各种波形工作频率范围为 0~1.5 kHz。

d. 设计电路所需的直流稳压电源。

2.3.9.2　总体设计方案

本次设计的输出幅度分别为 5 V、2 V、1 V 的方波发生器，该方波产生电路以集成运算放大器为主要放大元件，构成三角波-方波（由迟滞比较器产生）转化的标准方波信号发生器，在此基础上设计电路所需的直流稳压电源。通过改变可变电阻的阻值，来改变输出方波的幅值，以满足不同的电子设备对不同参数的方波信号的要求。方波的频率通过三角波的频率进行调节，输出的幅值通过给定直流稳压电源的大小进行调节。标准信号发生器总体设计方案框图如图 2.107 所示。

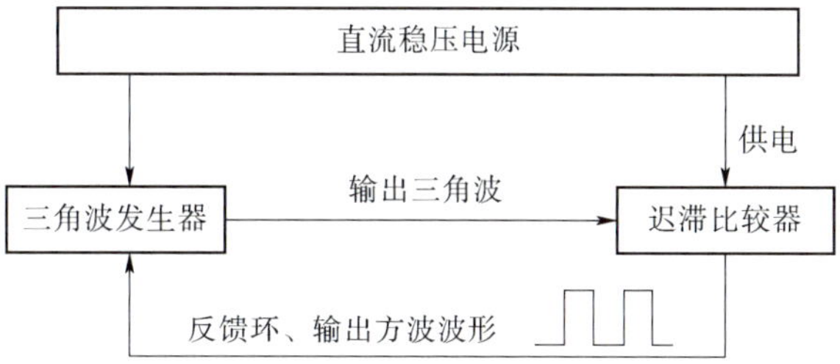

图 2.107　标准信号发生器总体设计方案框图

2.3.10 金属探测器

2.3.10.1 任务与要求

(1) 设计任务。

金属探测器是利用金属物体对电磁信号产生涡流效应的原理进行金属探测的电子装置。

(2) 技术要求。

a. 设计电路所需的直流稳压电源。

b. 工作温度范围：-40～+50 ℃。

c. 连续工作时间 40 h。

d. 探测距离大于 20 cm。

e. 具有自动回零功能。

2.3.10.2 总体设计方案

由高频振荡器产生振荡信号，利用探头线圈产生交变电磁场，在被测金属物中感应出涡流，使探头线圈阻抗发生变化，从而使探测器的振荡器振幅也发生变化。由振荡检测器检测出振幅变化量作为探测信号，经功率放大电器、变换电路后转换成音频信号，驱动音响电路发声，音频信号随被测金属大小及距离的变化而变化。金属探测器总体设计方案框图如图 2.108 所示。

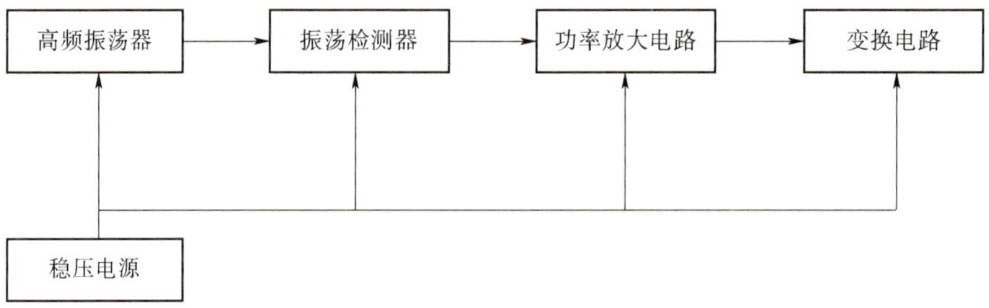

图 2.108 金属探测器总体设计方案框图

第 3 章　数字电路课程设计

3.1　数字电路课程设计实例

3.1.1　数字式竞赛抢答器

3.1.1.1　任务与要求

（1）设计任务。

数字式竞赛抢答器作为一种电子产品，可用于各种智力和知识竞赛场合，在比赛过程中，通常设置一台抢答器，通过数显、灯光及音响等多种手段指示出第一位抢答者。同时，还可以设置记分、犯规及奖惩记录等多种功能。选手每人一个抢答按键，抢答开始后，抢答器具有优先抢答的功能，最先抢答成功的选手编号被显示，并有音响提示。当有选手抢答成功时，禁止其他选手抢答，直到主持人将系统清零为止。主持人有控制开关，可以手动清零复位，当主持人按下“开始”按键时才可以抢答，并同时倒计时 10 s。选手在规定时间内抢答才有效，抢答成功时倒计时停止，直到主持人将系统清零为止。如果抢答时间已到，却没有选手抢答，则本次抢答无效，禁止选手超时后抢答。

（2）技术要求。

a. 5 人参赛，每人一个按键，主持人一个按键，按下就开始。

b. 每人一个发光二极管，抢中者灯亮。

c. 有人抢答时，喇叭响 2 s。

d. 答题时限为 10 s，从有人抢答开始，用数码管倒计时，从 9 到 0。

e. 倒计时到 0 的时候，喇叭发出 2 s 声响。

3.1.1.2　总体设计方案

当抢答电路接通电源，主持人将控制开关置于“清除”时，抢答器处于禁止状态，选手不能进行抢答；当主持人将控制开关置于“开始”时，抢答器处于工作状态，同时定时器开始 10 s 倒计时。当选手在定时时间内按下抢答按键时，编码电路判断抢答者编号，并由锁存器进行锁存，然后通过译码电路在数码管上显示抢答者编号；报警电路中的蜂鸣器发出声响；控制电路对其他输入编码进行封锁，禁止其他选手进行抢答；设置控制电路的目的是使定时电路停止工作，数码管上显示剩余的抢答时间，当选手回答完问题后，主持人操控开关使系统恢复到禁止工作状态，以便进行下一轮抢答。当到达定时时间后，没有选手抢答，系统将报警，并封锁输入电路，禁止选手超时后抢答。数字式竞赛抢答器总体设计方案框图如图 3.1 所示。

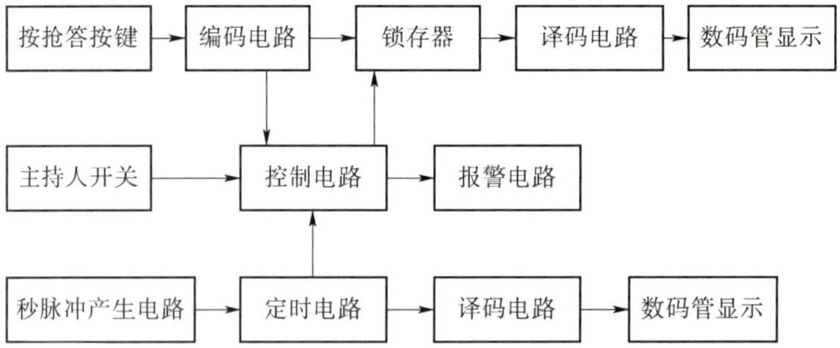

图 3.1　数字式竞赛抢答器总体设计方案框图

3.1.1.3　单元电路设计

（1）抢答器电路。

抢答器电路如图 3.2 所示。当主持人未按键，EI 端的输入信号为高电平时，74LS148D 处于锁存状态，无论选手是否按键，74LS148D 的输出端 $A_0 \sim A_2$、EI 端始终为高电平。两个 74LS279D 的 R 端为高电平，74LS279D 的输出端 Q 均为保持状态。74LS48D 输入端 LT、RBI 输入信号为高电平，BI/RBO 端信号也为高电平，此时 74LS48D 处于有效译码工作状态，而 74LS48D 的输入端 DCBA 为 0111（即十进制），故此时数码管显示数字 7。

当主持人按下按键但未弹起，EI 端的输入信号为 0 时，74LS148D 处于打开状态。若此刻有选手按键，74LS148D 的输出端 $A_0 \sim A_2$ 将根据输入端输出相应的值，同时 EI 端的输出信号由高电平变为低电平。J_6 键按下时，两个 74LS279D 的 R 端均变为低电平，此刻 74LS279D 的 4 个输出端均输出低电平。74LS48D 的输入端 LT、RBI 均为高电平，BI/RBO 为低电平时，74LS48D 处于消隐状态。

当主持人按键后，若没有选手按键，则 EI 端的输入信号为高电平，74LS148D 处于打开状态，等待选手按键，同时 EI 端的输入信号为 1。若有选手按键，则 EI 端输入信号为高电平，即第一个选手按键后 74LS148D 进行锁存，使其他选手按键无效。74LS279D 输出端输出相应的值，数码管显示按键选手编号。

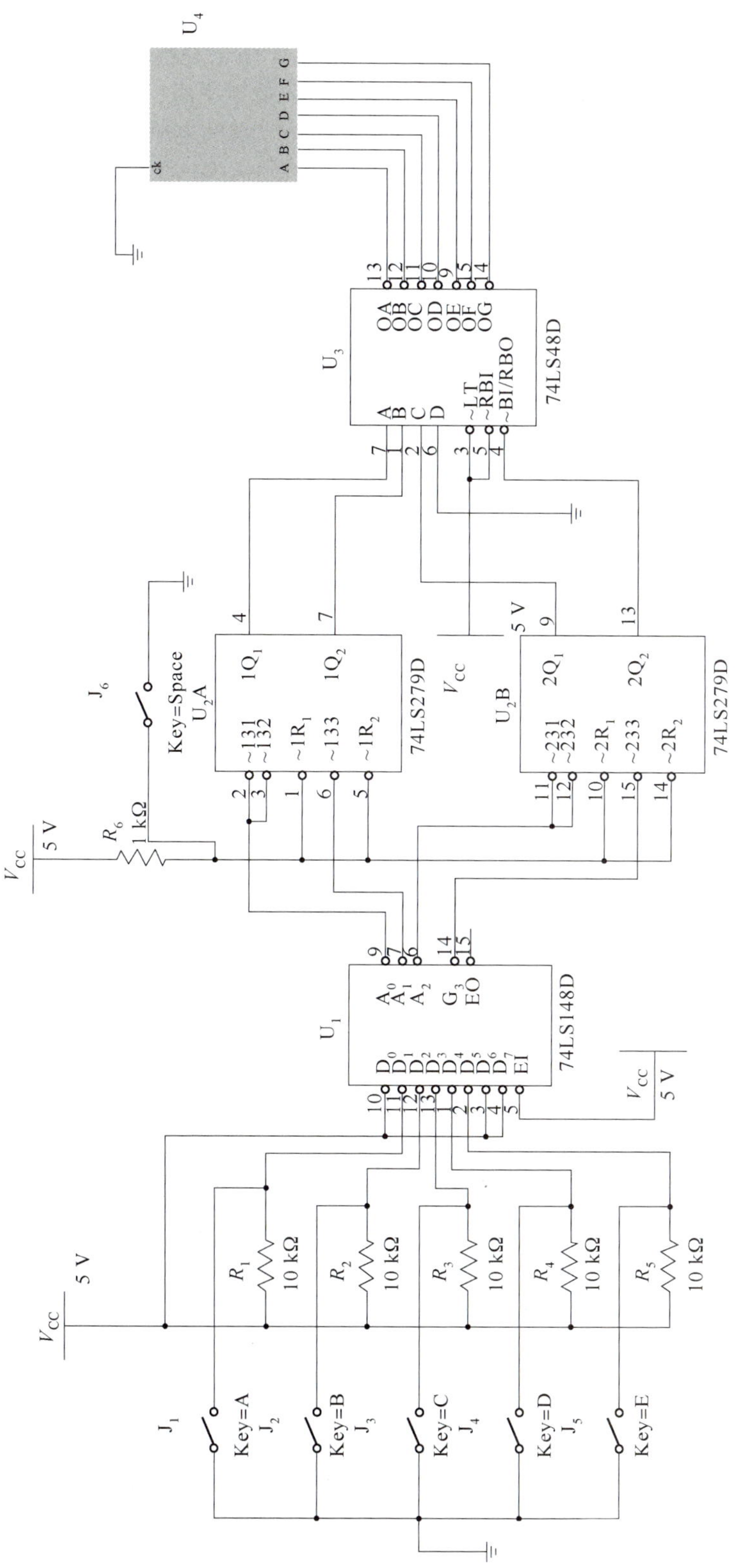
U4
ck
A B C D E F G
U3
74LS48D
OA
OB
OC
OD
OE
OF
OG
~LT
~RBI
~BI/RBO
U2A
74LS279D
U2B
Key=Space
J6
R6
1 kΩ
VCC
5 V
U1
74LS148D
EO
EI
R1
R2
R3
R4
R5
10 kΩ
Key=A
Key=B
Key=C
Key=D
Key=E
J1
J2
J3
J4
J5

图 3.2　抢答器电路

（2）定时电路。

定时电路如图 3.3 所示。555 定时器是一种多用途数字/模拟（本书后续将数字/模拟简称为 D/A，模拟/数字简称为 A/D）混合集成电路，具有开关特性，可以构成单元脉冲电路。在电源与地之间加上电压，当 5 引脚通过电容接入低电平时，则 555 定时器内部的电压比较器 C_1 的同相输入端的电压为 $2V_{CC}/3$，C_2 的反相输入端的电压为 $V_{CC}/3$。若触发器输入端 TRI 的电压小于 $V_{CC}/3$，则 555 定时器内部的比较器 C_2 的输出信号为 0，可使 RS 触发器置 1，使输出信号为 1。若 TH 的电压大于 $2V_{CC}/3$，同时 TR 端电压大于 $V_{CC}/3$，则 C_1 的输出信号为 0，C_2 的输出信号为 1，可将 RS 触发器置 0，使输出信号为 0。

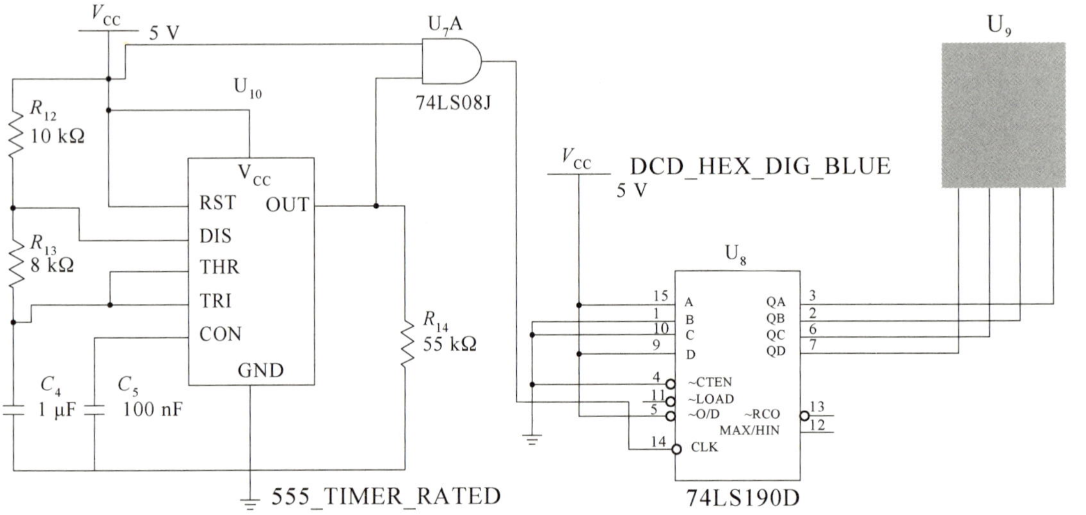

图 3.3　定时电路

555 定时器用以产生 74LS190D 计数时所需的脉冲，555 定时器产生的波形与来自抢答电路的信号经过一个或门，向 74LS190D 的 CLK 端输出。当来自抢答电路的信号为 0 时，555 定时器产生的脉冲无法输出给 74LS190D 的 CLK 端；当来自抢答电路的信号为 1 时，555 定时器产生的脉冲输出给 74LS190D 的 CLK 端。且每到一个上升沿，74LS190D 便进行一次减数工作。

（3）报警电路。

报警电路相关设计参见 3.2.3 小节典型电路。

3.1.1.4　整体电路设计

根据系统功能要求，应设计抢答器电路、译码显示电路、主持人控制电路、定时电路、响铃电路。通过主持人控制按键，电路进入就绪状态，等待抢答。按下 5 个按键，程序就会判断是谁先按下的，然后从 5 个发光二极管输出抢答功能，同时开始回答计时。如果在设定的时间里没有完成问题的回答，则产生报警信号表示已经超时。当要进行下一次抢答时，由主持人先打开开关，再闭合，即可实现电路复位，进入下一次抢答的就绪状态。竞赛抢答器整体电路如图 3.4 所示。

3.1.1.5　仿真测试

对竞赛抢答器整体电路进行仿真，结果如图 3.5 所示。

主持人控制开关，可以手动清零复位，当主持人按下“开始”按键时才可以抢答，并同时开始倒计时 10 s。选手在规定时间内抢答才有效，抢答成功时倒计时停止，直到主持人将系统清零。如果抢答时间已到，却没有选手抢答，则本次抢答无效，禁止选手超时后抢答。

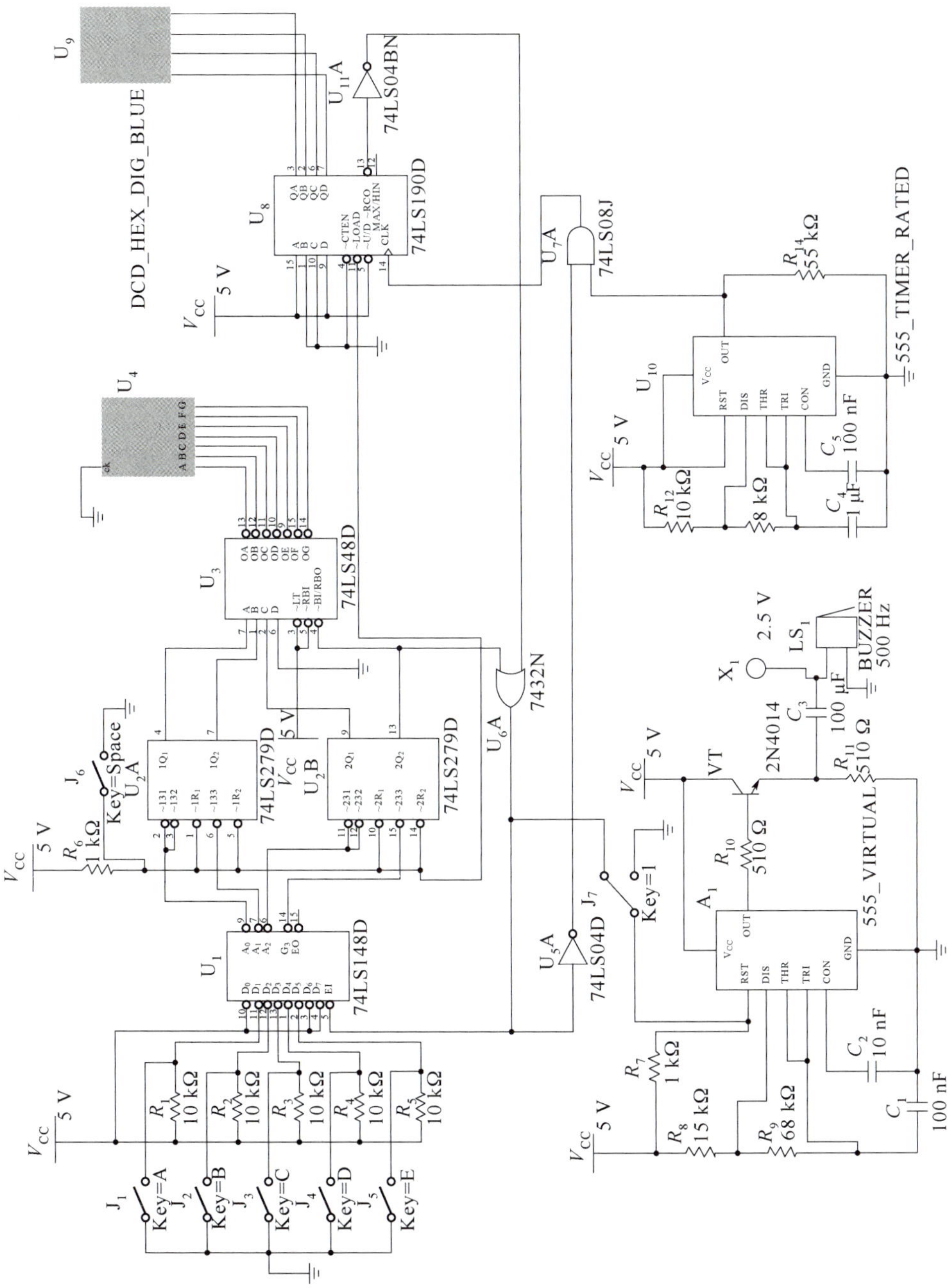

图 3.4　竞赛抢答器整体电路

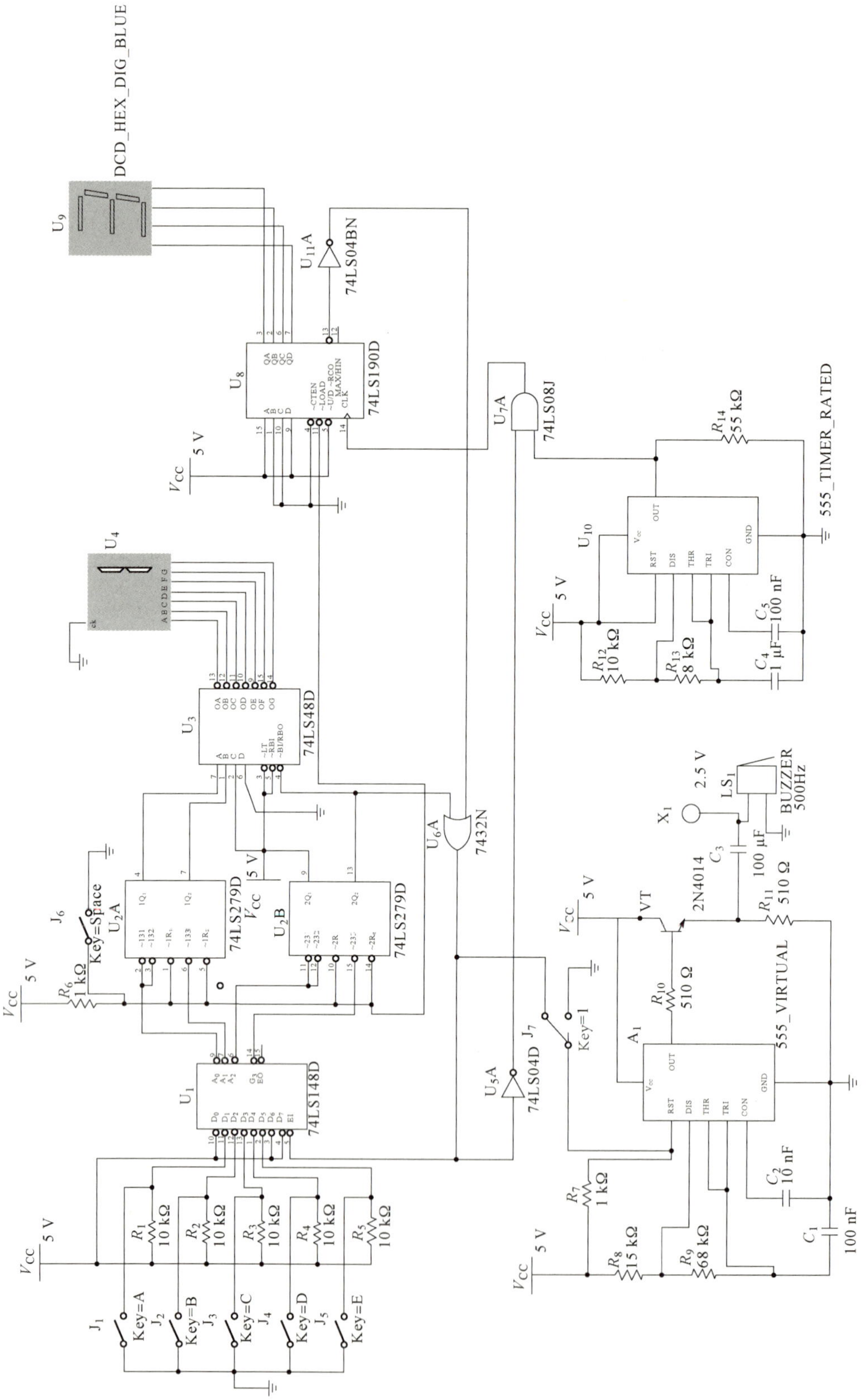

图 3.5　竞赛抢答器整体电路仿真结果

图 3.5 所示为主持人按下控制开关，显示器开始进行 10 s 倒计时，选手开始抢答。5 个选手手中都有一个抢答器，抢答开始后，抢答器具有优先抢答的功能，最先抢答成功的选手编号被显示，并有音响提示。当有选手抢答成功时，禁止其他选手抢答。当计时器倒计时显示到 3 时，1 号选手按下抢答器，计时器停止计时，同时显示器上显示 1，其他选手不可以进行抢答。

3.1.2 洗衣机控制电路

3.1.2.1 任务与要求

（1）设计任务。

洗衣机控制电路可以实现以下功能。

洗涤定时时间在 0~20 min 内由用户任意设定；按照一定的洗涤程序控制电动机做正向和反向转动：

定时转动 → 正转（20 s）→ 暂停（10 s）→ 反转（20 s）→ 暂停（10 s）→ 停止

（定时未到：由第二个暂停（10 s）返回正转（20 s））

如果定时时间到，停机。用两位数码管显示预置时间。

（2）技术要求。

a. 设电动机用继电器控制。洗涤定时时间在 0~20 min 内由用户任意设定。

b. 用两位数码管显示洗涤的预置时间，洗涤过程在送入预置时间后即开始运转。

c. 采用倒计时方式对洗涤过程作计时显示。

d. 当定时时间到达终点时，使电动机停转。

3.1.2.2 总体设计方案

控制洗衣机按“定时启动、正转 20 s、暂停 10 s、反转 20 s、暂停 10 s”的洗涤模式不停地循环，到达定时时间后停止。并要求由数码管显示时间，LED 显示状态。

通过以上要求，洗衣机洗涤模式是以 60 s（即 1 min）作为循环。计时方式是通过预置时间定时，因而初步设想使用一个六十进制定时电路作为核心控制。预置时间以分为单位，则还需要分计时器，并且要能预置时间。同时，时间的计时按秒来进行，则需要用一个秒信号发生器。最后，用四位数码管作为时间显示电路，3 个 LED 作为电动机状态显示电路，蜂鸣器报警电路用于报警。

洗衣机控制电路总体设计方案框图如图 3.6 所示。

3.1.2.3 单元电路设计

（1）秒脉冲信号电路设计。

秒脉冲信号电路由 555 定时器构成的多谐振荡器构成，具体电路相关设计参见 3.2.1 小节内容。

（2）分钟倒计时电路设计。

计时电路采用的是 74LS192D 可预置同步可逆 BCD 码计数器。使用 74LS192D 十进制可

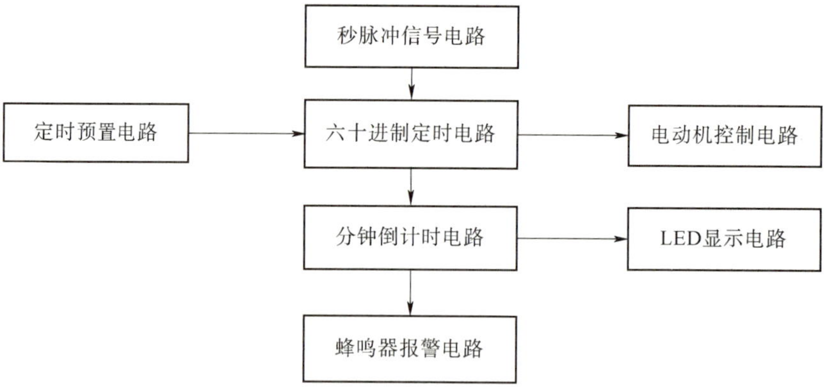

图 3.6　洗衣机控制电路总体设计方案框图

逆计数器来实现百进制分计数器和 60 s 计数器的原理是一样的，只是它们的输入脉冲和进制不同。

分钟倒计时电路如图 3.7 所示，用 4 片 74LS192D 来实现分计数和秒计数功能。在减法计数过程中，对于秒计数，将秒十位置数为 0101，秒个位置数为 1001，再将两片秒计数的 74LS192D 芯片的 UP 端接到高电平，秒个位的 DOWN 端接到秒脉冲上，秒十位 DOWN 端连接秒个位的 BO 端借位端，使秒计数从 59 开始倒数。分计数与秒计数相同，将分个位的 DOWN 端连接秒十位的 BO 端借位端，分十位的 DOWN 端连接分个位的 BO 端借位端，也将分计数 74LS192D 芯片的 UP 端连接到一起接高电平。

（3）洗衣机控制电路设计。

考虑到洗衣机正转 20 s、暂停 10 s、反转 20 s、暂停 10 s，这一过程刚好是 60 s，所以把秒十位上的数据提出来作为正反转控制系统的输入信号。而 74LS138D 译码器是 3 线-8 线译码器，可以把输入的二进制数译码成 8 个输出。这样各取两位输出，经过 3 个 74LS00D 与非门后，作用于发光二极管来表示洗衣机工作时的 3 种不同状态。74LS138D 的 8 个输出引脚全为高电平 1 时，芯片处于不工作状态。当 74LS138D 的输入为 101（十进制的 5）或 100（十进制的 4）时，秒十位上显示译码器 DC-HEX 也显示 5 或 4，即 59~40 s 之间这一过程刚好为 20 s，引脚 10 和 11 的输出信号通过 74LS00D 与非门后变为高电平，充当发光二极管的输入信号，点亮表示洗衣机正转的发光二极管。同理，当输入为 011（十进制的 3）时，引脚 15 和 12 的输出信号通过 74LS00D 与非门后，作用于表示洗衣机暂停的发光二极管，即 39~30 s 这 10 s 内洗衣机暂停。当秒十位显示译码器显示为 2（二进制 011）或 1（二进制 001）时，引脚 13 和 14 的输出信号经过 74LS00D 与非门后作用于表示洗衣机反转的发光二极管。当秒十位显示为 0 时，引脚 15 输出信号为低电平，与非后变为高电平也能点亮，表示暂停状态的发光二极管。这样 20 s 正转、10 s 暂停、20 s 反转、10 s 暂停反复循环的作用就完成了。状态显示电路如图 3.8 所示。

（4）报警电路设计。

报警电路相关设计参见 3.2.3 小节典型电路。

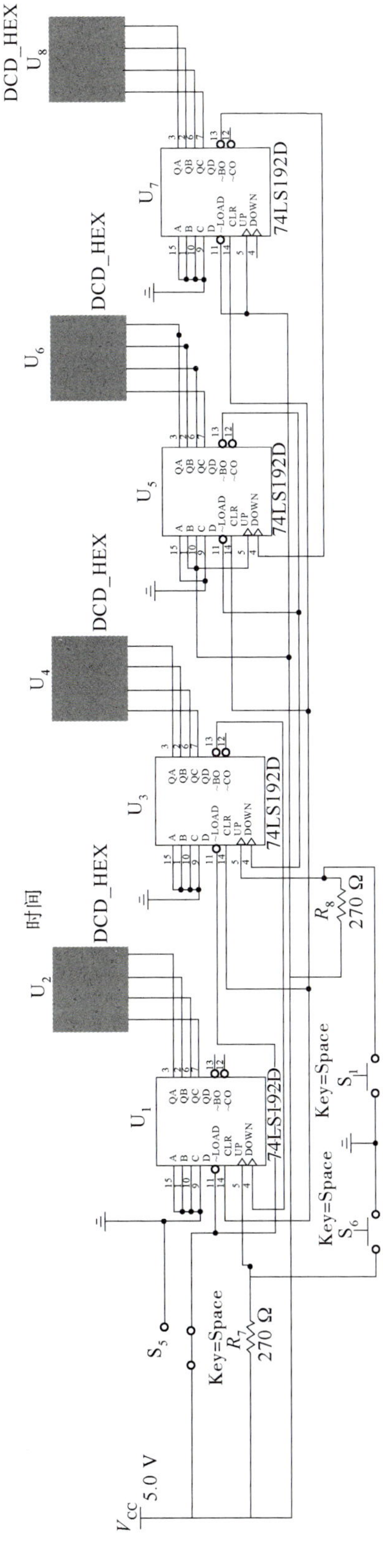
DCD_HEX
U8
U7
74LS192D
DCD_HEX
U6
U5
74LS192D
DCD_HEX
U4
U3
74LS192D
时间
DCD_HEX
U2
U1
74LS192D
QA
QB
QC
QD
~BO
~CO
A
B
C
D
~LOAD
CLR
UP
DOWN
R8
270 Ω
Key=Space
S1
Key=Space
S6
S5
Key=Space
R7
270 Ω
VCC
5.0 V

图 3.7　分钟倒计时电路

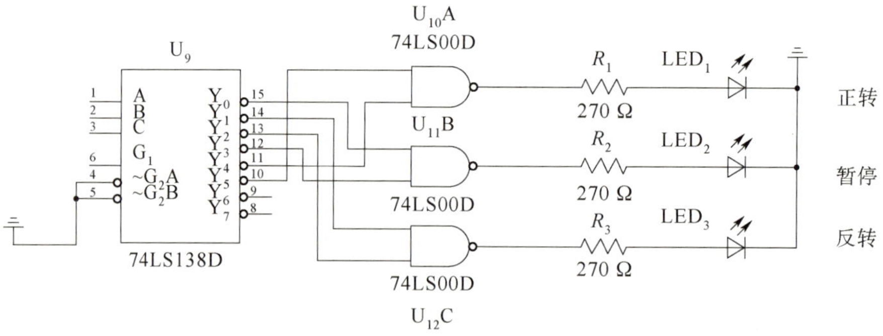

图 3.8　状态显示电路

3.1.2.4　整体电路设计

洗衣机控制电路主要包括秒脉冲发生电路、显示电路、倒计时电路、报警电路和电动机正反转显示电路。秒脉冲发生电路采用 555 定时器芯片，产生秒信号来作为各芯片的脉冲信号。显示电路使用的是 4 位显示器。倒计时电路使用的是 4 片十进制可逆计数器 74LS192D 芯片，分别组成百进制的减法计数器和六十进制的减法计数器，用于完成定时、计时功能。电动机控制电路采用芯片和与非门电路的组合，实现电动机正转、反转、暂停状态显示。

开关 S_1 和 S_6 的功能是外部置数，按下 S_1 可以进行调分设置，按下 S_6 可以进行调时设置，用户可自由设定一百以内的洗衣时间。开关 S_5 的功能是清零，当用户设定错误时间或者重设洗衣时间时可以用此键，它正常工作时处于高电平，清零时为低电平。S_3 为工作启动开关，闭合时洗衣机工作，打开时强制暂停。S_4 为报警并清零开关，工作时闭合，当洗衣时间到时，报警指示灯亮，蜂鸣器响，同时它不断发出清零信号。洗衣机控制整体电路如图 3.9 所示。

3.1.2.5　仿真测试

对洗衣机控制整体电路进行仿真，结果如图 3.10 所示。

洗衣机洗涤共有 3 个状态，分别为正转、暂停、反转，用 3 个不同的颜色的 LED 灯来表示。在 3 个状态中，40～60 s 为正转、30～40 s 为暂停、10～30 s 为反转、0～10 s 为暂停。分别由红、绿、橙来表示正转、反转和暂停 3 个状态。同时有置数按键，置零按键。

在图 3.10 中，左侧显示为预置的 28 min，当开始运行时计时，从 59 s 开始倒数到 40 s 时电动机正转，当定时器倒数到 52 时，则代表正转的 LED 亮，因此图 3.10 为电动机正转倒计时仿真结果。

根据以上的洗涤工作正常运行时的仿真结果可知，洗衣机工作时可以预置洗衣时间，预置的时间可以显示在数码管上，当电动机正转、反转、暂停工作时，LED 也会随着时间变化进行亮灭变化，说明计数电路、显示电路和电动机状态显示电路都能够正常运行，显示出正确的时间和电动机状态。当运行全部结束时，数码管显示器全部清零且不再循环计数，显示器全部变为 0 的同时，电动机状态显示电路的 LED 也全部灭掉，表示电动机停止工作。

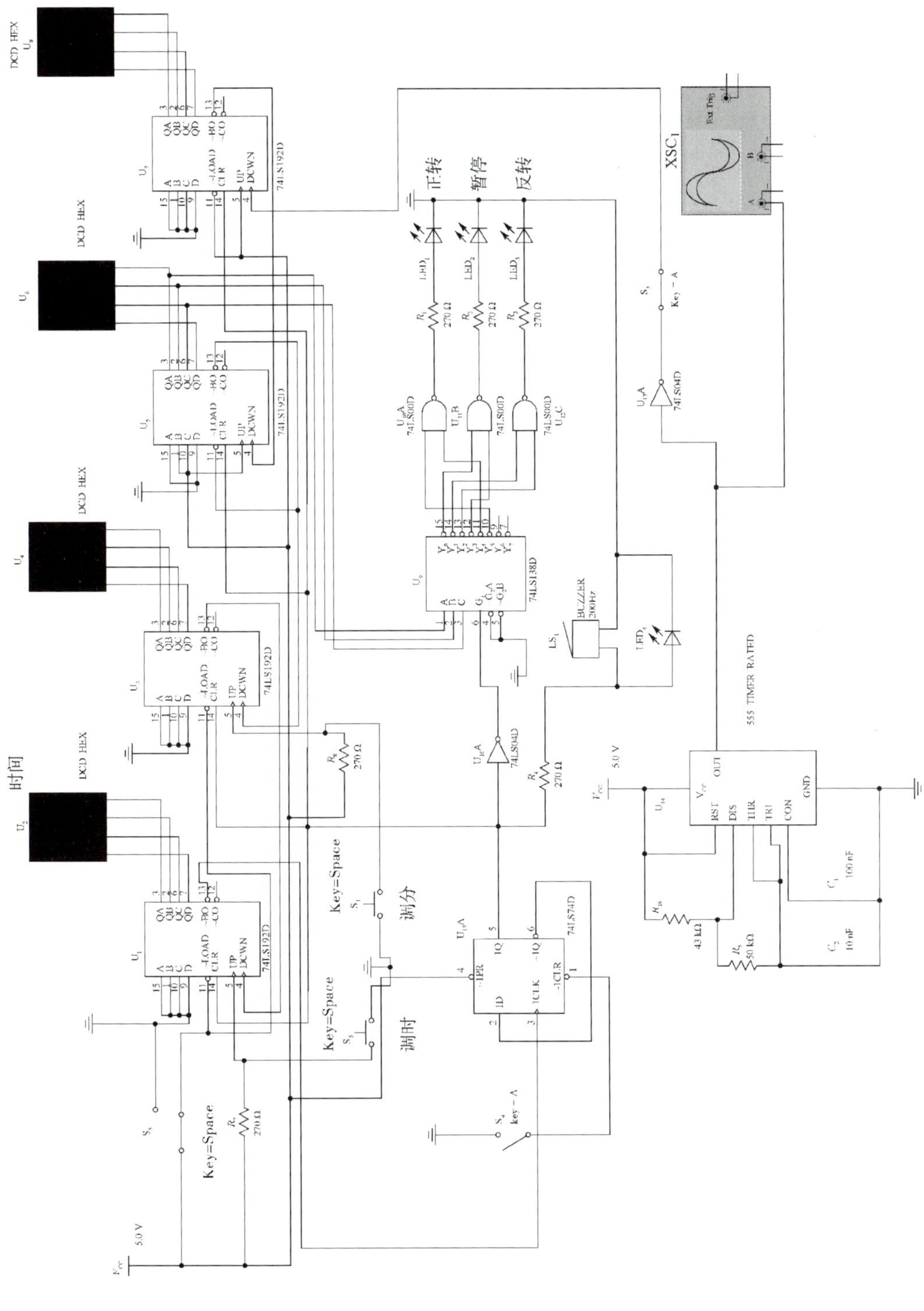

图 3.9　洗衣机控制整体电路

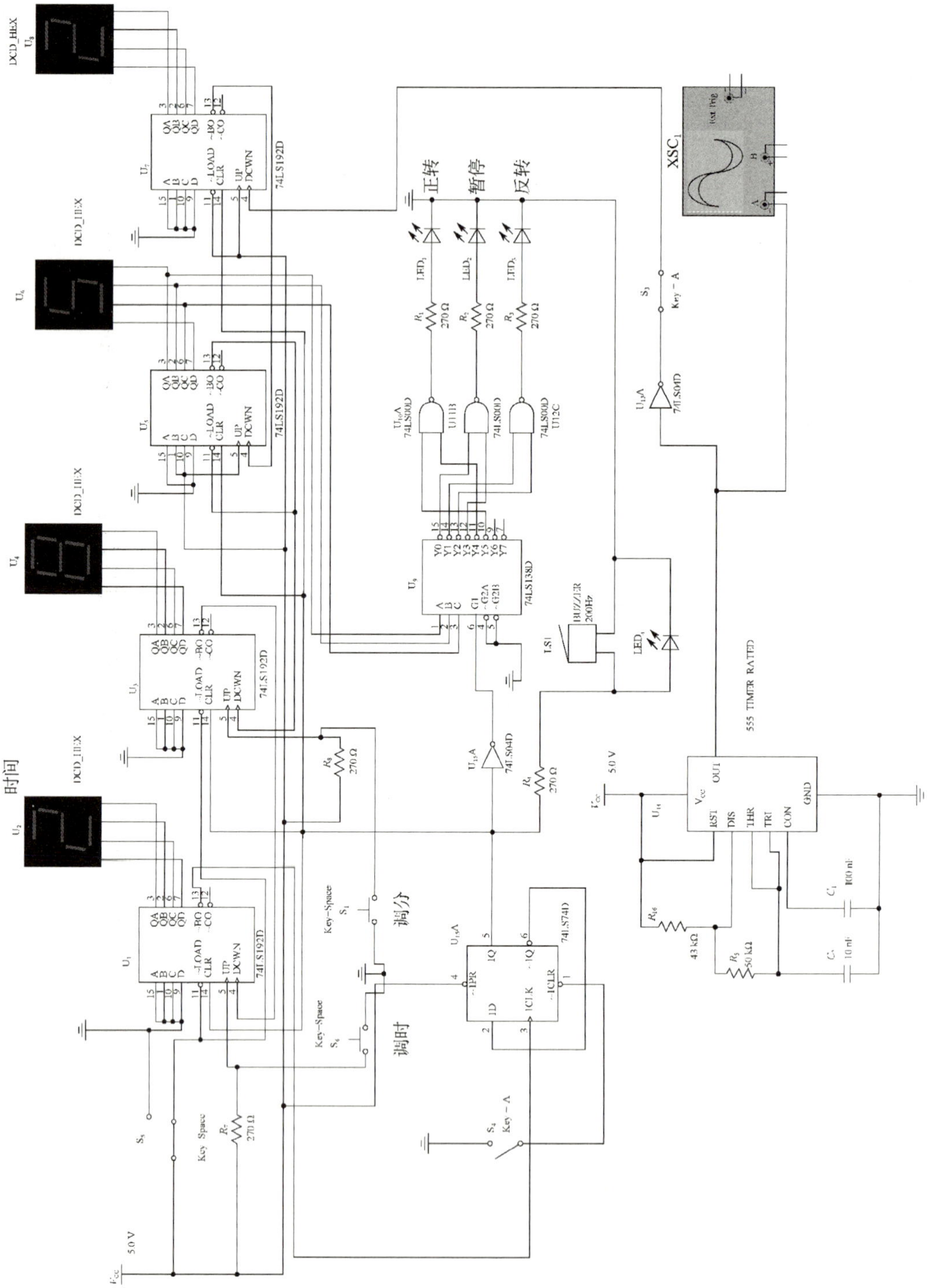

图 3.10　洗衣机控制整体电路仿真结果

3.1.3　数字式脉宽测量电路

3.1.3.1　任务与要求

（1）设计任务。

数字式脉宽测量电路可在被测信号的脉冲宽度范围内进行计数，计数值与分辨率的乘积代表被测脉宽的数值，整体电路由计数器、译码器、锁存器和显示电路等组成。设计要求使用计数器 74LS160D，实现锁存、译码的 CD4511 和 LED 数码管，组成计数、锁存和显示电路，利用 555 定时器设计合适的基准脉冲电路组成数字式脉宽测量电路。通过对 555 定时器外围电阻及电容参数的调整，可实现分辨率为 10 ns。

（2）技术要求。

a. 最大测量宽度 99.99 ms。

b. 分辨率 10 ns。

c. LED 数字显示。

3.1.3.2　总体设计方案

数字式脉宽测量电路以 74LS160D 十进制计数器为主要器件，构成七位十进制计数电路，实现对基准脉冲的计数。利用 7 片具有锁存、译码和驱动功能的 CD4511 芯片与 7 个 LED 数码管连接构成锁存、显示电路，实现数据的锁存和显示，同时达到最大测量宽度 99.99 ms。利用 555 定时器与电阻及电容设计一个多谐振荡器，产生周期为 10 ns 的基准时钟脉冲。将需要测量的被测脉冲接在 74LS160D 的异步清零端和锁存器 CD4511 的锁存端，控制计数清零和锁存显示，以满足不同脉冲宽度测量的要求。显示的计数值与基准时钟脉冲的周期10 ns的乘积即为脉宽。数字式脉宽测量电路总体设计方案框图如图 3.11 所示。

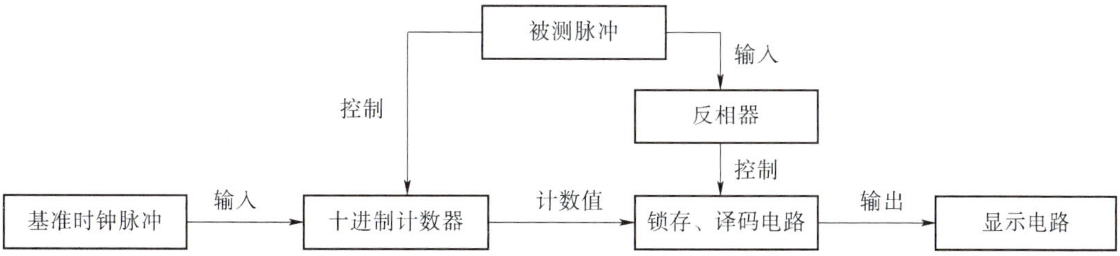

图 3.11　数字式脉宽测量电路总体设计方案框图

3.1.3.3　单元电路设计

（1）基准时钟脉冲电路设计。

本数字式脉宽测量电路设计要求分辨率为 10 ns。以此为依据，利用 555 定时器设计一个多谐振荡器，输出周期为 10 ns 的脉冲信号作为基准时钟脉冲信号，为计数器提供时钟输入脉冲。

由 555 的特性参数可知，取 $V_{CC}=5$ V 可以满足对输出脉冲幅度的要求。设输出脉冲的占空比 $q=\dfrac{2}{3}$，则存在如下关系：

$$q=\frac{R_1+R_2}{R_1+2R_2}=\frac{2}{3} \tag{3.1}$$

故可得 $R_1=R_2$。

该基准时钟脉冲电路的振荡周期为：

$$T=(R_1+2R_2)C\ln 2\approx 10^{-8}\ \text{s} \tag{3.2}$$

若取 $C=10$ pF，代入式（3.2）得：

$$3R_1C\ln 2=10^{-8} \tag{3.3}$$

$$R_1=\frac{10^{-8}}{3C\ln 2}=\frac{10^{-8}}{3\times 10^{-11}\times 0.69}\Omega\approx 483\ \Omega \tag{3.4}$$

根据理论值计算，因为 $R_1=R_2$，所以取两 483 Ω 的电阻相连接，基准时钟脉冲周期为 10 ns，通过十进制计数电路对该脉冲个数进行计数，设计数值为 N，当被测脉冲为高电平时正常计数、译码，当被测信号为低电平时，计数值置零，CD4511 锁存，此时可根据计数值与分辨率的乘积代表被测脉宽的数值来求得被测脉宽为：

$$W=N\cdot 10\ \text{ns} \tag{3.5}$$

基准时钟脉冲电路如图 3.12 所示。

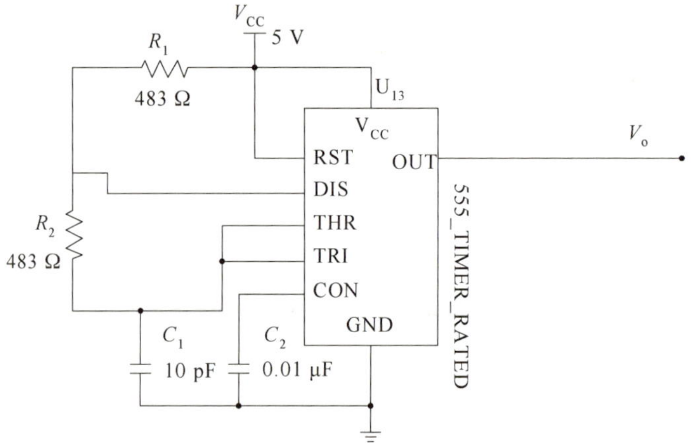

图 3.12　基准时钟脉冲电路

（2）十进制计数电路设计。

该十进制计数电路利用 7 个十进制计数器 74LS160D 构成，计数初值均为 0，由基准时钟信号连接 CLK 端作为时钟输入，实现对该时钟脉冲个数进行计数，并将计数值送给锁存、译码器。74LS160D 的置零端接被测脉冲，该置零端低电平有效，当被测信号为低电平时计时器置零。十进制计数电路如图 3.13 所示。

（3）锁存、译码电路设计。

锁存、译码电路利用 7 片具有锁存、译码和驱动功能的 CD4511 构成，将十进制计数电路所得到的计数值从 CD4511 的二进制数据输入端 $A_0\sim A_3$ 端输入，对计数值进行译码和锁存，将被测脉冲通过反相器 74LS05D 接在 CD4511 的锁存端 EL 上，EL 端高电平有效，当被测脉冲为低电平时，经过反相器为高电平，从而控制 CD4511 进行锁存操作。

计数值经过具有锁存、译码和驱动功能的 CD4511，利用 CD4511 具有可驱动共阴极 LED 数码管的能力。将 7 个共阴极七段数码管分别接在 CD4511 的数据输出端，将十进制计数电路记录的基准时钟脉冲个数通过数码管显示出来，实现测量宽度达到 99.99 ms，当被测脉冲信号为低电平时，CD4511 进行锁存操作。数码管数值不变，计数器置零端有效，计数值置零，数码管从零开始重新计数。锁存、译码电路如图 3.14 所示。

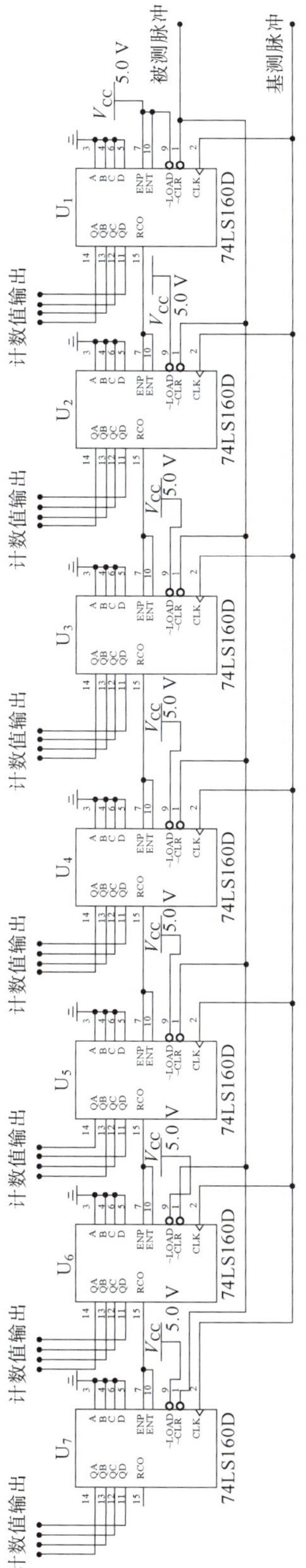

图 3.13　十进制计数电路

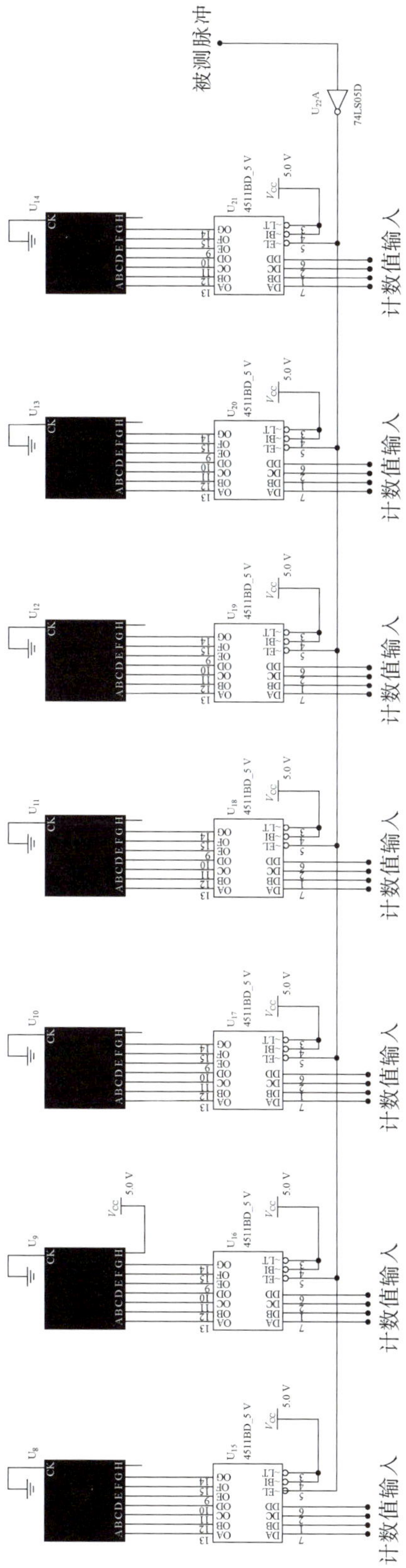

图 3.14　锁存、译码电路

3.1.3.4 整体电路设计

该数字式脉宽测量电路的总体设计以 74LS160D 同步十进制计数器为主要器件，构成 7 位十进制计数器，实现对基准脉冲进行计数的功能。利用 7 片具有锁存、译码和驱动功能的 CD4511 芯片，实现对数据的锁存功能，构成锁存电路。在电路中，连接 7 个 LED 数码管构成显示电路，实现数据的显示，同时达到最大测量宽度 99.99 ms。利用 555 定时器与电阻及电容设计一个多谐振荡器，产生周期为 10 ns 的基准时钟脉冲。将需要测量的被测脉冲接在 74LS160D 的异步清零端和锁存器 CD4511 的锁存端，控制计数清零和锁存显示，以满足不同脉冲宽度测量的要求。数字式脉宽测量电路如图 3.15 所示。

3.1.3.5 仿真测试

通过 74LS160D 计数器的计数值经过具有锁存、译码和驱动功能的 CD4511（CD4511 是一个用于驱动共阴极 LED 数码管显示器的七段码译码器），利用 CD4511 具有可驱动共阴极 LED 数码管的能力，将数码管点亮，同时显示计数器的计数值。将需要测量的被测脉冲接在 74LS160D 的异步清零端和锁存器 CD4511 的锁存端，控制计数清零和锁存显示，以满足不同脉冲宽度测量的要求。经过仿真测试，得到数字式脉宽测量电路仿真结果，如图 3.16 所示，输出计数值为 1551，在不同脉宽的测量条件下，计数器的计数值经过锁存、译码及具有驱动功能的 CD4511，LED 数码管能够清楚地显示计数器的数值。

3.1.4 电子拔河游戏机

3.1.4.1 任务与要求

（1）设计任务。

电子拔河游戏机是一种甲乙双方能够进行比赛的游戏电路。由一排发光二极管作为拔河的“电子绳”。开机之后，只有中间一个发光二极管亮，以此作为拔河的中心线，甲乙双方各执一个按键，并迅速地、不断地按动按键以产生脉冲，谁按得快，亮点就向谁的方向移动，每按一次，亮点移动一次。移到任一方终端发光二极管点亮，这一方就获胜。

（2）技术要求。

a. 比赛开始，由裁判下达比赛命令后，甲乙双方才能输入信号，否则，由于电路具有自锁功能，即使输入信号也是无效的。

b. “电子绳”至少由 9 个发光二极管构成，开机之后，位于电子绳中间的二极管发亮。甲乙双方各执一个按键，通过按键不断地产生脉冲，使发光二极管向自己的方向移动，移到任一方终端发光二极管点亮，这一方就获胜。当比赛结束时，保持当前状态，按下复位键后，恢复原状态。

c. 记分电路用两位七段数码管分别对双方得分进行累计，在每次比赛结束时电路自动加分。

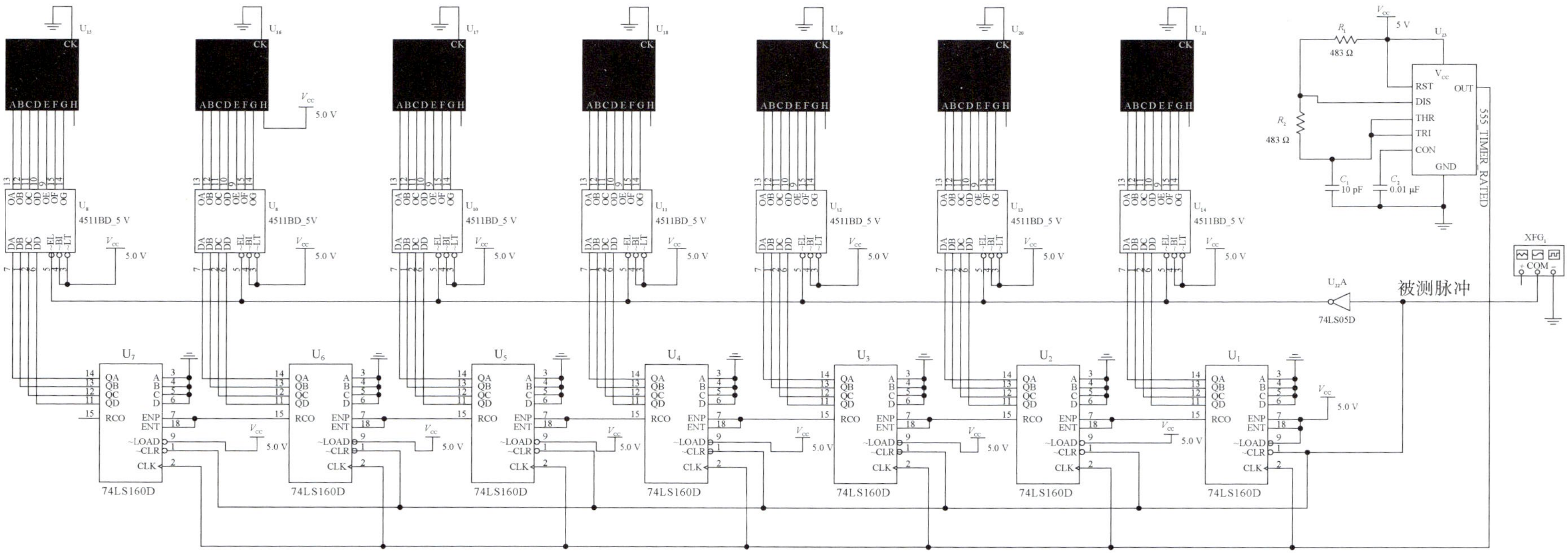

图 3.15　数字式脉宽测量电路

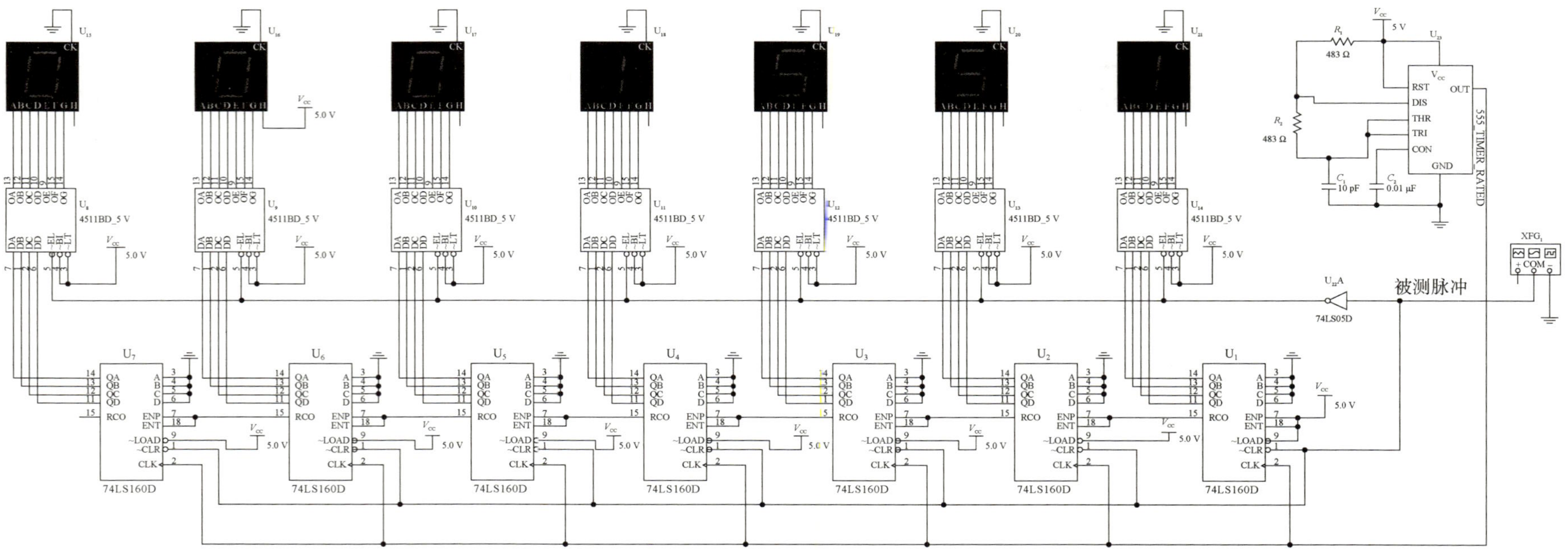

图 3.16　数字式脉宽测量电路仿真结果

3.1.4.2　总体设计方案

拔河游戏机总体电路主要由整形电路、编码电路、译码电路、取胜计数器、显示电路、控制电路 6 个部分组成。整形电路由与非门 74LS00D 构成。编码电路由同步十进制双时钟可逆计数器 74LS192D 构成。译码电路采用两个 74LS138D 译码器实现 LED 的逐次点亮。显示电路由两个十进制计数器 74LS160D 和四段数码管组成，用来显示双方获胜的次数。控制电路分为数码管复位和 LED 灯复位，数码管复位由 74LS160D 和开关组成，开关接 74LS160D 清零端；LED 灯复位由 74LS192D 和开关组成，开关接 74LS192D 清零端。电子拔河游戏机总体设计方案框图如图 3.17 所示。

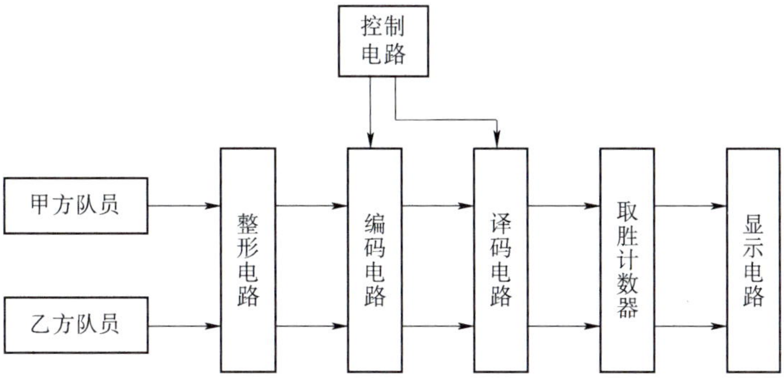

图 3.17　电子拔河游戏机总体设计方案框图

3.1.4.3　单元电路设计

(1) 整形电路设计。

整形电路如图 3.18 所示。由于 74LS192D 是可逆计数器，因此控制加减的 CLK 脉冲分别接至 74LS192D 的 UP 和 DOWN 引脚，当电路要求进行加法计数时，减法输入端 DOWN 必须接高电平；当进行减法计数时，加法输入端 UP 必须接高电平。若直接将 A、B 键产生的脉冲接到 UP 和 DOWN 脚，就会导致进行计数输入时另一计数输入端为低电平，使计数器不能计数，双方按键均失去作用，拔河比赛不能正常进行。设计整形电路，使 A、B 两键出来的脉冲经整形后变成一个占空比很大的脉冲，这就减少了进行某一计数时另一计数输入为低电平的可能性，从而使每一次按键都能有效地进行计数。

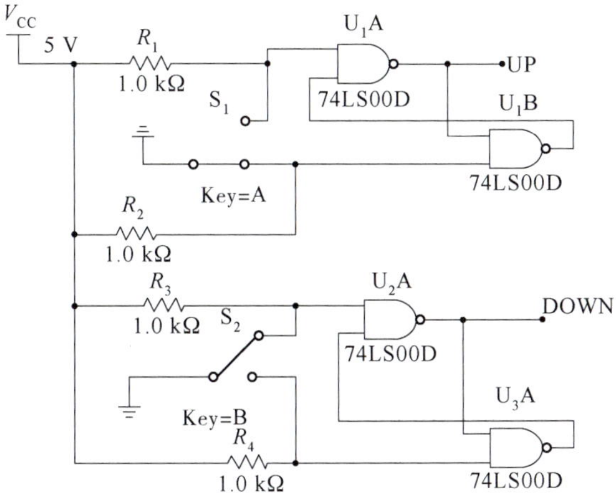

图 3.18　整形电路

(2) 编码电路设计。

编码器有2个输入端和4个输出端，进行加法计数和减法计数，因此选用74LS192D同步十进制双时钟可逆计数器来完成。通过编码器来控制LED指示灯的显示。假设初始值为0，A键按下计数器加1，B键按下计数器减1。A键按下计数器加1，向74LS192D发送加法脉冲，执行加法操作，亮的LED向右移动；B键按下计数器减1，向74LS192D发送减法脉冲，执行减法操作进行减法计数，亮的LED向左移动。74LS192D的CLR脚接地，其他全部为输出端。

编码电路如图3.19所示。

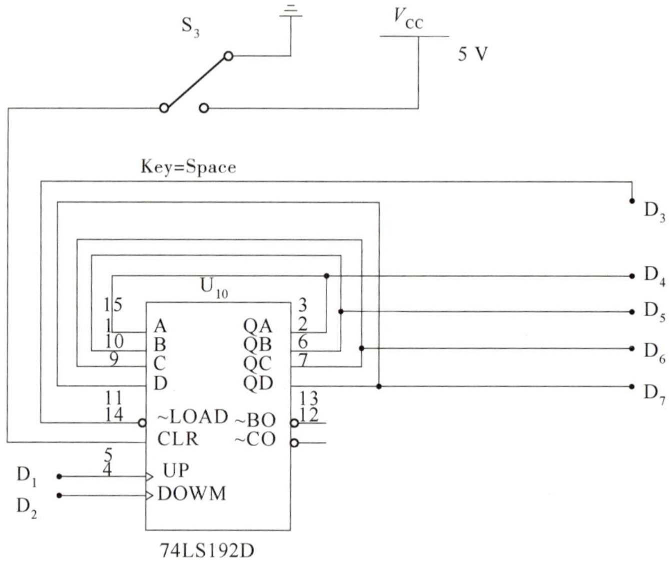

图3.19 编码电路

(3) 译码电路设计。

译码电路由两个74LS138D译码器组成的4-16线译码器构成，译码电路如图3.20所示。74LS138D有3个使能端，在一个使能端高电平有效，两个使能端低电平有效的情况下，74LS138D处于工作状态。因此，图中右边的74LS138D芯片的高电平有效的使能端接74LS192D可逆计数器的D_7端，两个低电平有效的使能端接地。当D_7端输出信号为1时，右边芯片工作；将左边芯片的高电平有效使能端接电源，两个低电平有效的使能端接74LS192D可逆计数器的D_7端，当D_7端输出信号为0时，左边芯片工作。

译码器的输出$Y_0 \sim Y_{15}$接9个发光二极管，发光二极管的正端接电阻和电源，而负端接译码器输出。标号U_{12}芯片的G_1端接5 V电源，标号U_{13}芯片的G_2A端和G_2B端接地，其他接口接74LS192D的输出端。当输出为高电平时电平指示灯点亮。在比赛准备时，译码器输入为0000，Y_1输出为1，中心处指示灯首先点亮，当编码器进行加法计数时，亮灯向右移，进行减法计数时，亮灯向左移。

(4) 显示电路设计。

显示电路由计数器和显示器构成。将双方终端的发光二极管负极经74LS04D非门输出后分别接到2个74LS160D计数器的CLK端，74LS160D的输出端QA、QB、QC、QD分别与显示器的插孔连接。当赢的一方终端发光二极管亮后，绿色发光二极管的导通压降是3.0~3.2 V，正常发光时的额定电流是20 mA，发光二极管两端的电压是5 V，所以每一路的发光二极管都串联上100 Ω的电阻来保护发光二极管不被烧坏。电阻一端接地，$Q_1 \sim Q_9$接口分别与

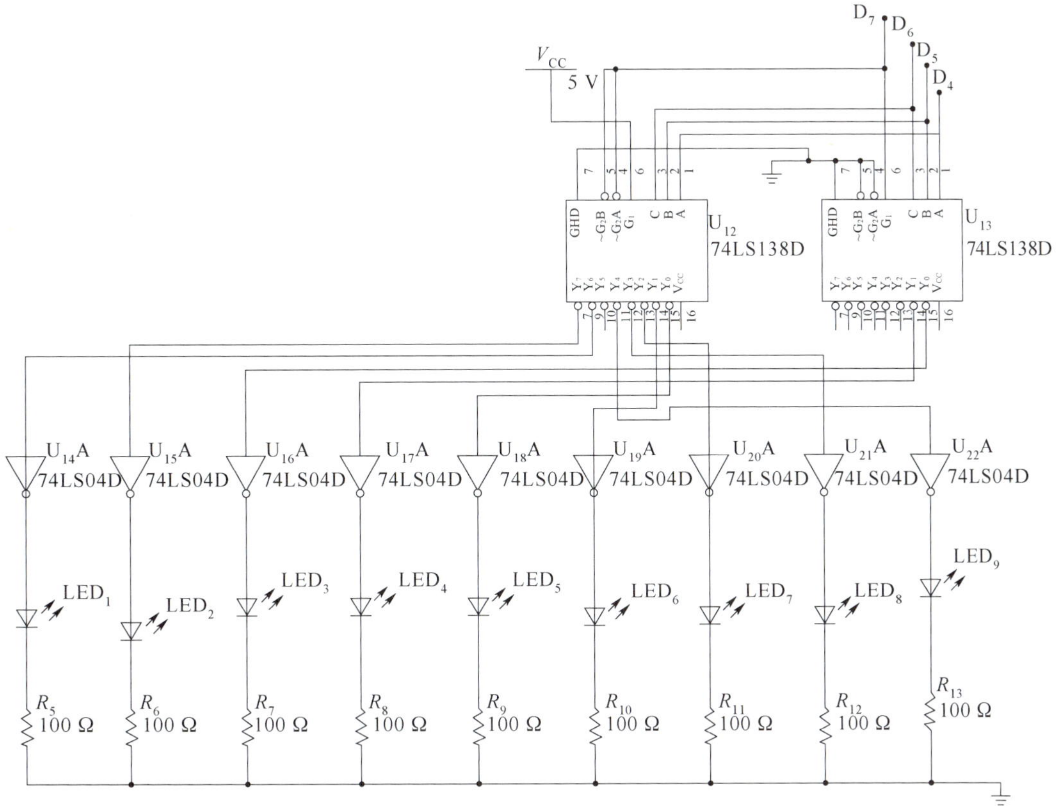

图 3.20 译码电路

74LS138D 的输出端相连。当一方取胜时，该方终端发光二极管发亮，产生一个上升沿，使相应的计数器进行加一计数，于是就得到了双方取胜次数的显示，显示电路如图 3.21 所示。

（5）电路设计。

74LS192D 的清零端 CR 接一个电平开关，在多次比赛中需要复位操作时使用，使亮灯返回中心点。开关 S_3 用于控制发光二极管的复位，当按键 S_3 接高电平时，二极管队列的译码器复位，从而使亮灯的发光二极管回到队列中间。74LS160D 的清零端 CLR 也接一个电平开关，作为胜负显示器的复位来控制胜负计数器使其重新计数。开关 S_4 用于控制数码管的复位，当按键 S_4 按下时，数码管复位，使数码管显示为 0，等待下一次比赛开始。A 接口接 74LS192D 复位键，B 接口接 74LS160D 复位键。控制电路如图 3.22 所示。

3.1.4.4 整体电路设计

可逆计数器 74LS192D 原始状态输出 4 位二进制数 0000，经译码器输出使中间的一只发光二极管点亮。当按下 A、B 两个按键时，分别产生两个脉冲信号，经整形后分别加到可逆计数器上，可逆计数器输出的代码，经译码器译码后驱动发光二极管点亮并产生位移，当亮灯移到任何一方终端后，由于控制电路的作用，使这一状态被锁定，而对输入脉冲不起作用。如按下复位键，亮灯又回到中点位置，比赛又可重新开始。将双方终端发光二极管的负极分别经两个非门后接到 2 个十进制计数器 74LS160D 的 CLK 端，当任一方取胜时，该方终端发光二极管被点亮，产生 1 个下降沿，使其对应的计数器开始计数。这样，计数器的输出显示了胜者取胜的盘数。当比赛结束后，由复位控制对显示胜负装置和电平显示灯进行复位，这样就达到了设计目的和要求。整体电路如图 3.23 所示。

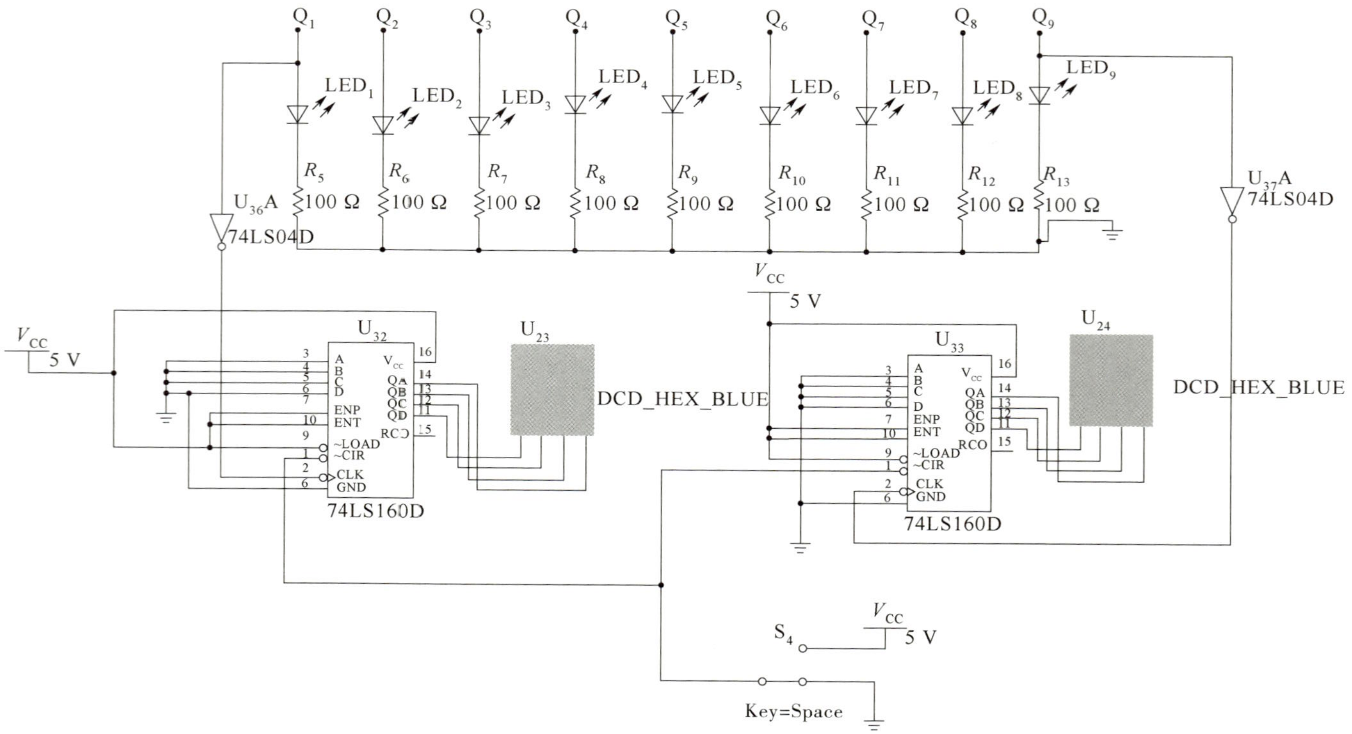

Q1 Q2 Q3 Q4 Q5 Q6 Q7 Q8 Q9
LED1 LED2 LED3 LED4 LED5 LED6 LED7 LED8 LED9
R5 R6 R7 R8 R9 R10 R11 R12 R13
100 Ω
U36A
74LS04D
U37A
74LS04D
U32
74LS160D
U33
74LS160D
U23
U24
DCD_HEX_BLUE
VCC
5 V
S4
Key=Space

图 3.21　显示电路

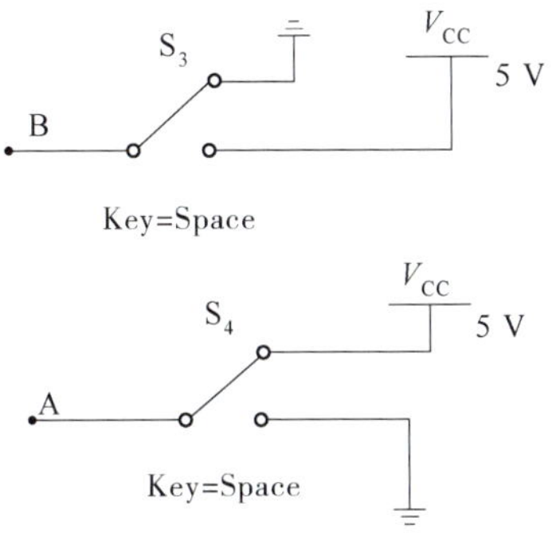

图 3.22　控制电路

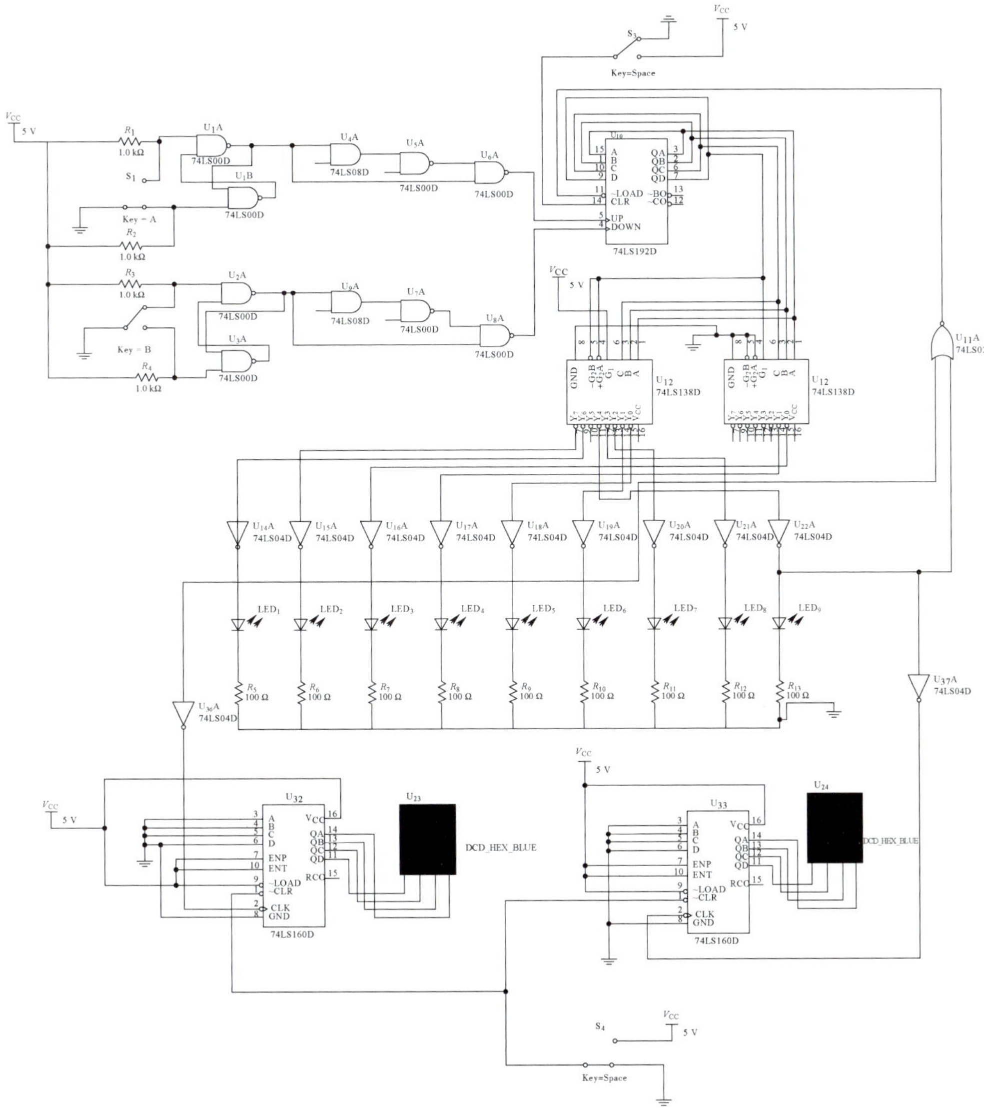

图 3.23　整体电路

3.1.4.5 仿真测试

对电子拔河游戏机整体电路进行仿真，结果如图 3.24 所示。初始状态小灯 LED_5 点亮，当 1 号选手按下按键时，小灯向右移动，即 LED_6 点亮，图 3.24 为 1 号选手取得一次胜利，右侧显示器显示为 1，随后按下复位控制键，使 LED_5 点亮，进行第二场比赛。

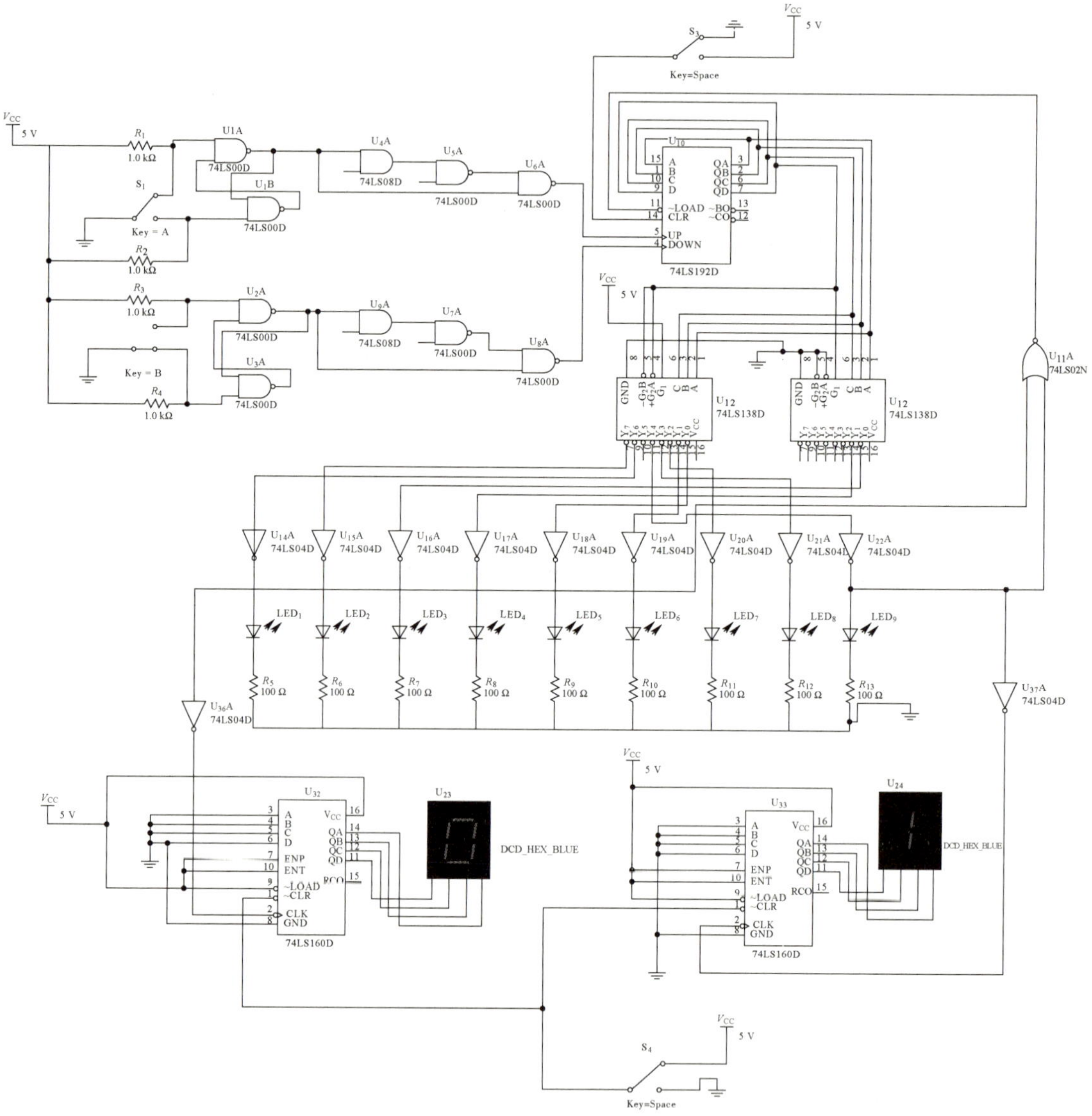

图 3.24 整体电路仿真结果

3.1.5 十字路口交通信号灯

3.1.5.1 任务与要求

(1) 设计任务。

交通信号灯（以下简称交通灯）在我们日常生活中随处可见，它在交通系统中处于至关重要的位置。交通灯的使用大大降低了交通繁忙路口的事故发生率，给行人和车辆提供一个安全的交通环境，人们的生命和财产安全有了保障。为了保证交通秩序和行人的安全，一般在每条街道都有一组红、绿、黄交通信号灯。其中，红灯亮表示道路禁止通行；黄灯亮表示该道路上未过停车线的车辆和行人禁止通行，已过停止线的车辆可以继续通行；绿灯亮则表示道路允许通行。交通灯控制电路自动控制十字路口的红、黄、绿交通灯，通过状态转换，指挥车辆行人通行，保证车辆行人的安全，实现十字路口交通管理自动化。

（2）技术要求。

a. 主支干道交替通行，主干道每次放行 30 s，支干道每次放行 20 s。

b. 每次绿灯变红灯时，黄灯先亮 5 s。

c. 要求主、支干道通行时间及黄灯亮的时间均由同一计数器以秒为单位作减计数，黄灯亮时，原红灯按 1 Hz 的频率闪烁。

d. 计数器的状态由 LED 数码管显示。

3.1.5.2　总体设计方案

选择 74LS190D 十进制可逆计数器，通过两片 74LS190D 级联实现百进制倒计时，满足方案的需求。计数器有 30 s 倒计时、20 s 倒计时、5 s 倒计时的功能，所以需要预置 3 个编码。对于每种倒计时，通过多个与门和或非门制作成了译码电路，用两片 74LS190D 就能够实现 3 种状态的倒计时。

由 555 定时器构成的脉冲电路提供给计数器固定脉冲，经过倒计时计数器电路实现倒数的功能，由显示器进行显示，通过计数器给出的借位信号进入控制电路，通过不同的状态再经过译码电路反馈给计数器来控制计数器的计数值，控制电路输出的不同状态通过驱动电路控制主干道和支干道交通灯的工作状态。十字路口交通灯总体设计方案框图如图 3.25 所示。

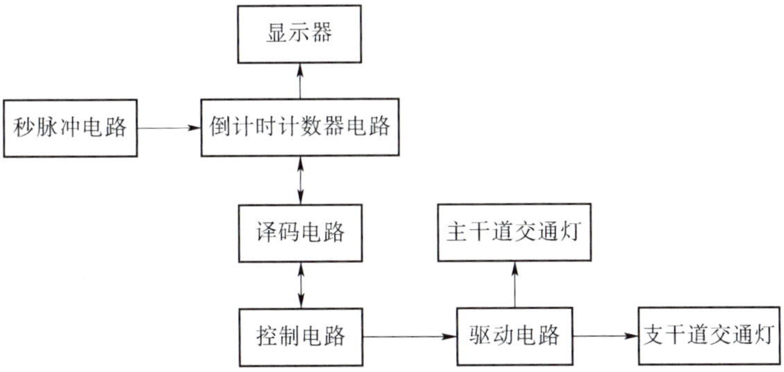

图 3.25　十字路口交通灯总体设计方案框图

3.1.5.3　单元电路设计

（1）秒脉冲电路设计。

秒脉冲电路由 555 定时器构成的多谐振荡器构成，具体相关设计参见 3.2.1 小节内容。根据设计要求，可求出当电阻都取 10 kΩ，电容取 48 μF 时可产生 1 Hz 的脉冲信号。

（2）倒计时计数器电路设计。

倒计时计数器电路采用 74LS190D 进行设计，由于 74LS190D 的预置是异步的，当置入控制端（LOAD）为低电平时，不管时钟 CLK 的状态如何，输出端（QA ~ QD）即可预置成与数据输入端（A～D）一致的状态。通过控制 CLK 同时接 4 个触发器，可实现 74LS190D 的同步计数。当计数控制端（CTEH）为低电平时，在 CLK 上升沿作用下，QA～QD 同时变化，从而消除了异步计数器中出现的计数尖峰。当计数方式控制端（U /D）为低电平时进行加计数，当计数方式控制端（U /D）为高电平时进行减计数；利用 RCO 端，可级联成 N 位同步计数器。当采用并行 CLK 控制时，则将 RCO 接到后一级 CTEH 上；当采用并行 CTEH 控制时，则将 RCO 接到后一级 CLK 端。

为了完成三十进制的倒计时功能，将第一片芯片的借位信号连接在第二片芯片的时钟脉冲引脚上，通过计数法设置初始值 30，当第一片芯片减到 0 时会产生一个借位信号，传递给第二片芯片，然后第二片芯片开始倒计时，同时第一片芯片也继续工作，当两片芯片都减到 0 时，重新从 30 开始循环。倒计时计数器电路如图 3.26 所示，U_1 芯片表示低位，U_2 芯片表示高位，分别预置 30、20 和 5 这 3 个数字，然后通过改变预置数实现不同倒计时功能。

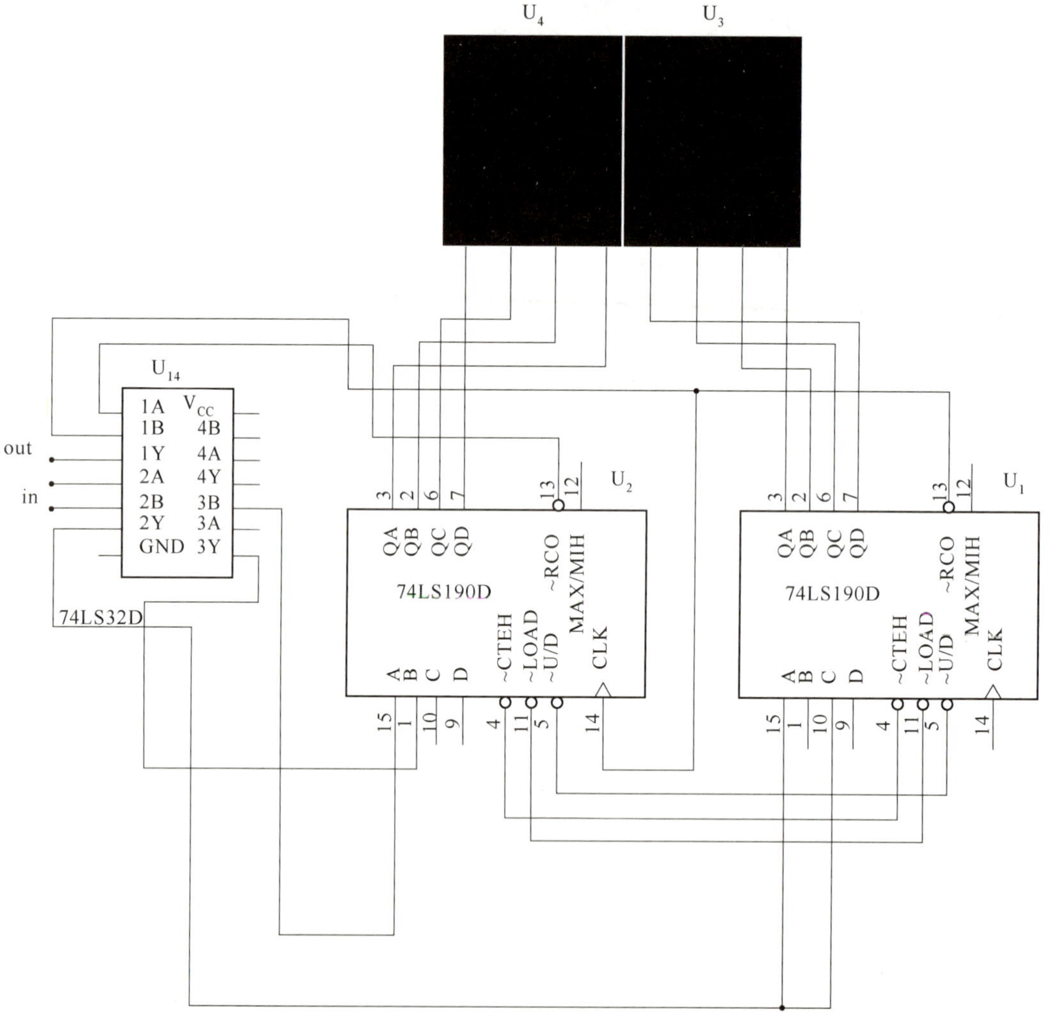

图 3.26　倒计时计数器电路

（3）控制电路和译码电路设计。

交通灯控制流程图如图 3.27 所示。

交通灯的一个循环周期为 60 s，主干道和支干道共有 4 个状态，即支干道为红灯时，主干道为绿灯、黄灯两个状态。同样地，主干道为红灯时，支干道为绿灯、黄灯两个状态。因此，可以用二进制数 00、01、10、11 来表示。由于 4 位二进制计数器 74LS163D 可以实现上述 4 个状态的循环，因此采用 74LS163D 作为交通灯的状态转换控制器，74LS163D 引脚图如图 3.28 所示。

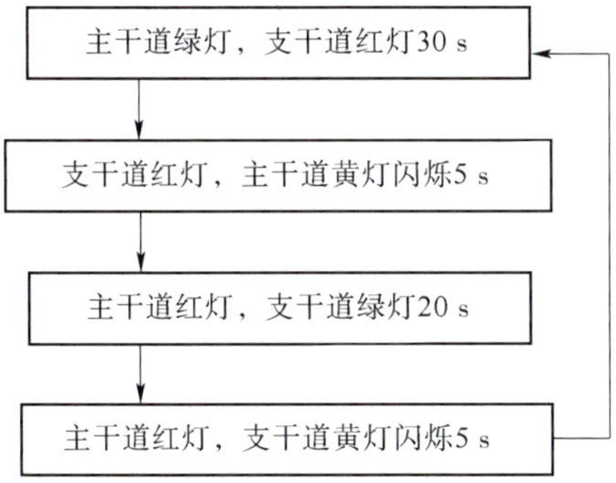

图 3.27　交通灯控制流程图

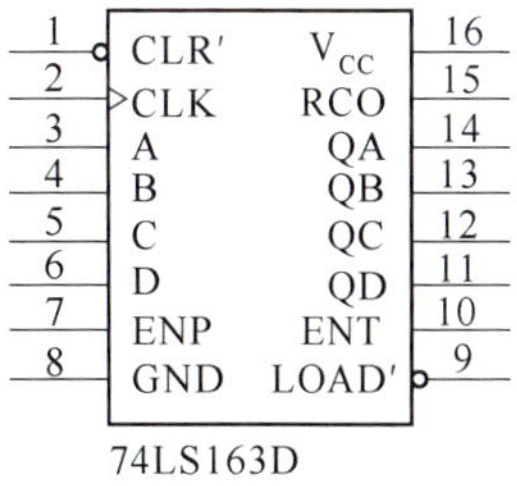

图 3.28　74LS163D 引脚图

引脚说明：

1 脚：CLR′接口为清零端。

2 脚：CLK 为时钟脉冲输入端。

3~6 脚：A、B、C、D 为芯片的输入端，A 为最低位，D 为最高位，用于置数输入。

7、10 脚：ENP、ENT 两个输入端是功能选择端，当两者输入至少有一个为低电平时，实现保持功能，当两者输入都为高电平时，实现计数功能。

8 脚：地。

9 脚：LOAD′为置数端。

11~14 脚：QD、QC、QB、QA 为输出端，QD 为高位。

15 脚：RCO 为进位输出端。

16 脚：电压。

74LS163D 的功能表如表 3.1 所示。

表 3.1　74LS163D 的功能表

输入									输出			
CLR′	CLK	LOAD′	ENP	ENT	QD	QC	QB	QA	D	C	B	A
0	↑	X	X	X	X	X	X	X	0	0	0	0
1	↑	0	X	X	d	c	b	a	d	c	b	a
1	↑	1	0	X	X	X	X	X	保持			
1	↑	1	X	0	X	X	X	X	保持			
1	↑	1	1	1	X	X	X	X	加法计数			

由图 3.28 可得 6 路输出函数，如表 3.2 所示。

表 3.2　输出函数

主干道输出函数	支干道输出函数
Rb = QB	Ra = QB′
GB = QB′QA′	Ga = QBQA′
Yb = QB′QA	Ya = QBQA

由于控制电路输出的状态不能直接送给计数器进行控制，需要在控制电路中加入译码电路进行译码，译码之后的信号才能被计数器读取。

由于控制电路只有两个输出信号，因此可以选择结构简单、应用广泛的 74LS138D 译码器。74LS138D 译码器可以实现将输入的二进制编码转换成相应的低电平。当 74LS138D 译码器工作时，控制电路产生的 QB、QC 分别输入译码器的 A、B 接口。因为计数器预置数高电平有效，所以译码器输出的低电平需要加适当的门电路完成低电平到高电平的转换。根据 QB、QC 的状态不同，译码也不相同，从而控制计数器的工作。

控制电路和译码电路如图 3.29 所示。

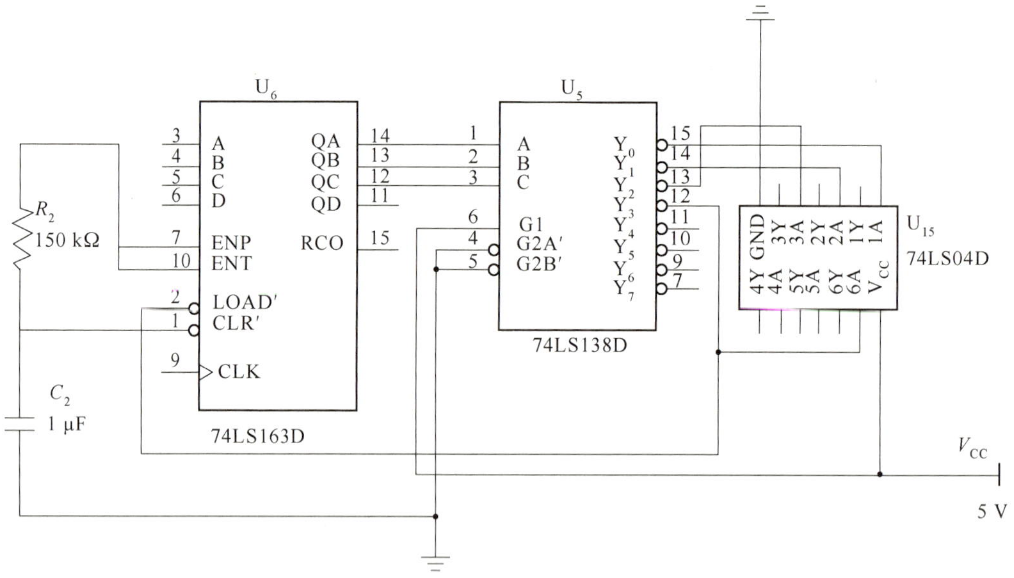

图 3.29　控制电路和译码电路

(4) 驱动电路设计。

依照系统要求可知，交通灯存在 4 种不同的工作状态，从控制电路输出 00、01、10、11 这 4 种状态分别表示交通灯的工作状态。通过或非门和与门来控制主、支干道的 4 种状态。驱动电路如图 3.30 所示。

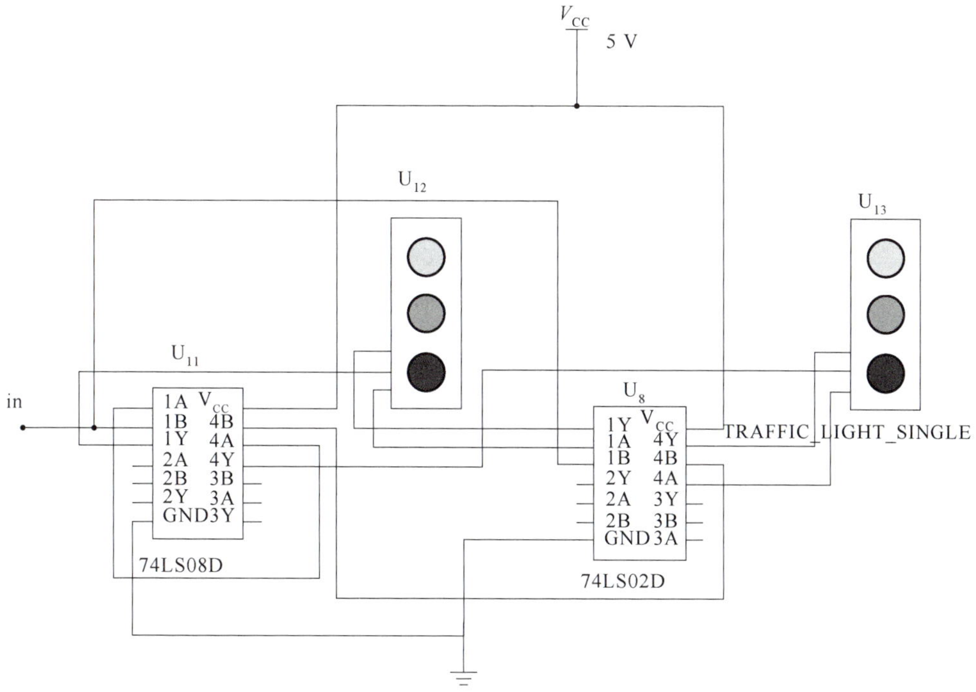

图 3.30　驱动电路

3.1.5.4　整体电路设计

交通灯定时控制系统整体电路如图 3.31 所示，由秒脉冲电路、倒计时计数器电路、控制电路、译码电路和驱动电路组成。

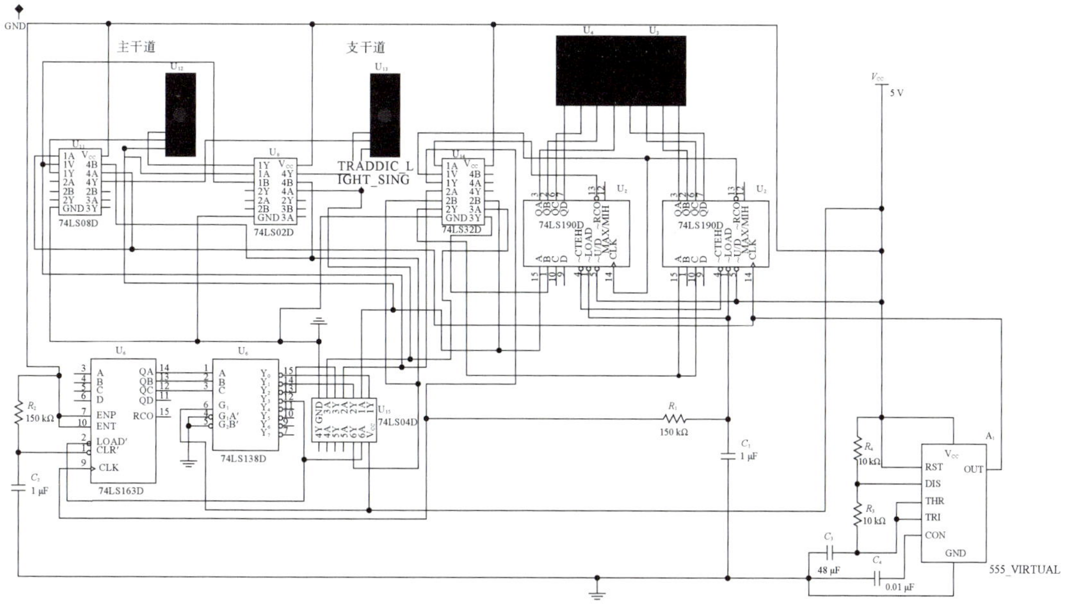

图 3.31　交通灯定时控制系统整体电路

3.1.5.5 仿真测试

当系统开始运行时，主干道为绿灯，支干道为红灯，显示器进行 30 s 倒计时。图 3.32 为整体电路仿真结果，当主干道为绿灯、支干道为红灯时，显示器倒计时到 22 s，即主干道可以通行，支干道需等待的运行状况。

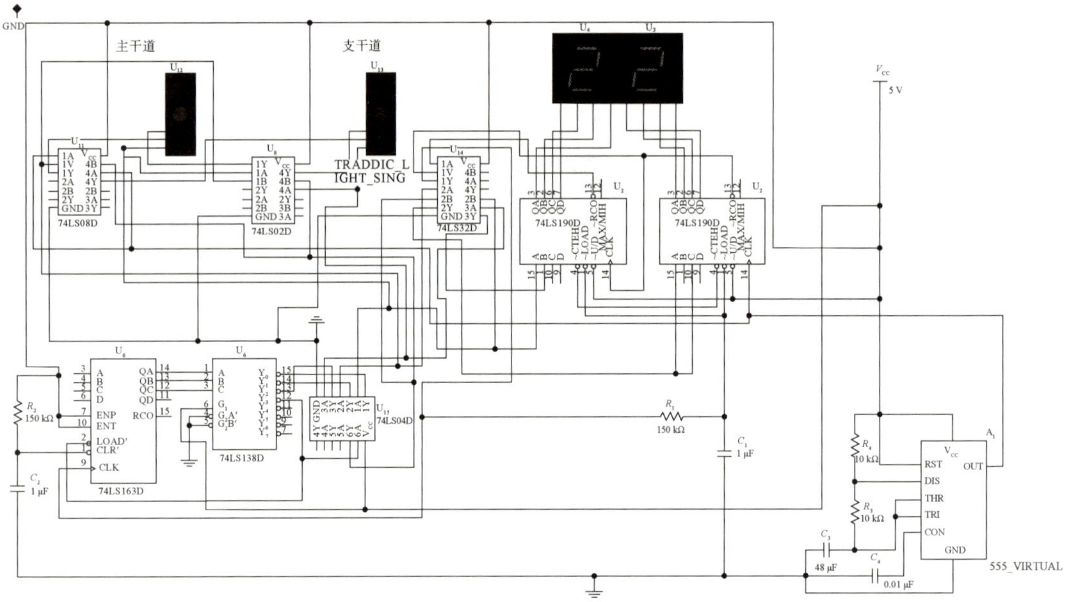

图 3.32　整体电路仿真结果（1）

当主干道 30 s 通行结束后，会有 5 s 黄灯闪烁，图 3.33 为主干道黄灯闪烁，支干道为红灯，同时显示器倒计时为 2 s。

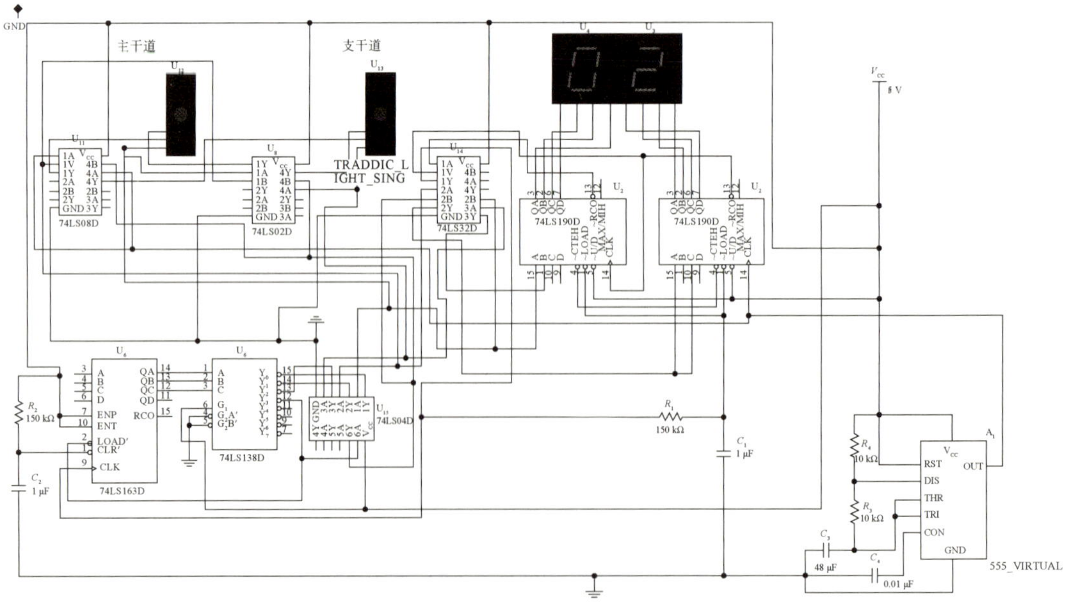

图 3.33　整体电路仿真结果（2）

3.1.6 数字电子钟

3.1.6.1 任务与要求

（1）任务设计。

数字电子钟是一种利用数字电路技术实现时、分、秒计时的装置。与机械式时钟相比，数字电子钟具有更高的准确性和直观性，且无机械装置，具有更长的使用寿命。数字电子钟已成为人们生活中不可缺少的必需品，广泛用于个人家庭及车站、码头、剧院和办公室等公共场所，给人们的生活、工作和学习带来了极大的方便。数字电子钟是采用数字电路实现对时、分、秒数字显示的计时装置，可以实现以下几项功能：能直接显示时、分、秒十进制数字；具有校时功能；具有整点报时功能。

（2）技术要求。

a. 时间以 24 h 为一个周期，可以分别对时和分进行单独校时，使其校正到标准时间。

b. 具有整点报时功能，当时间到达整点前 5 s，进行蜂鸣报时。

3.1.6.2 总体设计方案

由 74LS74 构成的分频器输出标准时间计数脉冲信号，即 1 Hz 的秒计数脉冲信号；秒计数脉冲信号被送入计数器中进行计数，计数结果通过“时”“分”“秒”译码器显示出来。校时电路是用与非门构成的组合逻辑电路，在对时个位校时时，不影响分和秒的正常计数；在对分个位校时时，不影响时和秒的正常计数。整点报时电路是由八输入与非门和反相器构成的组合逻辑电路，当计时到 59 分 56、57、58、59、60 s 时，蜂鸣器都发声报时。

该系统工作时，信号发生器产生稳定的标准时间计数脉冲信号。由于脉冲源产生的脉冲信号的频率较高，因此需要进行分频，使高频脉冲信号变成适合计时的低频脉冲信号，即“秒脉冲信号”（频率为 1 Hz）。经过分频器输出的秒脉冲信号送到计数器中进行计数。因为计时的规律：60 s 等于 1 min，60 min 等于 1 h，24 h 等于 1 d，所以需要分别设计两个六十进制和一个二十四进制计数电路，并发出驱动信号。各计数器输出信号经译码器、驱动器送到数字显示器，使“时”“分”“秒”能以数字形式显示出来。所有计数器的输出状态都可由数码管显示，计数过程中出现误差，可以采用校时电路进行调整。校时电路可以分别对“时”“分”显示数字进行校对调整。

数字电子钟总体设计方案框图如图 3.34 所示。

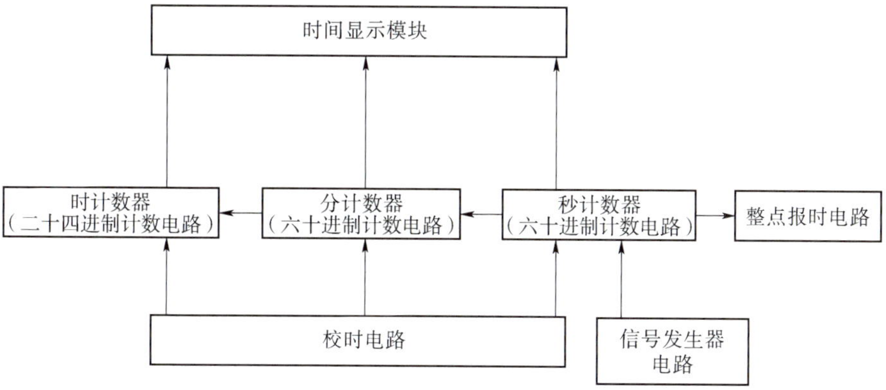

图 3.34　数字电子钟总体设计方案框图

3.1.6.3 单元电路设计

（1）信号发生器电路。

秒信号发生器产生的脉冲信号是整个系统的时基信号，它直接决定计时系统的精度。数字秒表的计时精度取决于振荡电路的输出信号频率精度，而振荡电路的输出信号频率精度取决于电路元件参数的精度。选用高精度和高稳定度的石英晶体振荡器发出脉冲信号，经过分频获得 1 Hz 的秒脉冲信号。该设计选用标称频率为 32 768 Hz 的石英晶振，通过 15 次二分频后获得 1 Hz 的脉冲输出，信号发生器电路如图 3.35 所示。

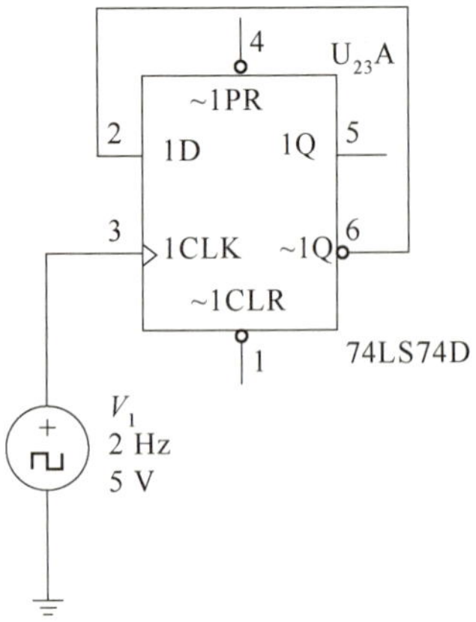

图 3.35 信号发生器电路

（2）计数电路设计。

a. 六十进制计数电路设计。

在计数电路中，分和秒的计数控制是一样的，即六十进制计数功能，六十进制计数电路如图 3.36 所示。设计中用两片双 4 位十进制计数芯片 74LS390D 级联，高位芯片实现六进制计数功能，低位芯片实现十进制计数功能，从而实现计数范围00~59 的计数功能。74LS390D 的每一计数器均提供一个异步清零端，都有两个独立的时钟 INA、INB。

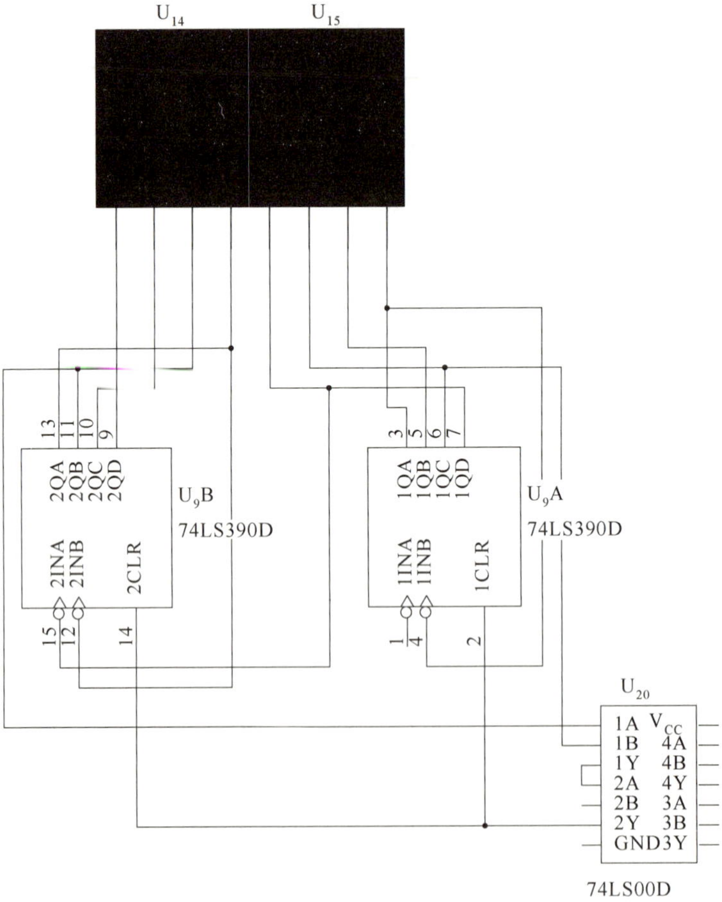

图 3.36 六十进制计数电路

秒个位计数单元为十进制计数器，无须进制转换，只需将 QA 与 INB 相连。INA 与 1 Hz 输入信号相连，QD 作为向上的进位信号与十位计数单元的 INA 相连。秒十位计数单元为六进制计数器，需要进制转换，将 Q 可作为向上的进位信号与分个位的计数单元的 INA 相连。

分个位和分十位计数单元电路结构与秒个位和秒十位计数单元完全相同，只不过分个位计数单元的 QD 作为向上的进位信号应与分十位计数单元的 INA 相连，分十位计数单元的 Q 作为向上的进位信号应与时个位计数单元的 INB 相连。

b. 二十四进制计数电路设计。

整个电子钟电路中时计数要用到二十四进制计数电路，如图 3. 37 所示。将计数脉冲送入时个位计数器的 INA 端，电路在计数脉冲的作用下，按二进制顺序依次递增 1，当个位计数到 9 时，输出进位信号给十位充当使能信号进位。当计数到 24 时，显示器个位输出 0100（也就是 4），显示器十位输出 0010（也就是 2），显示器十位计数器只有 QB 端有输出，显示器个位计数器只有 QC 端有输出，将个位的 QC、十位的 QB 端接一个二输入与非门，与非门输出的信号一路送入十位计数器的清零端，另一路送入个位计数器的清零端，将整个电路清零，完成周期为 24 的计数。

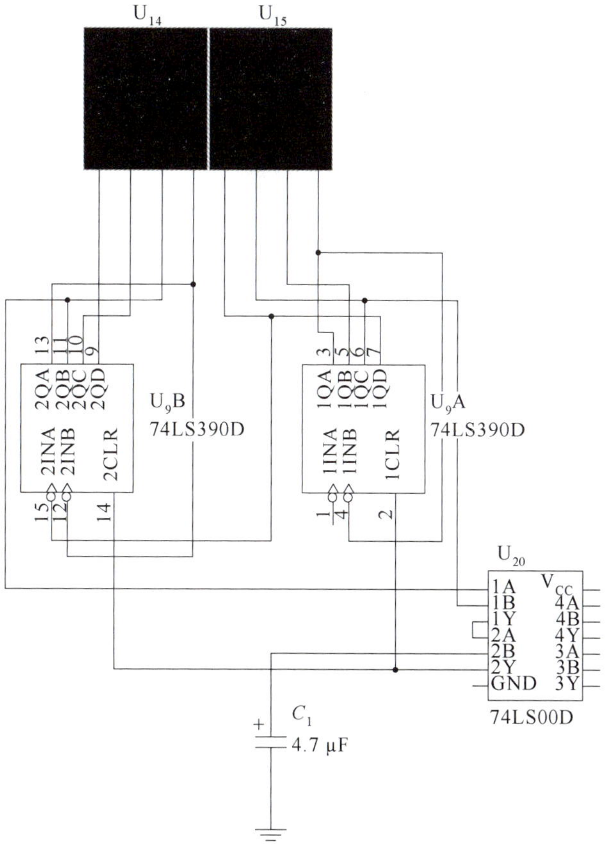

图 3. 37　二十四进制计数电路

c. 校时电路设计。

校时电路的作用：当数字钟接通电源或者出现误差时，校正时间。校时是数字钟应具有的基本功能。在此设计中只进行分和时的校时。校时电路如图 3. 38 所示。图 3. 38 中 S_1 为校准时用的控制开关，S_2 为校准分用的控制开关。正常工作时，两个开关接到上端触点，分、时脉冲信号通过。当开关接到下端触点时，正常计数不能通过，而秒脉冲通过，使分、时计数器变成了秒计数器，可以快速校准。

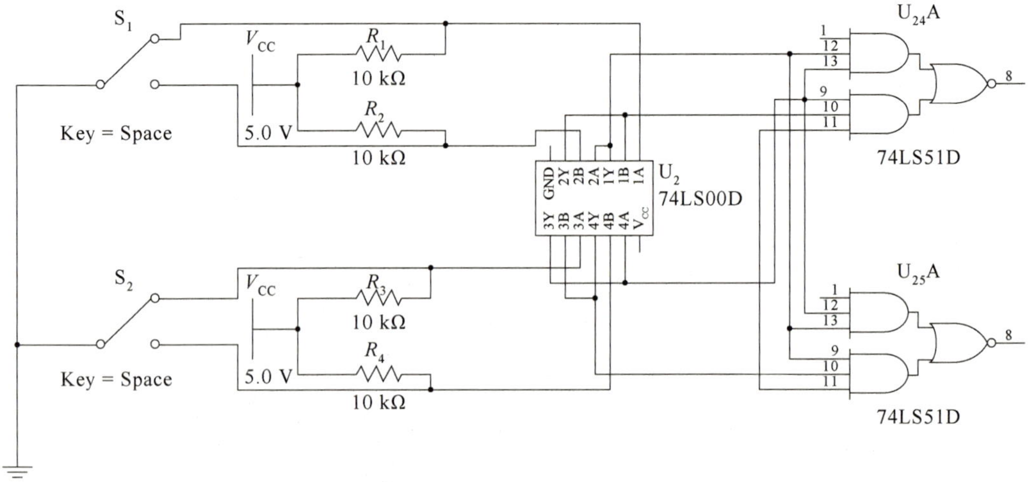

图 3.38　校时电路

d. 整点报时电路设计。

一般时钟应具备整点报时功能，即在时间到达整点前数秒内数字电子钟会自动报时，以示提醒。其作用方式是发出连续的或有节奏的音频声波。本设计要求电路应在整点前 5 s 内开始整点报时，即当时间在 59 分 55 秒到 59 分 59 秒期间，发出报时控制信号，这时分十位、分个位和秒十位均保持不变，分别为 5、9 和 5，因此可将分计数器十位的 QC 和 QA、个位的 QD 和 QA 及秒计数器十位的 QC 和 QA 相与，从而产生报时控制信号，如图 3.39 所示。

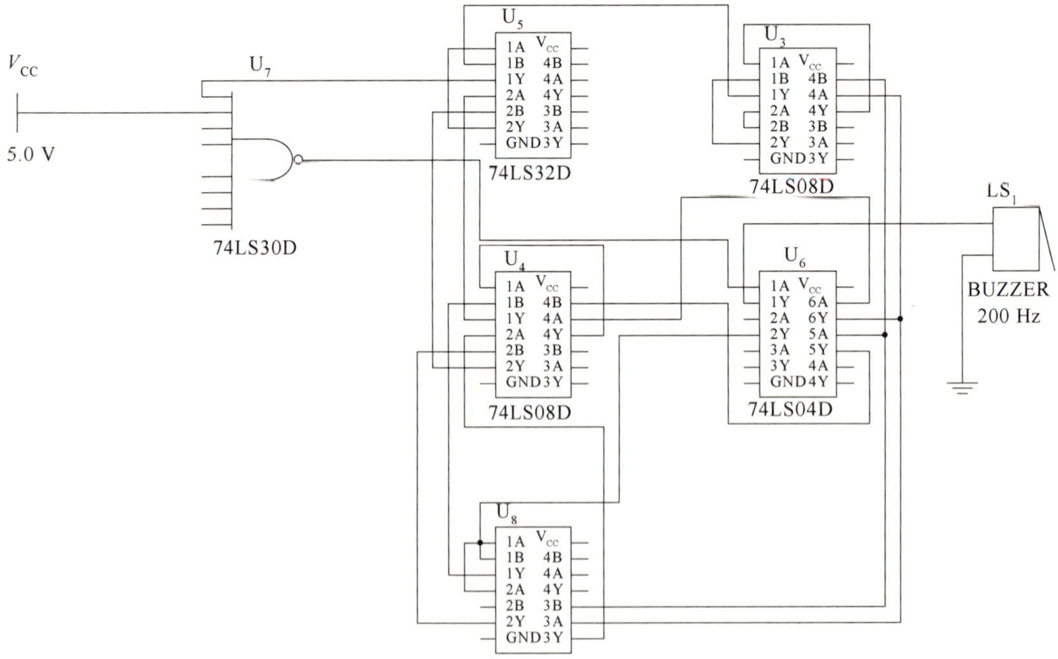

图 3.39　整点报时电路

3.1.6.4　整体电路设计

数字电子钟是一个能将时间的“时”“分”“秒”以数字的形式显示出来的一种计时装置，它的主要功能是计时和显示，因此，简易数字电子钟电路主要包括标准脉冲计数模块、“时、分、秒”计数模块、时间显示模块等。由于计时可能出现误差，因此在电路中增加时间校准电路模块。最后，在主电路正常运行情况下，扩展其整点报时功能。数字电子钟整体电路如图 3.40 所示。

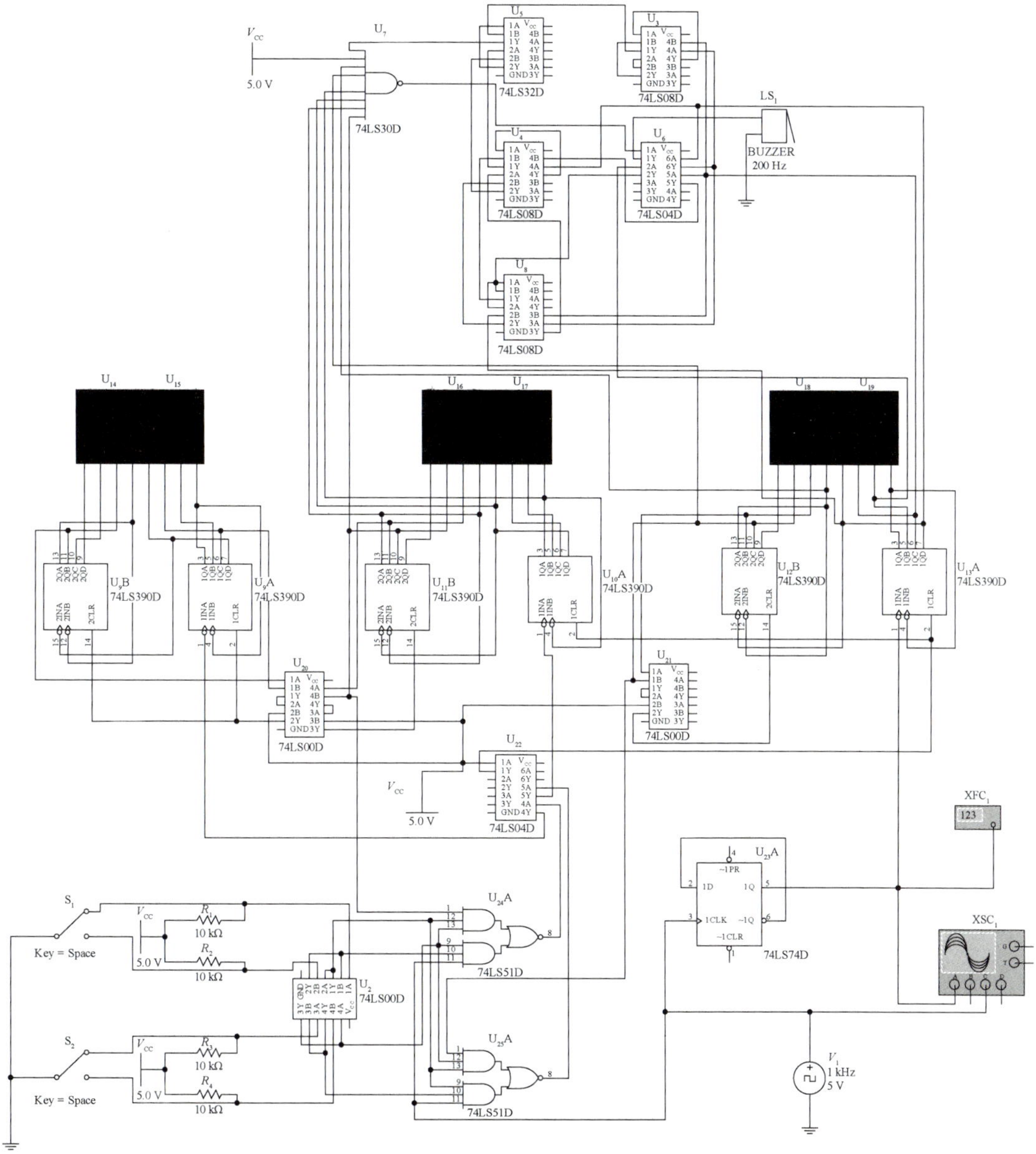

图 3.40　数字电子钟整体电路

3.1.6.5　仿真测试

对整体电路进行仿真，图 3.41 所示为数字电子钟整体电路仿真结果，显示时间为 11 时

05 分 01 秒。

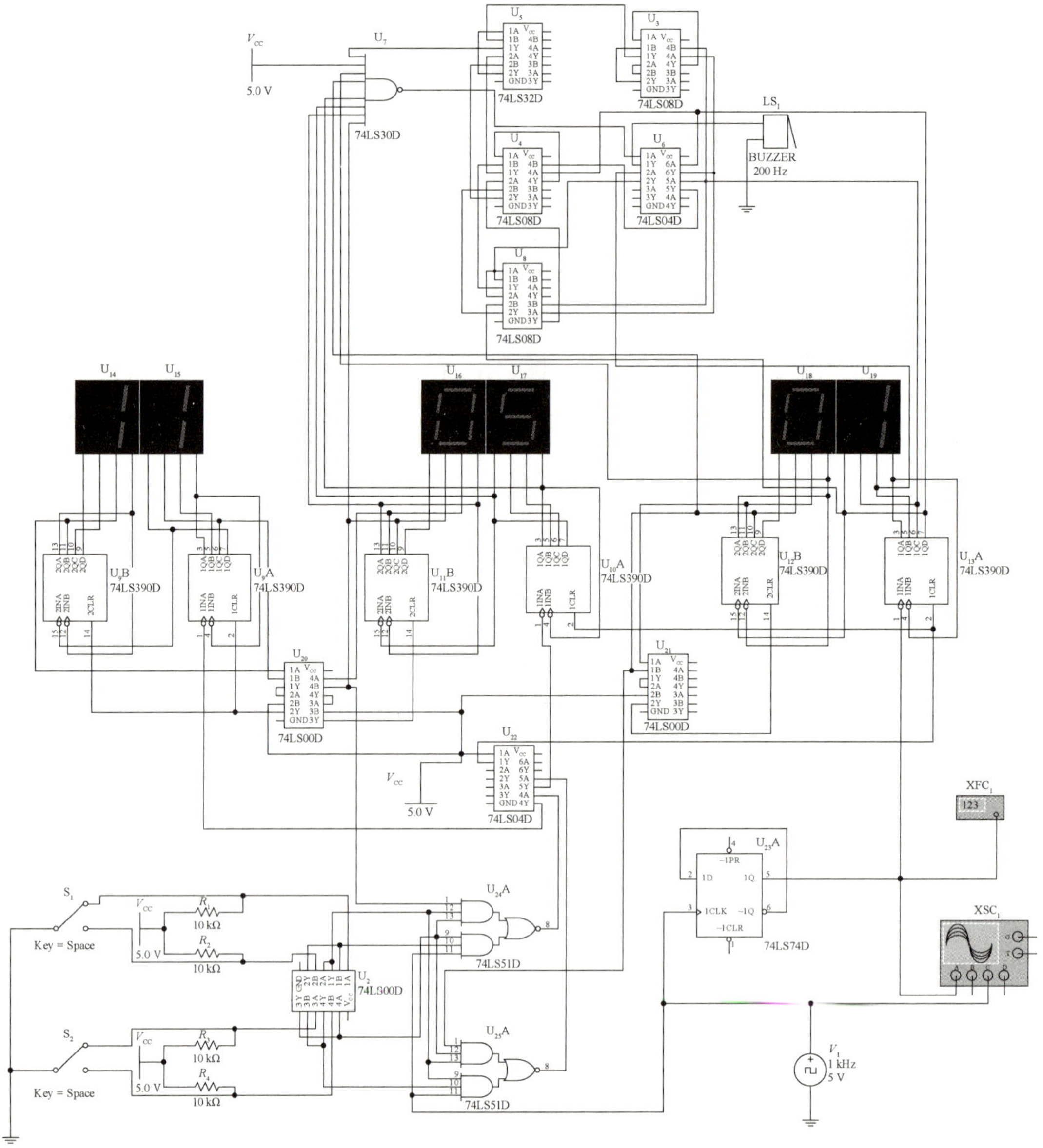

图 3.41　数字电子钟整体电路仿真结果

3.1.7　自动出售邮票机

3.1.7.1　任务与要求

(1) 设计任务。

为方便人们的生活，各种各样的自动售货机出现在学校、商场、街边等各种公共场所。自动出售邮票机是自动售货机的一种。自动出售邮票机是能根据投入的钱币自动出货和找零的机器，是商业自动化的表现，它不受时间、地点的限制，能节省人力、方便交易，是一种全新的商业零售形式，又被称为24小时营业的微型邮局。

（2）技术要求。

a. 每次只允许投入一枚五角或一元的硬币，累计投入一元五角硬币给出一张邮票，如果投入二元硬币，则给出邮票的同时找回五角钱。

b. 用D触发器和门电路实现。

3.1.7.2　总体设计方案

自动出售邮票机的电路可以实现硬币的识别，邮票的自动出售，找零钱以及显示等基本功能，由识别电路、驱动控制电路（包括出票和找零）、显示电路等部分组成。在本设计中，用按键开关以及若干电阻组成硬币的识别电路；用D触发器和门电路实现出售邮票和找零功能；用指示灯作为显示电路，显示是否出售邮票及是否找零。自动出售邮票机总体设计方案框图如图3.42所示。

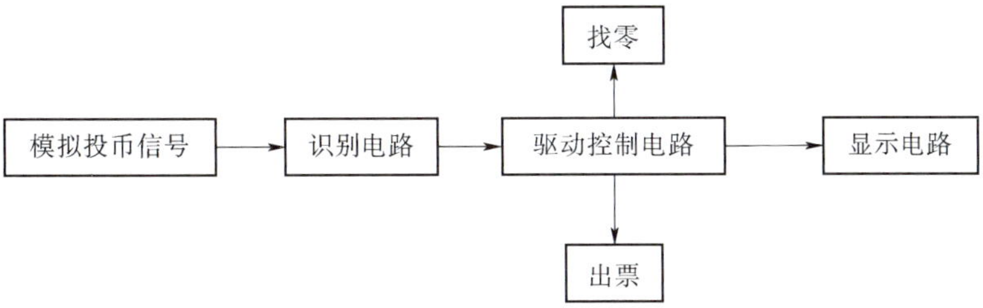

图3.42　自动出售邮票机总体设计方案框图

3.1.7.3　单元电路设计

（1）信号输入电路。

图3.43所示为信号输入电路，无输入时，输入端接的是低电平。S_1表示一元输入口，S_2表示五角输入口。S_1和S_3一同控制一元输入口向下一级与非门的输入。同理，S_2和S_4一同控制五角输入口向下一级与非门的输入。

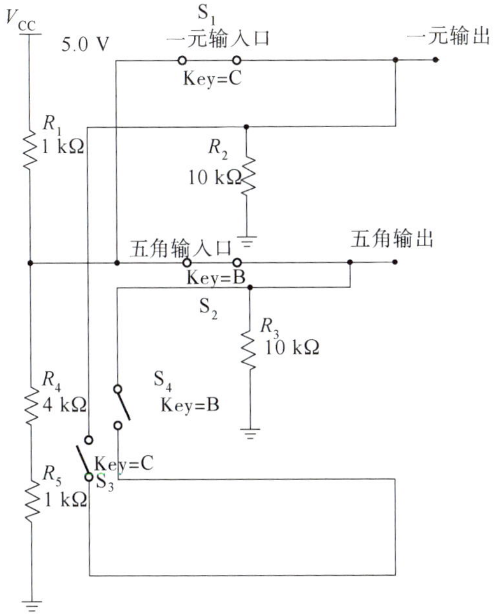

图3.43　信号输入电路

S_1 和 S_3 在仿真过程中由“C”控制，在开路状态下按“C”控制键使 S_1 和 S_3 闭合，从而所连接的电路接通。S_2 和 S_4 则由“B”控制，在开路状态下按“B”控制键使 S_2 和 S_4 闭合，从而所连接的电路接通。R_1、R_4 和 R_5 的功能是将 5 V 电压进行分压，而 R_2 和 R_3 的功能是在开关闭合的情况下提供高电平。

（2）驱动控制电路。

使用 D 触发器和一系列门电路控制邮票的出售和找零，取投币信号为输入逻辑变量，投入一枚一元硬币时，用 $A=1$ 表示，未投入时 $A=0$。投入一枚五角硬币用 $B=1$ 表示，未投入时 $B=0$。出邮票和找钱为两个输出变量，分别用 Y 和 Z 表示。给出邮票时 $Y=1$，不给时 $Y=0$；找回一枚五角硬币时 $Z=1$，不找时 $Z=0$。

设未投币前电路的初始状态为 S_0，投入五角硬币后为 S_1，投入一元硬币（包括投入一枚一元硬币或投入两枚五角硬币的情况）后为 S_2，再投入一枚五角硬币后电路返回 S_0，同时输出为 $Y=1$，$Z=0$；若投入的是一枚一元硬币，则电路也应返回 S_0，同时输出为 $Y=1$，$Z=1$。依题意知电路的状态数为 3，因投硬币时一次只允许投入一枚硬币，会出现没有硬币投入、投入一枚五角的硬币、投入一枚一元的硬币 3 种情况，AB 同时为 1（$AB=11$）的情况不会出现，所以与之对应的 S^*、Y、Z 均作约束项处理。可画出电路的状态转换表和状态转换图，分别如表 3.3 和图 3.44 所示。

表 3.3　状态转换表

S	**AB**			
	00	**01**	**11**	**10**
S_0	$S_0/00$	$S_1/00$	X/XX	$S_2/00$
S_1	$S_1/00$	$S_2/00$	X/XX	$S_0/10$
S_2	$S_2/00$	$S_0/10$	X/XX	$S_0/11$

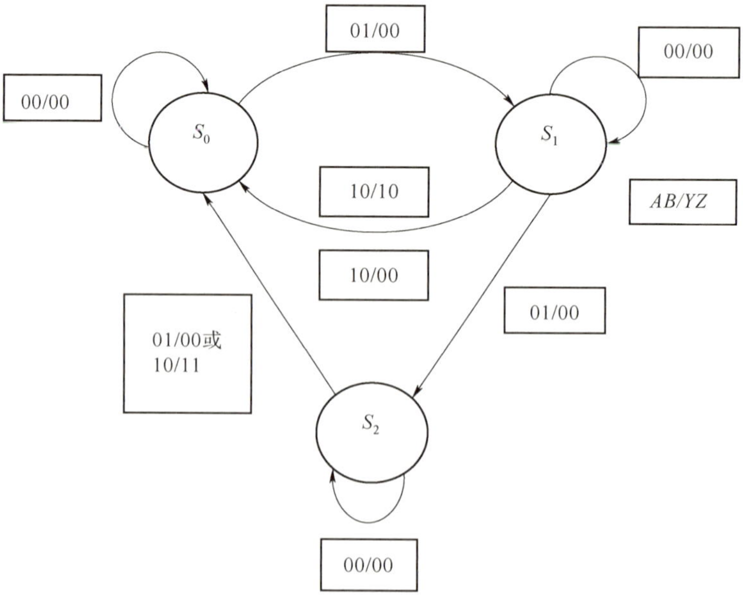

图 3.44　状态转换图

令 S_2、S_1、S_0分别代表触发器 Q_1Q_0的 00、01 和 10 状态，则由状态转换图或状态转换表即可画出表示电路状态/输出（$Q_1^* Q_0^* / YZ$）的卡诺图，如表 3.4 所示。因为正常工作时不出现 $Q_1Q_0=1$ 的状态，所以与之对应的最小项也作约束项处理。

表 3.4　电路状态/输出（$Q_1^* Q_0^* YZ$）的卡诺图

Q_1Q_0	*AB*			
	00	**01**	**11**	**10**
00	00/00	01/00	XX/XX	10/00
01	01/00	10/00	XX/XX	00/10
11	XX/XX	XX/XX	XX/XX	XX/XX
10	10/00	00/10	XX/XX	00/11

将卡诺图分解，分别画出 Q_1^*、Q_0^*、*Y* 和 *Z* 的卡诺图，如表 3.5～表 3.8 所示。

表 3.5　Q_1^* 的卡诺图

Q_1Q_0	*AB*			
	00	**01**	**11**	**10**
00	0	0	X	1
01	0	1	X	0
11	X	X	X	X
10	1	0	X	0

表 3.6　Q_0^* 的卡诺图

Q_1Q_0	*AB*			
	00	**01**	**11**	**10**
00	0	1	X	0
01	1	0	X	0
11	X	X	X	X
10	0	0	X	0

表 3.7　*Y* 的卡诺图

Q_1Q_0	*AB*			
	00	**01**	**11**	**10**
00	0	0	X	0
01	0	0	X	1
11	X	X	X	X
10	0	1	X	1

表 3.8　*Z* 的卡诺图

Q_1Q_0	*AB*			
	00	**01**	**11**	**10**
00	0	0	X	0
01	0	0	X	0
11	X	X	X	X
10	0	0	X	1

因为不同逻辑功能的触发器驱动方式不同，所以不同类型触发器设计出的电路也不一样，为此，在设计具体的电路前必须选定触发器的类型。选择触发器类型时，应考虑到器件的供应情况，并力求减少系统中使用的触发器种类。

本设计要求采用 D 触发器进行设计，因为电路的状态数 $M=3$，$2^1<3<2^2$，故采用 2 个 D 触发器即可。

根据对卡诺图的分解，可得出状态方程、驱动方程和输出方程。

状态方程：$\begin{cases} Q_1^* = Q_1(AB)'+Q_1'Q_0'A+Q_0B \\ Q_0^* = (Q_1Q_0)'B+Q_0(AB)' \end{cases}$

驱动方程：$\begin{cases} D_1 = Q_1^* = Q_1A'B'+Q'_1Q'_0A+Q_0B \\ D_0 = (Q_1Q_0)'B+Q_0(AB)' \end{cases}$

输出方程：$\begin{cases} Y = Q_1B+Q_1A+Q_0A \\ Z = Q_1A \end{cases}$

驱动控制电路如图 3.45 所示。

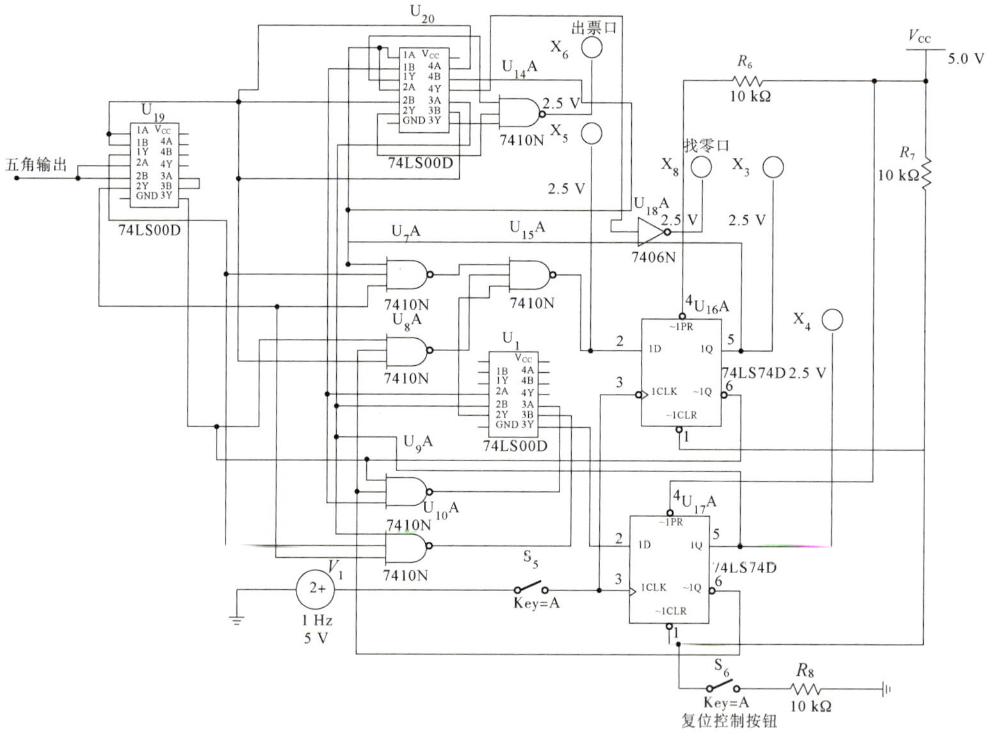

图 3.45　驱动控制电路

3.1.7.4　整体电路设计

图 3.46 所示为自动出售邮票机整体电路，开关 S_1、S_2 分别是一元输入口和五角输入口，每当有投币信号产生时，使触发器处在工作状态，从而使输入信号得到记录，当满足出货和找零时，相应的探针会点亮。并且此电路可以回到原来的状态，同时当电路出现异常状态时，可以按开关 S_6 异步清零，使电路恢复正常。

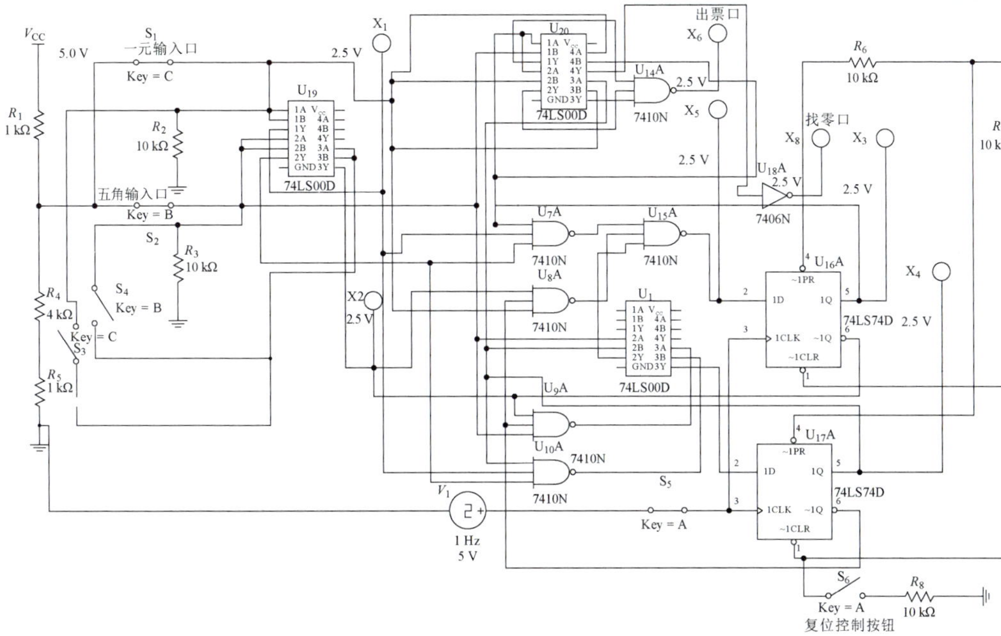

图 3.46　自动出售邮票机整体电路

3.1.7.5　仿真测试

对整体电路进行仿真测试，当投入一元硬币和五角硬币，即按键 S_1 和按键 S_2 先后按下后，出票口探针 X_6 点亮，买票成功指示探针 X_3 点亮，但找零口探针 X_8 不亮。自动出售邮票机整体电路仿真结果如图 3.47 所示。

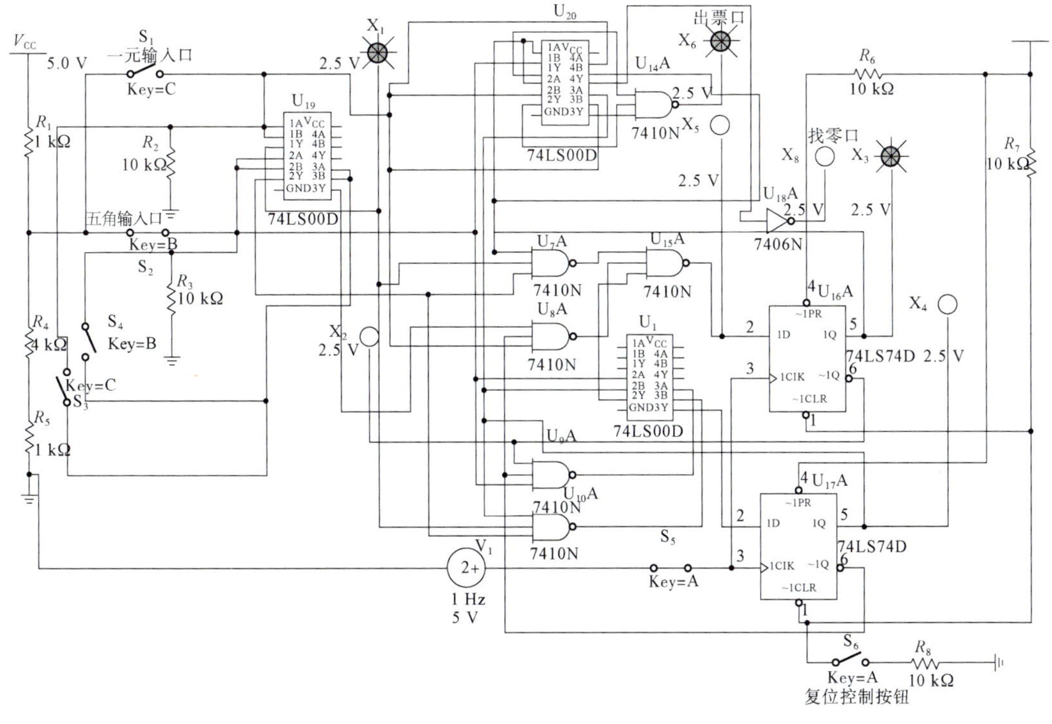

图 3.47　自动出售邮票机整体电路仿真结果

3.1.8 简易计算器

3.1.8.1 任务与要求

(1) 设计任务。

简易计算器是采用数字电路设计的具有简单计算功能的装置，由编码器、加法器和显示电路组成，完成对数据的输入与显示、数据的各种运算、数据的输出与显示。

(2) 技术要求。

a. 采用中、小规模数字集成电路实现。

b. 具有加、减和乘的功能。

c. 用开关输入运算数据。

d. 用 LED 显示运算结果。

3.1.8.2 总体设计方案

利用编码器、加法器和显示电路设计一个具有加、减、乘功能的简易计算器电路，通过 LED 显示最后的输出结果。总体设计方案由三大块组成：开关输入数据电路、运算电路和显示电路。

通过开关的闭合和断开来代表高低电平，用开关选择加法、减法或乘法运算方式，进而通过控制 0、1 输入得到需要的数字。运算电路主要由全加器 74LS283 和进位信号门电路组成。通过控制开关输入，经过异或门等运算电路，实现加法，减法与乘法的设计。显示电路主要由七段显示译码器构成。简易计算器总体设计方案框图如图 3.48 所示。

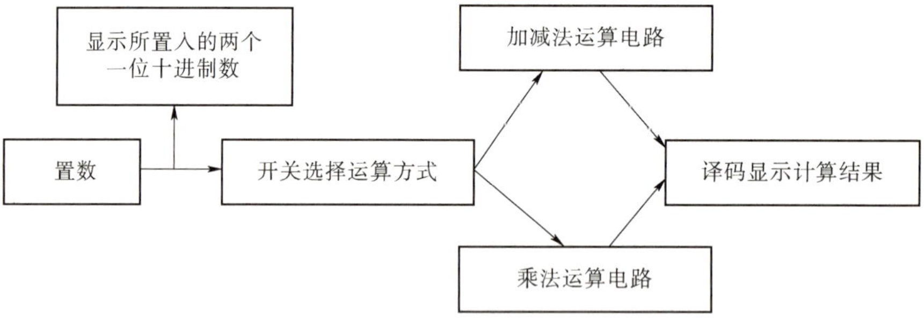

图 3.48 简易计算器总体设计方案框图

3.1.8.3 单元电路设计

(1) 加法运算电路。

通过开关 $J_1 \sim J_4$、$J_5 \sim J_8$ 来控制两个加数，$J_1 \sim J_4$ 分别代表数 1 的 8，4，2，1。通过加法运算得到数 1 的 0~15 之间的自然数。$J_5 \sim J_8$ 分别代表数 2 的 8，4，2，1，通过加法运算得到数 2 的 0~15 之间的自然数。数 1 直接置入 4 位超前进位加法器 74LS283D 的 $A_1 \sim A_4$ 端，数 2 直接置入 4 位超前进位加法器 74LS283D 的 $B_1 \sim B_4$ 端。输出值通过 SUM_1~SUM_4 接译码显示器 U_4。加法运算电路如图 3.49 所示。

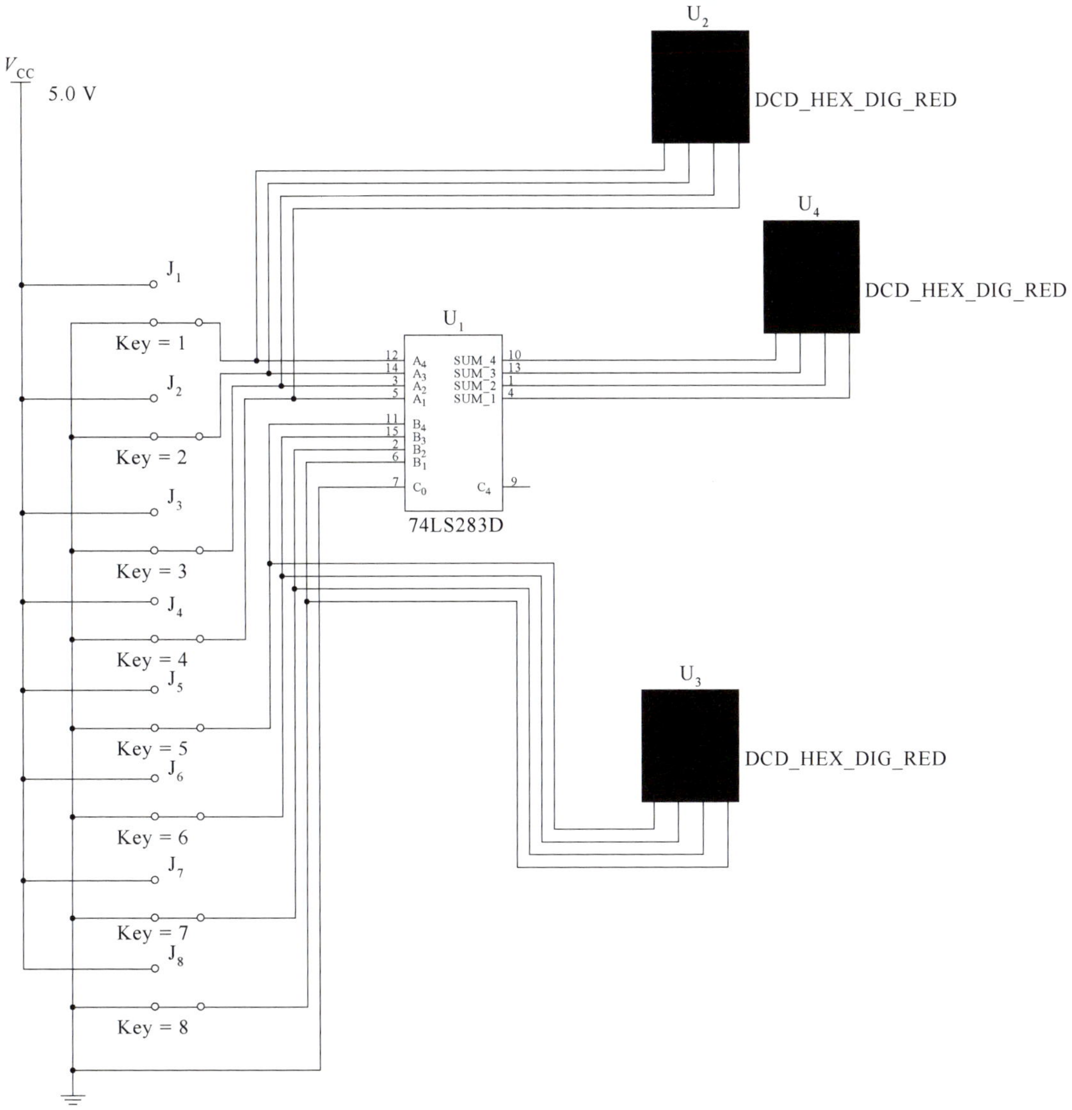

图 3.49　加法运算电路

（2）减法运算电路。

减法运算电路如图 3.50 所示。减法电路设置为数 1、数 2，通过补码与反码关系式：补码=反码+1，来对最后的结果取反。因为 $B\oplus 1=\overline{B}$；$B\oplus 0=B$，所以通过异或门 7486N 对输入的数 B 求反码，并将进位输入端接逻辑 1 以实现加 1，由此求得 B 的补码。

（3）乘法运算电路。

乘法运算电路如图 3.51 所示。利用 74LS283D 和二输入与门可以实现乘法计算器功能。其中，输入端 $J_1\sim J_4$ 为二进制 4 位被乘数，$J_5\sim J_8$ 为二进制 4 位乘数，输出端为十六进制得数。将 J_1、J_2、J_3、J_4 分别与 J_5、J_6、J_7、J_8 相与，得到的值再通过 74LS283D 各位相加，进位端连接下一级的 74LS283D，经过 3 级 74LS283D 后，得到结果值。

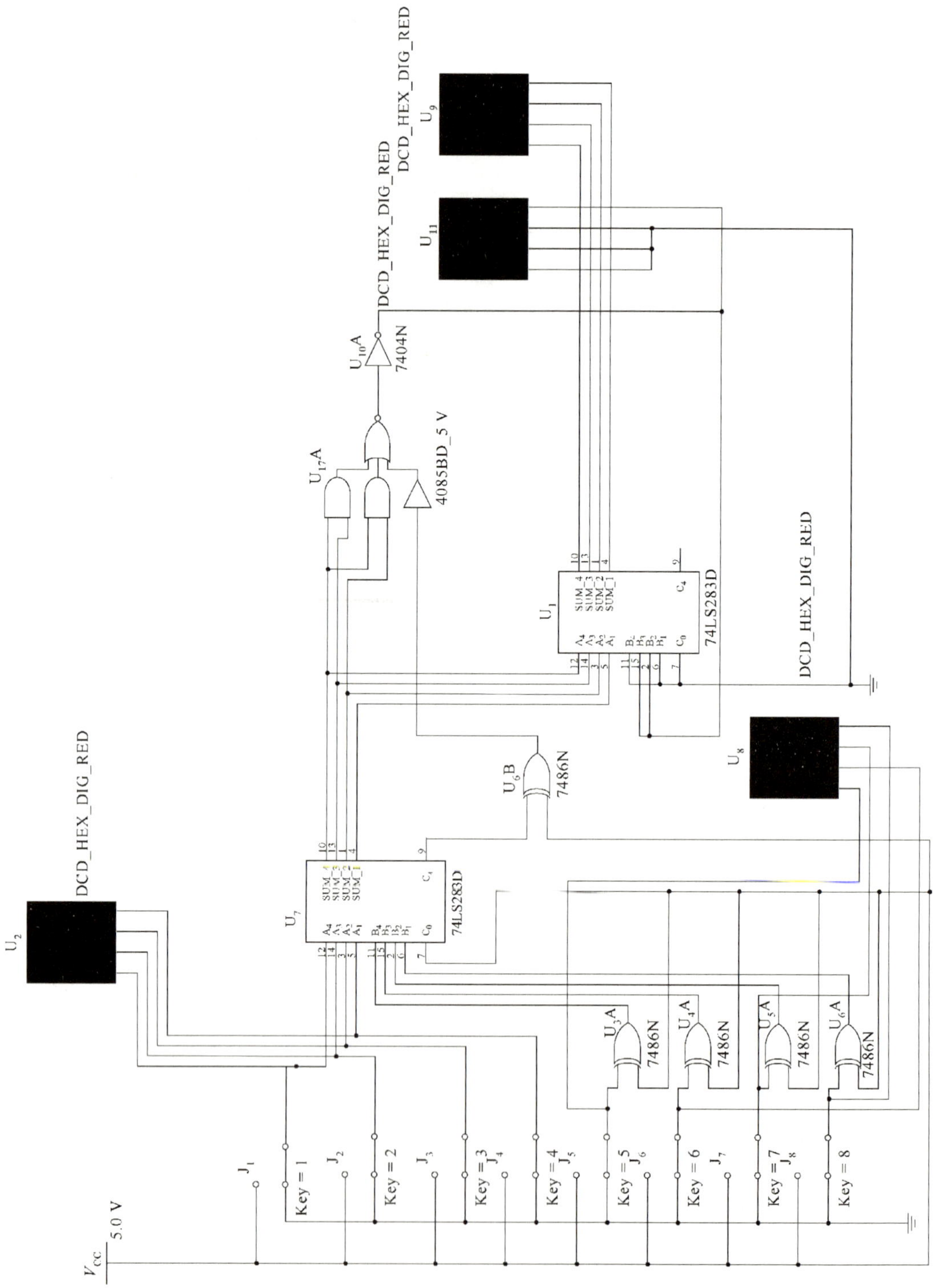

DCD_HEX_DIG_RED
U9
DCD_HEX_DIG_RED
U11
U10A
7404N
U17A
4085BD_5 V
U1
74LS283D
DCD_HEX_DIG_RED
U8
U6B
7486N
U7
74LS283D
U2
DCD_HEX_DIG_RED
U3A
7486N
U4A
7486N
U5A
7486N
U6A
7486N
VCC
5.0 V
J1
Key = 1
J2
Key = 2
J3
Key = 3
J4
Key = 4
J5
Key = 5
J6
Key = 6
J7
Key = 7
J8
Key = 8

图 3.50 减法运算电路

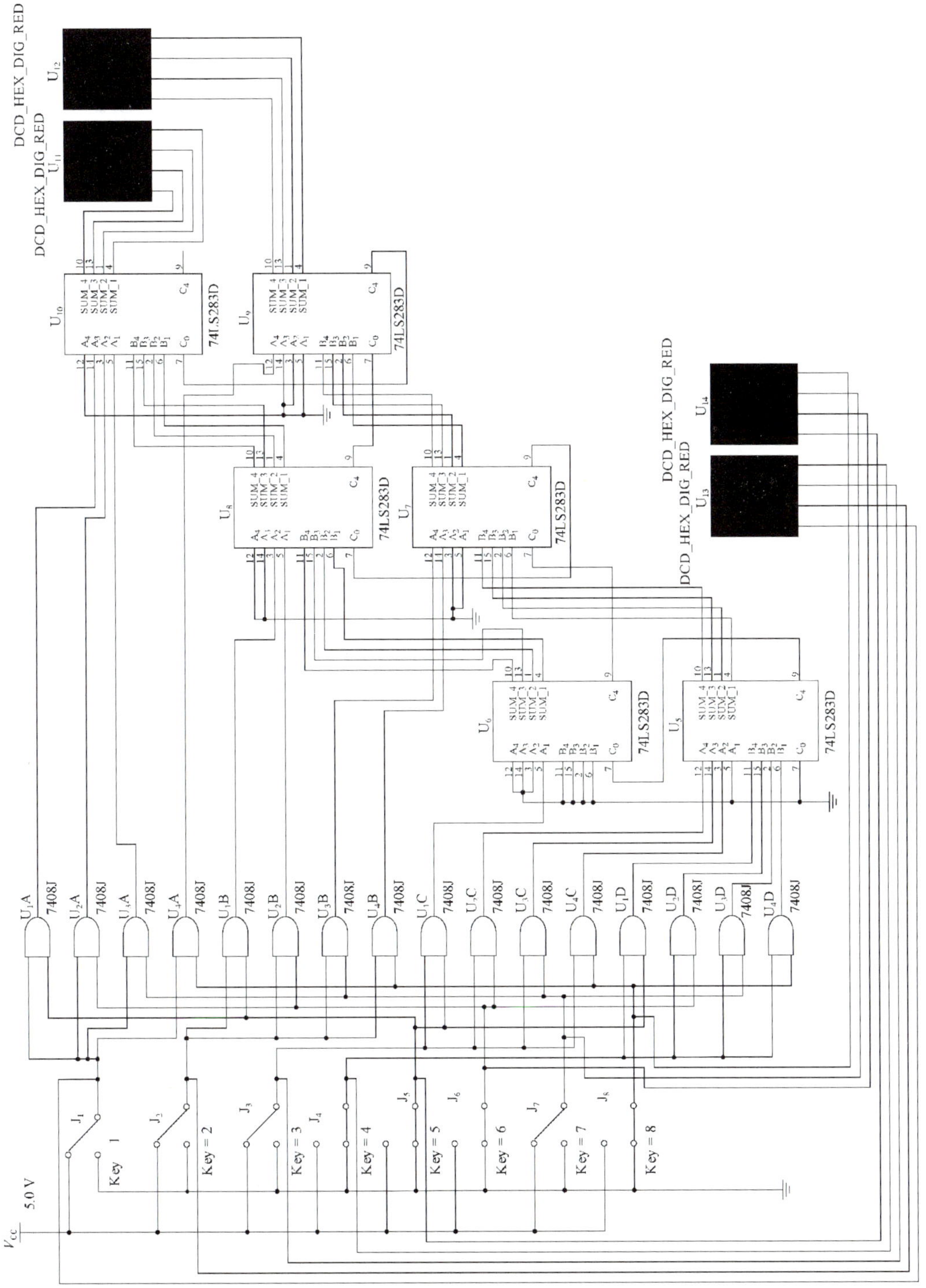
DCD_HEX_DIG_RED
U12
DCD_HEX_DIG_RED
U11
U10
74LS283D
U9
74LS283D
U8
74LS283D
U7
74LS283D
U6
74LS283D
U5
74LS283D
DCD_HEX_DIG_RED
U14
DCD_HEX_DIG_RED
U13
U1A 7408J
U2A 7408J
U3A 7408J
U4A 7408J
U1B 7408J
U2B 7408J
U3B 7408J
U4B 7408J
U1C 7408J
U2C 7408J
U3C 7408J
U4C 7408J
U1D 7408J
U2D 7408J
U3D 7408J
U4D 7408J
J1
J2
J3
J4
J5
J6
J7
J8
Key 1
Key = 2
Key = 3
Key = 4
Key = 5
Key = 6
Key = 7
Key = 8
VCC
5.0 V

图 3.51　乘法运算电路

3.1.8.4 整体电路设计

加减法电路通过 74LS283D 加法器的级联构成，通过不同的门电路，如同或电路或异或电路实现个位加个位、十位加十位的加法运算，并在转换后送入 74LS283D 加法器中，将进位以此传递。但是这个法则并不适用于减法运算。于是将减法器也改为加法运算，将运算设置为补码运算，再将补码转换为原码输出，从而得到准确的差值。乘法电路主要由门电路与加法器 74LS283D 构成，以十六进一表示出最后的结果。

显示电路由内含译码电路的七段数码管构成，将加减运算电路计算所得的运算结果进行显示。简易计算器整体电路如图 3.52 所示。

3.1.8.5 仿真测试

加法运算电路仿真结果如图 3.53 所示，输入数字为两个加数 1 和 4，得到的结果为 5，满足加法运算法则。

减法运算电路仿真结果如图 3.54 所示，被减数为 9，减数为 6，得到的结果为 3，满足减法运算法则。

乘法运算电路仿真结果如图 3.55 所示，乘数分别为 8、9，得到的显示结果为 48，因为满十六进一，所以 $4\times16+8=72$，正好符合 $8\times9=72$，满足乘法运算法则。

3.1.9 篮球比赛电子记分牌

3.1.9.1 任务与要求

（1）设计任务。

篮球比赛电子记分牌是根据篮球比赛特点设计的记分显示系统，能实现比赛时间和分数的实时显示，由记分电路、倒计时电路、显示电路与驱动电路等部分构成。

（2）技术要求。

a. 有得 1 分、2 分和 3 分的情况，还有减分的情况，电路要具有加分、减分及显示的功能。

b. 有倒计时时钟显示，在“暂停时间到”和“比赛时间到”时，发出声光提示。

c. 有比赛规则规定的其他计时、记分要求。

3.1.9.2 总体设计方案

时钟脉冲电路为倒计时电路提供准确的时钟脉冲信号，使比赛总时间倒计时、持球时间倒计时、暂停时间倒计时、加时赛时间倒计时电路在篮球比赛规定的时间下正常工作，而后再由显示电路显示倒计时时间。另一边时钟脉冲电路经过分频，分为一分脉冲信号、两分脉冲信号和三分脉冲信号，经过加减置换送到记分电路，控制计数器的加减方式和计数值，再经过显示电路显示具体数值。记分电路还可以通过分数清零按键实现计数复位清零的功能，最后仍旧输入显示电路，以便直观显示相应的操作和功能。篮球比赛电子记分牌总体设计方案框图如图 3.56 所示。

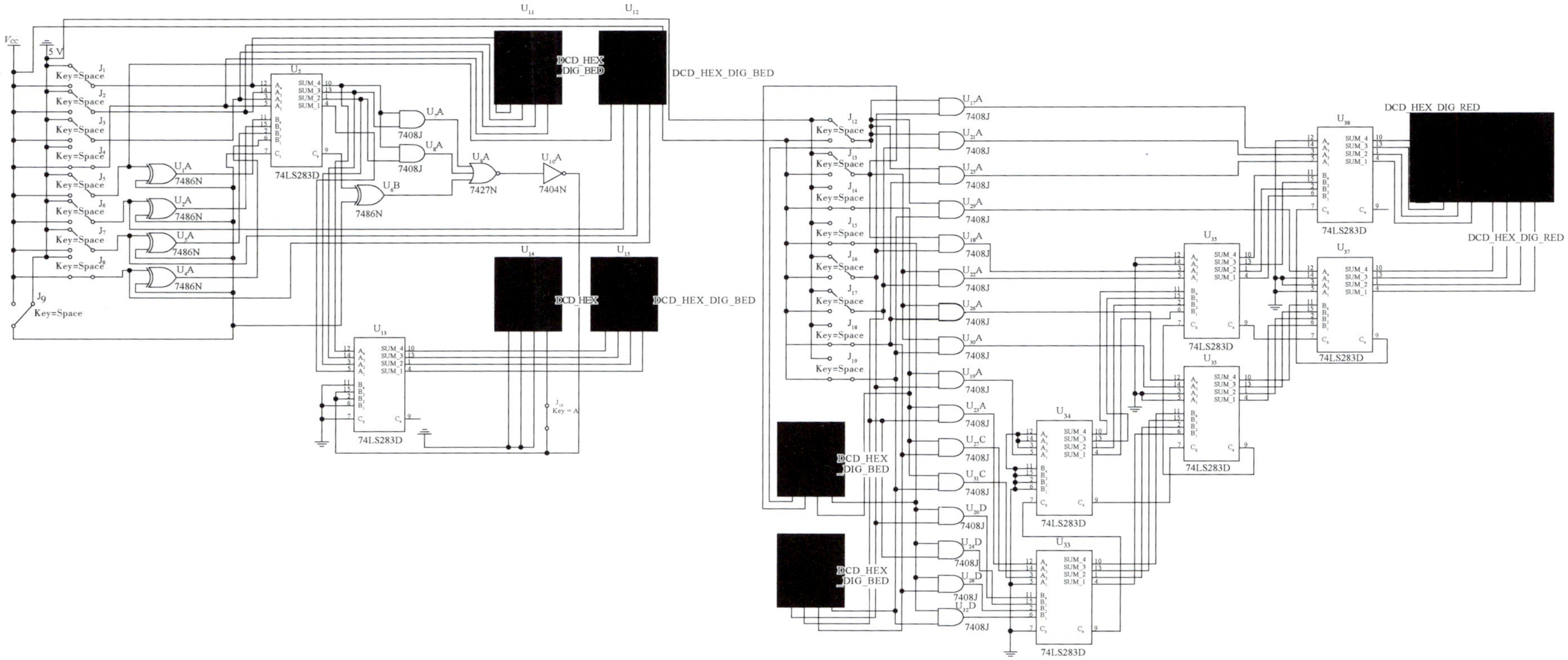

图 3.52　简易计算器总体电路

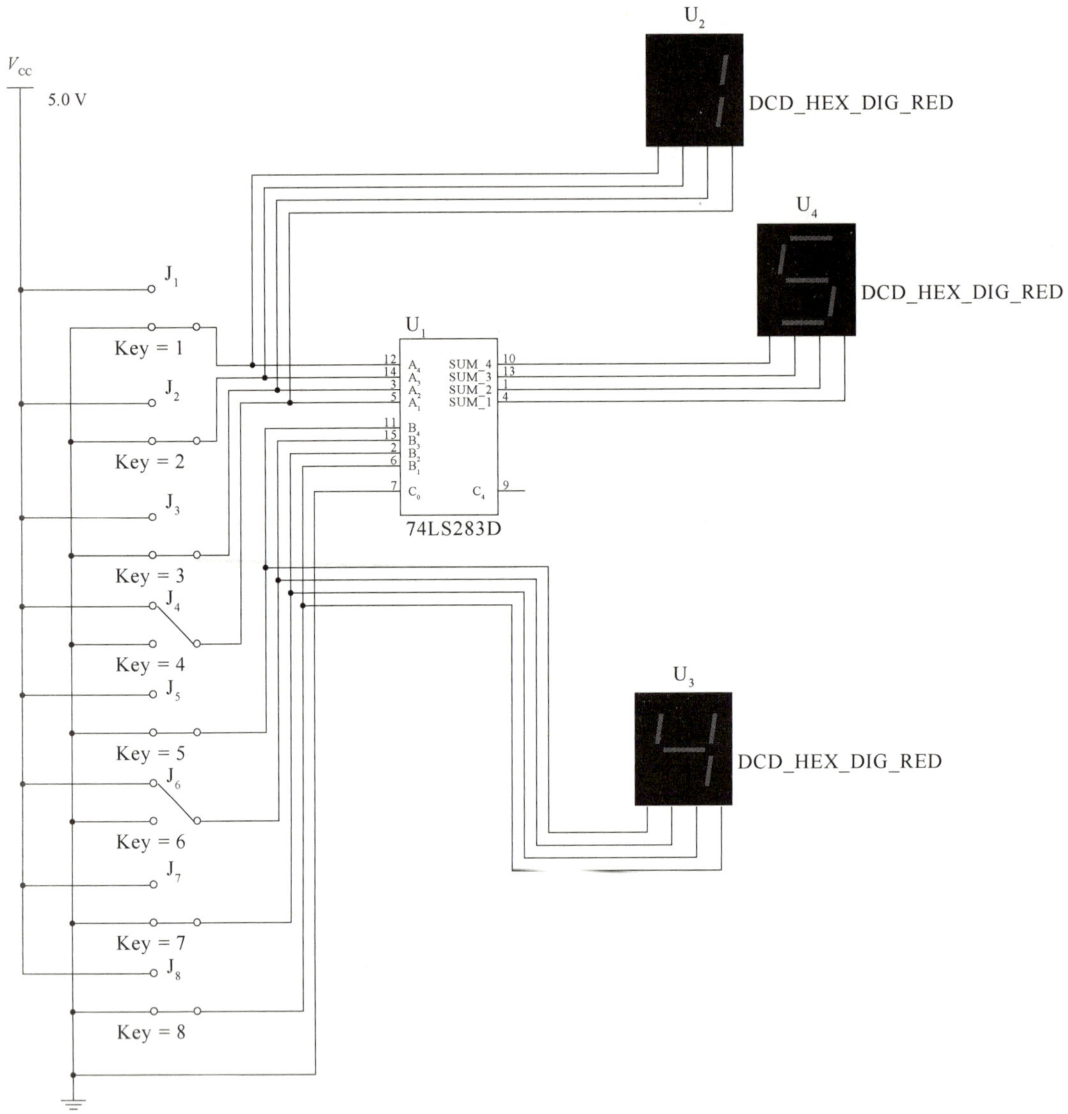

图 3.53 加法运算电路仿真结果

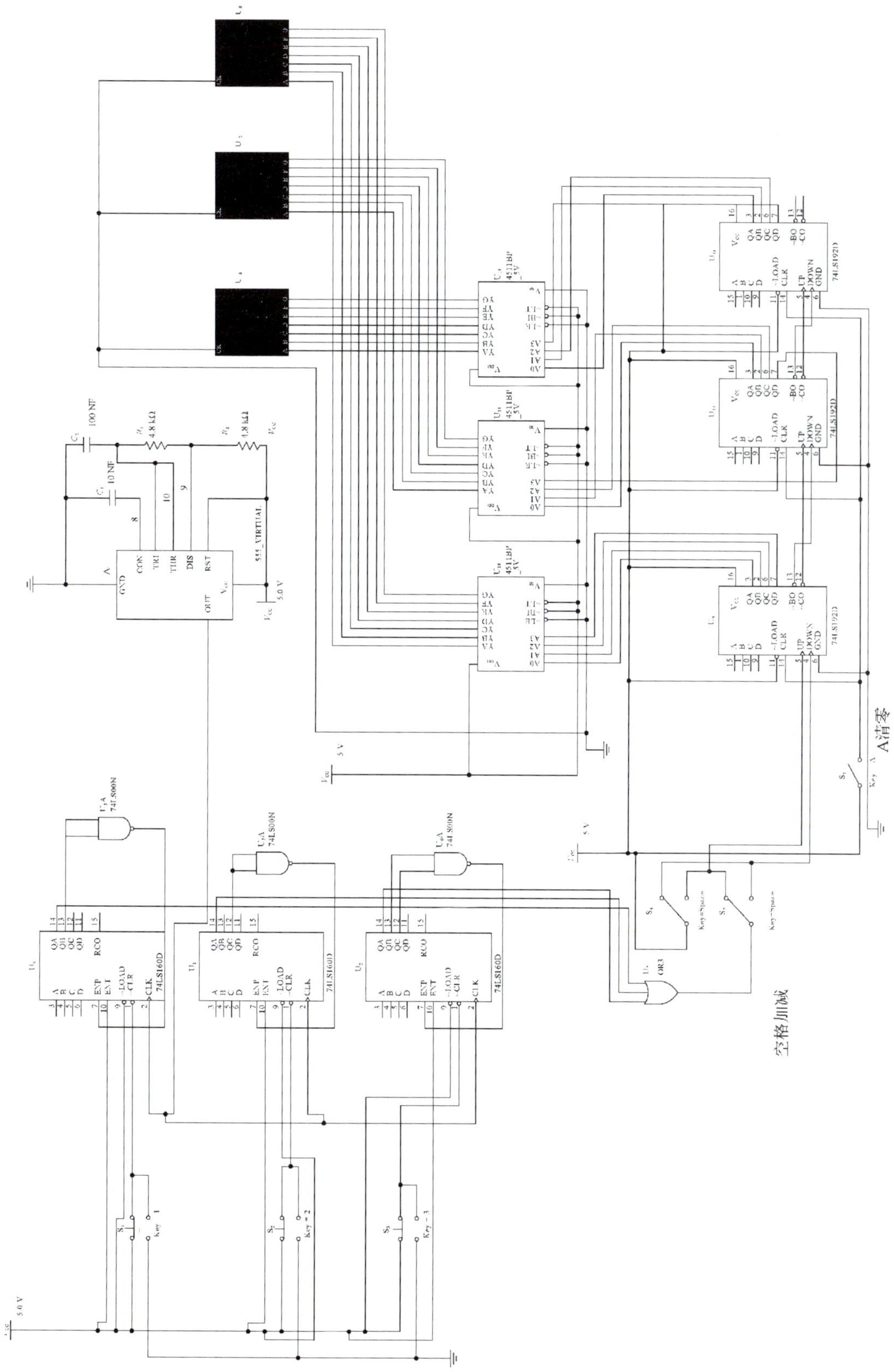
74LS160D
74LS00N
74LS192D
4511BP
555_VIRTUAL
100 NF
10 NF
4.8 kΩ
5.0 V
5 V
OR3
A清零
空格加减

图 3.61　整体记分电路

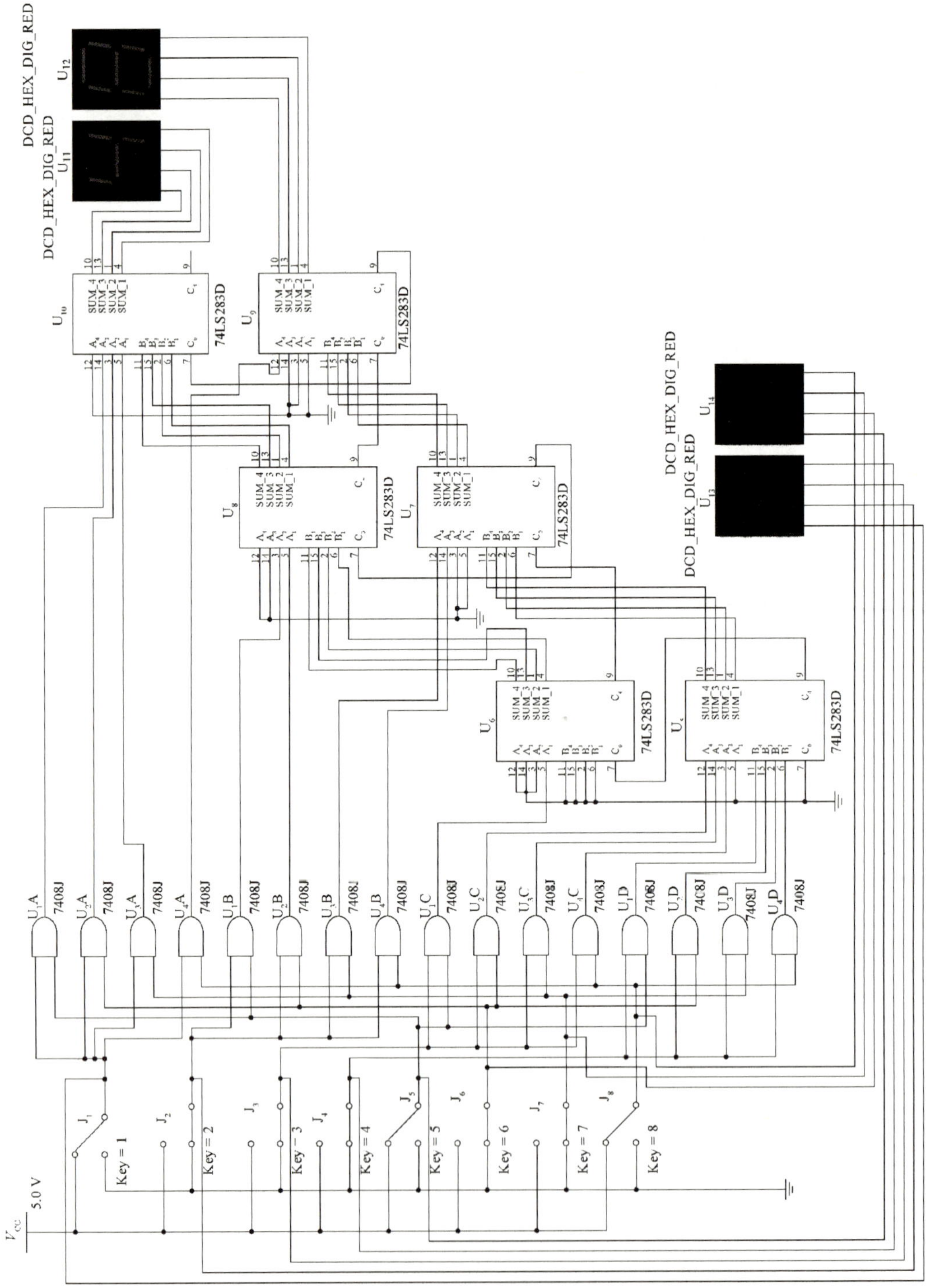

图 3.55　乘法运算电路仿真结果

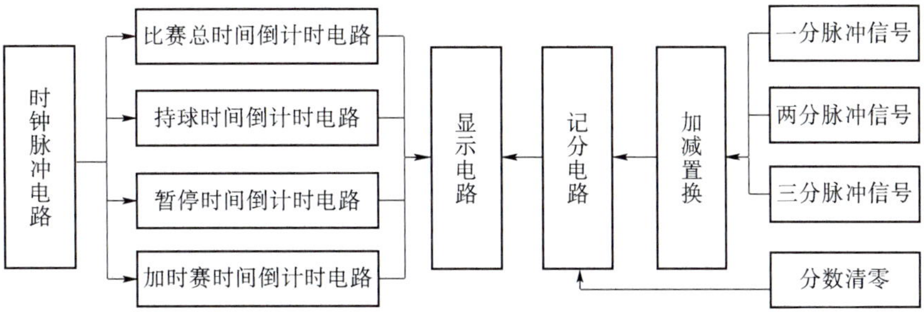

图 3.56　篮球比赛电子记分牌总体设计方案框图

3.1.9.3　单元电路设计

（1）分数脉冲电路设计。

分数脉冲电路如图 3.57 所示。第一个 74LS160D 控制加 1 分的计数脉冲，第二个 74LS160D 控制加 2 分的计数脉冲，第三个 74LS160D 控制加 3 分的计数脉冲。

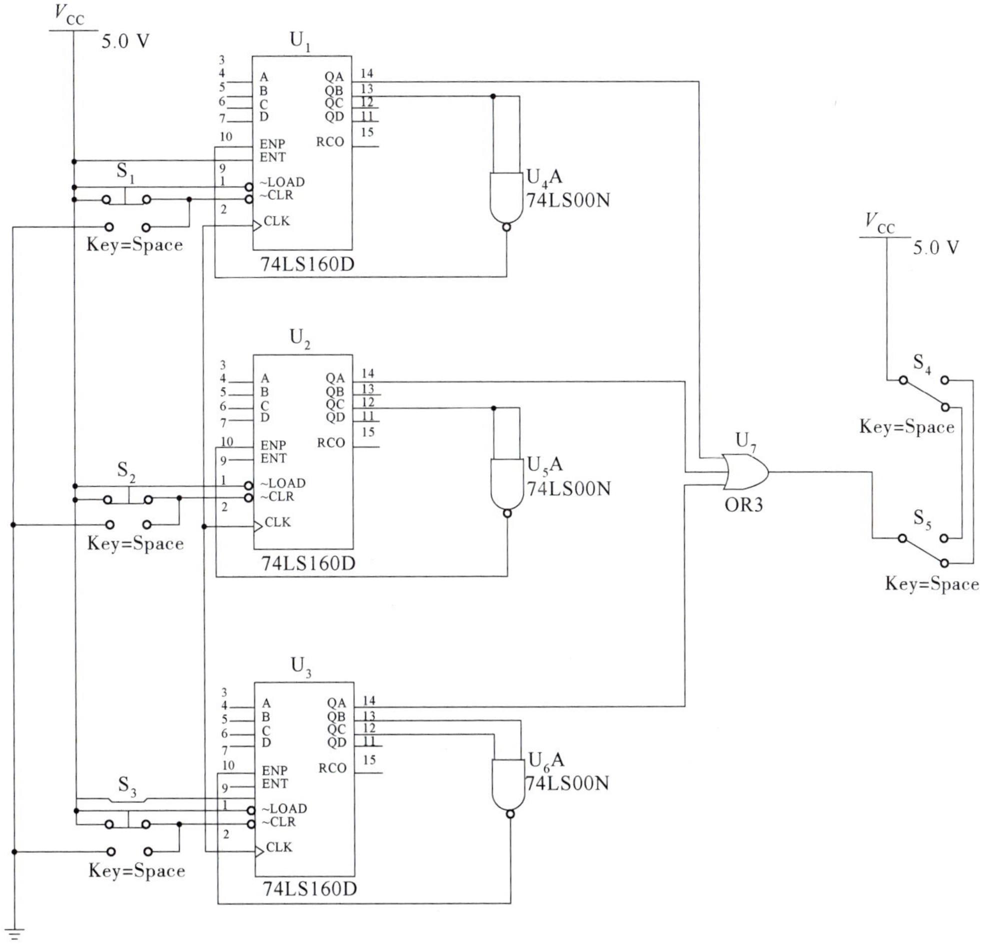

图 3.57　分数脉冲电路

对于一分键电路，在 U_1 上，当从 0000 变化到 0011 时，QB 通过与非门接到 ENP 上，CLR 则通过一个开关来控制，当到达 0011 的时候，经过 QB 的与非门输出为零，使它保持 0011 的状态不变，QA 输出的则是一个脉冲。

对于二分键电路，在 U_2 上，当从 0000 变化到 0101 时，QC 通过与非门接到 ENP 上，CLR 则通过一个开关来控制，当到达 0101 的时候，经过 QC 的与非门输出为零，使它保持 0101 的状态不变，QA 输出的则是两个脉冲。

对于三分键电路，在 U_3 上，当从 0000 变化到 0111 时，QB 与 QC 通过与非门接到 ENP 上，CLR 则通过一个开关来控制，当到达 0111 的时候，经过 QB 与 QC 的与非门输出为 0，使它保持 0111 的状态不变，QA 输出的则是三个脉冲。

（2）记分电路设计。

累加总分电路如图 3. 58 所示。开关 S_4 控制 U_9、U_{11}、U_{13}的 CLR 端与电源的接通，当开关闭合时，分数置零，开始重新计数。通过双向开关 S_5、S_6 切换电路为加法电路和减法电路，将异或门 U_7 接至 U_9、U_{11}、U_{13}的 UP 端，为加法计数；将异或门 U_7 接至 U_9、U_{11}、U_{13} 的 DOWN 端，为减法计数，从而控制比赛分数的加减，最后经数码显示管显示分数。

（3）比赛总时间倒计时电路设计。

全场倒计时电路如图 3. 59 所示。首先是全场的总倒计时电路，全场 40 min，分四节，每节 10 min，每打完一节倒计时暂停，并伴随灯亮通知，进入休息时间，此段时间不予计算。该部分电路由 4 片 74LS192D 组成，给一时钟脉冲接到 U_{18}的 DOWN 端，U_{18}的 BO 端输出到秒十位的 U_{17}的 DOWN 端，进行 20 s 倒计时；再将 U_{17}秒十位的 BO 输出接到 U_{16}的 DOWN 端，进行分钟倒计时；将 U_{16}的 BO 端接到 U_{19}的 UP 端，使得节次数码显示管增加，逐节递增至四回归到一即可以重新计算另一场球赛的倒计时，与此同时，每节结束后 UP 端接收到的信号至 LED 告知本节比赛时间结束。

（4）持球与暂停时间倒计时电路设计。

进攻与暂停时间电路如图 3. 60 所示。短暂停电路主要由两片 74LS192D 构成，它和比赛总时间电路通过双掷开关 S_4 连接，当 S_4 向左闭合时，比赛总时间电路运行，20 s 短暂停电路不运行；当 S_4 向右闭合时，20 s 短暂停电路开始工作且比赛总时间电路暂停工作，当20 s 跑完后蜂鸣器发出警报灯亮告知暂停时间到。

持球时间部分电路由两片 74LS192D 构成，将 U_1 预置为 0010 为 2，U_2 预置为 0100 为 4，将 U_2 的 QD 输出端经过一个非门 7404 后接在 U_1 的 LOAD 上，这样就形成了 24 s 的倒计时，还可以通过开关 S_1 进行 24 s 重置数。当开关 S_1 向右闭合时为高电平，向左闭合时为低电平。

两个 7400N 与非门组成的锁存器和开关 S_4，进行 24 s 持球和 20 s 暂停的切换。对 U_3、U_4 进行预置数组成 20 s 计时，将 U_4 的 BO 输出端经过与非门送给 X_1 灯显示电路，当 20 s 暂停时间完毕，灯亮，可通过开关 S_2 进行重置。

（5）秒脉冲电路设计。

秒脉冲电路由 555 定时器构成，具体电路相关设计参见 3. 2. 1 小节典型电路。

3. 1. 9. 4 整体电路设计

考虑线路简洁等客观原因，故将电源在总线路图中分别用 V_{CC}、GND 代替。

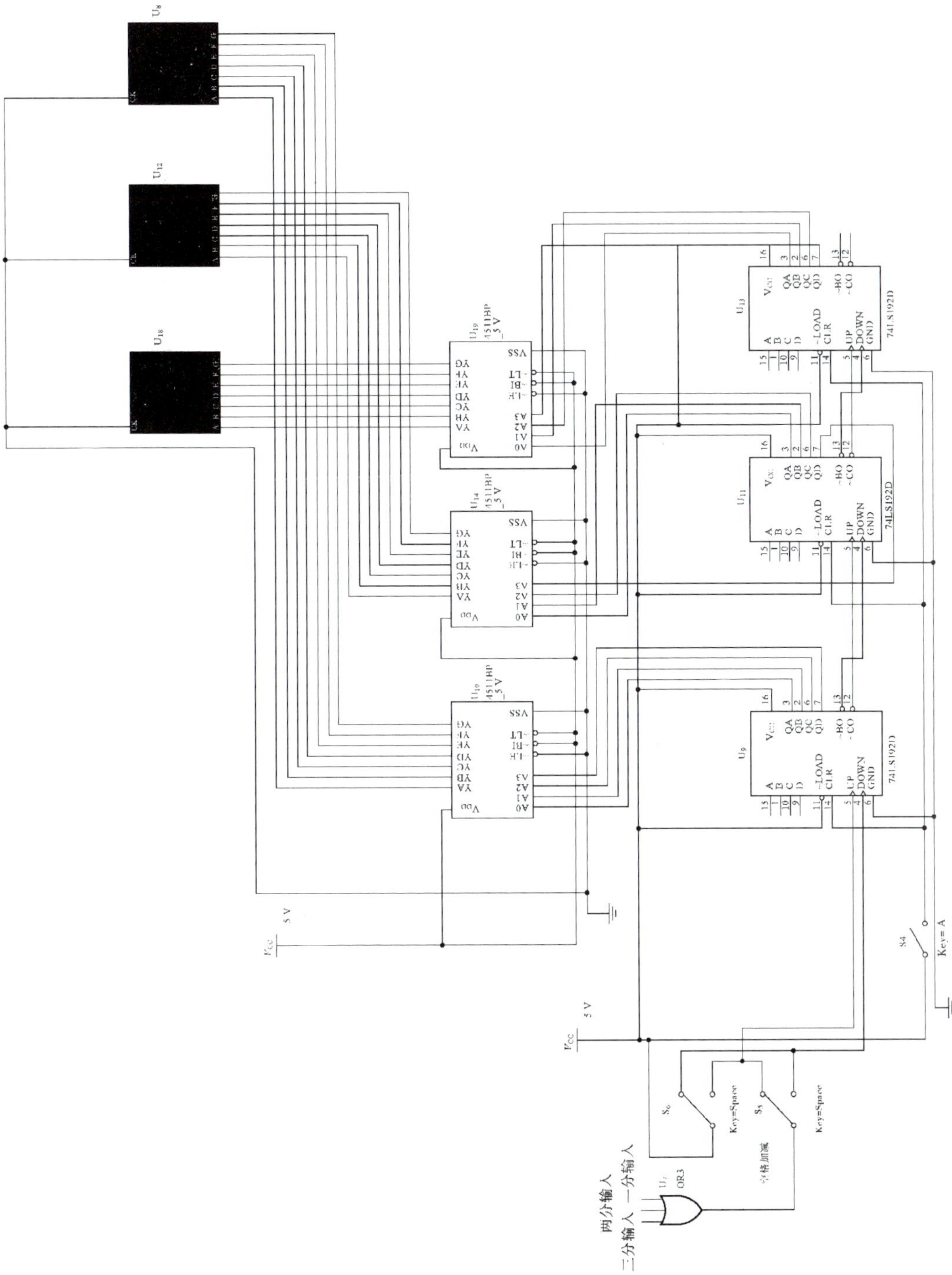
U8
U12
U18
U19
4511BP_5V
U14
4511BP_5V
U10
4511BP_5V
U13
74LS192D
U11
74LS192D
U9
74LS192D
VCC
5 V
S4
Key=A
S6
S5
Key=Space
Key=Space
U7
OR3
两分输入
三分输入
一分输入
空格加减

图 3.58　累加总分电路

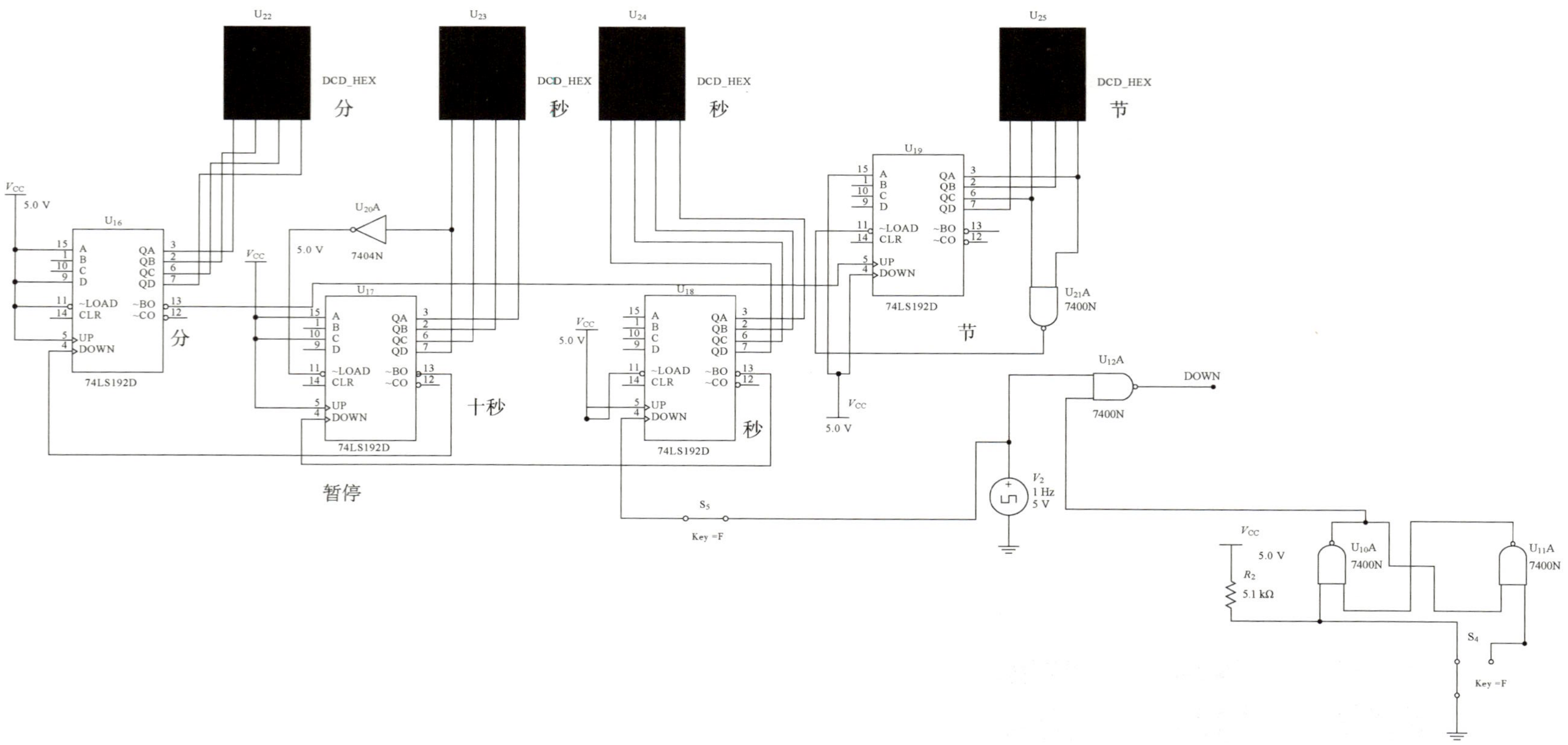

图 3.59　全场倒计时电路

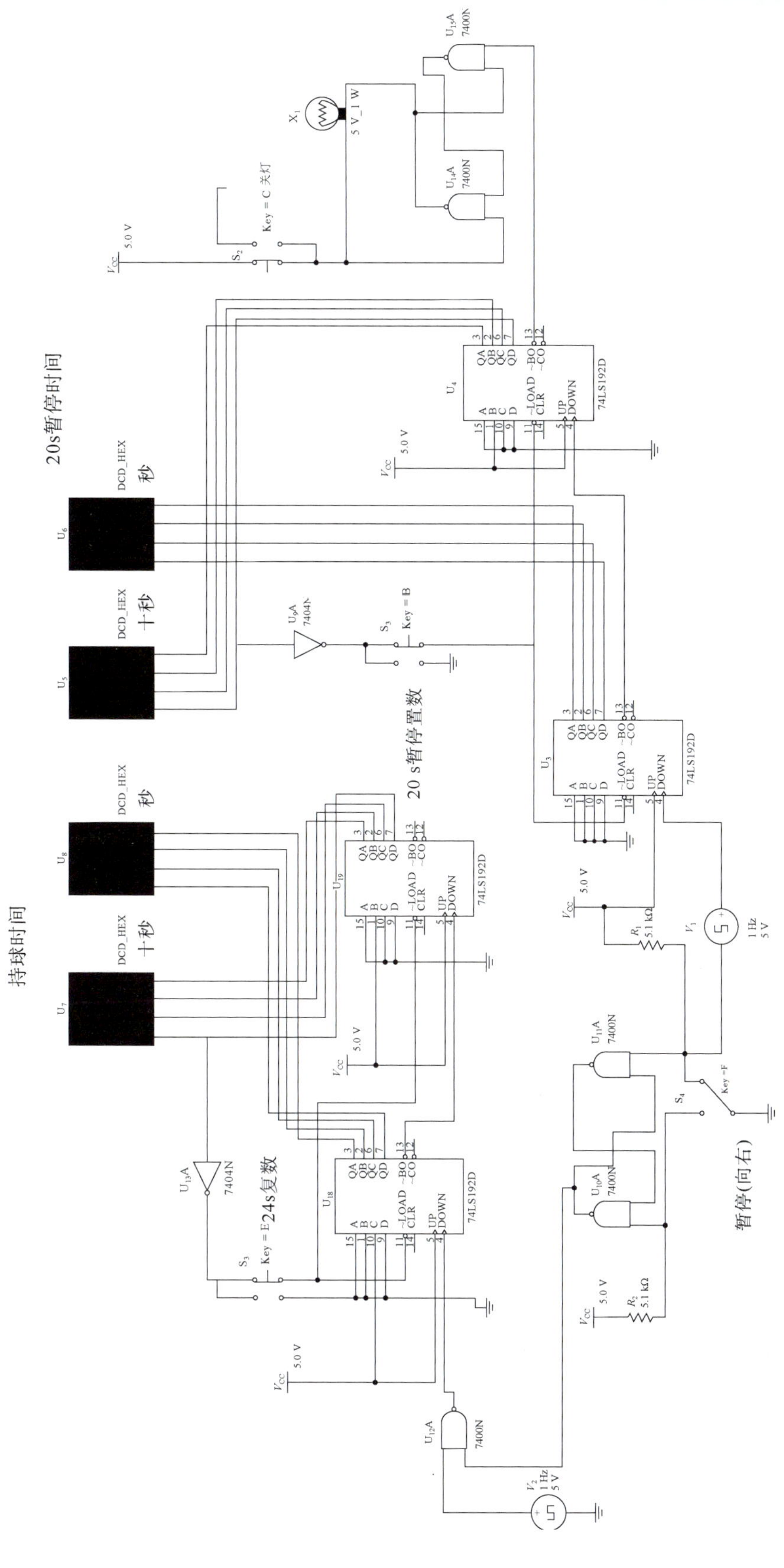

图 3.60　进攻与暂停时间电路

（1）整体记分电路。

整体记分电路如图 3.61 所示。记分电路部分刚开始工作时，LED 电路显示为 999，这也是电路统计的最大值。控制开关 A 将分数置零。将开关 S_5、S_6 接上，进行加分状态，控制一分、二分、三分键，累计球赛分数。当比赛分数误判时，将开关 S_5、S_6 断开，控制一分、二分、三分键，进行相应误判分数的加减。

（2）整体倒计时电路。

整体倒计时电路如图 3.62 所示。倒计时电路刚开始工作时，比赛总时间和持球时间开始倒计时，每赛完一节，总场时间和持球时间将暂停，若球队持球时间少于 24 s，可控制开关 S_1 进行重置。当多于 24 s 时，交换持球。当节次显示为 4 时，即比赛完毕时，总场时间部分立即自动重置原始状态。当有球队叫停时，总场时间和持球时间倒计时将暂停，进入 20 s 暂停时间倒计时，当倒计时完毕，灯亮，比赛继续。

3.1.9.5 仿真测试

（1）记分电路仿真与调试。

将一分、二分、三分信号脉冲通过与非门连接到控制加减电路的开关上，便可以实现篮球记分器的功能了。通过 S_1、S_2、S_3 这 3 个按键来分别控制一分脉冲信号、二分脉冲信号、三分脉冲信号；空格键是加减切换的按钮。A 键用来清零。按键情况如下：按下 S_1 时七段译码显示器加 1，同理按下 S_2 时加 2，按下 S_3 时加 3。按下空格后，再按 S_1、S_2、S_3 则相应减之。按下 A 键后清零。图 3.63 为记分电路加二分仿真结果。

（2）倒计时电路仿真与调试。

当倒计时电路工作时，按键弹起，计数器开始减法计数工作，并将时间显示在数码显示管上；当倒计时的时间截止时，输出低电平到时序控制电路，灯亮，即暂停时间结束或者比赛结束，可进行全场倒计时。图 3.64 所示为倒计时电路暂停仿真结果，全场倒计时以及 24 s 倒计时暂停，20 s 倒计时。

在倒计时电路中当全场倒计时每节时间结束后灯亮，24 s 持球时间反复进行 24 s 计时，按下 E 时，S_1 闭合实现 24 s 预置数。当按下 F 键时，S_5 和 S_7 闭合，全场倒计时以及 24 s 持球时间暂停。20 s 暂停时间开始进行倒计时，当 20 s 倒计时结束时，另一个灯亮，暂停时间结束，比赛继续。当按下 B 时，开关 S_3 闭合，20 s 预置数，当按下 C 时，开关 S_2 闭合，关灯。倒计时电路结束仿真结果如图 3.65 所示。

3.1.10 彩灯控制器

3.1.10.1 任务与要求

（1）设计任务。

彩灯控制器可以自动控制多路彩灯按不同的节拍循环显示各种灯光变换花型，以高低电平来控制彩灯的亮灭，由计数器、LED 显示电路、译码器等实现。

（2）技术要求。

a. 有 10 只 LED，序号分别为 LED_0，…，LED_9。

b. 显示方式：①奇数灯 LED_1 到 LED_9 依次灭；②偶数灯 LED_0 到 LED_8 依次灭；③LED_0 到 LED_9 依次灭。

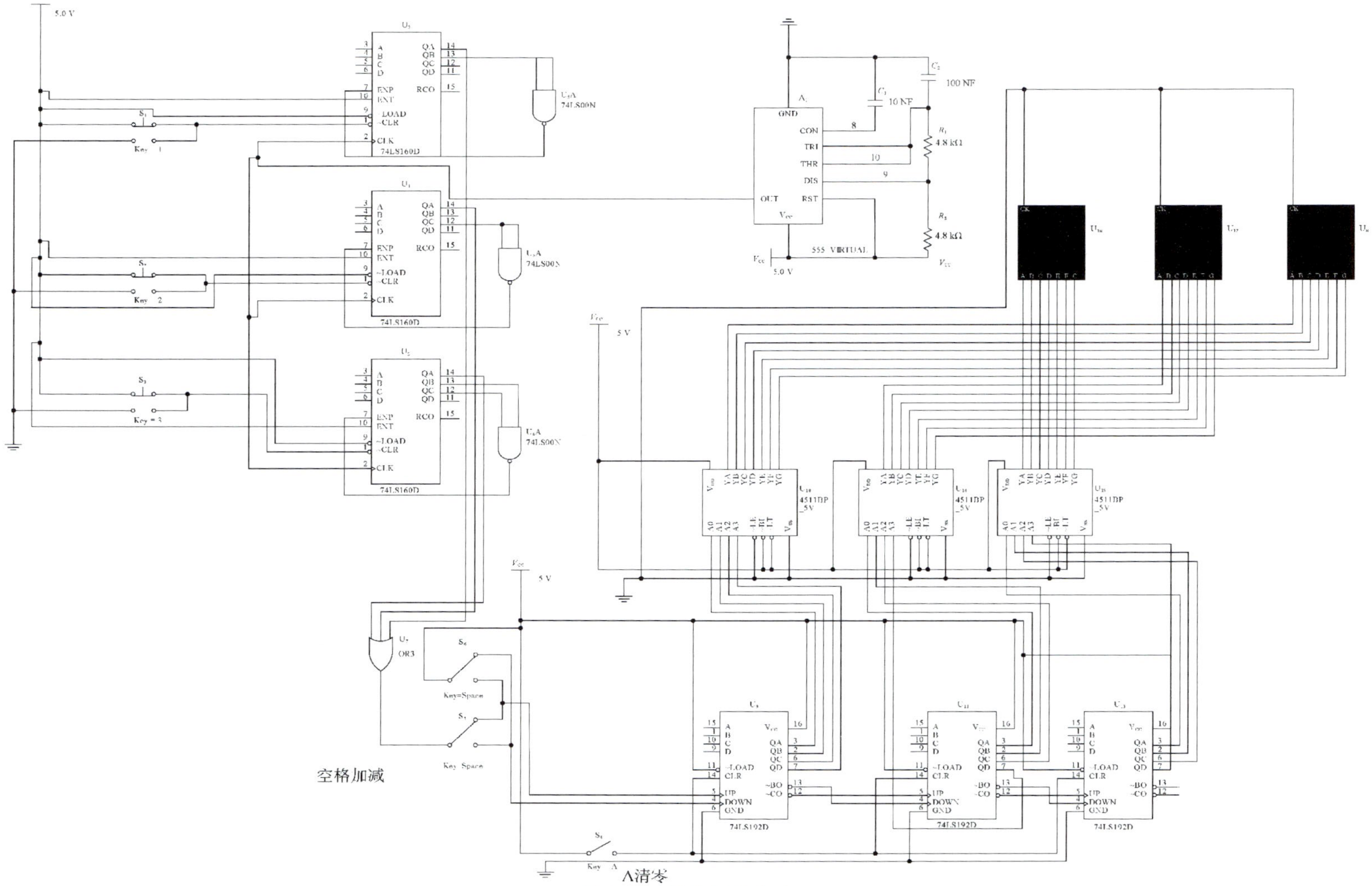
5.0 V
U3
74LS160D
U1
74LS160D
U2
74LS160D
U10A
74LS00N
U9A
74LS00N
U8A
74LS00N
Key 1
Key 2
Key = 3
A1
555 VIRTUAL
GND
CON
TRI
THR
DIS
RST
OUT
100 NF
10 NF
4.8 kΩ
4511BP_5V
U7
OR3
Key=Space
Key Space
空格加减
74LS192D
Key A
A清零

图 3.61　整体记分电路

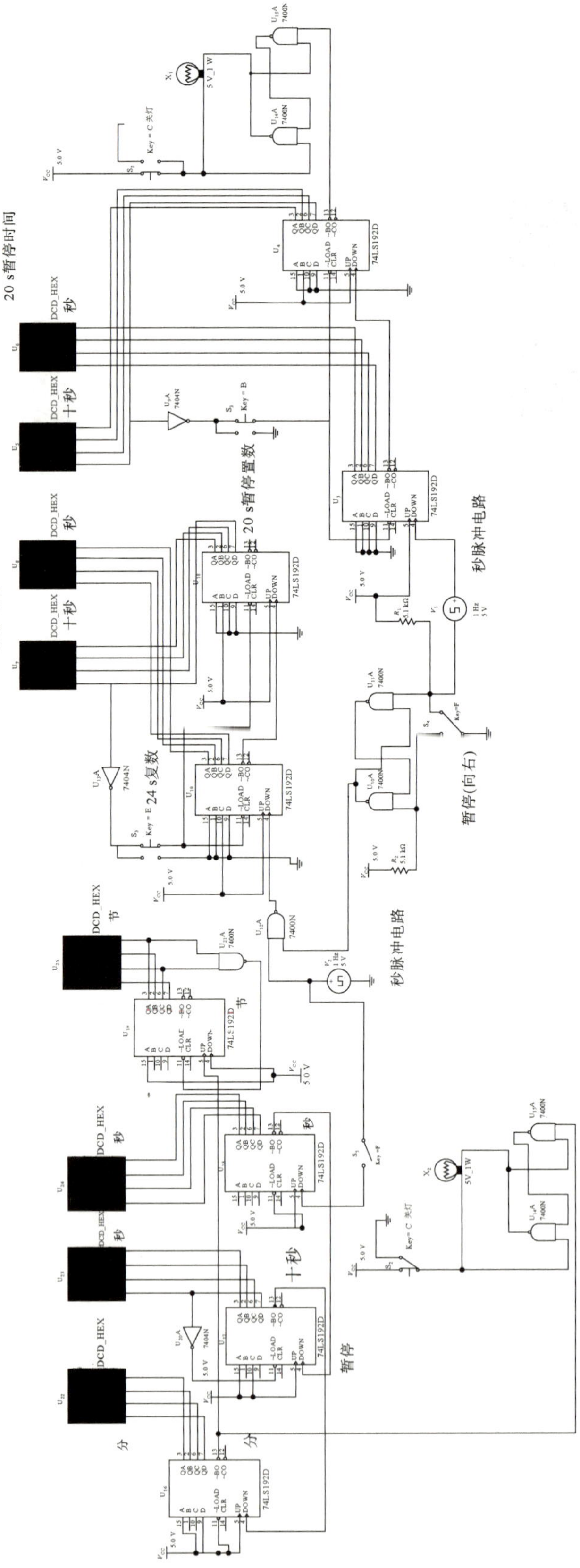

图 3.62　整体倒计时电路

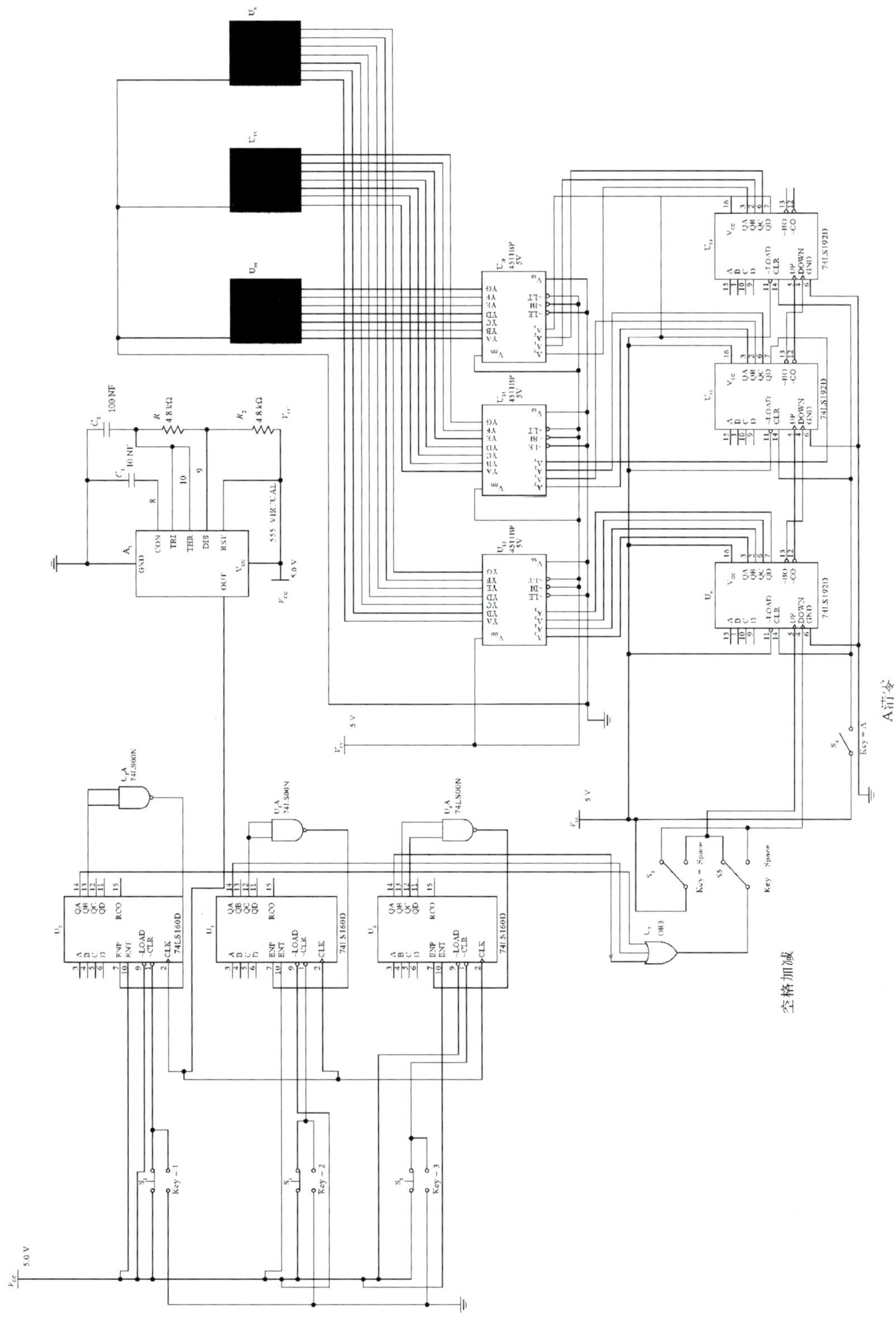

图 3.63　记分电路加二分仿真结果

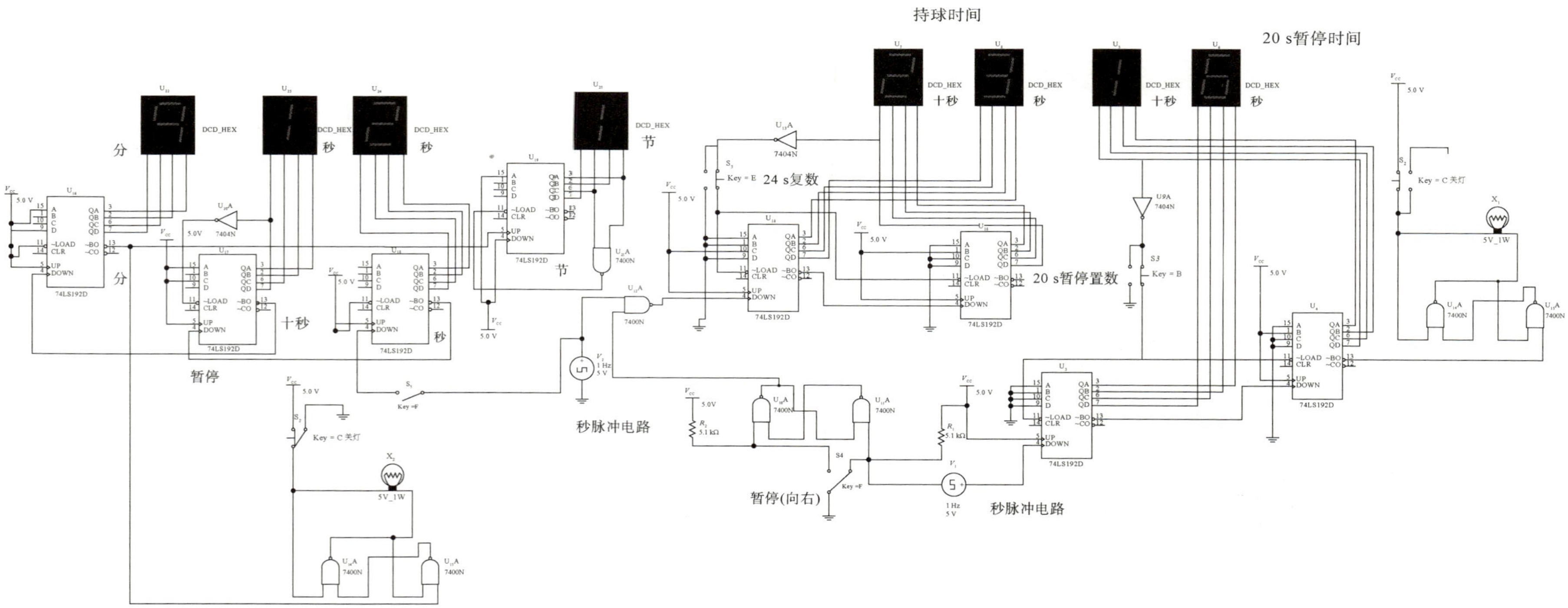

图 3.64 倒计时电路暂停仿真

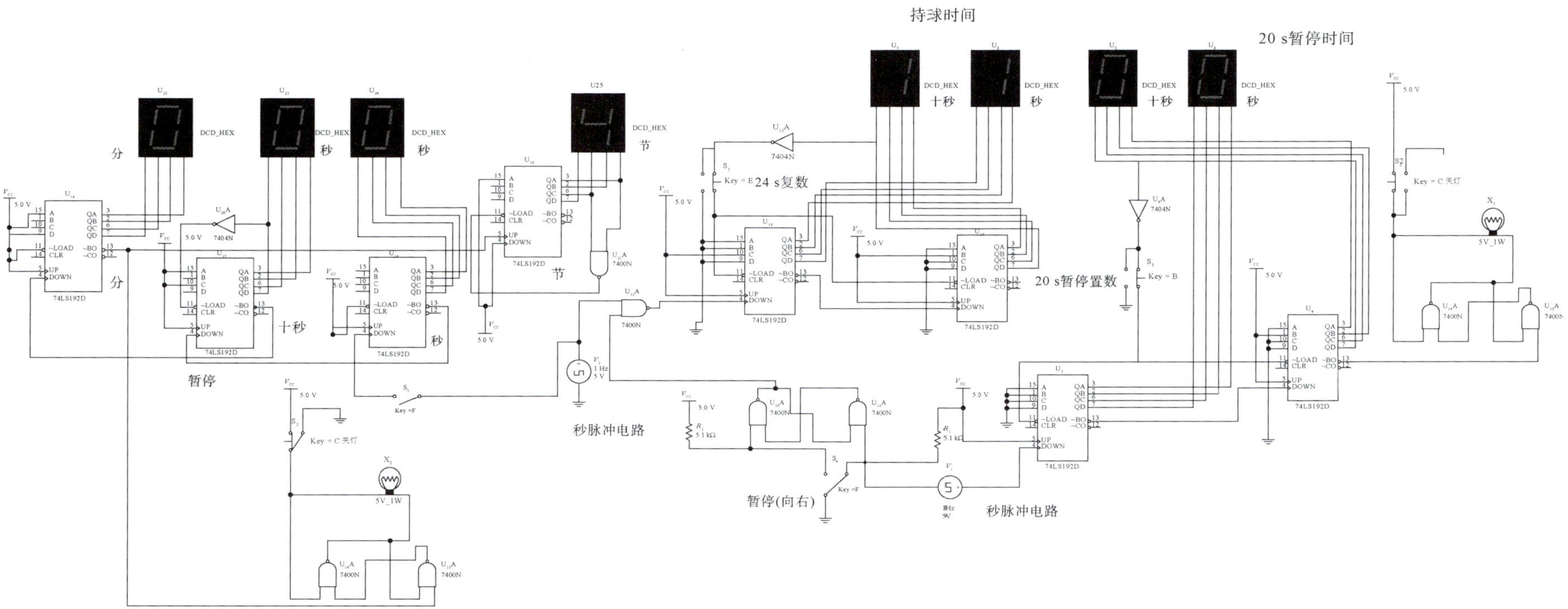

图 3.65　倒计时电路结束仿真结果

c. 显示间隔 0.5 s、1 s 可调。

3.1.10.2 总体设计方案

因为彩灯的亮灭顺序是奇数灯 LED$_1$ 到 LED$_9$ 依次灭，偶数灯 LED$_0$ 到 LED$_8$ 依次灭，10 只 LED 依次灭，所以需要实现电路的 20 种电路状态。将 555 定时器产生的时钟脉冲信号作为输入计数器的时钟信号，通过 74LS160D 计数器输出二进制编码给译码器，通过译码器将二进制代码翻译成对应的电路状态，最后经过门电路来控制 LED 的亮灭。彩灯控制器总体设计方案框图如图 3.66 所示。

图 3.66 彩灯控制器总体设计方案框图

3.1.10.3 单元电路设计

（1）555 定时器电路设计。

555 定时器电路相关设计参见 3.2.1 小节典型电路。

（2）计数器显示电路设计。

二十进制计数器显示电路如图 3.67 所示。

设计要求通电时所有的 LED 全亮，之后奇数灯 LED$_1$ 到 LED$_9$ 依次熄灭，所有灯再次全亮，然后偶数灯 LED$_0$ 到 LED$_8$ 依次熄灭，所有灯再全亮，最后所有灯依次熄灭。整个工作过程中出现了 20 种状态，因此需要一个二十进制的计数器。二十进制计数器由两个 74LS160D 计数器构成，并且将二十进制计数器的每个状态输出对应一个 LED。计数器采用同步置数方式设计，用与非门来控制两计数器的 CLR 端清零。

3.1.10.4 整体电路设计

本次设计的是日常家用及节日摆放的彩灯控制器，其系统由函数发生器、译码器、计数器、显示电路等构成。函数发生器是由 555 定时器产生频率可调的方波信号；计数器实现计数的功能；译码器将计数器翻译为特定的电路信号可以供软件读取；最后由 LED 来显示发光的顺序。整体电路如图 3.68 所示。

LED 的控制电路由 2 个 555 定时器分别控制 LED 间隔为 0.5 s 和 1 s，它们的输出引脚由单刀双掷开关控制，接到由 74LS160D 组成的计数器的输入引脚，从计数器输出的（QA、QB、QC、QD）4 个引脚一方面连接到数码管对应的引脚上进行显示，同时又连接到 7442N 译码器的输入引脚进行编码，再送给芯片 74LS08D 读取 LED 的亮灭状态。

3.1.10.5 仿真测试

当系统供电时，所有的 LED 全亮，之后奇数灯 LED$_1$ 到 LED$_9$ 依次熄灭，所有灯再次全亮，然后偶数灯 LED$_0$ 到 LED$_8$ 依次熄灭，所有灯再全亮，最后所有灯依次熄灭。图 3.69 为系统运行到第 7 s 时的整体电路仿真结果，偶数灯 LED$_0$ 到 LED$_8$ 依次熄灭，图中 LED$_4$ 熄灭。当系统运行到第12 s时，程序运行到所有 LED 依次熄灭。

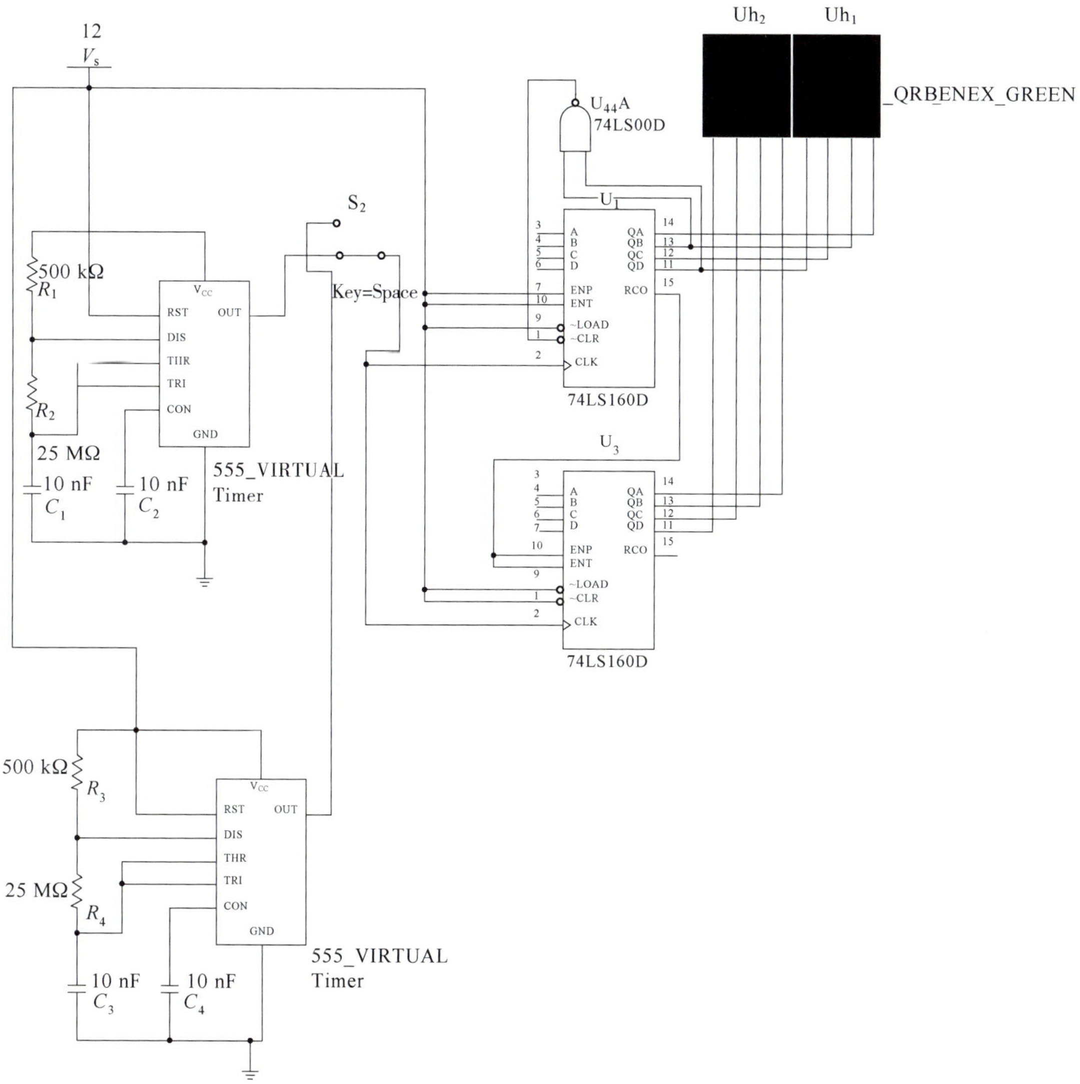

图 3.67　二十进制计数器显示电路

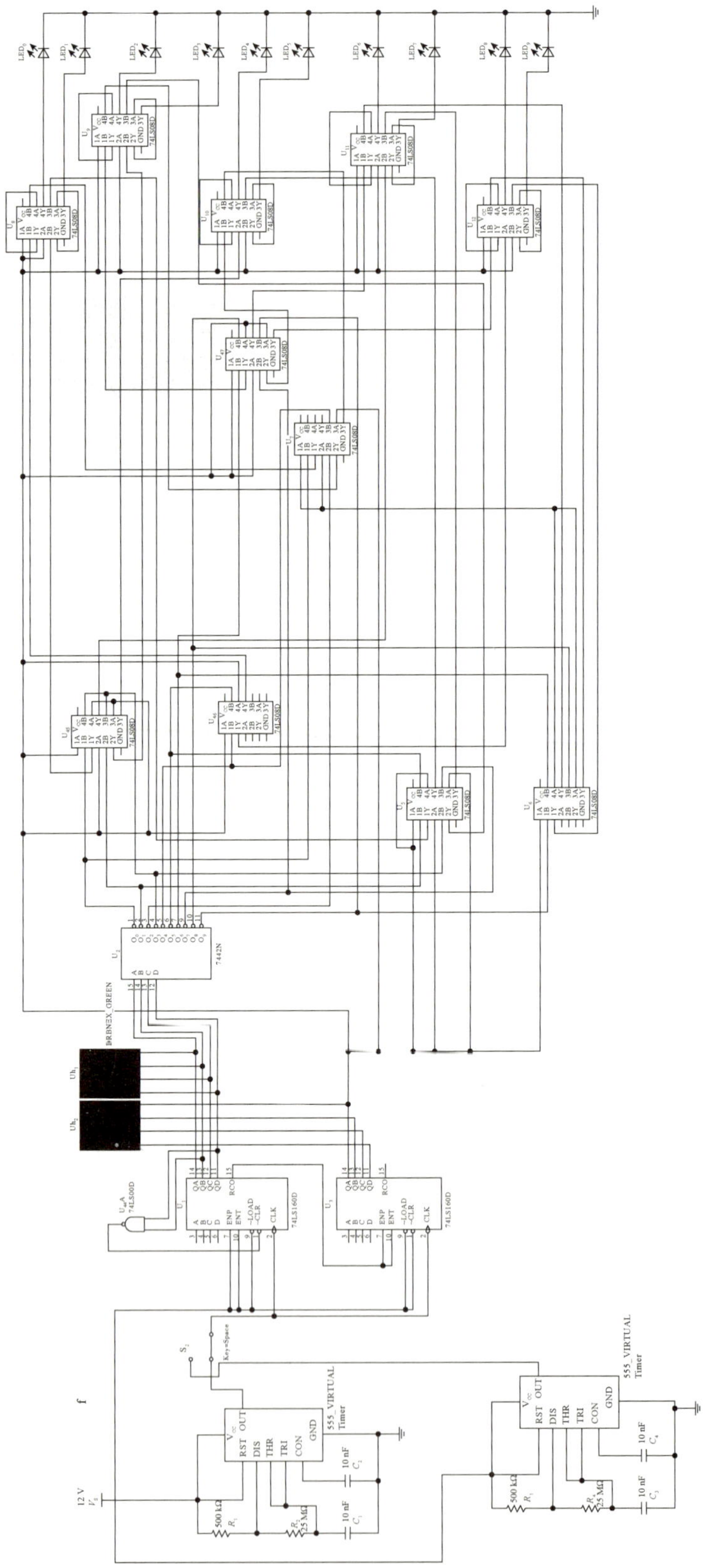
74LS08D
7442N
74LS160D
74LS00D
555_VIRTUAL
Timer
Key=Space
12 V
500 kΩ
25 MΩ
10 nF

图 3.68 整体电路

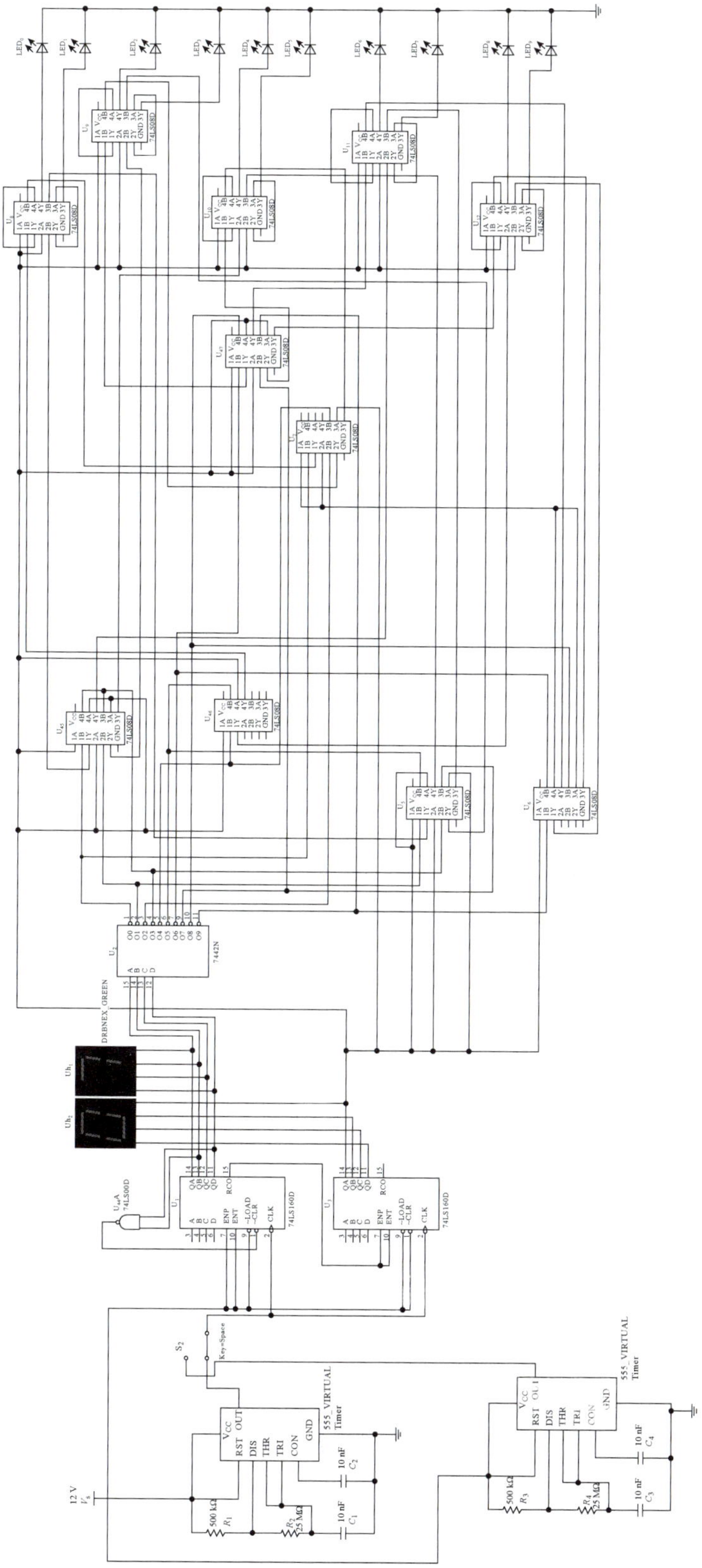

图 3.69　整体电路仿真结果

3.2 数字电路中常用典型单元电路

3.2.1 脉冲波形产生电路

脉冲波形产生电路通常由555定时器组成的多谐振荡器构成，如图3.70所示。

电容上的电压v_C将在V_{T+}与V_{T-}之间往复振荡，当电源接通时，电容C开始充电，当v_C上升到$\frac{2}{3}V_{CC}$时，使得v_o为低电平，同时放电三极管VT处于导通状态，此时电容C通过VT放电，v_C下降，当v_C下降到$\frac{1}{3}V_{CC}$时，v_o翻转为高电平。电容充电放电，循环往复，电容C的放电时间，即输出v_o的负向脉冲宽度为：

$$T_2 \approx 0.7R_2C \tag{3.6}$$

当放电结束时，VT截止，V_{CC}将通过R_1、R_2向电容C充电，v_C由$\frac{1}{3}V_{CC}$上升到$\frac{2}{3}V_{CC}$需要的时间，即输出v_o的正向脉冲宽度为：

$$T_1 \approx 0.7(R_1+R_2)C \tag{3.7}$$

因此，振荡周期为：

$$T=T_1+T_2=0.7(R_1+2R_2)C \tag{3.8}$$

振荡频率为：

$$f=\frac{1}{T} \tag{3.9}$$

正向脉冲宽度T_1与振荡周期T之比称为矩形波的占空比q，由上述条件得：

$$q=(R_1+R_2)/(R_1+2R_2) \tag{3.10}$$

当v_C上升到$\frac{2}{3}V_{CC}$时，电路又翻转为低电平。如此周而复始，于是在电路的输出端会得到一个周期性的矩形波。多谐振荡器输出波形如图3.71所示。

电容C的充电时间T_1和放电时间T_2可表示为：

$$T_1=(R_1+R_2)C\ln\frac{V_{CC}-V_{T-}}{V_{CC}-V_{T+}}=(R_1+R_2)C\ln 2 \tag{3.11}$$

$$T_2=R_2C\ln\frac{0-V_{T+}}{0-V_{T-}}=R_2C\ln 2 \tag{3.12}$$

故电路的振荡周期为：

$$T=T_1+T_2=(R_1+2R_2)C\ln 2 \tag{3.13}$$

振荡频率为：

$$f=\frac{1}{T}=\frac{1}{(R_1+2R_2)C\ln 2} \tag{3.14}$$

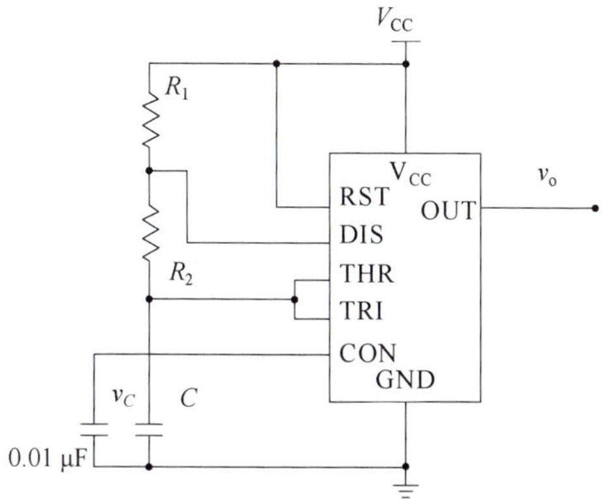

图 3.70　由 555 定时器组成的多谐振荡器构成的脉冲波形产生电路

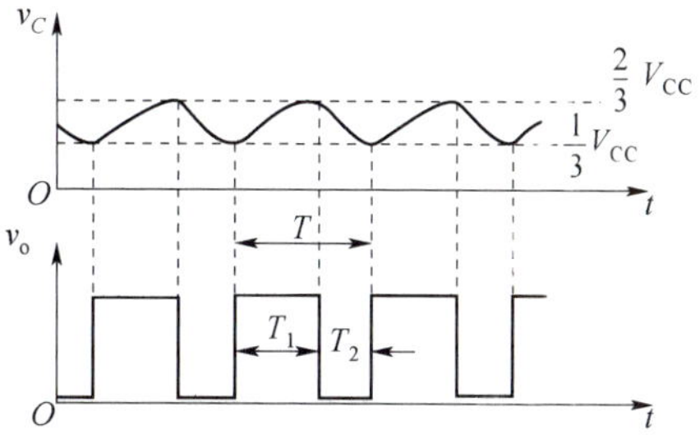

图 3.71　多谐振荡器输出波形

通过改变 R_1、R_2 和 C 的参数可以改变振荡频率。输出脉冲的占空比为：

$$q=\frac{T_1}{T}=\frac{R_1+R_2}{R_1+2R_2} \tag{3.15}$$

式(3.10)说明，图 3.71 所示波形的占空比始终大于 50%。为了得到小于或等于 50% 的占空比，可以采用图 3.72 所示的占空比可调的改进电路。由于接入了二极管 D_1 和 D_2，电容的充电电流和放电电流流经不同的路径，充电电流只流经 R_1，放电电流只流经 R_2，因此电容 C 的充电时间变为：

$$T_1=R_1C\ln 2 \tag{3.16}$$

而放电时间为：

$$T_2=R_2C\ln 2 \tag{3.17}$$

故得输出脉冲的占空比为：

$$q=\frac{R_1}{R_1+R_2} \tag{3.18}$$

若取 $R_1=R_2$，则 $q=50\%$。

图 3.72 所示电路的振荡周期也相应地变成：

$$T=T_1+T_2=(R_1+R_2)C\ln 2 \tag{3.19}$$

3.2.2 计数器电路

计数器电路有很多种，由于电子技术基础课程设计主要用到的是同步十进制计数器 74160 和 4 位同步二进制计数器 74161，而这两个计数器设计电路的方式基本相同，这里以 74160 为例进行介绍。

3.2.2.1　同步十进制计数器 74160

计数器电路通常采用同步十进制计数器 74160，74160 的芯片引脚如图 3.73 所示，功能表如表 3.9 所示。

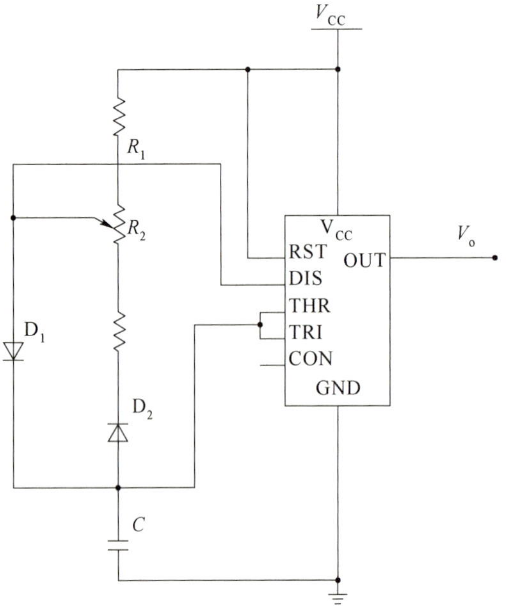

图 3.72　占空比可调的改进电路

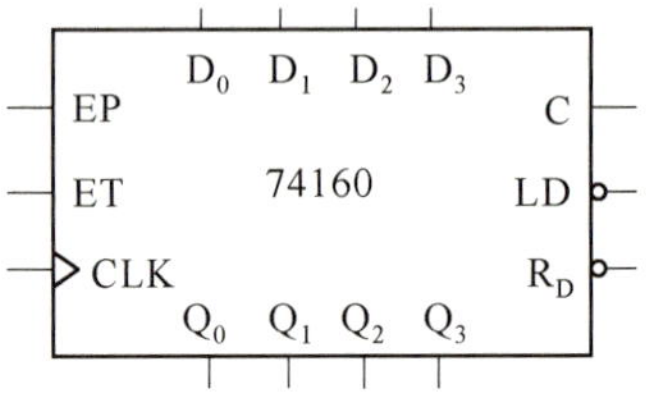

图 3.73　74160 的芯片引脚

表 3.9　74160 的功能表

CLK	R'_D	LD′	EP	ET	工作状态
×	0	×	×	×	置 0（异步）
↑	1	0	×	×	预置数（同步）
×	1	1	0	1	保持（包括 C）
×	1	1	×	0	保持（C=0）
↑	1	1	1	1	计数

3.2.2.2　用 N 进制计数器设计 M 进制计数器

（1）当 $N>M$ 时，可以采用置零法和置数法进行设计。关于置零法和置数法的概念在数字电子技术基础的相关教材中均有介绍，这里不再赘述。

以置零法为例，图 3.74 所示为用置零法将 74160 接成六进制计数器电路。

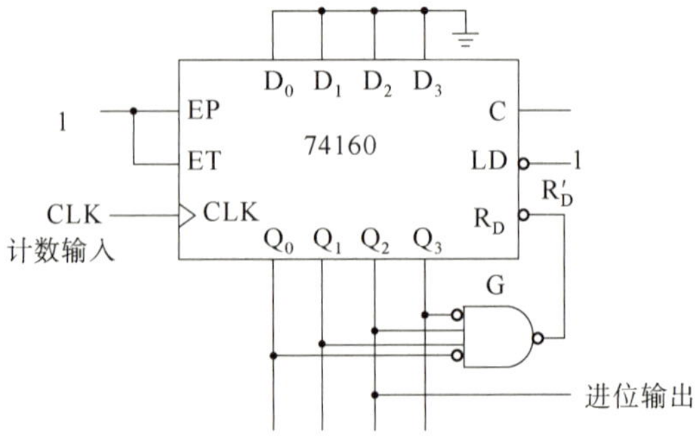

图 3.74　用置零法将 74160 接成六进制计数器电路

当计数器计到 $Q_3Q_2Q_1Q_0=0110$（即 S_M）状态时，门 G 输出低电平信号给 R'_D 端，将计数器置零，回到 0000 状态，实现六进制计数。

（2）当 N < M 时，可以采用级联的方式进行设计，就是将多片 N 进制计数器组合起来。

当 $M=N_1\cdot N_2$ 时，多片之间的连接的方式有串行进位方式和并行进位方式两种。在串行进位方式中，是将低位片的进位输出信号作为高位片的时钟输入信号；在并行进位方式中，是将低位片的进位输出信号作为高位片的工作状态控制信号，两片的时钟输入端同时接计数输入信号。

当 M 为大于 N 的素数时，不能分解成 N_1 和 N_2，则先设计成 $N_1\cdot N_2$ 的计数器，再采用整体置零方式或整体置数方式构成 M 进制计数器。

以整体置数法为例，用两片 74160 接成二十九进制计数器。

图 3.75 所示为用整体置数法将两片 74160 接成二十九进制计数器电路。先将两片 74160 级联接成百进制计数器，然后将电路的 28 状态译码产生 LD′=0 信号，同时加到两片 74160 的 LD′端上，在下一个计数脉冲（第 29 个输入脉冲）到达时，将 0000 同时置入两片 74160 中，从而得到二十九进制计数器。

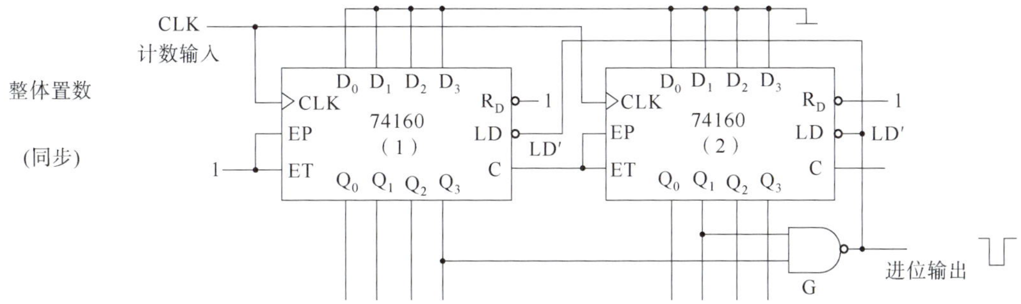

图 3.75　用整体置数法将两片 74160 接成二十九进制计数器电路

3.2.3 报警电路

电子技术基础课程设计中常用的报警电路是采用 555 定时器构成的多谐振荡器，作为控制报警电路能否报警的控制信号，再由放大电路结合报警器实现。

报警电路如图 3.76 所示。由图可以看出，输出电压 V_o 的低电压时间为电容上电压 V_{CC} 从 $2V_{CC}/3$ 减少到 $V_{CC}/3$ 所需的时间；V_o 的高电平时间为电容上电压 V_C 从 $V_{CC}/3$ 增大到 $2V_{CC}/3$ 所需要的时间，电路的振荡周期和频率计算如下：

$$T_1=R_2C\ln 2$$

$$T_2=(R_1+R_2)C\ln 2$$

$$T=T_1+T_2$$

$$f=\frac{1}{T}$$

取 $R_1=15\ \text{k}\Omega$，$R_2=68\ \text{k}\Omega$，$C=10\ \mu\text{F}$，可得 $f\approx 1$ Hz，所以 $T\approx 1$ s。

当开关 J_7 接地时，RST 端输入信号为 0，蜂鸣器始终不响。当开关接向 V_{CC}，电路输出高电平信号时，蜂鸣器发出声响；电路输出低电平信号时，蜂鸣器不会发出响声。灯 X_1 是作为蜂鸣器是否发出声响的参照物。

通过调整多谐振荡器输出波形的占空比，即高、低电平的时间，可调整蜂鸣器发生的频率。

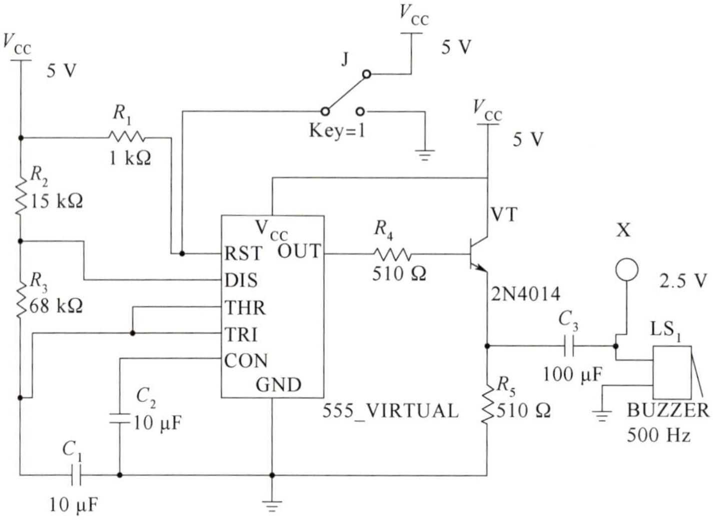

图 3.76　报警电路

3.2.4　驱动显示电路

数码管显示电路是用于指示参数的最基本显示方法，通常有专用的数码管驱动芯片连接电路，常见数码管的引脚连接方式如图 3.77 所示，无论共阴还是共阳数码管都有一个公共端，将每一段连接到一起。

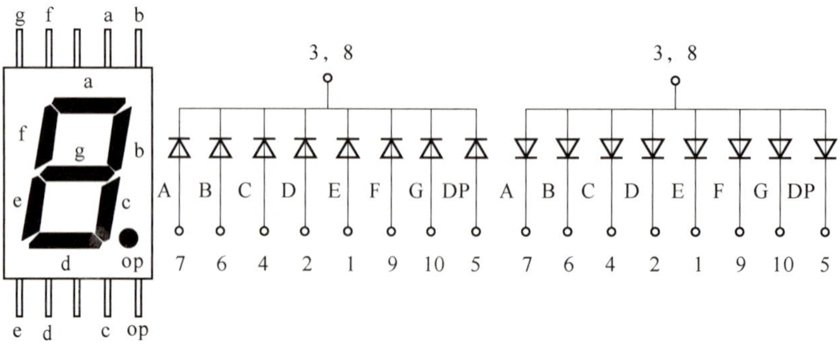

图 3.77　常见数码管的引脚连接方式

在数字电路中，有 TTL 集成显示芯片 74LS47（BCD 七段锁存译码驱动器）可以直接驱动数码管构成显示电路，图 3.78 所示为集成显示芯片 74LS47 的引脚功能。

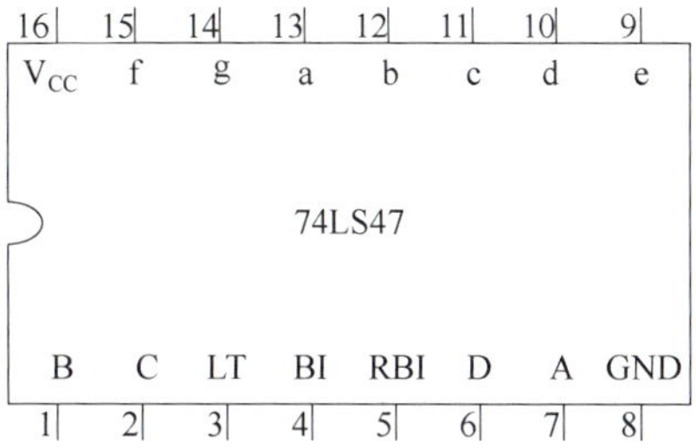

图 3.78　集成显示芯片 74LS47 的引脚功能

集成显示芯片 74LS47 是 BCD 七段锁存译码驱动器，BCD 码与数码管显示的对应关系如图 3.79 所示。

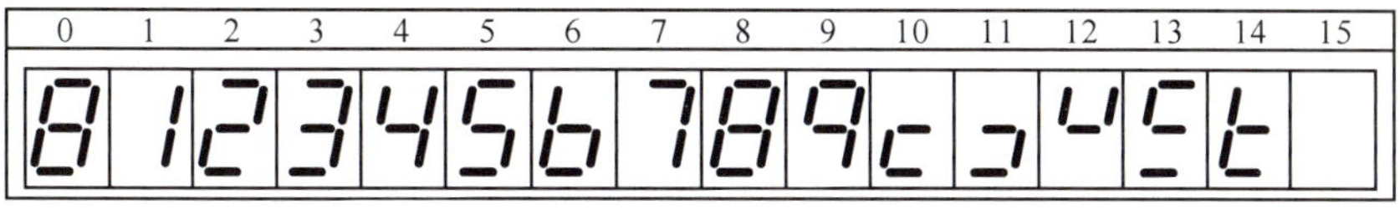

图 3.79　BCD 码与数码管显示的对应关系

采用 74LS47 作为数码管 LED（共阳）的驱动电路如图 3.80 所示。图中采用两个数码管，可以显示两位数值，当把需要显示的数据按照 BCD 码的形式输入时，即可显示对应的数值。如果需要显示小数点，可以将其单独连接，使用起来非常方便。

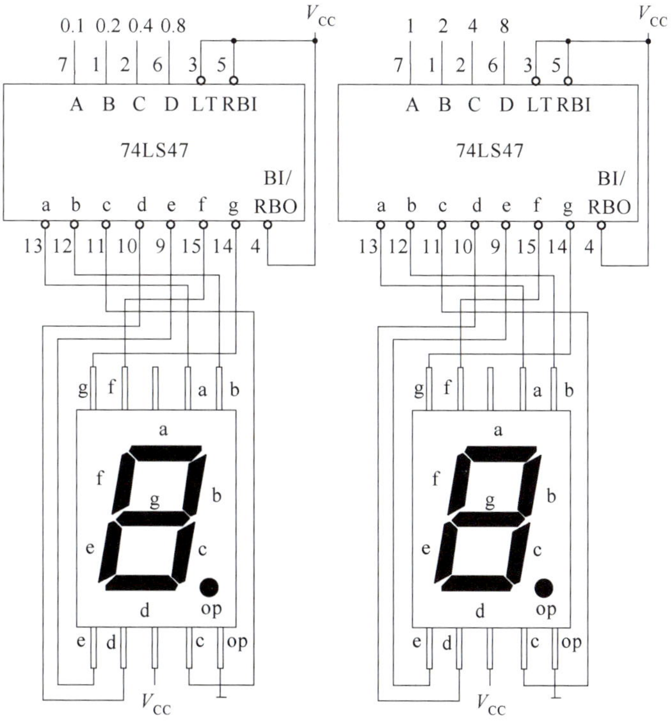

图 3.80　采用 74LS47 作为数码管 LED（共阳）的驱动电路

3.2.5 A/D 和 D/A 转换电路

A/D 转换电路以三路输入为例。采用滑动变阻器与 5 V 电压源实现 3 路数据采集，各路数据直接用 0~5 V 的电压模拟现场物理量，使输出电压在 0~5 V 之间可调，每路输出的电压连接一个开关，选择性采集各路电压信号。采集电路如图 3.81 所示。

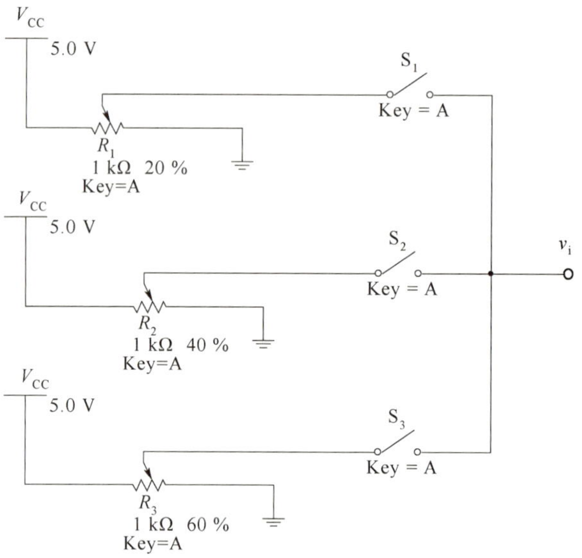

图 3.81 采集电路

A/D 转换电路如图 3.82 所示，这里采用的是 A/D 变换器 ADC0809。A/D 转换需外接启动时钟信号，正脉冲有效。时钟脉冲信号加到 CLOCK 端，上升沿使内部寄存器清零复位，下降沿启动A/D转换。因此在 CLOCK 端连接一个脉冲时钟信号，随着模拟电压信号的变化，对输入引脚的模拟电压 V_i 进行 A/D 转换，之后 EOC 端输出信号变低，表示转换正在进行。直到 A/D 转换完成，EOC 端变为高电平，指示灯亮，表示 A/D 转换结束，结果数据已存入 A/D 变换器内部的锁存器。当 OE 端输入高电平时，输出三态门打开，转换结束后的数字量输出到数据总线上。

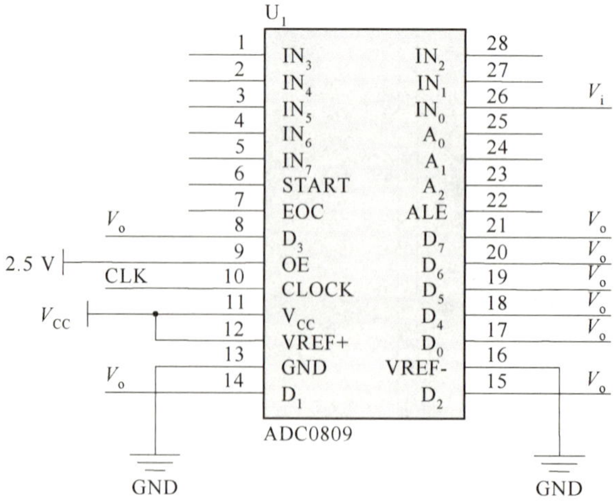

图 3.82 A/D 转换电路

D/A 转换电路如图 3.83 所示，由 D/A 变换器 DAC0832 构成。D/A 变换器将输入的数字量转换为模拟量输出。将 D/A 变换器的输入端与数据端相连，读出数据，D/A 变换器输出端与万用表相连，测得输出的模拟量，从而可以与输入的模拟量作比较。

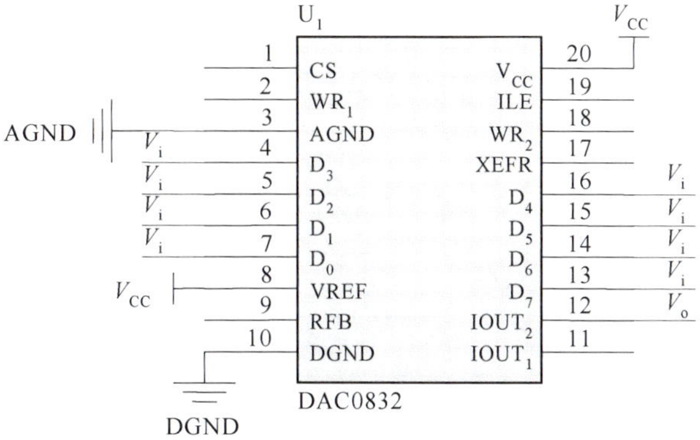

图 3.83　D/A 转换电路

3.3　数字电路课程设计推荐题目

3.3.1　速度表

3.3.1.1　任务与要求

（1）设计任务。

速度表是用来记录运行速度的测量仪器，由传感器电路、放大电路、整形电路、计数器组成，最后通过译码器和 LED 数码管显示汽车的运行速度。

（2）技术要求。

a. 显示汽车速度（km/h）。

b. 车轮每转一圈，有一传感脉冲；每个脉冲代表 1 m 的距离。

c. 采样周期设为 10 s。

d. 要求显示到小数点后边两位，用数码管显示。

e. 最高时速小于 300 km/h。

3.3.1.2　总体设计方案

先由传感器测量输出脉冲，经放大整形电路后得到 0~5 V 的方波信号，输入计数器进行计数，计数器产生的数据传送到锁存器中锁存起来，等待脉冲信号将锁存器打开输入译码器中，最后由译码器驱动数码管进行显示。锁存器和计数器的驱动信号由 555 定时器电路输出信号到驱动信号产生电路产生，进而控制计数器的复位和锁存器的开关。速度表总体设计方案框图如图 3.84 所示。

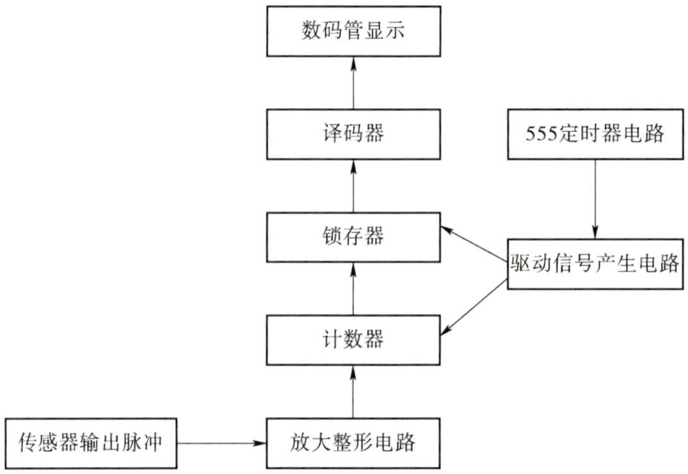

图 3.84　速度表总体设计方案框图

3.3.2　数字显示频率计

3.3.2.1　任务与要求

（1）设计任务。

数字显示频率计是采用数字电路设计的电子计数器式八位十进制数字显示频率测量装置，通常采用计数器、数据锁存器及控制电路实现，并通过改变计数器阀门的时间长短达到不同的测量精度，由译码显示电路进行显示。

（2）技术要求。

a. 频率的测量范围：1/10~9 999 Hz。

b. 测量 1 s 和 10 s 内的脉冲数，显示时间为测频时间的 4 倍。

c. 输入被测信号幅度 V_i<100 mV。

3.3.2.2　总体设计方案

采用 LM358 运算放大器对输入的被测周期信号进行放大，采用由 555 定时器构成的施密特触发器对放大后的信号进行整形处理。时基电路采用由 555 定时器构成的多谐振荡器产生相对基准的秒脉冲信号作为时基信号，由 2 片 74LS90 构成十分频器，对 1 s 脉冲进行操作，使之产生 10 s 脉冲，采用 4 片异步十进制计数器 74LS390 构成的四位计数器进行计数操作，由 2 片 74LS273 数据锁存器对测量的数字进行锁存操作，最终由 BCD 码译码器 CD4511 以及 4 只七段 LED 共阴数码管组成的译码显示电路对测量频率进行显示。闸门电路用于控制信号的输入，逻辑控制电路用于控制各部分电路的工作状态。数字显示频率计总体设计方案框图如图 3.85 所示。

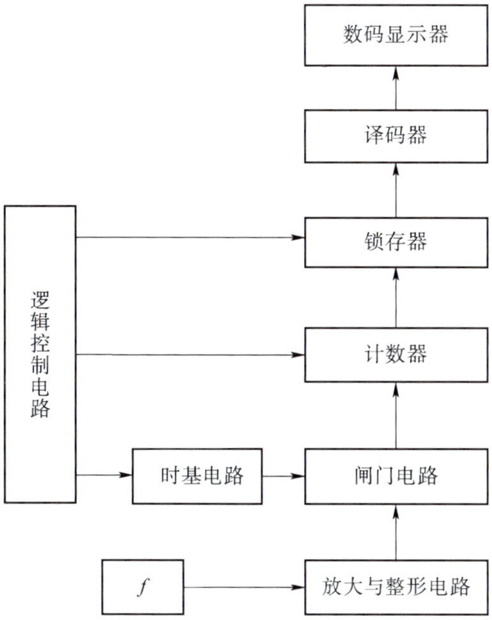

图 3.85　数字显示频率计总体设计方案框图

3.3.3　乒乓球游戏机

3.3.3.1　任务与要求

（1）设计任务。

乒乓球游戏机是采用数字电路设计的控制电路，主要由甲、乙双方参赛，由裁判控制发球的 3 人乒乓球游戏机，能完成自动裁判和自动计分的数字显示。

（2）技术要求。

a. 用 8 个发光二极管表示球，用两个按钮分别表示甲乙两个球员的球拍。

b. 一方发球后，球以固定速度向另一方运动（发光二极管依次点亮），当球达到最后一个发光二极管时，对方击球（按下按钮），球将向相反方向运动，在其他时候击球视为犯规，给对方加 1 分；若都犯规，则各自加 1 分。甲、乙各有一数码管计分。

c. 裁判有一个按钮，用来对系统初始化，每次得分后，按下一次。

3.3.3.2　总体设计方案

根据设计要求，整体电路需要完成 3 个部分的功能：球台驱动、控制和计分功能。当裁判按下启动按钮时，乒乓球游戏机电路开始运作。系统以 CLK 信号作为球台驱动电路和计数器计分的时钟信号，以 8 个发光二极管的依次点亮代表球的移动位置，双向选择开关控制发球、击球信号。乒乓球游戏机总体设计方案框图如图 3.86 所示。

该设计方案主要由时钟信号、按钮电路、计分电路、控制电路和球台电路组成。时钟信号主要将信号送给球台驱动电路和计数器 1、计数器 2；按钮电路则是将信号送给控制电路；而从控制电路中接收信号的计数器负责将接收到的信号传送给显示译码器，最终传给 LED

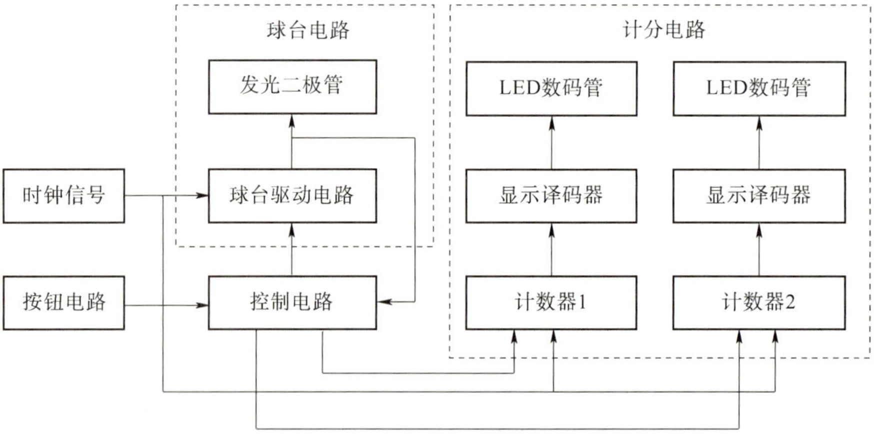

图 3.86　乒乓球游戏机总体设计方案框图

数码管。发光二极管由 LED_1 ~ LED_8 组成，由球台驱动电路驱动产生移动的信号，模拟乒乓球移动。

用 8 个发光二极管表示球，用两个按钮分别表示 AB 两个球员的球拍；一方发球后，球以固定的速度向另一方运动（发光二极管依次点亮），当球到达最后一个二极管时，对方击球（按下按钮），球向相反的方向运动，在其他时候击球视为犯规，给对方加 1 分；都犯规则双方各加 1 分；A、B 各有一个数码管计分；裁判有一个按钮，用来对系统初始化，每次得分后按下一次。

3.3.4　数字式红外测速仪

3.3.4.1　任务与要求

（1）设计任务。

数字式红外测速仪是一种电子设备，主要是通过红外发光二极管和光敏三极管作为速度转换装置，测量每分钟的转速，并在无闪烁的情况下进行显示。

（2）技术要求。

a. 将电动机的转速信号经光电转换处理后，用数码管稳定地显示出来。

b. 用红外发光二极管、光敏三极管作为速度检测、转换装置。

c. 测速范围：10 ~ 990 r/min。

d. 两位数字显示，显示不允许闪烁。

3.3.4.2　总体设计方案

数字式红外测速仪总体设计方案框图如图 3.87 所示。通过光电转换电路将电动机的转速信号转换成电信号，经施密特触发器进行整形，再给计数器 74HC161 提供计数脉冲，进行同步计数。然后计时器可通过异步清零法和同步置数法搭成计时电路，同时也可根据需要来确定芯片的片数，60 s 计时器显示有十位、个位，同时使用 74LS48D 作为驱动装置，因此可采用两片 74LS160 来设计计时器。最后将完成译码的二进制数送给共阴数码管进行数字显示，由计数器

74LS160 构成 60 s 计时电路，由 555 定时器提供频率约为 1 Hz 的方波脉冲信号。

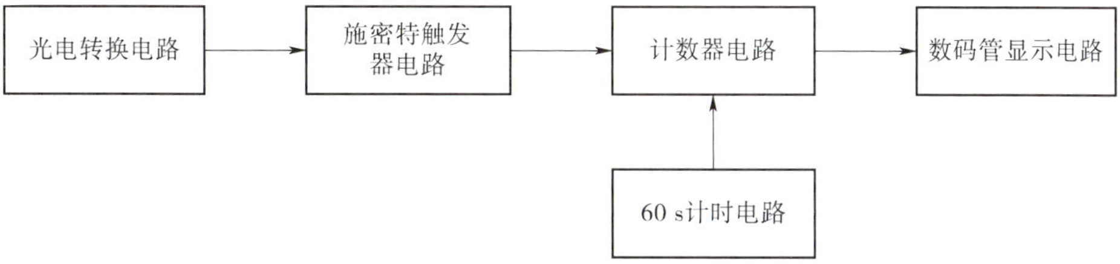

图 3.87 数字式红外测速仪总体设计方案框图

3.3.5 出租汽车里程计价表

3.3.5.1 任务与要求

（1）设计任务。

出租汽车里程计价表是采用数字电路实现对出租车计价的装置，由等待计时、公里计数、价钱计数、开关设置等电路组成，不仅实现了出租车计费、显示等功能，还具有显示出租车累计行驶里程的功能。

（2）技术要求。

a. 不同情况具有不同的收费标准。

b. 白天、晚上、途中等待（>10 min）开始收费。

c. 能进行手动修改单价，具有数据的复位功能。

d. 白天/晚上收费标准的转换开关，数据的清零开关。

e. 单价的调整：单价输出 2 位，路程输出 2 位，总金额输出 3 位。

f. 按键：启动计时开关，数据复位（清零）。白天/晚上转换。

3.3.5.2 总体设计方案

首先将传感器发出的脉冲信号送入由两片 74390 计数器组成的分频计中，得到 1 km 路程信号，然后将 1 km 路程信号送入由两片 74290 组成的百进制计数器，经译码后显示里程数；如果车停下，则按下等待时间信号按钮，将里程计数器断开，同时开始计时，当大于 10 min 后开始收费。白天、晚上和等待的不同收费标准可以通过手动调整来实现，最后通过乘法器实现总金额的显示。出租汽车里程计价表总体设计方案框图如图 3.88 所示。

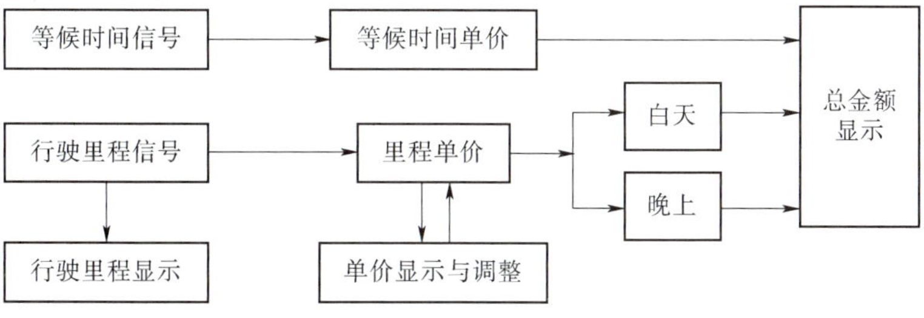

图 3.88 出租汽车里程计价表总体设计方案框图

3.3.6 多用时间控制器

3.3.6.1 任务与要求

(1) 设计任务。

多用时间控制器应含数字钟，可在一天 24 h 内任意分钟时刻设置存储记忆，并在时钟走到设置时间时输出控制信号，对多路（如 4 路）用电器进行开关控制。按照上述要求设计自动打铃器，在上下课时间打铃，铃响时间持续 6 s。

(2) 技术要求。

a. 走时精度，每日误差≤1 s。

b. 启动控制时间误差不超过 1 min。

c. 控制时间可以任意设置（如铃响时间 6 s，音乐声 30 s，电饭锅 30 min）。

3.3.6.2 总体设计方案

由直流电源电路提供电源，通过六十进制秒计数器、译码器、显示器进行显示，译码采用七段译码器 74LS47 驱动共阳 LED 数码管；计数到 59 时再来一个脉冲变成 00，异步计数器 74LS90 将所获得的信号通过译码器译成对应的高低电平信号，显示出十进制数；再通过由 555 定时器构成的多谐振荡电路实现定时和延时功能，最后通过输出级电路来实现对时间的控制。多用时间控制器总体设计方案框图如图 3.89 所示。

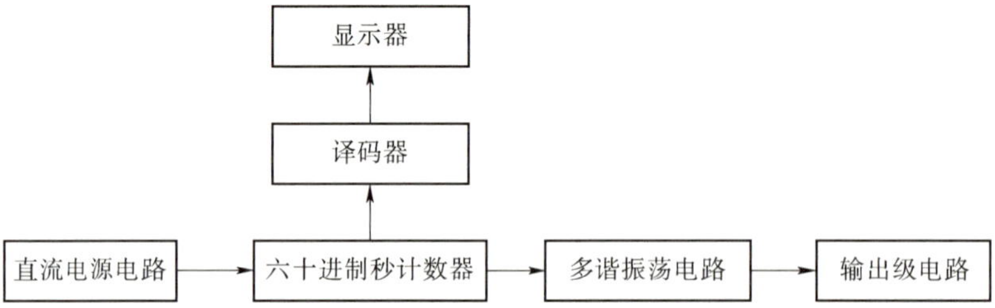

图 3.89 多用时间控制器总体设计方案框图

3.3.7 多路数据采集系统

3.3.7.1 任务与要求

(1) 设计任务。

多路数据采集系统是将模拟信号转换为数字信号的控制装置，由 A/D 转换、数据处理及显示控制等部分组成，采集路数由设计者自行设定，应大于两路。

(2) 技术要求。

a. 用 A/D 转换芯片实现对两路以上模拟信号的采集，模拟信号以常用物理量温度为对象，经传感器、输入变换电路得到与现场温度成线性关系的 0~5 V 电压，也可以直接用 0~5 V 的电压模拟现场温度。

b. 采集的数据一方面送入存储器中保存，另一方面用数码管跟踪显示。

c. 从存储器中读出数据，经 D/A 芯片变换，观察得到模拟量与输入模拟量的对应情况，分析转换误差。

3.3.7.2　总体设计方案

图 3.90 所示为多路数据采集系统总体设计方案框图。该数据采集系统先对温度进行采集，使用 5 V 电压与滑动变阻器模拟温度的变化，在 3 个滑动变阻器的输出端各接一个开关按键来选择对某一路电压进行采集，再使用 A/D 变换器将模拟量转换成数字量。在 A/D 变换器的输出端连接数据锁存器对数据进行锁存，同时用译码器驱动数码管跟踪显示。在锁存器输出端连接 D/A 变换器，实现将数字量转换成模拟量，用万用表观察所得到模拟量与输入模拟量的对应情况。

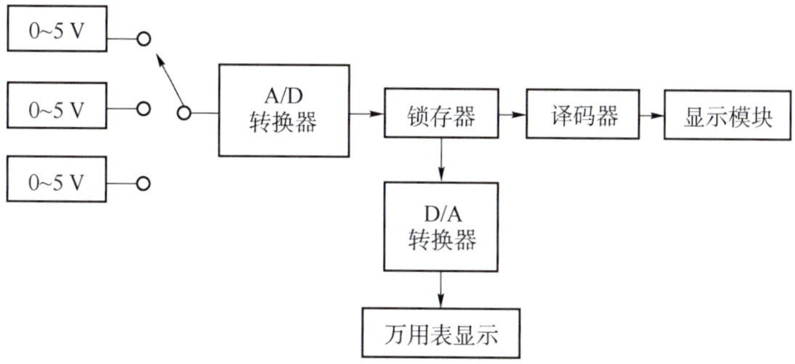

图 3.90　多路数据采集系统总体设计方案框图

3.3.8　双钮电子锁

3.3.8.1　任务与要求

（1）设计任务。

双钮电子锁是一种采用数字电路设计的具有两道解锁机制、防盗效果较好的电子锁装置，是一个由两个按钮控制的密码锁，由密码设置、校验电路，开锁电路、报警电路、限时电路等部分组成。

（2）技术要求。

a. 有两个按钮 A 和 B，开锁密码可自设，如 3、5、7、9。

b. 若按 B 钮，则门铃响。

c. 开锁过程：按 3 下 A，按一下 B，则 3579 中的“3”即被输入；接着按 5 下 A，按一下 B，则输入“5”；以此类推，直到输入完“9”，按 B，则锁被打开，用发光管 KS 表示。

d. 报警：如果输入与密码不同，则报警，用发光管 BJ 表示，同时发出报警声音。

e. 用一个开关表示关门（即闭锁）。

3.3.8.2　总体设计方案

双钮电子锁总体设计方案流程图如图 3.91 所示，由计数器对按键 A 进行计数实现密码输入，同时设计计数器对按键 B 动作计数，并输出给译码器，译码器将输出对各位密码校验电路的选通信号。按键 B 在密码输入时作为密码确认按键，无密码输入时作为门铃按键，可通过或门、非门等电路实现两个功能的相互隔离，互不干扰。密码校验电路主要由

74LS138 译码器及与、或、非门电路组成，实现对输入的密码进行校验，密码正确则输出脉冲给开锁判断电路；若密码不正确，则无脉冲输出。开锁判断电路由 74LS160 十进制计数器接收密码校验电路的输出信号。当 4 位密码输入都正确时，该部分逻辑电路输出信号打开门锁；若输入密码错误，则会输出信号触发警报。

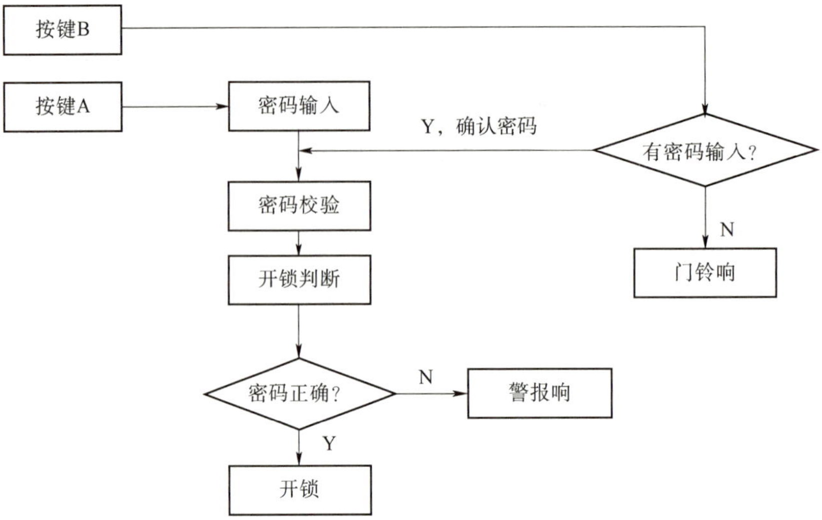

图 3.91 双钮电子锁总体设计方案流程图

3.3.9 LED 显示器动态扫描驱动电路

3.3.9.1 任务与要求

（1）设计任务。

LED 显示器动态扫描驱动电路是采用数字电路设计的输出显示控制装置，当设备显示的点或位较多时，就需要采用一定的驱动电路与相应的驱动方式。

（2）技术要求。

a. 显示位数为 4 位。

b. 采用分立元件进行设计。

3.3.9.2 总体设计方案

LED 显示器动态扫描驱动电路主要由脉冲产生电路、计数电路、译码电路和扫描显示电路 4 个部分组成。脉冲产生电路主要由 555 定时器组成，产生固定频率的脉冲给计数器。计数电路由 74HC160 和与非门 7400N 组成，构成四进制自启动的计数器。译码电路由两个双四选一数据选择器 74LS153D 组成，用于代码的转换。扫描显示电路主要由驱动芯片 CD4511、4 个共阴数码管和移位寄存器 74LS194D 组成，实现数码管上数字从 0 到 3 的动态循环显示。LED 显示器动态扫描驱动电路总体设计方案框图如图 3.92 所示。

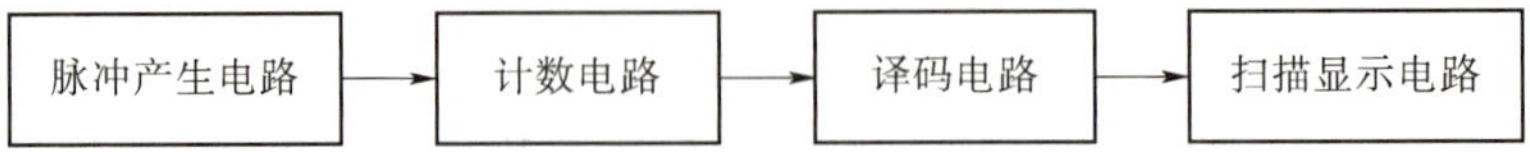

图 3.92 LED 显示器动态扫描驱动电路总体设计方案框图

3.3.10　电子秒表

3.3.10.1　任务与要求

（1）设计任务。

电子秒表是测定短时间间隔的仪表，由振荡电路、计数电路、译码显示电路等部分组成，其中振荡电路用来构成标准秒信号发生器；计数电路和译码显示电路用来构成计时系统。

（2）技术要求。

a. 具有清零、启动计时、暂停计时及继续计时等控制功能。

b. 可以准确显示 00.00~99.99。

c. 由七段 LED 显示器显示。

d. 控制开关两个：启动（继续）/暂停计时开关和复位开关。

3.3.10.2　总体设计方案

电子秒表总体设计方案框图如图 3.93 所示，主要包括振荡电路、计数电路、译码显示电路、清零开关电路、暂停开关电路。振荡电路是以 555 定时器为核心组成的，产生的脉冲传给低位的计数器进行计数，当低位的计数器计满后向高位进行进位。每一个计数器连接一个译码器，再通过译码器把记得的数值显示在 LED 显示器上，从而组成电子秒表。

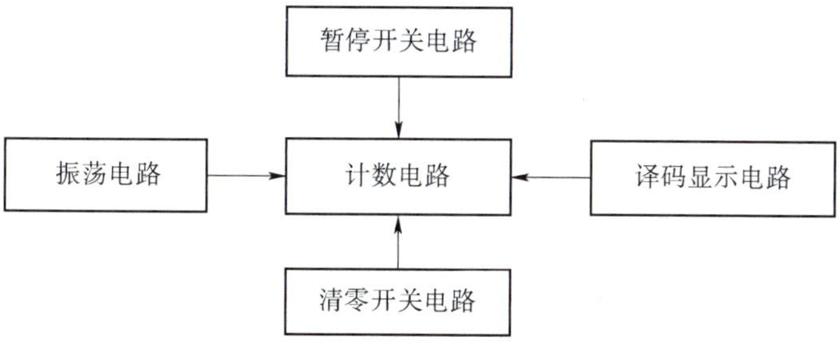

图 3.93　电子秒表总体设计方案框图

第 4 章　电子电路综合性设计实例

4.1　多种波形发生器

4.1.1　任务与要求

4.1.1.1　设计任务

多种波形发生器能产生正弦波、方波、三角波和由用户编辑的特定形状波形。图 4.1 所示为多种波形发生器工作原理。

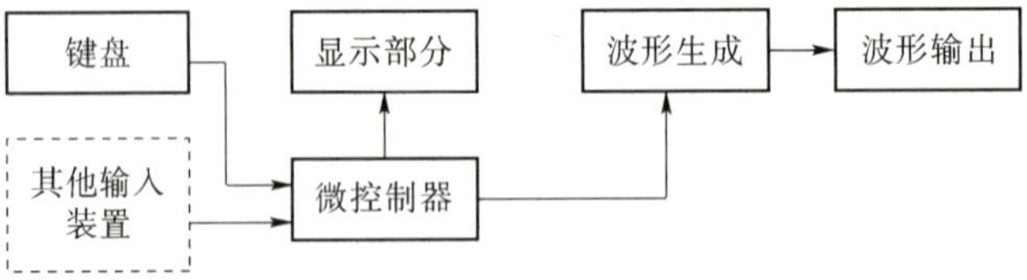

图 4.1　多种波形发生器工作原理

4.1.1.2　技术要求

(1) 具有产生正弦波、方波、三角波 3 种周期性波形的功能。

(2) 用键盘输入编辑生成上述 3 种波形（同周期）的线性组合波形，以及由基波及其谐波（5 次以下）线性组合的波形。

（3）用键盘或其他输入装置产生任意波形，具有波形存储功能。

（4）输出波形的频率范围为 100 Hz~20 kHz（非正弦波频率按 10 次谐波计算）；重复频率可调，频率步进间隔≤100 Hz。

（5）输出波形幅度范围 0~5 V（峰-峰值），可按步进 0.1 V（峰-峰值）调整。

（6）具有显示输出波形的类型、重复频率（周期）和幅度的功能。

4.1.2　采用 MAX038 设计多种波形发生器

4.1.2.1　总体设计方案

下面采用 MAX038 设计多种波形发生器。本设计需要产生 3 种基本波形：正弦波、方波、三角波，并且用键盘控制编辑生成上述 3 种波形（同周期）的线性组合波形，以及由基波及其谐波（5 次以下）线性组合的波形。实施的办法就是分别制作出 3 种基波的波形发生器，通过 3 种基波波形发生器的输出模拟组合，只要将同步信号连接在一起，就可以实现 3 种波形（同周期）的线性组合波形。用 MAX038 构成的多种波形发生器总体设计方案框图见图 4.2。

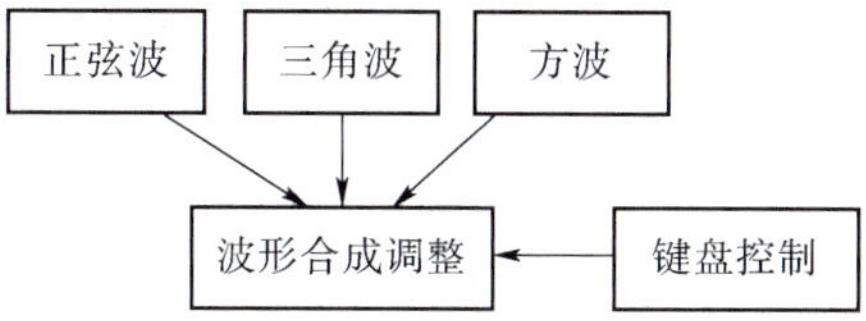

图 4.2　用 MAX038 构成的多种波形发生器总体设计方案框图

4.1.2.2　多波形输出

MAX038 可以构成高频函数发生器，能够产生高达 10 MHz 的三角波、锯齿波、正弦波、矩形波（含方波）等脉冲波。输出频率和工作周期可以通过调整相应引脚的调整电位器来调节。输出波形的类型可以通过波形设置引脚来设置，进而产生正弦波、方波和三角波。

MAX038 具有以下性能特点。

（1）能精密地产生三角波、锯齿波、正弦波、矩形波（含方波）等脉冲波信号。

（2）频率范围为 0.1 Hz~40 MHz，各种波形的输出幅度均为 2 V(峰-峰值)。

（3）占空比调节范围宽，占空比和频率均可单独调节，二者互不影响，占空比调节范围是10%~90%。

（4）波形失真小，正弦波失真度小于 0.75%，占空比调节时非线性度低于 2%。

（5）采用±5 V 双电源供电，允许有 5%变化范围，电源电流为 80 mA，典型功耗400 mW，工作温度范围为 0~70 ℃。

（6）内设 2.5 V 电压基准，可利用该电压设定 FADJ、DADJ 的电压值，实现频率微调和占空比调节。

MAX038 的引脚图如图 4.3 所示。

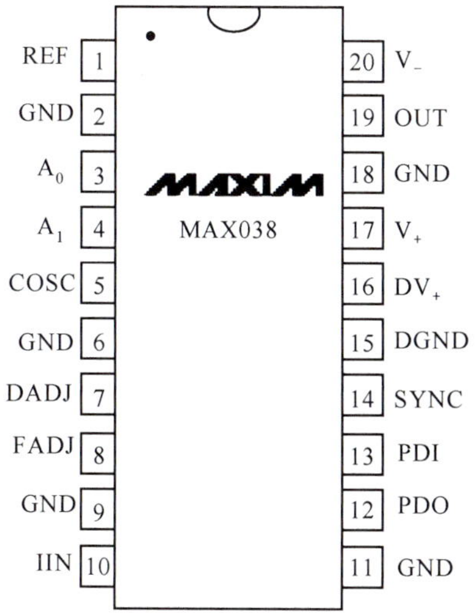

图 4.3　MAX038 的引脚图

函数信号发生器 MAX038 的引脚功能参见第 6 章表 6.36，内部原理参见第 6 章图 6.19。

MAX038 的输出波形有 3 种，由波形设定端 A_0（引脚 3）、A_1（引脚 4）控制，其编码如表 4.1 所示。其中，X 表示任意状态，1 为高电平，0 为低电平。为了保证波形设置端的可靠输入，需要在引脚 A_0 和 A_1 分别接 10 kΩ 上拉电阻到+5 V 电源。为了保证输出的波形可靠，同步组合，采用 MAX038 分别构建相互独立的正弦波、方波、三角波 3 种波形发生器。

表 4.1　A_0 和 A_1 的编码

A_0	A_1	波形
X	1	正弦波
0	0	方波
1	0	三角波

MAX038 中的相位检测器可用在使其输出与外部信号同步的锁相环中。外部信号源接到相位检测器输入端（PDI），由 PDO 得到相位检测输出。PDO 通常与 FADJ 引脚相连，并通过一个电阻 R_{PD}和一个电容 C_{PD}至地。R_{PD}控制相位检测器的增益。PDO 输出的是 0~500 μA 之间变化的矩形电流脉冲串，当其与 PDI 相位正交（相位差 90°）时，有 50%的占空比。当相位差为 180°时，占空比为 100%；相反，当相位差为 0°时，占空比为 0%。

相位检测器的增益 K_D 用下式表示：

$$K_D=0.131\,8R_{PD}$$

其中，R_{PD}为相位检测器增益设置电阻。当环锁住时，输出信号与相位检测器接近相位正交，占空比为 50%，R_{PD}的平均电流为 250 μA（FADJ 的吸入电流）。该电流由 FADJ 和R_{PD}分流，但总有 250 μA 的电流进入 FADJ，其他电流则在R_{PD}上分流以产生 V_{FADJ}。R_{PD}越大，则一定的相位差时 V_{FADJ}越大，锁相环增益越大，同步范围就越小。因为 PDO 输出的电流给 C_{PD}充电，所以 V_{FADJ}的变化率（锁相环带宽）和 C_{PD}成反比。

MAX038 内部的相位检测器可以用在锁相环（PLL）中，使它的输出与外面信号同步，MAX038 的相位检测及同步实现电路如图 4.4 所示。将 PDI（13 脚）输入的外同步信号经内部相位检测器与振荡频率进行相位比较，相差信号从 12 脚输出，再反馈到 8 脚构成锁相环，实现外同步。将 3 个相互独立的波形发生器的外同步信号输入端连接在一起，就能使 3 个波形发生器的输出频率相同。

4.1.2.3　输出频率控制

MAX038 的输出频率由 I_{IN}，FADJ 端电压和主振荡器 C_{OSC}的外接电容器 C_F三者共同决定，FADJ 引脚电压发生变化，输出频率也会发生变化。如果需要通过 FADJ 引脚电压调整输出频率，可以为 FADJ 引脚提供一个外部电压，但要求这个外部电压的值限制在±2.4 V。

V_{FADJ}的计算公式如下：

$$V_{FADJ}=\frac{F_O-F_X}{0.291\,5F_O}$$

其中，F_X 为输出频率，F_O 为 $V_{FADJ}=0$ V 时的频率。

同理，用周期计算为：

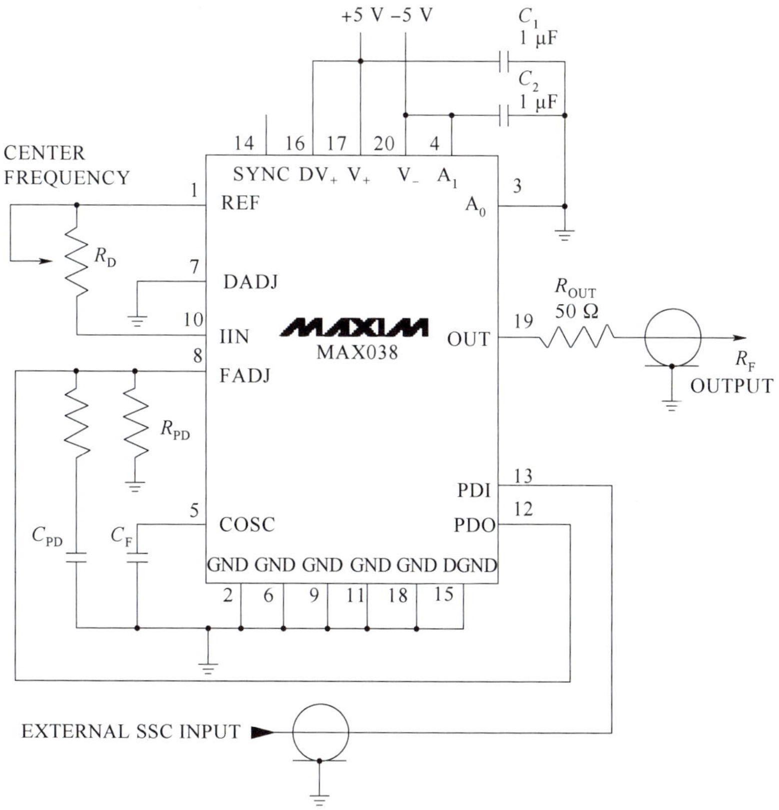

图 4.4　MAX038 的相位检测及同步实现电路

$$V_{FADJ}=\frac{3.43(t_X-t_O)}{t_X}$$

其中，t_X为输出周期，t_O为 $V_{FADJ}=0$ V 时的周期。

当 $V_{FADJ}=0$ V 时，输出频率为：

$$F_X=F_O=\frac{I_{IN}}{C_F}$$

$$I_{IN}=\frac{U_{IN}}{R_{IN}}=\frac{2.5}{R_{IN}}$$

当 $V_{FADJ}\neq 0$ V 时，输出频率为：

$$F_X=F_O(1-0.2915V_{FADJ})$$

并且周期（t_X）为：

$$t_X=\frac{t_O}{1-0.2915V_{FADJ}}$$

4.1.2.4　工作周期控制

输出波形的工作周期受 DADJ 上的电压控制。调整 DADJ 引脚上的电压，工作周期可以从 15%变化到 85%。如果将 DADJ 引脚接地，其工作周期就会固定在 50%。如果需要调整其工作周期，可以为 DADJ 引脚提供一个电压，但需要将 DADJ 电压限制在±2.3 V。

4.1.2.5 输出调整

MAX038 的输出幅值只有 2 V（峰-峰值），设计中需要输出波形幅度范围 0~5 V（峰-峰值），并且需要按步进 0.1 V（峰-峰值）调整。因此需要将 MAX038 输出幅值调整到这个范围之内。

4.1.2.6 主体电路部分

采用 MAX038 分别构建成相互独立的正弦波、方波、三角波 3 种波形发生器的主要部分原理图相同，不同的是调整引脚 A_0 和 A_1 的输入值。由 MAX038 构成 3 种波形发生器的通用基本电路如图 4.5 所示。

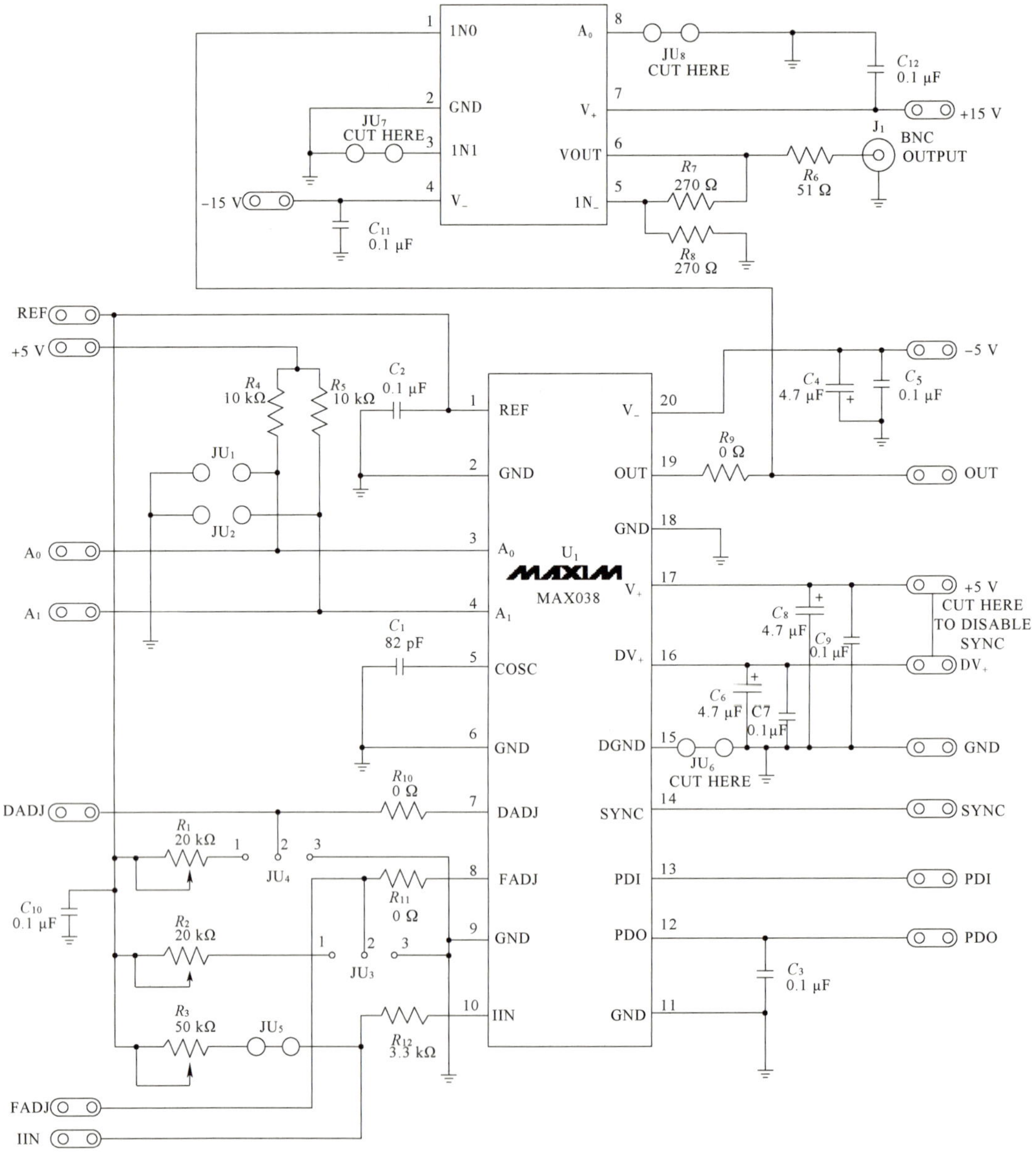

图 4.5 由 MAX038 构成 3 种波形发生器的通用基本电路

如果需要同时输出正弦波、三角波和方波，由于 MAX038 仅能输出其中一种波形，因此需要 3 个与图 4.5 完全相同的电路。3 个电路应按输出波形的要求，设置波形控制端 A_0 和 A_1 端的电平。

4.2　数控直流电流源

4.2.1　任务与要求

4.2.1.1　设计任务

数控直流电流源，其输入为交流电 200~240 V/50 Hz，输出的直流电压≤10 V，其工作原理如图 4.6 所示。

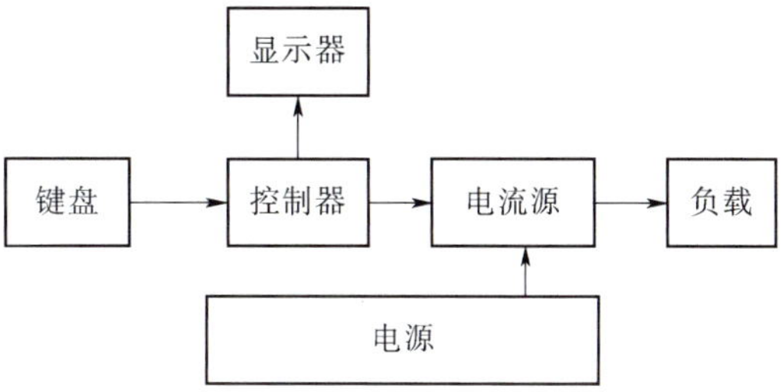

图 4.6　数控直流电流源工作原理

4.2.1.2　技术要求

（1）输出电流范围：200~2 000 mA。

（2）可设置并显示输出电流给定值，要求输出电流与给定值偏差的绝对值≤给定值的 1%+10 mA。

（3）具有“+”“-”步进调整功能，步进≤10 mA。

（4）改变负载电阻，输出电压在 10 V 以内变化时，要求输出电流变化的绝对值≤输出电流值的 1%+10 mA。

（5）纹波电流≤2 mA。

（6）自制电源。

4.2.2　总体设计方案

数控直流电流源要求输出电流在 2 A 以下，最小分度为 1 mA，输出电压不高于 10 V，要求数字控制，下面介绍两种设计方案。

4.2.2.1　方案一

采用单片机控制 D/A 变换器实现恒流源部分电路的搭建，其设计方案框图如图 4.7 所示。

此方案存在以下几个问题：软件编程复杂，硬件 D/A 的位数及响应速度受限，输出精度不高，另外采用单片机控制，很容易将噪声引入扩流功放的输入端，将噪声信号放大，从而产生较大的输出纹波。这对于本设计中对纹波参数要求较为严格，在输出电流精度要求很高的情况下，这不是很理想的一种解决方案。

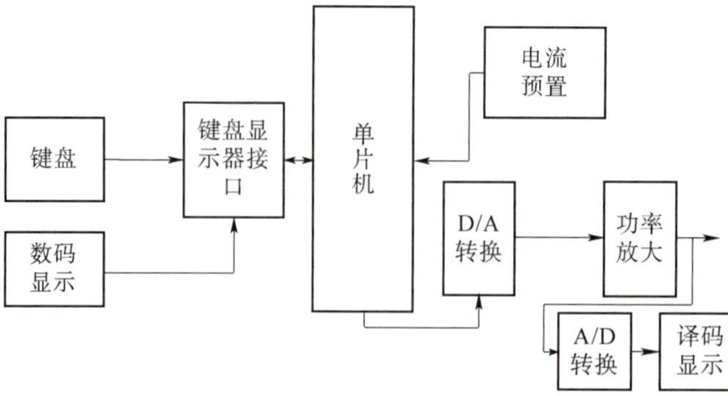

图 4.7　采用单片机实现恒流源部分电路设计方案框图

4.2.2.2　方案二

数字电路设计数控直流电流源设计方案框图如图 4.8 所示。该方案的核心部分是用计数器构成步进控制电路，由拨码开关实现预置功能，通过计数器的加减计数功能实现步进控制。另外，计数器的输出为 BCD 码格式，便于与数码管驱动控制电路连接，实现显示功能。也正是利用了计数器输出 BCD 码格式，可以用输出电压可调的集成稳压器分别做成精度极高的恒流源，利用继电器切换组合不同电流值的恒流源，实现不同输出要求的电流值。具体的固定恒流源电路共有以下 14 种：1 mA、2 mA、4 mA、8 mA、10 mA、20 mA、40 mA、80 mA、100 mA、200 mA、400 mA、800 mA、1 000 mA、2 000 mA。这样设计出的电路不仅精度高，而且控制方式简单，抗干扰能力强。

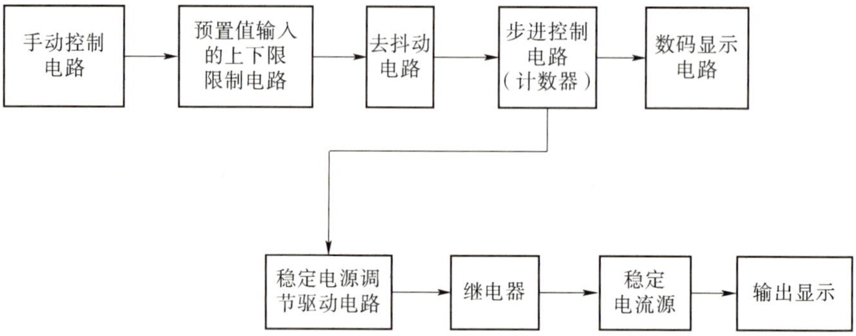

图 4.8　数字电路设计数控直流电流源设计方案框图

4.2.2.3　两种方案比较

比较两种方案后，发现方案二有以下几个特点：不用考虑软件编程复杂性及软件和硬件的兼容性，且精度高、稳定性强、不易受到干扰、纹波抑制比较高。同时，由于题目是数控直流电流源，并且有精确的步进值要求，因而不适合采用普通的串联或并联的线性稳压电源和开关电源，否则难以达到步进要求和控制要求。采用数字电路进行设计，由于其结构简单、集成度高，可以很容易地实现递增递减的预置功能控制。由于没有采用单片机，便没有了单片机工作时的干扰问题。另外，由于各个固定恒流源单元相互独立，互不干扰，因此可以很容易获得极细微的电流，也就是说，不需要更多调整就可以实现步进 1 mA 功能。

4.2.3 数字电路设计数控直流电流源

4.2.3.1 恒流源的实现

解决方案有以下两种。

(1) 每个恒流源输出电流固定。

如果不计成本，可以采用多只 LM317 实现，按 8421 码和个、十、百、千毫安的方式，分别用 LM317 实现 2 mA、4 mA、8 mA、10 mA、20 mA、40 mA、80 mA、100 mA、200 mA、400 mA、两个 400 mA 和 6 个 500 mA 的恒流源。其中，1 A 和 2 A 的恒流源分别采用 2 个和 4 个 500 mA 的恒流源并联实现，这样做的好处是不仅可以降低集成稳压器的最小输入/输出压差、减小集成稳压器的功耗，而且较小的输出电流的检测电阻比较容易找到，电路板造成的电压降也可以减小。由于 LM317 在一般状态下的最小不可控电流为 3 mA，而常温下可以降低到 1.2 mA。因此，1 mA 挡只能采用晶体管恒流源的方式。通过 0.5 级甚至是 0.2 级电流表在对 1 mA、2 mA、4 mA、8 mA、10 mA、20 mA、40 mA、80 mA、100 mA、200 mA、400 mA、800 mA、1 000 mA、2 000 mA 的恒流源分别用 1 mA、2 mA、5 mA、10 mA、10 mA、20 mA、50 mA、1 000 mA、100 mA、200 mA、500 mA、1 000 mA、1 000 mA、2 000 mA 进行校准时，可以获得 5‰（甚至更高）的精度。在这里，各恒流源值为电流表满量程的 80%以上，从而使电流源的精度得到保证。如果测试电流低于测试量程的一半，测试电流源的精度将达不到 5‰的精度。

每一个 LM317 与之相连的阻值的具体计算如下。

LM317 基准电压值 1.25 V，其输出电流值为 I_o，则所需串接的电阻为$R_i(i=1,2,3,\cdots)$即 $R_i=\dfrac{U_{基准}}{I_o}(i=1,2,3,\cdots)$，由此理论计算可得到可调稳压器挂接的电阻列表，如表 4.2 所示。

表 4.2　可调稳压器挂接的电阻列表

输出电流 I_o/mA	相应的输出电阻值/Ω
1	1 250
2	625
4	312.5
8	156.25
10	125
20	62.5
40	31.25
80	15.625
100	12.5
200	6.25
400	3.125
400+400	3.125 0+3.125
500+500	2.50+2.50
500+500+500+500	2.50+2.50+2.50+2.50

各挡电流的切换：考虑易实现性和较大的电流，切换开关选用小型或微型继电器。继电器的控制可以采用晶体管开关或 LM339（四比较器）驱动，一般在 12 V 供电条件下的驱动电流小于 20 mA。

按照上述思路，恒流源主电路如图 4.9 所示。图中给出了各输出电流恒流源的测试电阻的参数。继电器触点 J_1、J_2、J_3、J_4、J_5、J_6、J_7、J_8、J_9、J_{10}、J_{11}、J_{12}、J_{13}、J_{14} 分别控制 2 A、1 A、800 mA、400 mA、200 mA、100 mA、80 mA、40 mA、20 mA、10 mA、8 mA、4 mA、2 mA、1 mA 恒流源的接入。这样一来，1 mA ~ 2 A 的任何电流值都可以用上述电流源的组合实现。

图 4.9 中的输出电压范围为输入电压减电流源电阻电压（1.25 V）和集成稳压器的输入/输出压差（约 2 V），共计 3.25 V。因此，最低输入电压要高于 3.15 V（实际上这种状态下没有输出电压范围，电路将失去意义）。最高输入电压似乎为 LM317 的最高输入电压 40 V，实际上受 LM317 的安全工作区的限制，在输出短路状态下，0.5 A 输出电流时的最高输入电压仅为 35 V，高于这个电压。受可调输出电压集成稳压器 LM317 的安全工作区的限制，在这种情况下，输出电流将得不到保证。

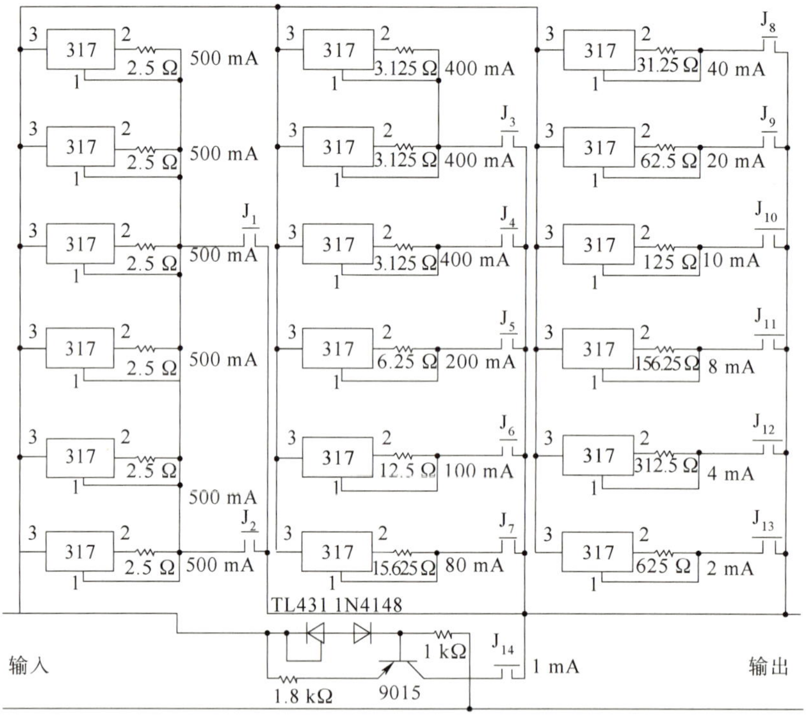

图 4.9　恒流源主电路

图 4.9 所示电路的继电器触点由继电器激磁线圈是否流过（足够的）电流决定，这个继电器的激磁线圈可以用晶体管控制，切换电路如图 4.10 所示。

图 4.10 中晶体管集电极与电源连接的方块代表继电器的激磁线圈，方块中的数字和字符与受控的触点相对应；图中的第一行为 1 A、2 A 继电器的激磁线圈，对应拨码开关的 1 和 2，由于仅需要 2 A，因此 3 以上的码可以锁定，仅使用 1 和 2。第二行、第三行、第四行则分别对应百毫安、十毫安、毫安挡位对应的电路，各激磁线圈对应的接在⑧④②①拨码开

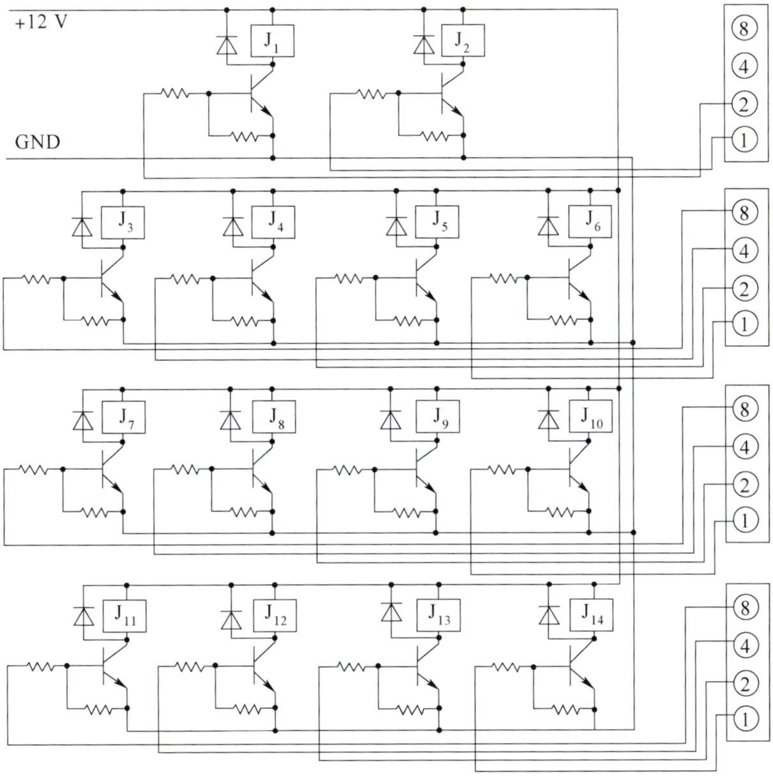

图 4.10　切换电路

关的⑧④②①的端子上，拨码开关的公共端接 12 V 正电源。

（2）切换恒流源检测电阻。

恒流源固定电流输出的方案尽管可以得到极其精确的输出电流精度，但所用的集成稳压器数量比较多，为了减少集成稳压器的数量，每个电流数量级可以采用一个集成稳压器，用继电器控制电流检测电阻的方式，可以选用 8421 的方式选择电流检测电阻。这种方式对于 100 mA 以下的电流源是比较容易做到的，因为当电流检测电阻值比较大（12.5 Ω 以上）时，PCB 和继电器的寄生电阻可以忽略。而 400 mA 以上的恒流源原则上最好是采用固定电流的恒流源的方式。图 4.11 所示为切换恒流源检测电阻的恒流源主电路。

图 4.11 中的继电器触点 J_1、J_2、J_3、J_4 分别为安、百毫安、十毫安、毫安量程电流的转换触点，而 J_{11}、J_{12}、J_{21}、J_{22}、J_{23}、J_{24}、J_{31}、J_{32}、J_{33}、J_{34}、J_{41}、J_{42}、J_{43}、J_{44}则分别为各量程内的电流设置触点。

本设计采用了每个恒流源输出固定电流的解决方案，只要准确调整各个固定恒流源单元，就能实现基本功能。

4.2.3.2　手动设置电路和步进控制电路

（1）手动设置部分。

本部分采用按键开关进行预置值设置，即将 CD40192 的预置输入端与拨码开关（BCD 码编码格式输出）相连，实现电流预置功能。由于预置输入由 CD40192 控制，在预置设置

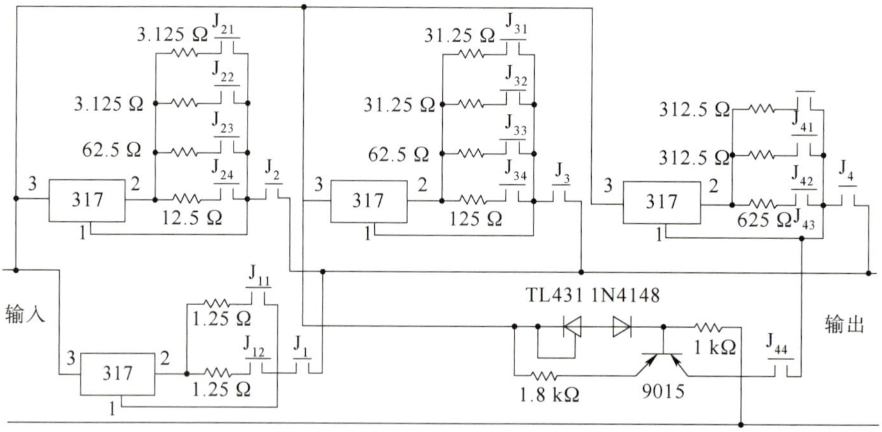

图 4.11 切换恒流源检测电阻的恒流源主电路

电流时，先将预置数端 PL 加上 4 个复位按键进行设置。当电路刚接通电源时，如果按下个位、十位、百位、千位预置转换按键（4 个按键）中的某一位，再按下 0~9 的 BCD 转换按键，即可对该位进行预置值设置。用 8 个按键进行个、十、百、千各位的手动增一和减一操作。为了避免产生抖动脉冲，按键经过两个 6 路施密特触发器 40106 进行去抖。同时，由于受预置电流值上下限的限制，预置的电流值只能在 0~3 000 mA 之间。

手动设置电路和步进控制电路如图 4. 12 所示。

（2）步进控制部分。

利用本系统中的双时钟可预置数同步可逆计数器来完成增数控制和减数控制，既简单又实用。其控制过程如下：该电路的核心是 CD40192，完成 00~99 的计数功能。设有 8 个按键开关分别实现对个位、十位、百位、千位的手动增一和减一功能，如按下对十位增一或减一操作的按键，则可对当前的预置数值进行增 10 mA 或减 10 mA。平时按键不被按下时，保持低电平，使各个 CD40192 的计数加进位、减退位无效。当按下某个按键时，且不被加进位或减退位电路限制，各个 CD40192 的计数加进位或减退位便出现个上升沿使手动预置进位或退位有效，这可进行增一或减一、增十或减十、增百或减百、增千或减千操作，实现步进功能。当加进位或减退位输出为低电平时，各个 CD40192 的计数加进位、减退位无效，即在电流预置设定时，使之在输出零值之后，不能再进行减一操作，否则出现负值；在输出 3 000 mA 时不能再进行加一操作，否则出现大于 3 000 mA 的电流值。但本系统实际电流输出值可达到3 999 mA，范围可达 0~3 999 mA。

4. 2. 3. 3 驱动控制电路

由于采用的是小型或微型继电器，对于其驱动电路就可以不采用传统的三极管或 MOS 管驱动继电器，而是直接利用比较器驱动继电器，通过 CD40192 的输出值与比较器 LM339 同相输入端的电压进行比较，达到驱动继电器的目的，进而实现恒流源输出值的设定控制。通过比较器的高输入阻抗，可以实现很强的抗干扰功能。

如果驱动继电器的电平信号高于同相输入端的电压则继电器闭合，使对应有输出恒定电流值的 LM317 输出相应的电流值（如驱动器 LM339 将连有输出值为 20 mA 的 LM317 上的继电器闭合，则输出电流值 20 mA）；若驱动继电器的电平信号低于同相输入端的电压，将不能驱动继电器。驱动控制稳定电流源电路如图 4. 13 所示。

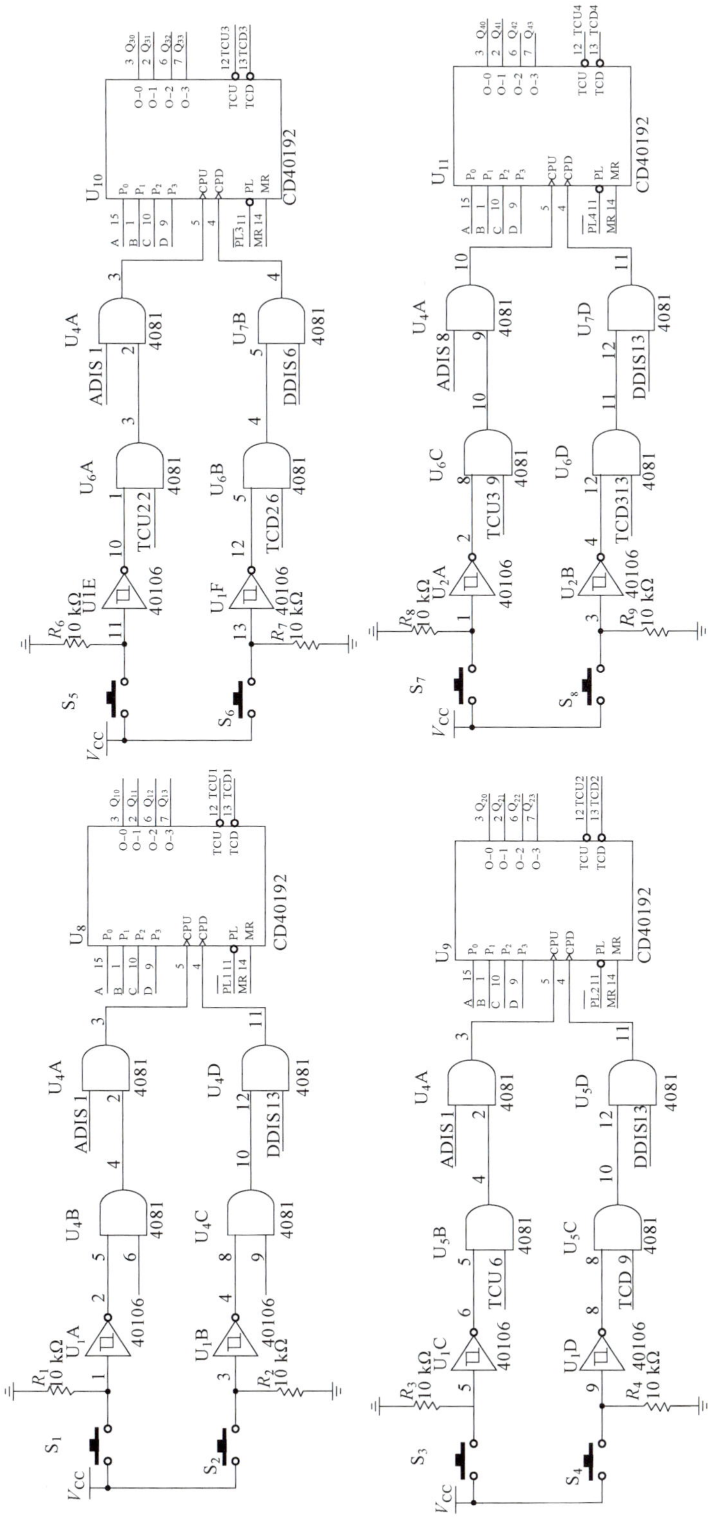

图 4.12　手动设置电路和步进控制电路

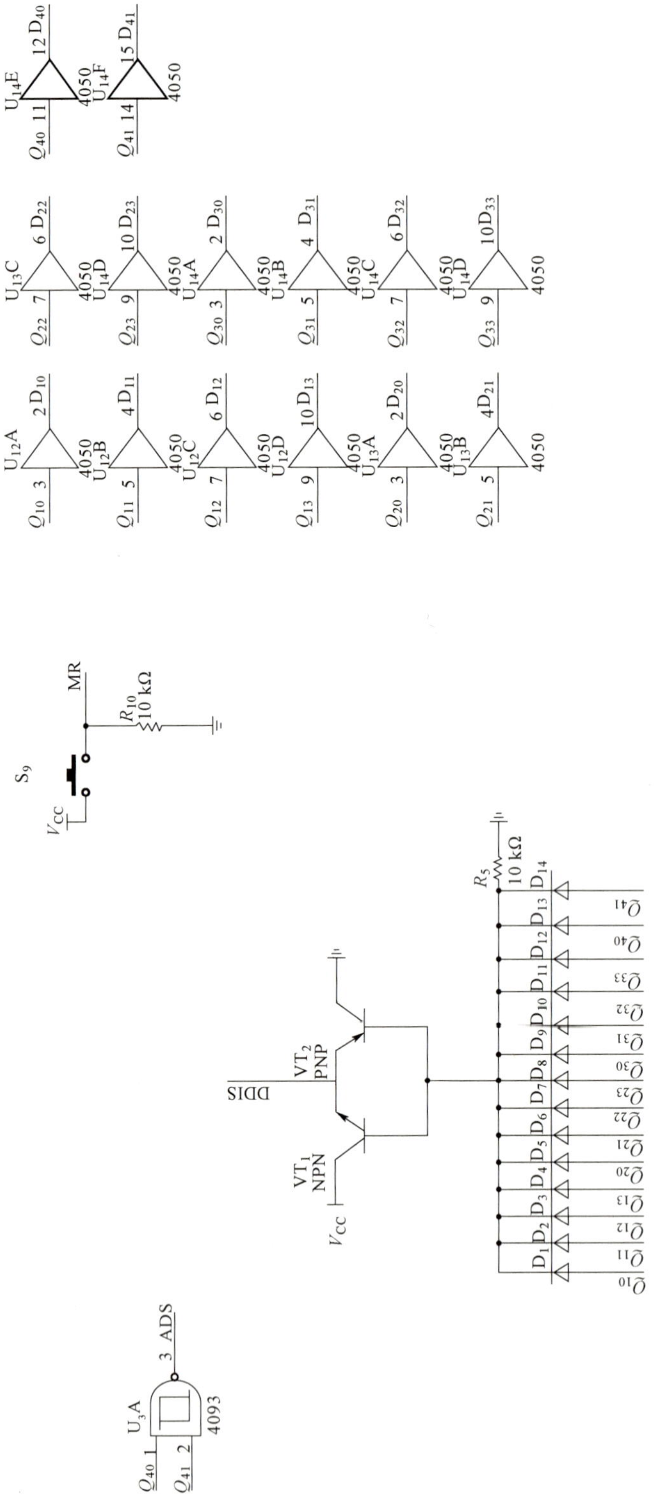

图 4.12　手动设置电路和步进控制电路（续）

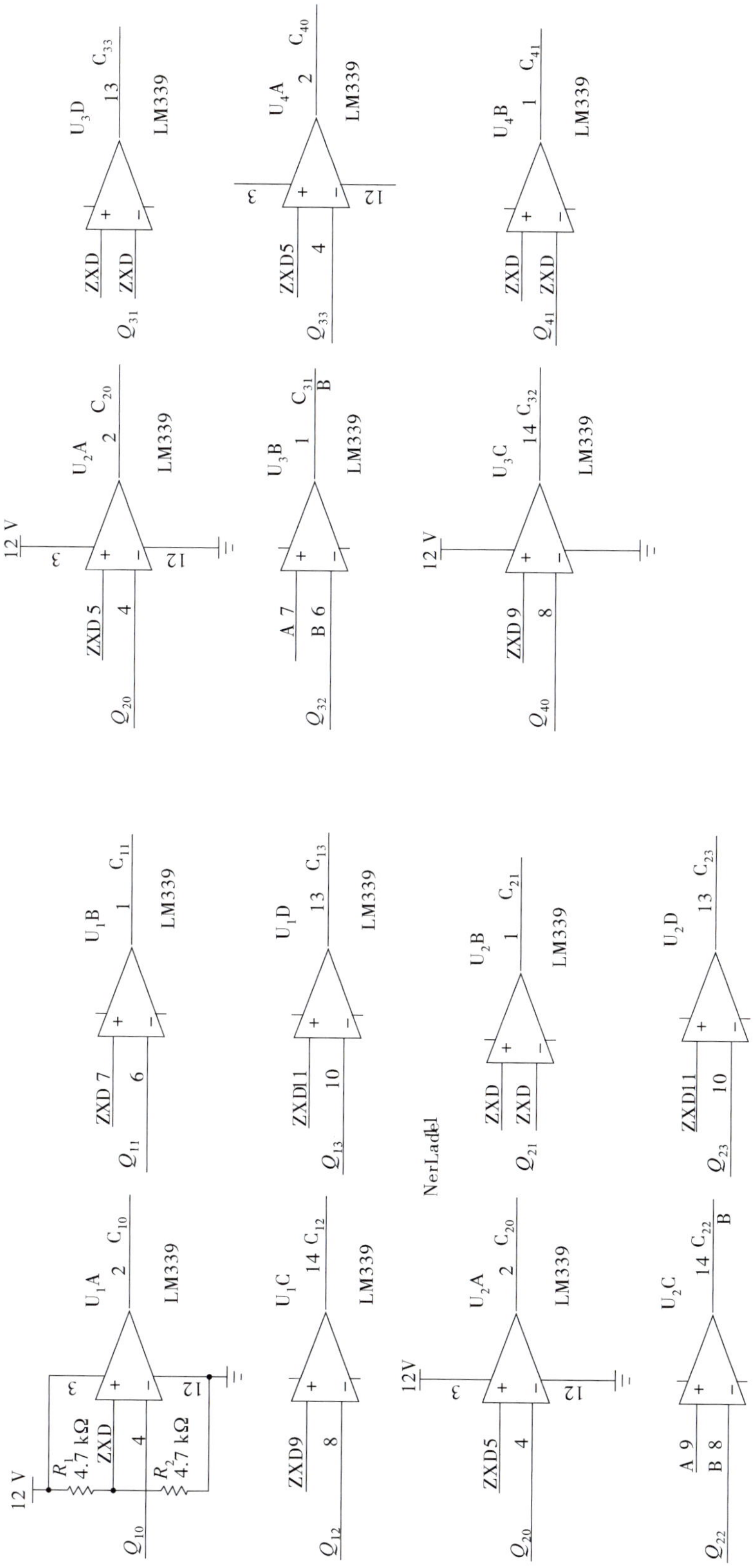

图 4.13　驱动控制稳定电流源电路

4.2.3.4 自制电源部分

本部分电路主要能够给稳压电路及各部分集成电路（包括运放和数字集成）提供供电电源，输出为+15 V。要完成此设计，常常采用电源电路，包括变压器降压、桥式整流、电容滤波、三端稳压器稳压环节，此电路的作用是降低电网纹波对电路的影响。自制电源电路如图 4.14 所示。

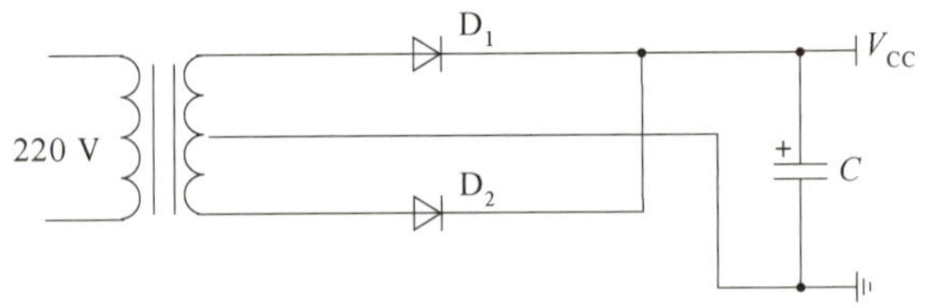

图 4.14 自制电源电路

4.2.3.5 预置电流值的上下限逻辑控制电路

为了保证电流在 0~3 000 mA 之间，即：在输出 0 时，不能再进行减一操作，输出 3 000 时，不能再进行加一操作。因此对 CD40192 的十四位的输出端和所有的 CD40192 的计数向上、计数向下位进行逻辑运算。其具体过程如下。

将手动拨码对千、百、十、个位上进行增 1（减 1）的逻辑反向输出，分别表示个、十、百位的 CD40192 的进位（借位）输出端和表示对加进位（减退位）输入限制的输出位，这三者进行逻辑与运算，表达式如下：

$$CPU=\overline{SDZ}\cdot TCU\cdot ADIS \qquad CPD=\overline{SDJ}\cdot TCD\cdot DDIS$$

逻辑表达式中的符号表示低十二位的输出。

$Q_{10}Q_{11}Q_{12}Q_{13}Q_{20}Q_{21}Q_{22}Q_{23}Q_{30}Q_{31}Q_{32}Q_{33}Q_{40}Q_{41}$表示 CD40192 的 14 位的输出。

ADIS 表示对加进位输入限制的输出位，即：

$ADIS=Q_{10}+Q_{11}+Q_{12}+Q_{13}+Q_{20}+Q_{21}+Q_{22}+Q_{23}+Q_{30}+Q_{31}+Q_{32}+Q_{33}+Q_{40}+Q_{41}$分别表示个、十、百、千位的 CD40192 各位的输出端的逻辑或关系。

DDIS 表示对减退位输入限制的输出位。

$DDIS=\overline{Q_{40}\cdot Q_{41}}$表示千位上最高两位的逻辑与非关系。

TCU 分别表示个、十、百位的 CD40192 的进位输出端。

TCD 分别表示个、十、百位的 CD40192 的借位输出端。

$\overline{SDZ}$表示手动拨码对千、百、十、个位上进行增一的逻辑反向输出。

$\overline{SDJ}$表示手动拨码对千、百、十、个位上进行减一的逻辑反向输出。

CPU 分别表示千、百、十位的 CD40192 计数加进位的输入端。

CPU 分别表示千、百、十位的 CD40192 计数减退位的输入端。

图 4.15 所示为 0 mA 和 3 000 mA 上下限逻辑控制电路，用来保证输出电流在 0~3 000 mA 范围内。

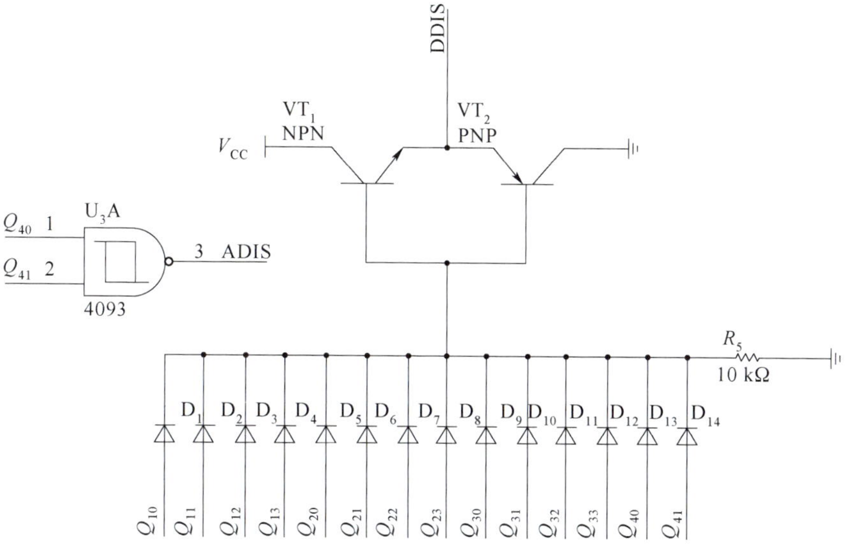

图 4.15　0 mA 和 3 000 mA 上下限逻辑控制电路

4.3　高效率音频功率放大器

4.3.1　任务与要求

4.3.1.1　设计任务

设计一个高效率音频功率放大器及其参数的测量和显示装置。功率放大器的电源电压为 +5 V（电路其他部分的电源电压不限），负载为 8 Ω 电阻。

4.3.1.2　技术要求

（1）3 dB 通频带为 300~3 400 Hz，输出正弦信号无明显失真。

（2）最大不失真输出功率≥1 W。

（3）输入阻抗>10 kΩ，电压放大倍数 1~20 连续可调。

（4）低频噪声电压（20 kHz 以下）≤10 mV，在电压放大倍数为 10，输入端对地交流短路时测量。

（5）在输出功率 500 mW 时，测量的功率放大器效率（输出功率/放大器总功耗）≥50%。

（6）设计一个放大倍数为 1 的信号变换电路，将功率放大器双端输出的信号转换为单端输出，经 *RC* 滤波供外接测试仪表用，该高效率音频功率放大器原理如图 4.16 所示。采用开关方式实现低频功率放大（即 D 类放大）是提高效率的主要途径之一，D 类放大原理如图 4.17 所示。

（7）设计一个测量放大器输出功率的装置，要求具有 3 位数字显示，精度优于 5%。

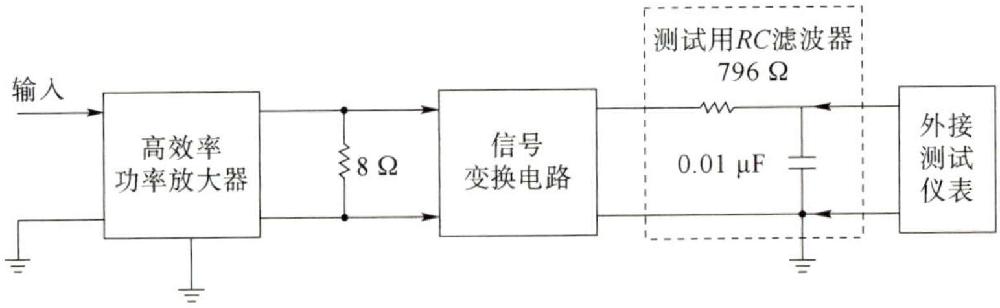

图 4.16　高效率音频功率放大器原理

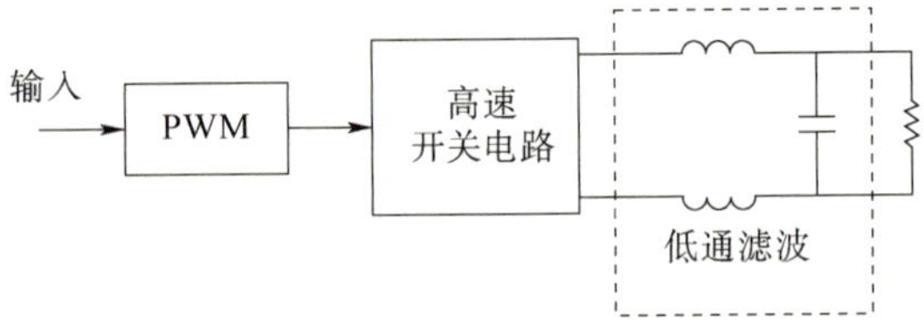

图 4.17　D 类放大原理

4.3.2　音频功率放大器效率分析

4.3.2.1　实用线性集成功率放大器的效率

(1) 常见的集成功率放大器效率。

传统的集成功率放大器的满功率效率通常在 50%～55%之间。影响效率的主要原因是功率输出级的偏置电路的最低工作电压、输出晶体管的最低线性工作区电压（略大于晶体管的饱和电压）、过电流保护电阻电压降、集成功率放大器自身静态电流损耗。

以 LM1875 为例，LM1875 内部电路如图 4.18 所示。

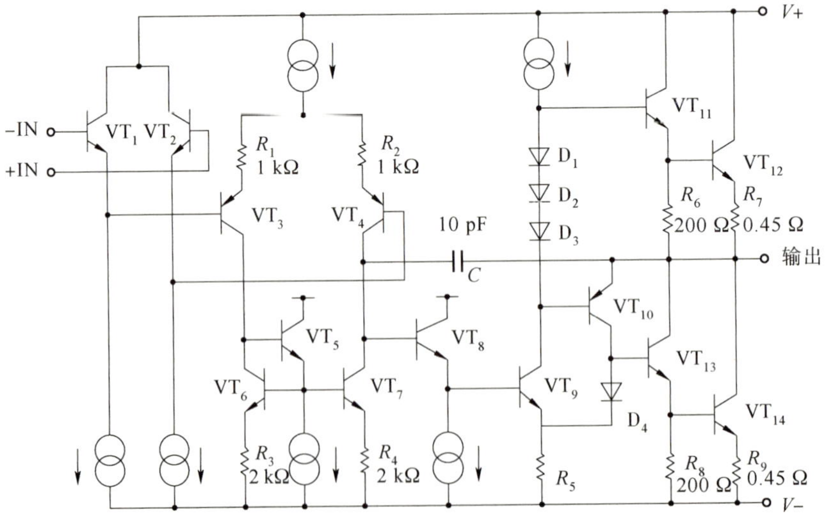

图 4.18　LM1875 内部电路

从图中可以看到，LM1875 输出级的偏置电路由恒流源构成，这个恒流源的最低工作电压至少要 1 V；从 VT_{11}基极，经过 VT_{11}、VT_{12}的发射结又将产生至少 2 V 的电压；过电

流保护电阻 R_7 又要产生 1 V 左右的电压。这样一来，正电源与输出之间的最小电压在 3~4 V 范围内。对于28 V的电源电压而言，仅此一项就造成效率下降 11%，对于 B 类放大器的理想效率仅剩下不到 70%。除此之外，为了消除放大器的交越失真，还要设置输出级必要的偏置电流，一般要达到最大电流的 10%，加上电路的其他工作电流。在一般情况下，集成功率放大器的静态电流至少要消耗 15%的效率。上述两项损耗将导致集成功率放大器的满功率效率通常不会超过 60%。

对于单 5 V 工作电压的集成功率放大器，由于偏置电路的最低工作电压、输出晶体管的最低线性工作区电压，过电流保护电阻电压降即使为 2 V，满功率效率一般也不会达到 55%。这样，在半功率的工作状态下，输出电压幅度下降到满功率时的 0.707，对应的效率则下降到 38%，不能满足设计的基本要求。因此，采用集成功率放大器的方案是不可取的。

（2）新型集成功率放大器效率。

随着 MOS 集成功率放大器及全新的输出级的电路拓扑的问世，由于偏置电路的最低工作电压、输出晶体管的最低线性工作区电压（略大于晶体管的饱和电压）、过电流保护电阻电压降基本上可以消除，达到 5 V 的供电电压、8 Ω 负载下的 1 W 输出功率，并且效率可以达到 62.8%，如美国的德州仪器公司在 2000 年以前推出的 TPA0152 等效率比较高的线性音频功率放大器，其满功率的效率可以达到 70.2%，通过采用恰当的外围电路设计，如通过采用比 D 类功率放大器简单的方案实现设计的基本要求，并且基本性能更加优异。

4.3.2.2 提高功率放大器效率的基本方法

影响功率放大器效率的因素主要有功率放大器输出级的最小工作电压（类似于线性稳压电路的输出调整管的最小输入输出压差）和 B 类功率放大器所固有的效率。

如果需要保持功率放大器工作在线性状态，那么提高功率放大器效率的主要方法是降低功率放大器输出级的最小工作电压。随着 MOS 技术进入线性集成电路领域及全新的输出级的电路结构，使线性放大器输出电压幅度可以接近电源电压幅度，即满幅输出放大器。对于集成功率放大器而言，如果输出电压幅度可以达到电源电压幅度，则满功率的效率就可以接近纯 B 类放大器的效率，如 TPA0152 的满功率效率可以达到 70.2%，与 50%相比更接近 78.5%，基本上达到了线性功率放大器的最高境界。

如果想达到 80%以上的效率，对于音频功率放大器而言，必须要改变放大器的线性工作状态，而采用开关模式，使输出级的晶体管仅工作在开关状态，即不是彻底导通就是彻底关断，不再工作在放大区。

4.3.3 线性集成功率放大器

4.3.3.1 基本设计思路

根据输入阻抗>10 kΩ，电压放大倍数 1~20 连续可调，低频噪声电压（20 kHz 以下）≤10 mV，在电压放大倍数为 10、输入端对地交流短路时测量和在输出功率 500 mW 时测量的功率放大器效率（输出功率/放大器总功耗）≥50%的要求，最佳的解决方案是寻求新型音频功率放大器，可以选用 TPA0152。

TPA0152 是一种带有数字电压控制的立体声集成音频功率放大器，不仅可以满足在 5 V 电源电压、8 Ω 负载电阻时获得不低于 1 W 的输出功率，输出功率 500 mW 时测量的功率放大器效率

(输出功率/放大器总功耗) ≥50%的要求，而且还可以实现设计要求的放大倍数连续可调的功能。

要提高半功率状态下的效率，可以采用非隔离 DC/DC（直流/直流）变换器（开关电源）对输出电压幅值进行检测控制，当输出功率下降到效率不足 55%时，降低功率放大器的输入电压，以改善系统的效率；当输出电压幅度接近电源电压幅度时，升高功率放大器的电源电压。这就是 G 类功率放大器原理，如图 4. 19 所示。

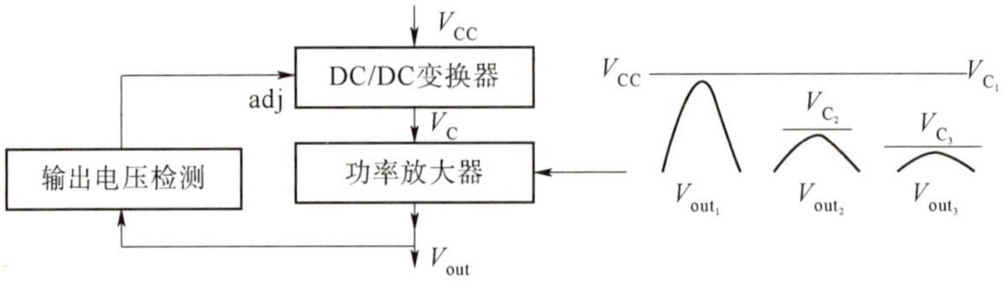

图 4. 19　G 类功率放大器原理

从图中可以看到，随着输出电压（如 V_{out_2}、V_{out_3}）的下降，DC/DC 变换器的输出电压也随之下降（如 V_{C_2}、V_{C_3}），这样就可以降低功率放大器在低输出功率时的功耗，提高低输出功率时的效率。

4. 3. 3. 2　功率放大器的选择

考虑功率放大器需要降低电源电压应用，应选用可以在 3. 3~5. 5 V 的电压范围内工作、最好是电源电压降低到 2. 7 V 时仍可以正常工作的集成功率放大器。

通过查阅相关资料，可以选用 TPA4861 单通道 1 W 音频功率放大器芯片。

(1) TPA4861 的特点。

在电源电压为 5 V 时，在 BTL 电路模式、8 Ω 负载电阻条件下可以输出不低于 1 W 的功率；可以工作在 3. 3~5 V 的电源电压下，最低工作电压为 2. 7 V；没有输出隔直电容的要求；可以实现关机控制，关机状态下的电流仅 0. 6 mA；表面贴装器件；具有热保护和输出短路保护功能；高电源纹波抑制比，在 1 kHz 下为 56 dB。

TPA4861 内部由两个功率放大器、中点电压分压电阻和偏置电路构成。8 Ω 负载电阻下不同输出功率下的效率如表 4. 3 所示。

表 4. 3　8 Ω 负载电阻下不同输出功率下的效率

输出功率/W	效率/%	输出峰-峰值电压/V	芯片损耗功率/W
电源电压 $V_{DD}=5$ V			
0. 25	31. 4	2. 00	0. 55
0. 50	44. 4	2. 83	0. 62
1. 00	62. 8	4. 00	0. 59
1. 25	70. 2	4. 47	0. 53
电源电压 $V_{DD}=3.3$ V			
0. 10	29. 4	1. 42	0. 24
0. 20	41. 7	2. 00	0. 28
0. 50	65. 8	2. 83	0. 26

输出功率（P_o）与芯片损耗功率（P_D）的关系如图 4.20 所示。

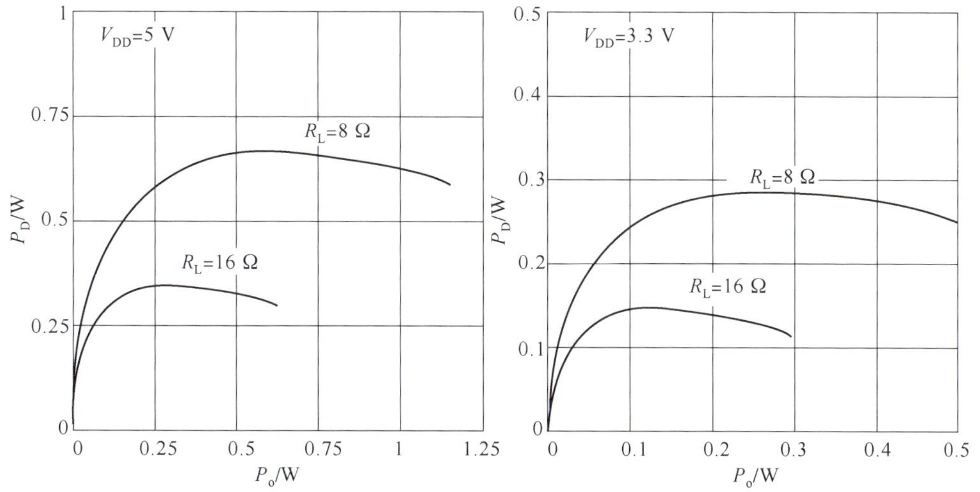

图 4.20　输出功率与芯片损耗功率的关系

从效率与输出功率特性曲线图可知，在低输出功率时，降低电源电压可以明显地提高放大器效率。以输出功率 0.5 W 为例，电源电压为 5 V 时的效率为 44.4%，而电源电压降低到 3.3 V 时，效率则可以提高到 65.8，即使扣除 DC/DC 变换器的 90%效率，还可以获得 59.2%的效率，接近 60%。这样做就可以满足题目的要求了。采用这种方式，用3.3 V 电源电压，即使在 200 mW 的状态下，也具有 41%的效率。

如果将电源电压降低到 2.7 V，则低输出功率的效率还会进一步地提高。如输出功率 200 mW 时，会获得 50%~52%的效率。

（2）元件的选择。

增益选择电阻 R_F、R_I：放大器的闭环增益为：

$$G=-2\frac{R_F}{R_I}$$

输入电阻 R_I的选择应保证输入阻抗和低频转折频率，输入电阻可以在 5~20 kΩ 之间选择，可以选择 10 kΩ；反馈电阻 R_F选择 10 kΩ 与 91 kΩ 可调电阻串联。

输入电容 C_I一般可以选择 1 μF。

电源退耦电容 C_S一般可以选择 1~2.2 μF，应该选择低 ESR 电容。

中点电压旁路电容 C_B一般可以选择 0.1~1 μF，应该选择低 ESR 电容。

C_I选择 X7R 介质陶瓷贴片电容。

4.3.3.3　DC/DC 变换器的选择

要完成该设计，可以直接采用 3.3 V/1 A 输出的 TP5103，它仅有 3 个引脚，可以直接使用，不需要另行设计；但其效率偏低，仅有 80%。

如果选用效率高的 DC/DC 变换器，如 LTC3409，该电路的效率可以达到 90%，应用 LTC3409 的 DC/DC 变换器电路如图 4.21 所示。DC/DC 变换器输出电压的选择：为避开输出电压在输出功率为 500 mW 时切换，可以选择输出电压为 3.6 V/2.7 V，即输出功率大约在 600 mW（对应输出电压幅值 3.16 V）时，将 DC/DC 变换器输出电压降低到 3.6 V；输出电压回升到3.3 V时，将DC/DC变换器输出回调到5 V。同样，输出功率大约在400 mW（对应输出电压幅值2.3 V）时，将DC/DC变换器输出电压降低到2.7 V；输出电压回升到2.6 V时，将DC/DC变换器输出回调到3.6 V。

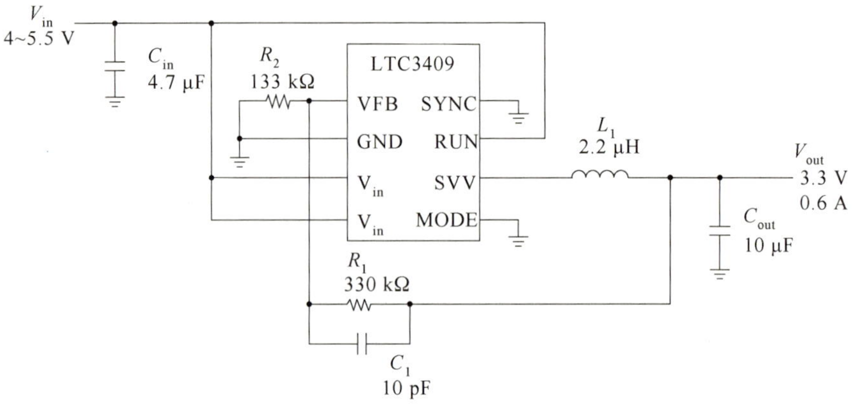

图4.21　应用LTC3409的DC/DC变换器电路

如应用LTC3780，则其最高效率为79%，应用LTC3780的DC/DC变换器电路如图4.22所示。

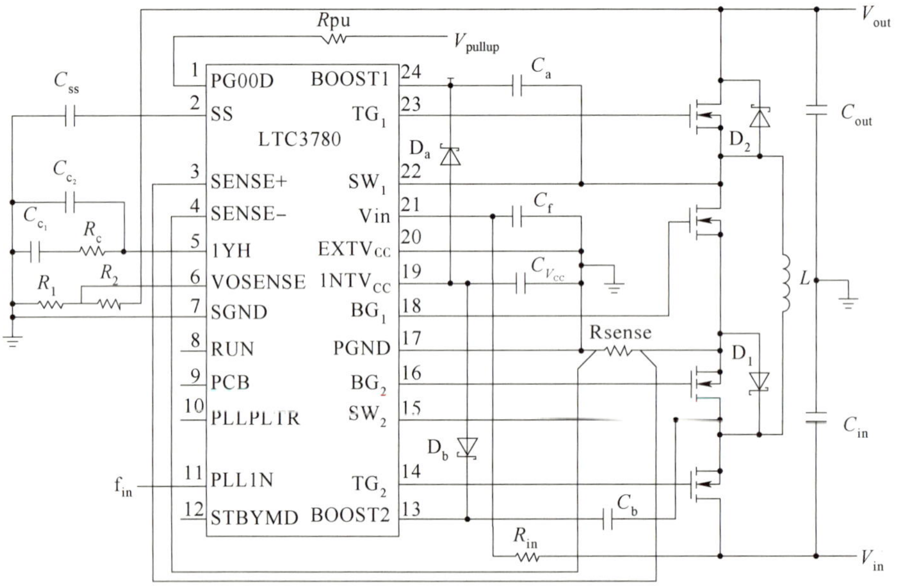

图4.22　应用LTC3780的DC/DC变换器电路

4.3.3.4　控制策略

（1）采用继电器切换控制。

采用继电器切换形式，即输出功率大约在600 mW（对应输出电压幅值3.16 V）时，将DC/DC变换器输出电压降低到3.6 V；输出电压回升到3.3 V时（对应的输出功率为0.68 W），将DC/DC变换器输出回调到5 V。同样，输出功率大约在250 mW（对应输出电压幅值2.0 V）时，将DC/DC变换器输出电压降低到2.7 V；输出电压回升到2.3 V（对应的输出功率为0.40 W）时，将DC/DC变换器输出回调到3.6 V。每次切换均留有0.3～

0.4 V 的迟滞，防止由于放大器输出电压的微小变化而反复产生振铃。

具体实现时，可以采用比较器控制继电器线圈来控制电路工作模式的转换。比较器可以采用最常见的 LM339，考虑 LM339 的一个单元可能没有足够的驱动电流（16 mA），可以采用两个单元并联增加驱动电流。比较器应连接成迟滞比较器的电路形式。根据控制要求，继电器 J_2 的动断触点接 5 V、动合触点接 DC/DC 变换器的 3.6 V 输出。这样，在功率放大器的输出功率下降到 0.6 W 以前，比较器 A_2 控制继电器 J_2 动断触点闭合，电源电压接 5 V 电源电压；功率放大器输出功率下降到 0.6 W 以下时，比较器 A_2 控制继电器动合触点闭合，将放大器的电源电压切换到 3.6 V 电源电压；反过来，输出功率回升到 0.68 W 后，比较器 A_2 控制继电器将功率放大器的电源电压切换回 5 V 的电源电压。

继电器 J_1 的动断触点接 3.6 V 输出时的反馈电阻、动合触点接 2.7 V 输出时的反馈电阻。输出功率下降到 250 mW（对应输出电压幅值 2.0 V）前，比较器 A_1 继电器 J_1 的动断触点闭合，DC/DC 变换器输出电压为 3.6 V；当放大器的输出功率下降到 250 mW 以下时，比较器 A_1 控制继电器 J_1 常开触点闭合，将 DC/DC 变换器输出电压降低到 2.7 V；输出电压回升到 2.3 V（对应的输出功率为 0.40 W）时，比较器 A_1 继电器 J_1 的动断触点闭合，将 DC/DC 变换器输出回调到 3.6 V。

放大器电源切换电路如图 4.23 所示。

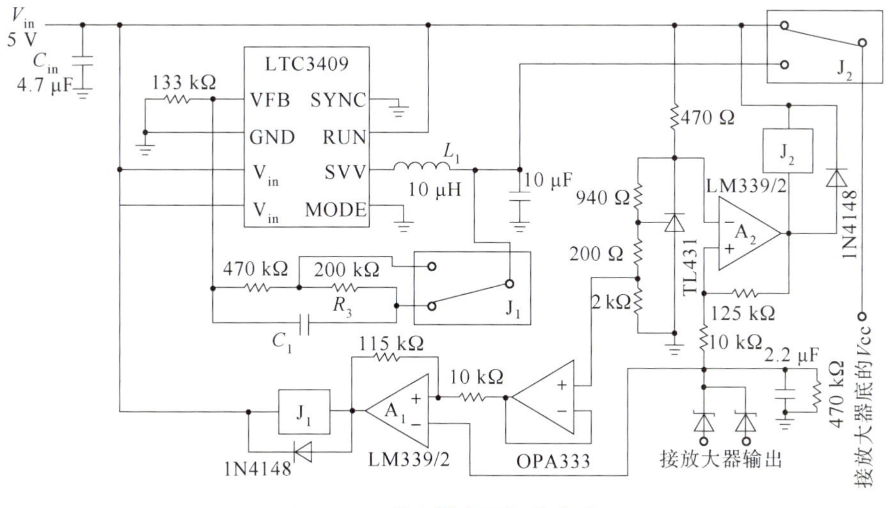

图 4.23　放大器电源切换电路

这种控制策略的优点是，在接近满输出功率时，DC/DC 变换器不参与工作，这样可以提高电路的效率。

（2）DC/DC 变换器的输出跟随放大器的输出。

将 DC/DC 变换器接入电路中，让 DC/DC 变换器的输出随放大器输出变化，当放大器的输出电压增加时，DC/DC 变换器的 GND 电压随放大器输出电压升高，使 DC/DC 变换器的输出电压上升。这种控制方式最大的好处就是随动性好，只要 DC/DC 变换器的跟随速度能保证放大器的输出电压幅度，这种控制策略就是成功的。使 DC/DC 变换器的输出电压跟随放大器输出电压的电路如图 4.24 所示。

接下来的问题就是 DC/DC 变换器随动的可能性。从 LTC3409 的数据可以知道，它的开关频率范围一般为 2~3 MHz，因此，对于 20 kHz 的频率应该是没有问题的。只要电路不出

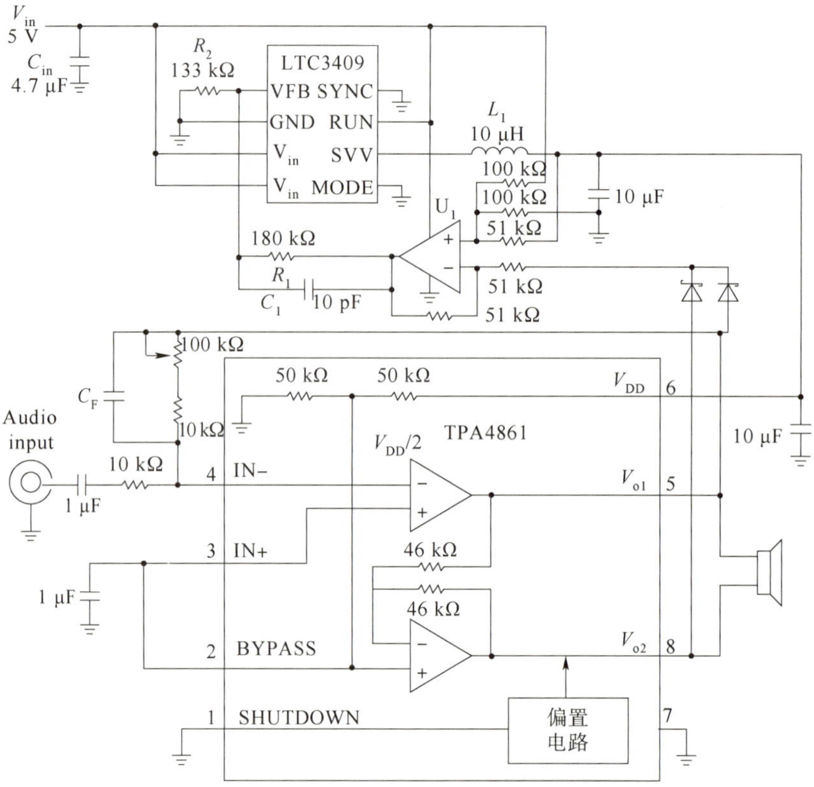

图 4.24　使 DC/DC 变换器的输出电压跟随放大器输出电压的电路

现自激，这种控制策略应用在这里应该是成功的。另外，它的另一个好处就是放大器在低输出功率时具有比较高的效率。

（3）采用输出变压器改变阻抗的方式。

采用输出变压器改变阻抗方式的电路如图 4.25 所示。

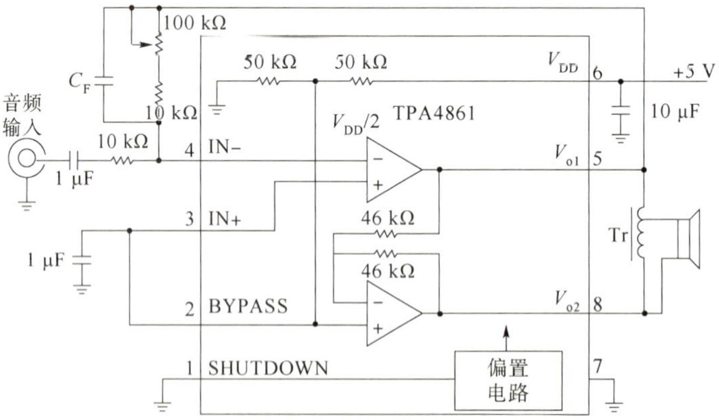

图 4.25　采用输出变压器改变阻抗方式的电路

这种解决方案的关键之处是选择合理的变压器变比，使满幅输出功率值为 1 W，只有这样才可以确保 0.5 W 输出功率时具有 50%的效率。以 1.25 W 为满功率输出，变压器的变比应选择$\sqrt{1.25}=1.12$，如果选择 1.3 W，则变压器的变比为 1.14，这样输出功率为 0.5 W 时的效率肯定超过 50%。

由于采用自耦式变压器的形式，因此变压器仅传输约 10%的输出功率，其他的输出功率由功率放大器直接提供。若采用性能极佳的非晶态铁芯，则效率将高于 90%。这样相对于输出功率而言，变压器的效率将超过 99%，其损耗可以忽略不计。

4.4　三相正弦波变频电源

4.4.1　任务与要求

4.4.1.1　设计任务

设计一个三相正弦波变频电源，输出线电压有效值为 36 V，最大负载电流有效值为3 A，负载为三相对称阻性负载（Y 接法）。三相正弦波变频电源总体设计方案框图如图 4.26 所示。

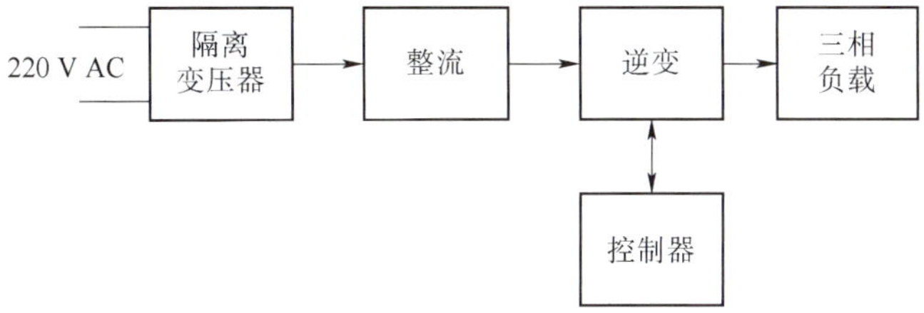

图 4.26　三相正弦波变频电源总体设计方案框图

4.4.1.2　技术要求

（1）输出频率范围为 20~100 Hz 的三相对称交流电，各相电压有效值之差小于 0.5 V。

（2）输出电压波形应尽量接近正弦波，用示波器观察无明显失真。

（3）当输入电压为 198~242 V，负载电流有效值为 0.5~3 A 时，输出线电压有效值应保持在 36 V，误差的绝对值小于 5%。

（4）具有过流保护（输出电流有效值达 3.6 A 时动作）、负载缺相保护及负载不对称保护（三相电流中任意两相电流之差大于 0.5 A 时动作）功能，保护时自动切断输入交流电源。

4.4.2　逆变器与驱动电路

逆变器采用三相桥式逆变器电路结构，由于逆变器的输出线电压有效值仅为 36 V，所需的直流母线电压不高于 65 V 即可。可以选择开关器件功率 MOS 场效应晶体管（Power MOSFET），理由是对于额定电压 100 V 以下的开关器件，Power MOSFET 在性能上是最佳的。由 Power MOSFET 构成的三相桥式逆变器电路如图 4.27 所示。

Power MOSFET 可以选择 TO-220 封装的 IRF540（V_{DSS}：100 V、I_D：28 A、R_{DSon}：0.08 Ω）。从图中可以看到，3 个 Power MOSFET 管 VF_2、VF_4、VF_6 的源极均接到直流母线的负端。对

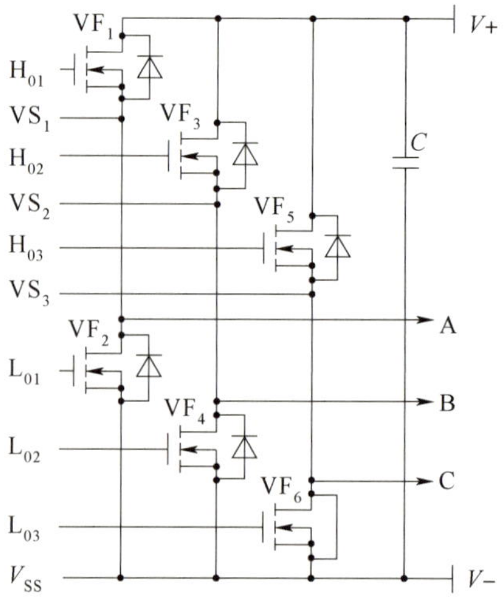

图 4.27　由 Power MOSFET 构成的三相桥式逆变器电路

于其栅极驱动信号而言，具有相同的参考电位，仅需要同一个电源为驱动信号供电；而 VF_1、VF_3、VF_5 则是其漏极均接到直流母线的正端。由于驱动 Power MOSFET 开关信号是加到其栅极与源极之间，因此 3 个源极是需要相互隔离的。这样 VF_1、VF_3、VF_5 的驱动信号不仅需要转换电路，还需要 3 个驱动电源。

不仅如此，由于 Power MOSFET 的栅极-源极之间为电容性特性，对于交流电，特别是栅-源电压急剧变化时，Power MOSFET 的输入阻抗将是很低的。因此，需要驱动电路有很强的驱动能力。

在众多的驱动电路或模块中，以 IR2130S 三相桥式逆变器为最佳选择。IR2130S 的特点如下：最高工作电压可以达到 600 V；具有+200 mA、-420 mA 的驱动能力；具有驱动自举电路，可以用非常简单的电路获得驱动电源；具有过电流关闭功能。从以上性能看，IR2130S 符合设计要求，而且是最简单的解决方案。由 IR2130S 驱动的三相逆变电路如图 4.28 所示。

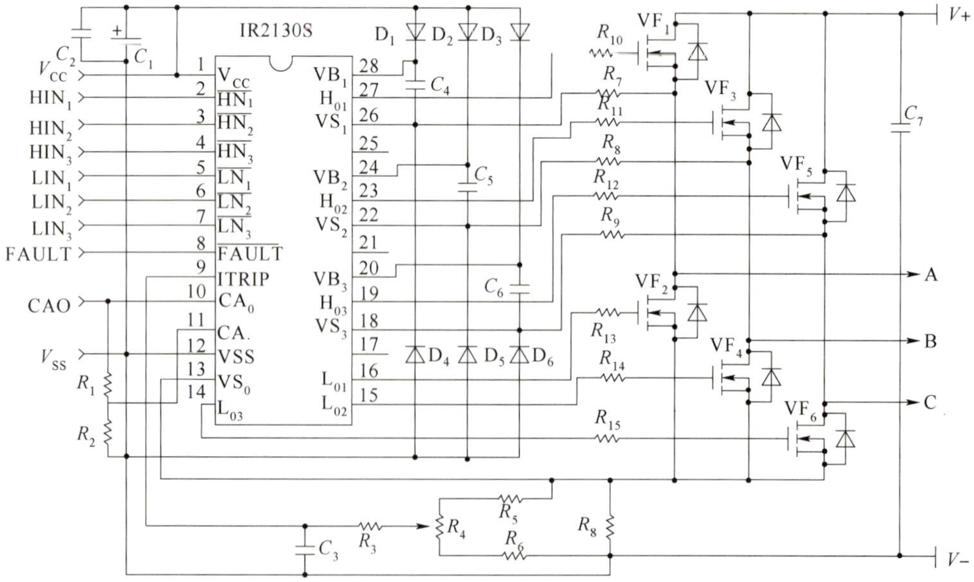

图 4.28　由 IR2130S 驱动的三相逆变电路

图中的 V_{CC}、HIN_1、HIN_2、HIN_3、LIN_1、LIN_2、LIN_3、FAULT、CAO、V_{SS} 分别为 IR2130S 的电源电压、高边输入 1、高边输入 2、高边输入 3、低边输入 1、低边输入 2、低边输入 3、故障显示输出、电流放大器输出、电源负端；V+、V–为直流母线的正负电源端。

4.4.3 PWM 电路

如果用硬件产生 PWM（脉冲宽度调制）信号，通常的解决方法是将正弦控制信号与频率远高于这个控制信号的“载波”信号通过比较器来获得所需要的脉冲宽度调制信号。为了保证这个被调制的脉宽调制信号可以被不失真地还原成模拟信号，与正弦控制信号相比较的“载波”信号应该是线性度良好的三角波信号。接下来的问题就是如何实现三角波发生电路与脉冲宽度调制电路。

4.4.3.1　三角波发生电路

三角波发生电路可以有两种方式，采用多谐振荡器与积分器构成方波–三角波发生电路，或采用迟滞比较器与积分器构成方波–三角波发生电路。前者可以工作在比较高的频率，而采用后一种方案时，如果迟滞比较器采用集成运算放大器而不是专用的比较器，则正常的工作频率可能会受到限制。

（1）采用多谐振荡器与积分器构成方波–三角波发生电路。

采用多谐振荡器与积分器构成的方波–三角波发生电路如图 4.29 所示。

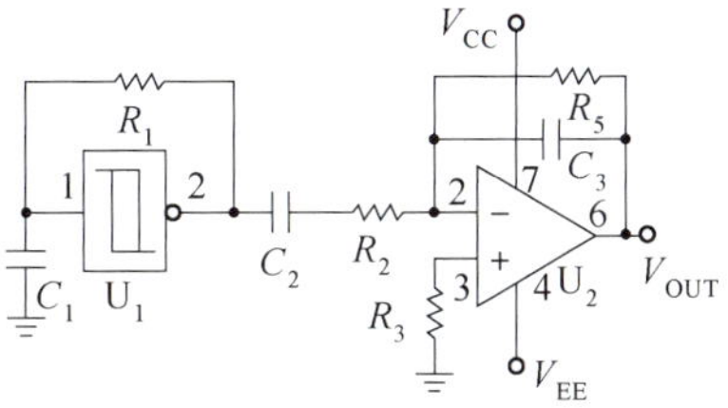

图 4.29　采用多谐振荡器与积分器构成的方波–三角波发生电路

图中的 U_1 选用 4000 系列的 CD40106（国标型号为 CC40106），U_2 为优值运算放大器中的 TL080 或 TL082。电源电压选择±15 V，即 V_{CC} 为+15 V，V_{EE} 为–15 V。CD40106 的 V_{DD} 接+15 V，V_{SS} 接 GND 而不是–15 V。

下面设定电路参数。设 U_1 电源电压为 15 V，U_2 电源电压为±15 V。由 U_1 构成的多谐振荡器的频率为：

$$f=\frac{1.232\ 2}{R_1 \cdot C_1}$$

如果开关频率为 3 kHz，R_1 为 100 kΩ，则对应的电容的电容量 C_1 为 4.017 nF，选 3.9 nF，则对应的 R_1 为 97 kΩ。如果定时电容 C_1 选 3.9 nF，定时电阻 R_1 选 100 kΩ，则对应的多谐振荡器的频率为 2 910 Hz，对应的周期为 343.6 μs，半个周期为 172 μs。接近于 3 000 Hz，可以接受。

如果正弦信号幅值为±5 V，对应的三角波幅度应大于这个数值，可以选取±5.5 V。这时，对应的积分电路的参数将确定如下：选 R_2 阻值 10 kΩ，则对应的积分电容 C_3 的电容量计算如下。

首先得出积分器输入电阻的电流，再根据集成运算放大器的虚地原理确定积分电容的电流，最后通过积分器输出电压幅度与频率推出电容的电容量。

考虑多谐振荡器采用4000系列CMOS数字电路，电源电压选用与集成运算放大器兼容的15 V电压。为了获得正负交变的方波信号，多谐振荡器输出用电容耦合隔离直流分量，从而得到±7.5 V的对称方波。

±7.5 V的对称方波被施加到积分器的输入电阻上，得到±0.75 mA的输入电流。根据集成运算放大器的虚地原理，这个±0.75 mA的电流将流过积分电容。经过172 μs的时间，电容的电压变化幅度为11 V，即±5.5 V。所需要的电容量为：

$$C=\frac{I}{\Delta V}\cdot\frac{T}{2}=\frac{7.5\times10^{-3}}{11}\times\frac{172\times10^{-6}}{2}\text{F}=58.63\times10^{-9}\ \text{F}=58.63\ \text{nF}$$

可以选取聚酯电容或其他介质的温度系数小的电容，用一只56 nF与一只2.7 nF的电容并联即可。一般电容的精度可以达到5%，能够满足要求。如果一定要保证输出电压精度的话，可以将输入电阻 R_2 用一只9.1 kΩ的固定电阻与1.5 kΩ的可调电阻串联替代原来的10 kΩ电阻。

用于确定积分器直流工作点的电阻 R_5 可以选取2.2 MΩ。集成运算放大器同相输入端的匹配电阻可以选择10 kΩ。

从上述分析与计算可以看出，采用多谐振荡器与积分器构成的电路中需要两只不同型不同电源电压的集成电路，应用起来显得稍有复杂。考虑本设计方波-三角波发生电路的频率比较低，方波输出不需要特别高的输出电压摆动速率。如果选用优值集成运算放大器的TL082，输出电压摆动速率可达13 V/μs，如果选用±6.8 V输出电压箝位，其输出电压转换时间约1 μs，仅占整个周期的0.6%。对电路性能影响不大。但是如果应用通用集成放大器LM741或LM1458，输出电压摆动速率仅0.5 V/μs，其输出电压转换时间约26 μs，占整个周期的15%，这个结果就不能采用。

（2）采用迟滞比较器与积分器构成方波-三角波发生电路。

采用迟滞比较器与积分器构成方波-三角波发生电路如图4.30所示。

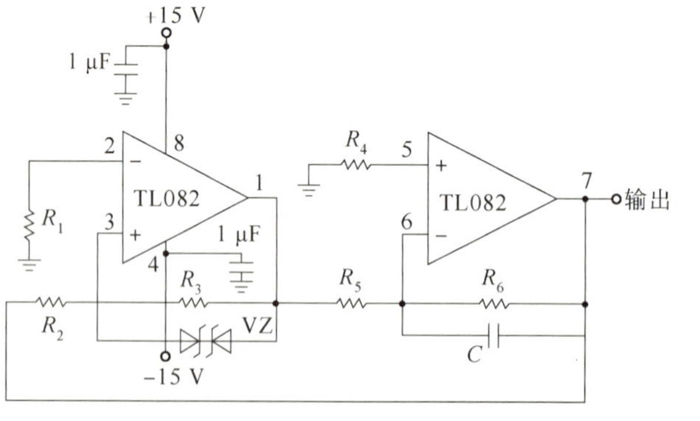

图4.30 采用迟滞比较器与积分器构成方波-三角波发生电路

迟滞比较器输出端与同相输入端所连接的限幅稳压二极管，可以选择温度系数最低的6.2 V稳压值，得到的方波输出电压约为±6.8 V。

在3 000 Hz的开关频率下，如果积分电容的电容量仍选择用一只56 nF与一只2.7 nF的电容并联，则对应的积分器输入电阻为9.07 kΩ，可以选择9.1 kΩ电阻。积分器的同相输入端的匹配电阻 R_4 也为 9.1 kΩ。确定积分器直流工作点电阻 R_6 可以选取 2.2 MΩ。

迟滞比较器的反馈电阻 R_3 选择 22 kΩ，积分器输出电压为 5.5 V 使迟滞比较器输出电压反转，对应的方波电压与迟滞比较器的输出电压经过 R_2、R_3 叠加到迟滞比较器同相输入端的电压应该为 0。这时的迟滞比较器的输入电阻应为：

$$\frac{22\times10^3\ \Omega}{6.8\ \text{V}}=\frac{R_3}{5.5\ \text{V}}$$

得 $R_3\approx17.94$ kΩ，选择 18 kΩ。迟滞比较器的反相输入端可以直接接地，也可以通过匹配电阻 R_1 接地，匹配电阻可以选 10 kΩ。

4.4.3.2　脉冲宽度调制电路

脉冲宽度调制电路通常采用通用比较器实现，如选用四比较器 LM339 或双比较器 LM393，也可以是单比较器 LM311。相对而言，LM311 的实际应用电路比 LM339/393 复杂一些，而且价格也可能高一点。考虑到输入信号是双极性，而最终得脉冲宽度调制信号应该是单极性。比较器的选择最好是可以输出单极性功能的比较器，如 LM311。由 LM311 构成的脉冲宽度调制电路如图 4.31 所示。

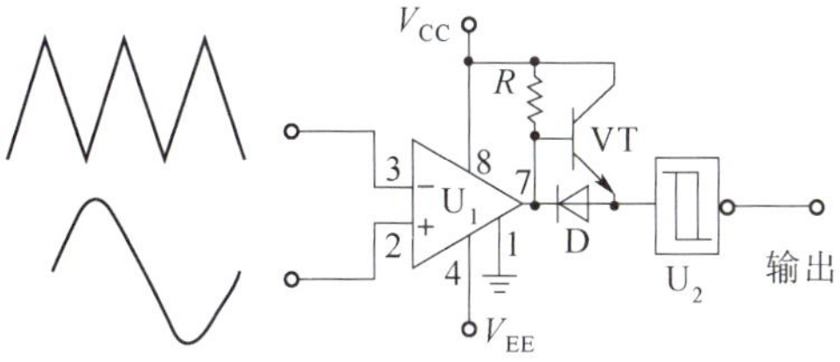

图 4.31　由 LM311 构成的脉冲宽度调制电路

4.4.3.3　电路参数的确定

在本设计中，由于输入信号均为双极性信号，比较器的电源也应设置为正、负对称电压，即±15 V。为了改善比较器的上升沿，设置了 R、VT、D 的提升电路，电阻 R 可以选择 22~30 kΩ，VT 选择 S9015（耐压 40 V，高于 15 V 的电源电压），二极管选择最常用的 1N4148。由于比较器输出已经变为单极性信号，因此，输出波形的整形就可以采用单电源的 4000 系列的 CMOS 数字电路，可以选用 CD40106 施密特触发器中的一个单元。

图 4.31 所示电路是三相脉冲宽度调制电路中的一相。对于三相脉冲宽度调制电路，需要 3 个图 4.31 所示电路的组合，如图 4.32 所示。

图 4.32 所示电路的 A 相输入、B 相输入、C 相输入分别对应相互之间相位差 120°正弦波信号。载波输入则是共同的。A 相输出、B 相输出、C 相输出分别对应 A 相脉冲宽度调制输出、B 相脉冲宽度调制输出、C 相脉冲宽度调制输出。这个三相脉冲宽度调制信号还需反相一次，以获得每相桥臂的上、下 MOSFET 的相互反相的输出送到逆变器驱动电路的输入。完整的三相脉冲宽度调制电路如图 4.33 所示。

图 4.33 所示电路中的 A、B、C、$\overline{A}$、$\overline{B}$、$\overline{C}$输出分别对应图 4.28 所示电路中的 HIN_1、HIN_2、HIN_3、LIN_1、LIN_2、LIN_3 输入。

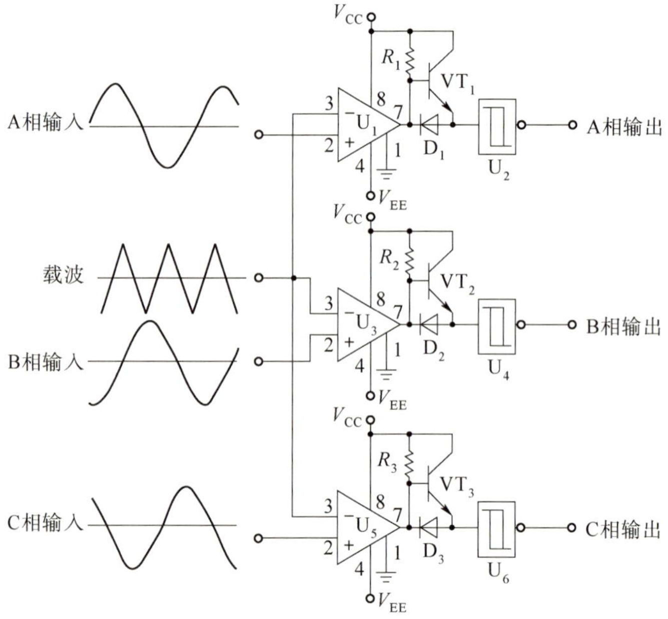

图 4.32　三相脉冲宽度调制电路

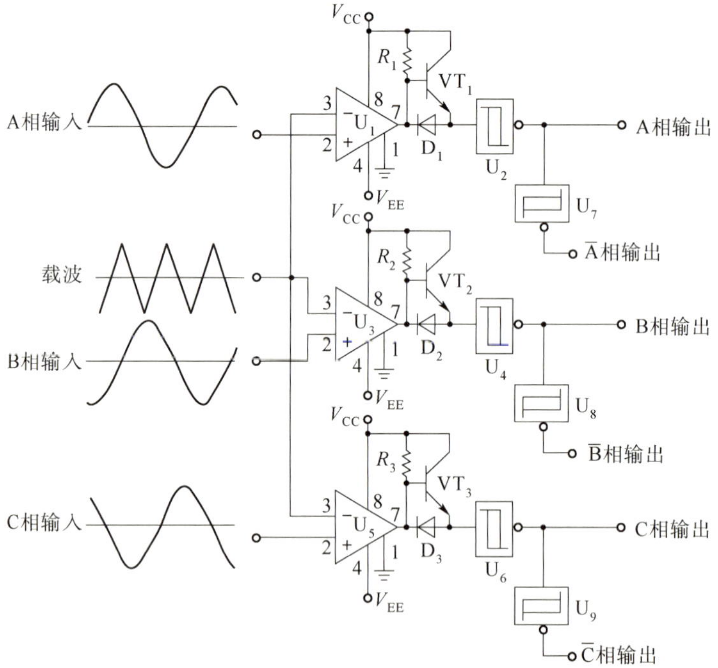

图 4.33　完整的三相脉冲宽度调制电路

如果将这 3 个脉冲宽度调制输出直接送三相的驱动电路，可能会因为 MOSFET 的开关延迟而造成桥臂的两个 MOSFET 的共同导通。为了避免这个问题，需要为每个脉冲调制信号的输出设置死区时间。

4.4.4　死区时间的设置与实现

死区时间设置电路通常可以采用两种实现方式：通过数字电路延迟实现死区时间的设置，或通过比较器电路延迟实现死区时间的设置。

对于标准电平的 MOSFET，在一般的情况下，死区时间应选择小于 1 μs。在题目的解决方案中，考虑到种种因素，驱动 MOSFET 的速度可能不需要很高，因此死区时间也应设置得大一些，如 2~3 μs。在图 4.27 或图 4.28 所示的电路中，每个上下桥臂的带有死区时间的驱动信号对应的时序如图 4.34 所示。

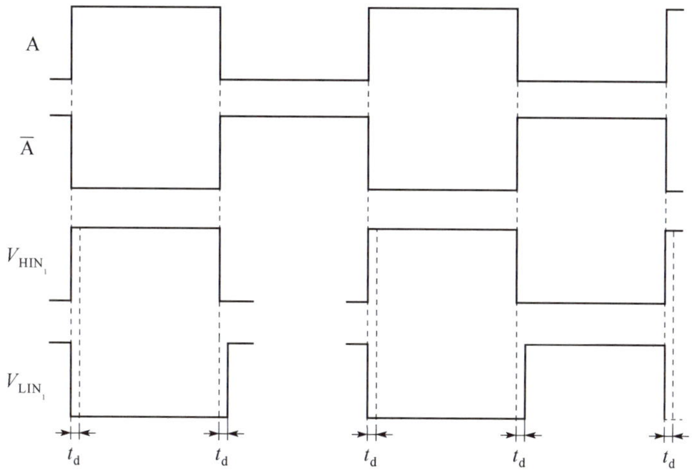

图 4.34　每个上下桥臂的带有死区时间的驱动信号对应的时序

在图 4.34 中，A、$\overline{A}$、V_{HIN_1}、V_{LIN_1}、t_d分别为高边脉宽调制输出、低边脉宽调制输出、驱动电路高边输入、驱动电路低边输入、死区时间。通过死区时间的设置，保证了在“死区时间”内，高、低边驱动信号均为 0，确保消除共同导通现象。

很明显，获得死区时间的简单方法是驱动信号的下降沿不延迟，只延迟驱动信号的上升沿。这样，死区时间设置电路就可以通过数字电路或比较器来实现。

通过数字电路延迟来实现死区时间的设置电路如图 4.35 所示。

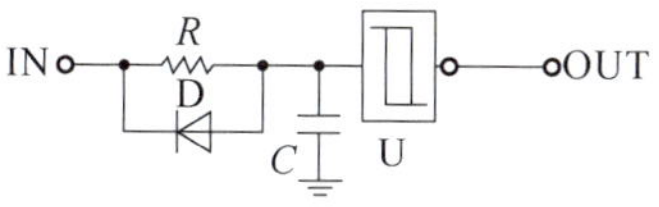

图 4.35　通过数字电路延迟实现死区时间的设置电路

由于死区时间设置电路送到驱动电路是负逻辑信号，即低电平有效。死区设置电路输出需要延迟的是由高电平向低电平转换的延迟，对应的死区设置电路的输入延迟为由低电平向高电平转换过程。

电路参数的确定：图中数字电路可以采用 4000 系列的 CD40106 中的一个单元；死区时间选择 2~3 μs，可以按 *RC* 时间常数 2 μs 设置，可以选电阻 *R* 为 2.2 kΩ，电容 *C* 为1 nF，电容应选用低温度系数介质的电容，如聚酯电容、C0G 的陶瓷电容等。二极管选 1N4148。

通过比较器电路延迟实现死区时间的设置电路如图 4.36 所示。

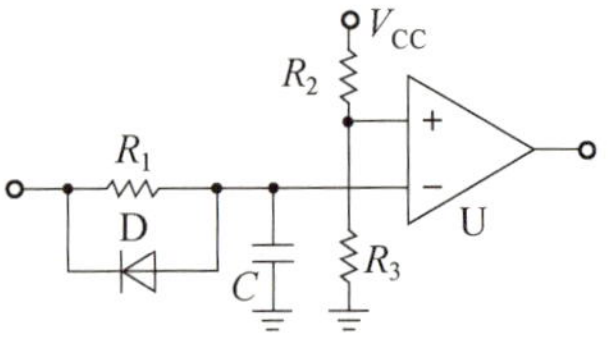

图 4.36 通过比较器电路延迟实现死区时间的设置电路

电路参数的确定：R_1 选 2.2 kΩ，R_2、R_3 选 10 kΩ，电容 C 选 1 nF，比较器选 LM339。三相逆变器的死区时间设置电路如图 4.37 所示。

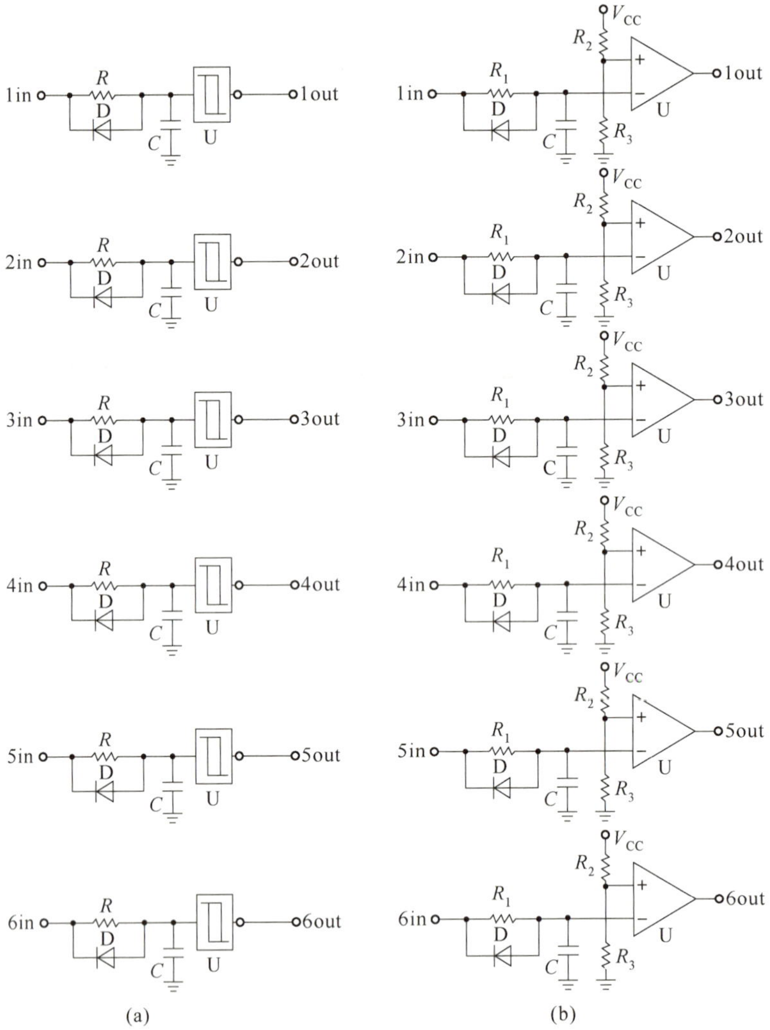

图 4.37 三相逆变器的死区时间设置电路

要获得频率可调的三相正弦波信号，一种方法是利用计数器读取 FPROM 的信息，将读取的信息用 D/A 变换器转换为模拟信号；另一种方法是计数器与权电阻的组合，得到三相正弦信号。

4.4.5 计数器与 D/A 变换器组合实现三相正弦波基准电压

利用计数器读取 FPROM，再将读取的信息用 D/A 变换器转换为模拟信号的设计思路为：用两片 4 位二进制计数器 CD40192 级联构成 8 位二进制计数器，计数器的 8 位输出送 EPROM 的低 8 位的地址线，其他的地址线接地，用来读取 EPROM 所存储的数据，在 EPROM 中存有可以输出正弦波信号的数据，将从 EPROM 读取的数据送 D/A 变换器（如 DAC0832）转换成模拟正弦信号。在这里可以采用直通方式，当 ILE 接高电平，$\overline{CS}$、$\overline{WR_1}$、$\overline{WR_2}$和$\overline{XFER}$都接数字地时，DAC 处于直通方式，8 位数字量一旦到达 $DI_7 \sim DI_0$ 输入端，就立即加到 8 位 D/A 变换器，被转换成模拟量。例如，在构成波形发生器的场合，就要用到这种方式，即把要产生基本波形的数据存在 ROM 中，连续取出送到 D/A 变换器去转换成电压信号。EPROM 与 D/A 变换器的组合如图 4.38 所示。

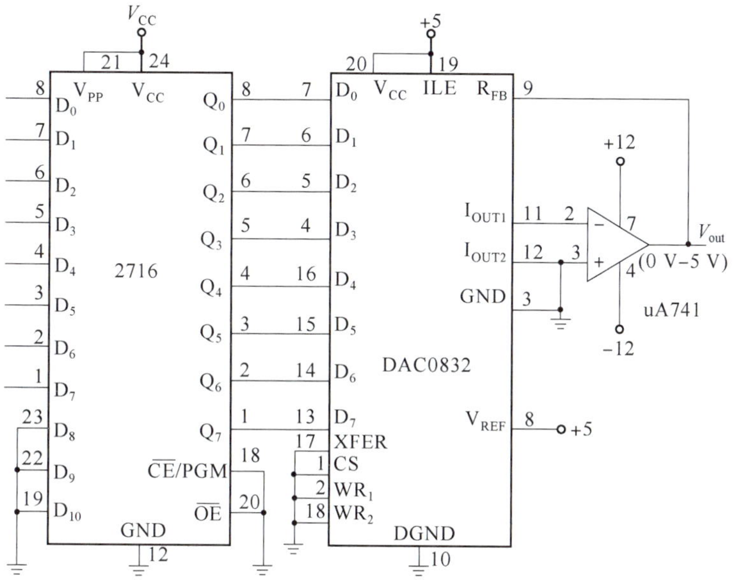

图 4.38　EPROM 与 D/A 变换器的组合

用 3 个 EPROM，分别写入 120°相位差的数据。用 8 位计数器输出同时读取 3 个 EPROM 信号，再经过 3 个 DAC0832 的 D/A 转换，就可以得到 3 个相位差互为 120°的正弦波信号。利用计数器与 EPROM、D/A 变换器组合而成的基准正弦波产生电路如图 4.39 所示。

在图 4.39 所示电路中，计数器计满一个循环对应 256 个计数器输入的时钟周期，因此电路的一个周期的正弦波输出电压一共有 128 个阶梯。频率的调节仅需要改变计数器的时钟频率即可。计数器的时钟频率为正弦波输出频率的 256 倍。由于本设计仅需要 100 Hz 以下的正弦波输出频率，对应的计数器时钟频率在 25.6 kHz 以下，即使是速度比较低的 4000 系列的 CMOS 也可以完全胜任。

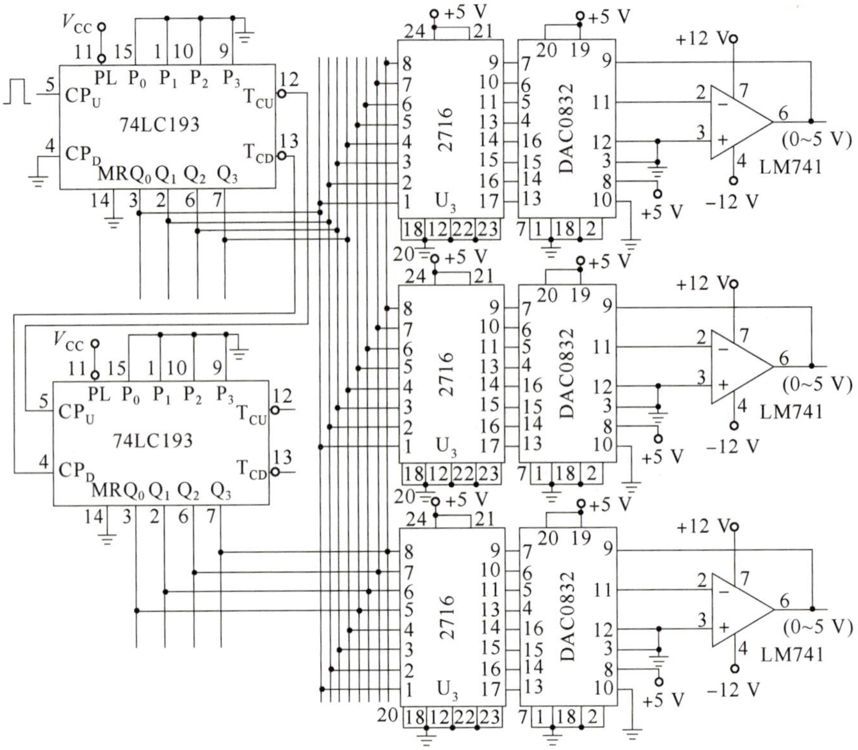

图 4.39 利用计数器与 EPROM、D/A 变换器组合而成的基准正弦波产生电路

4.5 悬挂运动控制系统

4.5.1 任务与要求

4.5.1.1 设计任务

设计一个电动机控制系统，控制物体在倾斜（仰角≤100°）的板上运动。

在一个白色底板上固定两个滑轮，两只电动机（固定在板上）通过穿过滑轮的吊绳控制一个物体在板上运动，运动范围为 80 cm×100 cm。物体的形状不限，质量大于 100 g。物体上固定有浅色画笔，以便运动时能在板上画出运动轨迹。板上标有间距为 1 cm 的浅色坐标线（不同于画笔颜色），左下角为直角坐标原点，运动状态示意图如图 4.40 所示。

4.5.1.2 技术要求

（1）控制系统能够通过键盘或其他方式任意设定坐标点参数。

（2）控制物体在 80 cm×100 cm 的范围内能作自行设定的运动，运动轨迹长度不小于 100 cm，物体在运动时能够在板上画出运动轨迹，限 300 s 内完成。

（3）控制物体作圆心可任意设定、直径为 50 cm 的圆周运动，限 300 s 内完成。

（4）物体从左下角坐标原点出发，在 150 s 内到达设定的一个坐标点（两点间直线距离不小于 40 cm）。

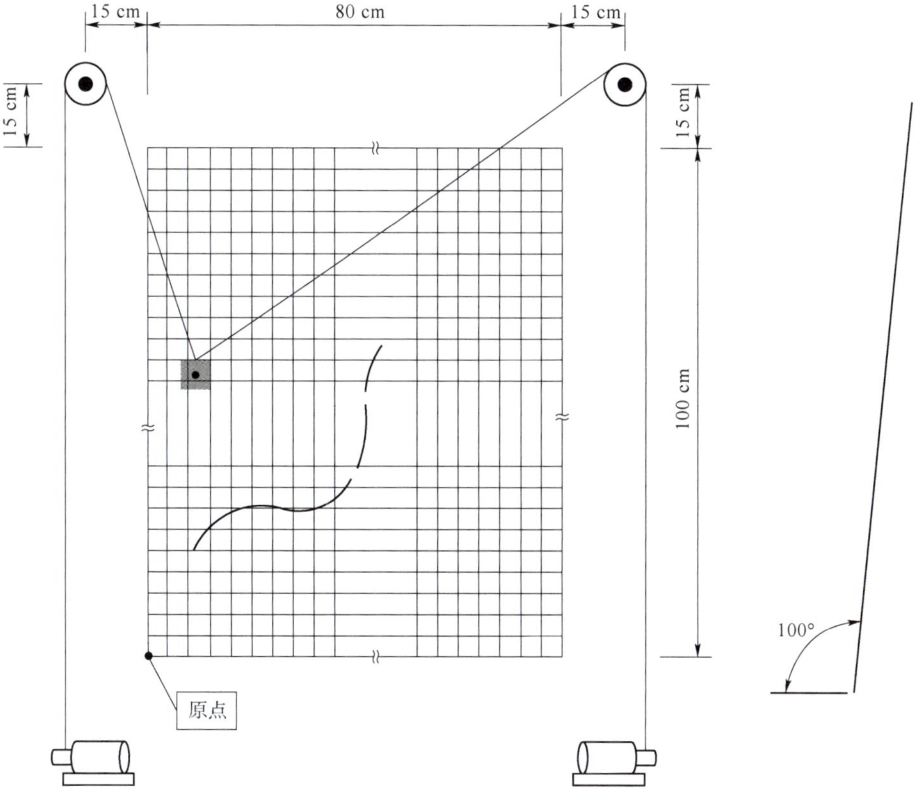

图 4.40　运动状态示意图

4.5.2　系统设计方案

根据任务要求，系统可划分为控制部分和信号检测部分。其中，控制部分包括电动机 A 和电动机 B 的驱动模块、坐标参数显示模块、控制器模块、按键输入模块这 4 个模块；信号检测模块主要是黑线检测模块。

4.5.2.1　控制器模块

根据任务要求，控制器模块主要用于接收各个传感器信号、控制母体运动、控制显示画笔所在位置的坐标与运动的时间，以及物体在停止时发出的光电报警信号等。采用 Atmel 公司的 AT89S52 单片机作为系统的控制器。单片机控制系统设计方案框图如图 4.41 所示，由单片机、驱动模块、黑线检测模块、坐标参数显示模块和按键输入模块组成。

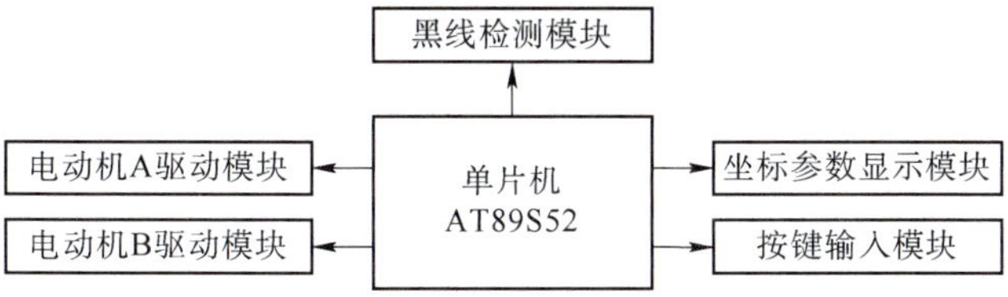

图 4.41　单片机控制系统设计方案框图

4.5.2.2 驱动电动机选择

采用步进电动机作为执行元件，步进电动机是将电脉冲信号转换为角位移或线位移的开环控制元件。在非超载的情况下，电动机的转速、停止的位置只取决于脉冲信号的频率和脉冲数，而不受负载变化的影响，即给电动机加一个脉冲信号，电极则转过一个步距角。因此，步进电动机具有快速启停能力，如果负荷不超过步进电动机所能提供的动态转矩值，就能立即使步进电动机启动或反转，而且步进电动机的转换精度高、驱动电路简单，非常适合定位控制系统。

根据设计要求，两台电动机需要载着质量为 100 g 的物体，在 80 cm×100 cm 的范围内运动。通过力学知识对该物体运动过程进行分析。两台电动机的输出力矩的大小与物体所在的位置有关。两台电动机的最大输出力矩 M 与物体的质量 m、重力加速度 g、电动机转轴的半径 r、系统的效率 η 有以下关系：

$$M>mgr/\eta$$

设定左下角的原点坐标为(0,0)，横向为 x 轴，纵向为 y 轴，则两台电动机在物体处于坐标点 $B(40,100)$时输出的力矩最大。对物体在点 B 的受力分析图如图 4.42 所示。

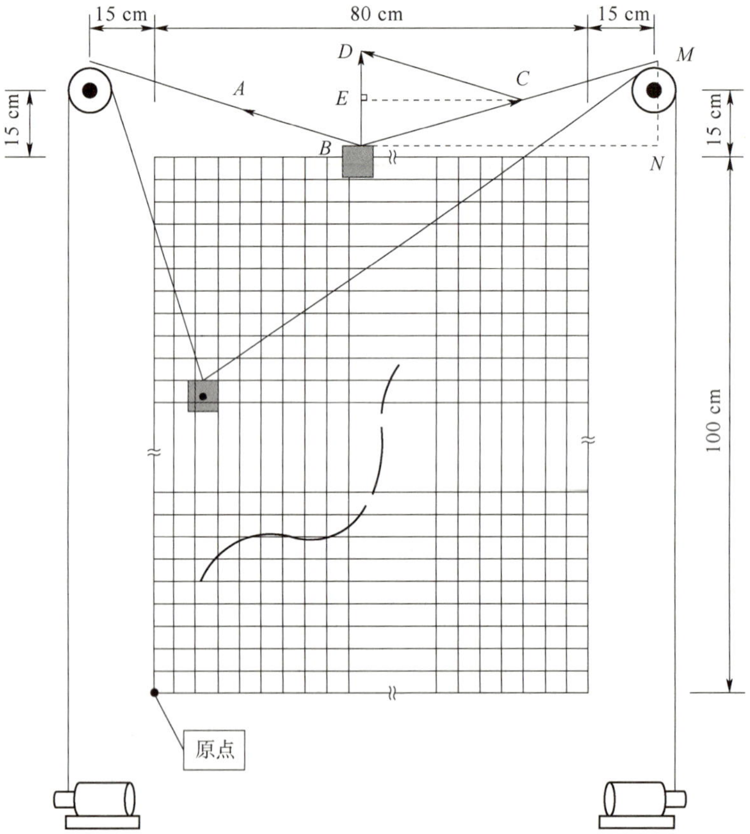

图 4.42 物体在点 B 的受力分析图

其中，输出 F_{BD}为物体的重力，$F_{CD}=F_{BA}$为电动机 A 的拉力，F_{BC}为电动机 B 的拉力。在 $\triangle BCD$ 中，CD 的大小与 BC 的大小相等，点 E 为 C 到 BD 边的垂足，则 $BE=ED=0.5BD$；由几何知识可知，$\triangle BCE \cong \triangle MBN$，于是有以下关系：

$$\frac{BE}{MN}=\frac{BC}{MB}$$

即：

$$\frac{0.5\times mg}{r+15}=\frac{BC}{\sqrt{BN^2+MN^2}}=\frac{F}{\sqrt{(40+15)^2+(r+15)^2}}$$

式中，m 为物体的质量，g 为重力加速度，F 为各电动机的拉力，r 为滑轮的半径，R_1 为电动机转轴的半径，在测试时 $R_1=1.3\ \mathrm{cm}$。所以，最大有用功力矩的大小有以下关系：

$$M=F\times R_1=R_1\times\sqrt{0.5^2\times\frac{15+40^2+15+r^2}{15+r^2}}\ \mathrm{N}\approx R_1\times\sqrt{0.5^2\,\frac{55^2+17^2}{17^2}}\,\mathrm{N}$$

$$=1.3\times10^{-2}\ \mathrm{m}\times1.7\ \mathrm{N}=0.0221\ \mathrm{N\cdot m}$$

在本设计中，选用型号为 17PU-H012-G1UT 的两相混合式步进电动机，完全可以达到转矩的要求。

4.5.2.3　按键输入模块

根据设计要求，需要设置 0~9 共 10 个数字按键、小数点和一些功能按键，以完成控制系统能够任意设定坐标点参数的功能。按键输入模块的选择，可以直接采用 4×4 矩阵键盘。

单片机控制 4×4 矩阵键盘的原理框图如图 4.43 所示。

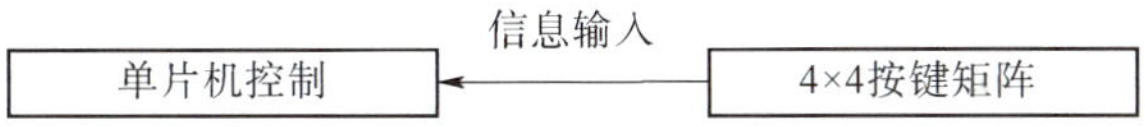

图 4.43　单片机控制 4×4 矩阵键盘的原理框图

4.5.2.4　显示模块

采用 LCD 显示。LCD 具有功耗低、无辐射危险、平面直角显示及影像稳定、可视面积大、画面效果好、可显示图形和汉字、分辨率高、抗干扰能力强、显示内容多等特点。此外，LCD 与单片机可直接相连，电路设计及连接简单。基于以上分析，采用大屏幕 LCD RT12864-M 进行显示。

4.5.2.5　黑线检测

黑线检测模块实现物体沿板上标出的任意曲线运动，在运动的途中不能超出黑线轨道。考虑到坐标图大都为白纸，可利用传感器检测并辨认黑线。传感器的选择可以利用光电传感器来辨认黑线。由于各种色彩对光线的吸收和反射能力不同，由光学的理论知识可知，黑色物体反射系数小，白色物体的反射系数大，因此可根据光敏三极管检测反射光的强弱来判断黑白线。可以只使用一个发射光源和一个光敏三极管，再加上一个简单的放大电路实现。其成本低，且其灵敏度可以调节，可靠性高。光电传感器检测的原理框图如图 4.44 所示。

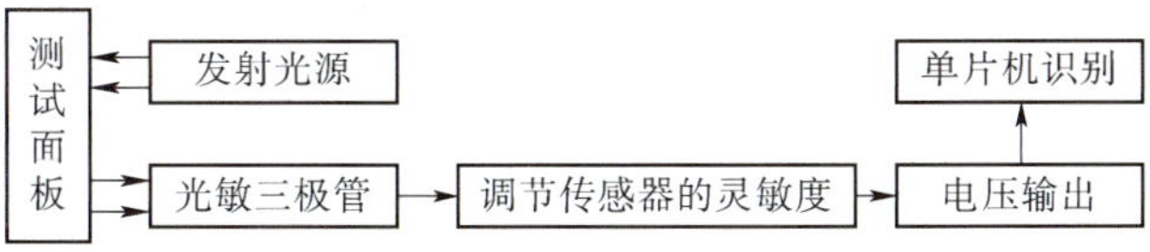

图 4.44　光电传感器检测的原理框图

基于以上分析，利用型号为 LTH1650-01 和 TCRT500 反射式光电传感器实现黑线检测功能。

4.5.2.6　步进电动机驱动模块

步进电动机驱动是把控制系统发出的脉冲信号转化为步进电动机的角位移。即控制系统每发出一个脉冲信号，通过驱动器就使步进电动机旋转一个步距角。步进电动机的驱动采用互补硅功率达林顿晶体管 TIP142T 实现步进电动机的驱动。此外，为提高电路的抗干扰能力，驱动电路与单片机接口可通过光耦元件连接。采用 TIP142T 实现步进电动机驱动的原理框图如图 4.45 所示。

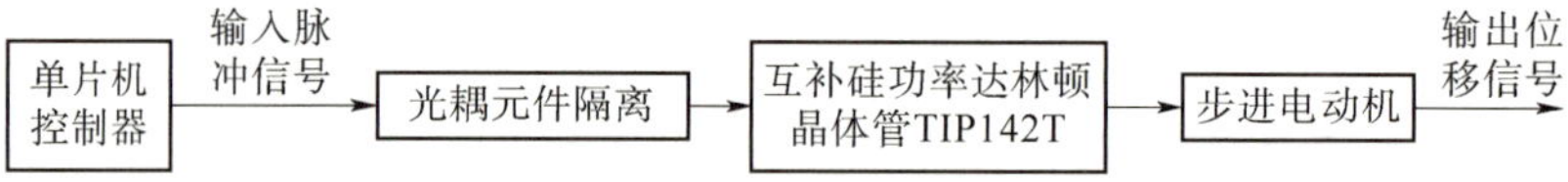

图 4.45　采用 TIP142T 实现步进电动机驱动的原理框图

4.5.2.7　系统的组成

系统组成：控制器模块——采用 AT89S52 单片机控制；电动机选择模块——采用型号为 17PU-H012-G1UT 的两相混合式步进电动机；按键输入模块——采用 4×4 矩阵的按键输入；坐标参数显示模块——采用大屏幕液晶显示屏 RT12864-M 进行显示；黑线检测模块——采用反射式光电传感器；电动机驱动模块——采用互补硅功率达林顿晶体管 TIP142T 进行驱动。

系统的基本框图如图 4.46 所示，本设计采用两个单片机系统完成系统控制。主机单片机 AT89S52 主要控制按键输入、坐标参数显示、两台步进电动机的驱动、两台电动机的正反转和速度控制以及两台电动机的协调运动。从机 AT89S52 主要负责控制光电检测信号的接收和对信号的处理，其中光电传感器的排列方式和软件对信号处理是本设计的难点。两片单片机之间采用查询的方式相互通信，将两个控制系统有机地结合为一体。

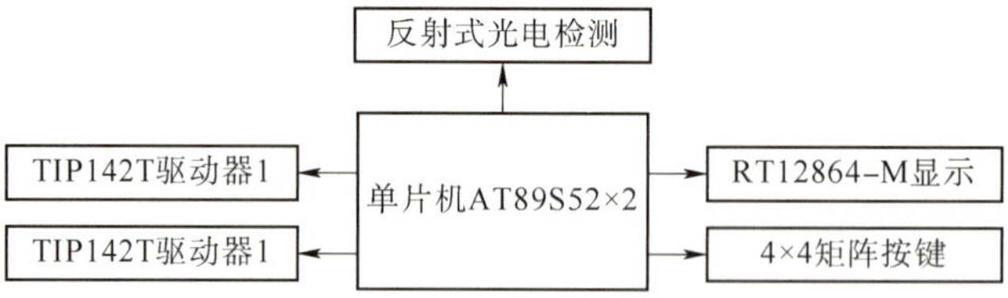

图 4.46　系统的基本框图

4.5.3　硬件电路

4.5.3.1　步进电动机的驱动电路设计

该系统可分为控制部分和检测部分，步进电动机的驱动电路如图 4.47 所示。

控制部分：单片机 AT89C52 根据按键输入及传感器输出信号进行逻辑判断，控制输出脉冲个数，从而改变两台电动机的输出角位移，改变物体的运动状态，并通过 LCD 实时显示画笔的坐标。

检测部分：系统利用 8 个光电传感器检测黑线，并把各传感器的输出信号送于单片机 AT89C52，单片机对数据进行分析与处理，控制电动机协调工作。

设计中，步进电动机的驱动电路采用型号为 17PU-H012-G1UT 的两相混合永磁步进电动机，其每相具有两个绕组，所以该电动机既可四线驱动，也可六线驱动。在设计中采用两相六线的形式驱动。其中一个电动机的驱动电路如图 4.47 所示，另一电动机的驱动电路与此电路相同。电路主要由三极管9013、三极管8050、互补硅功率达林顿晶体管TIP142T和光耦元件组成，其中单片机I/O接口分别通过光电耦合器与驱动电路相连接，增加了系统的抗干扰能力。单片机通过I/O接口发送驱动控制信号，从而控制步进电动机的速度及正反转。

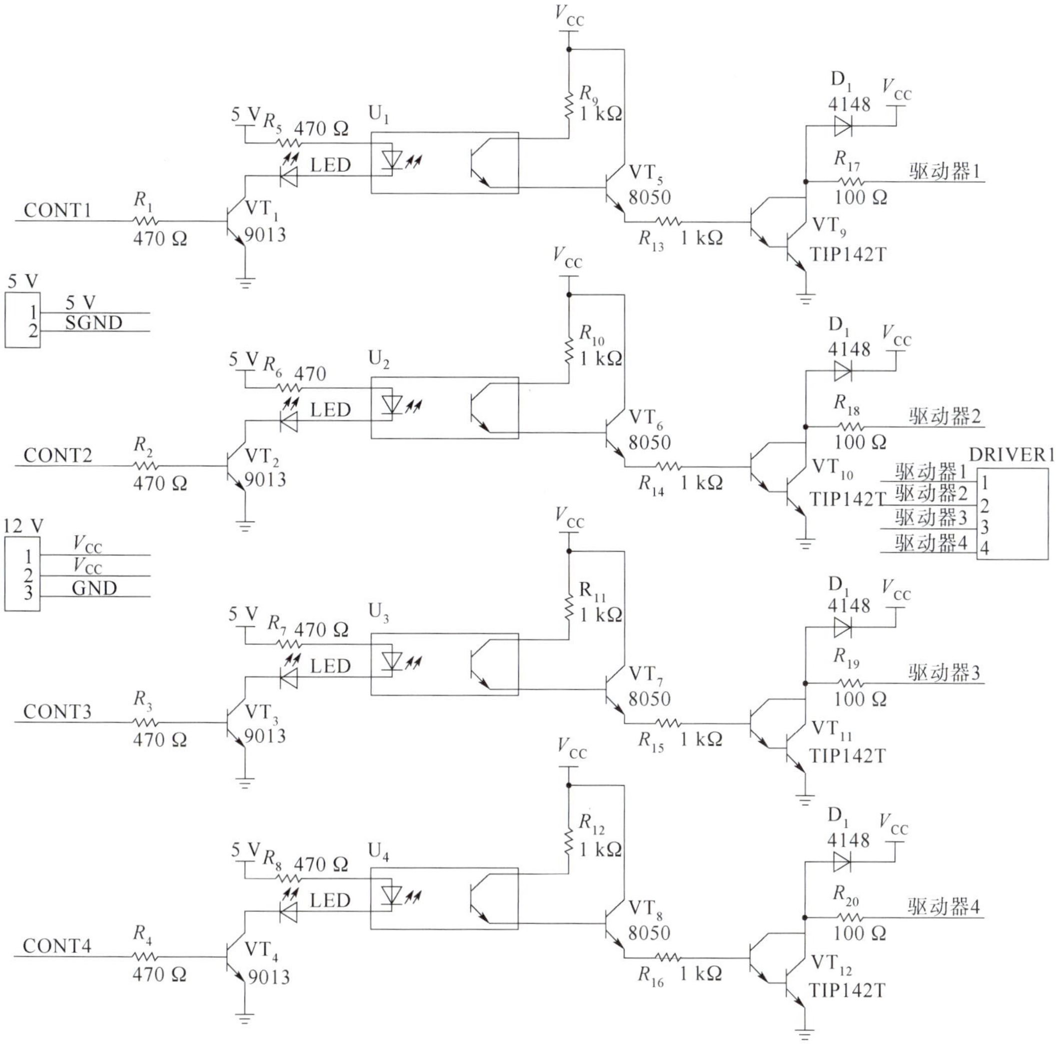

图4.47　步进电动机的驱动电路

4.5.3.2　坐标显示电路和按键输入电路设计

本设计选用大屏幕LCD RT12864-M。RT12864-M是一种图形点阵液晶显示模块，主要由行驱动器、列驱动器及128×64全点阵LCD组成。在本设计中，LCD与单片机进行串行通信，具体连接电路如图4.48所示。在设计中，可变电位器R_{101}主要是用来调节液晶的驱动电压，其他引脚用来与单片机进行通信。

通过方案分析与论证，系统中按键输入电路采用4×4矩阵按键实现，各按键均被单片机所定义。按键输入电路如图4.49所示。KEY_1~KEY_8分别与单片机AT89C52的P0.0~P.7口相连，其中KEY_1~KEY_4控制按键矩阵的行，KEY_5~KEY_8控制按键矩阵的列。当有按键输入时，单片机通过控制P0.0~P.7口（即KEY_1~KEY_8）就可识别到底是第几行第几列的按键被按下，从而达到识别按键的目的。

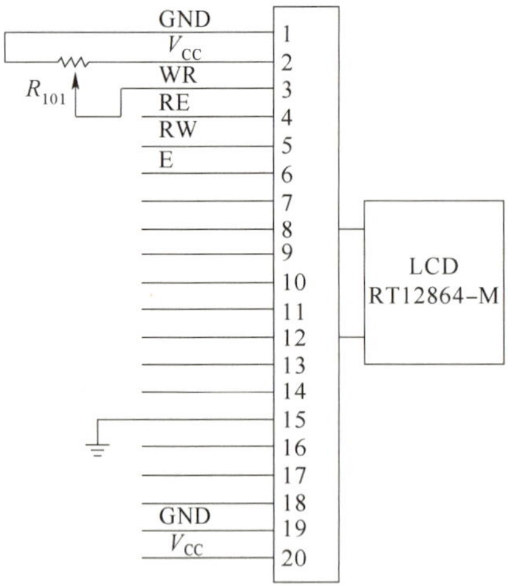

图 4.48　LCD 单片机连接电路

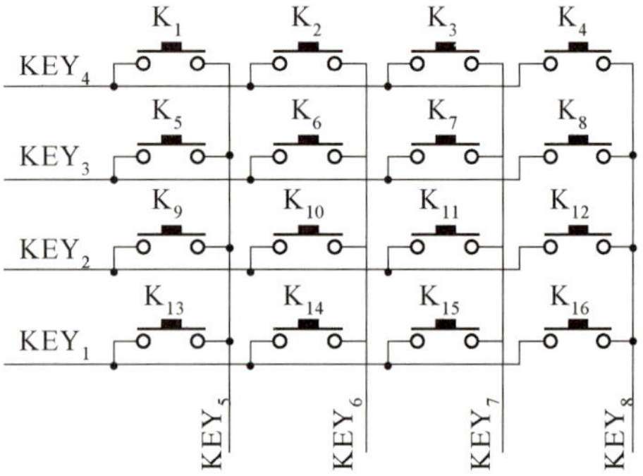

图 4.49　按键输入电路

4.5.3.3　黑线检测电路的设计

本设计采用 8 个反射式光电传感器来检测画笔与黑线的位置关系，黑线检测电路如图 4.50 所示。该电路的连接十分简单，光电传感器的输出信号通过反相器 74HC04 转换成标准的 TTL 电平，从 74HC04 输出的信号通过排插 CON 的第 3～10 引脚直接与从机相连。电路中 8 个光电传感器的安装位置是非常重要的，其严重影响黑线检测的准确度。设计中，把 8 个传感器摆放成正八边形，光电传感器安装示意图如图 4.51 所示。黑线检测电路输出的电平信号与电机转向的关系将在软件设计部分进行介绍。

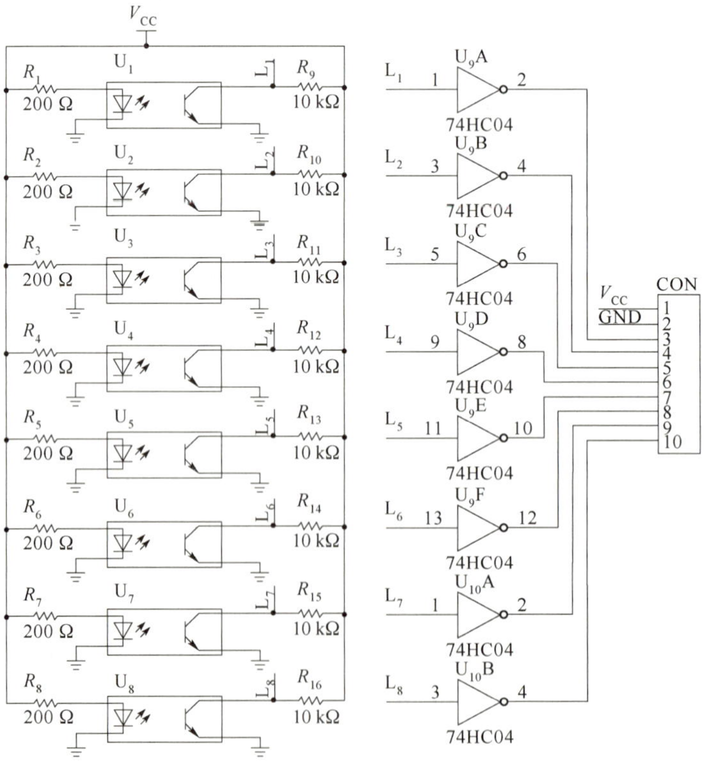

图 4.50　黑线检测电路

4.5.3.4 主控制器电路设计

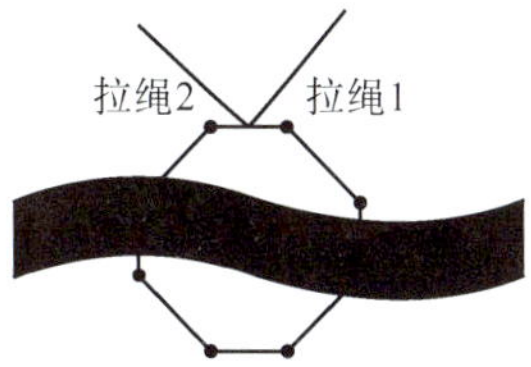

图 4.51 光电传感器安装示意图

单片机根据接收的按键输入数据和传感器输出电平信号，输出一定脉冲数控制电动机 A 和电动机 B 的运动，从而带动物体沿设定的运动模式运动，并通过 LCD 显示物体在运动过程中各点的坐标。主控单片机最小系统及其外围电路如图 4.52 所示。P0 引脚为按键控制接口；P1 引脚为 8 个光电传感器信号输入口；P3.4～P3.7 引脚为电动机 A 驱动电路与单片机的接口；P2.0～P2.3 引脚为电动机 B 驱动电路的接口；P2.4～P2.6 引脚分别为单片机与 LCD 接口；P1.3、P1.4 引脚分别为发光二极管产生光电指示的控制接口；P3.0、P3.1 引脚为与 MAX232 串行通信的接口，以备进行功能扩展。

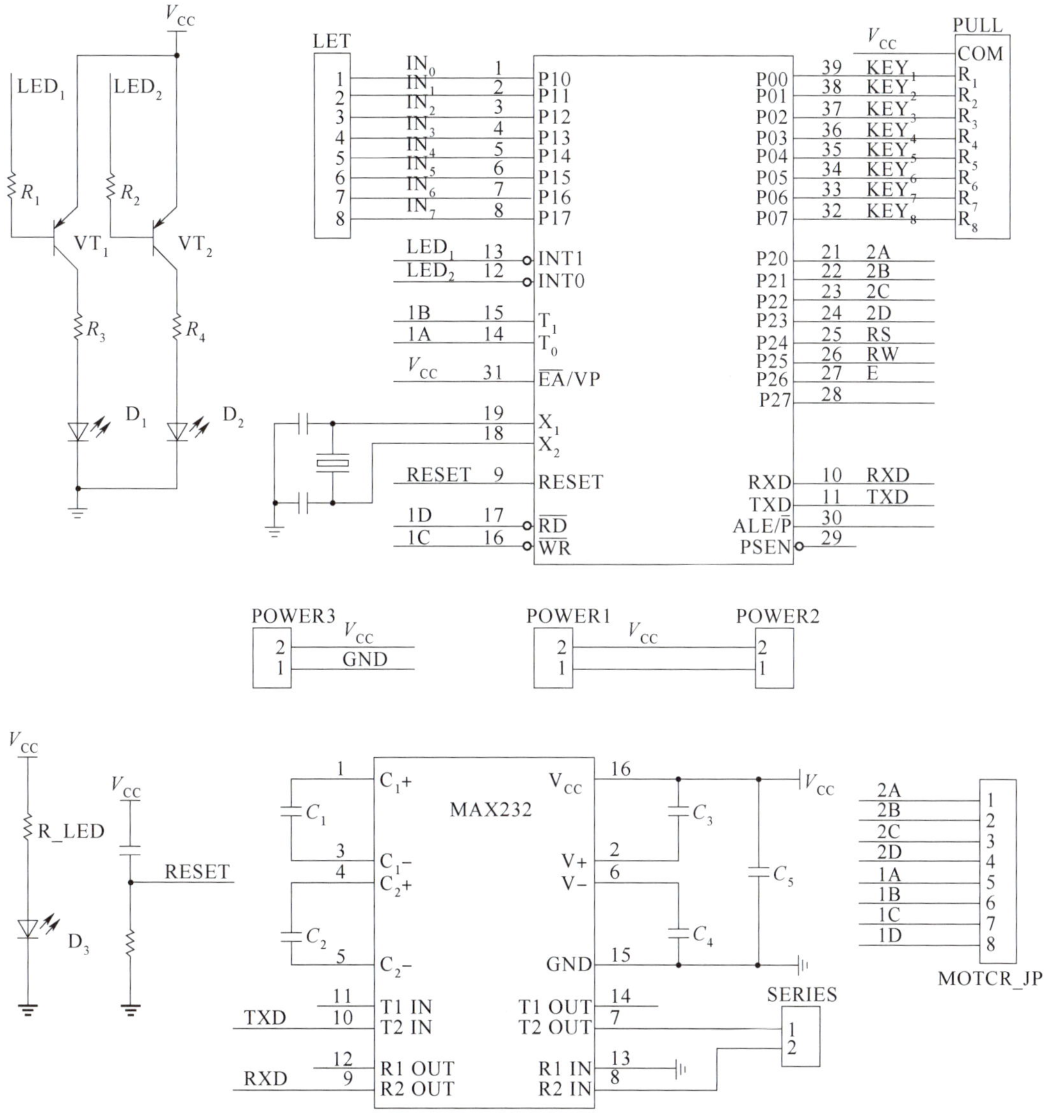

图 4.52 主控单片机最小系统及其外围电路

4.5.3.5 悬挂运动控制系统软件设计

(1) 系统主程序的设计。

当系统通电后，LCD 上显示开机界面，与此同时，单片机对键盘进行扫描。当“1”键被按下时，LCD 换屏并显示“输入起点坐标:”的字样；利用按键设定好坐标，按“确认”键，LCD 换屏并显示“输入终点坐标:”的字样；利用按键设定好坐标，按“确认”键，单片机调用点对点运动的子程序，从而实现点对点运动。

当“2”键被按下时，LCD 换屏并显示“设置运动轨迹”的字样（在程序中设置了两种运动轨迹：直线和折线）。如果设置为直线，则单片机直接调用点对点子程序；如果设置为折线，则单片机调用子程序，把折线分为 M 条线段，并记录下 M 条线段的起点和终点坐标，然后单片机调用点对点的子程序。系统主程序流程图如图 4.53 所示。

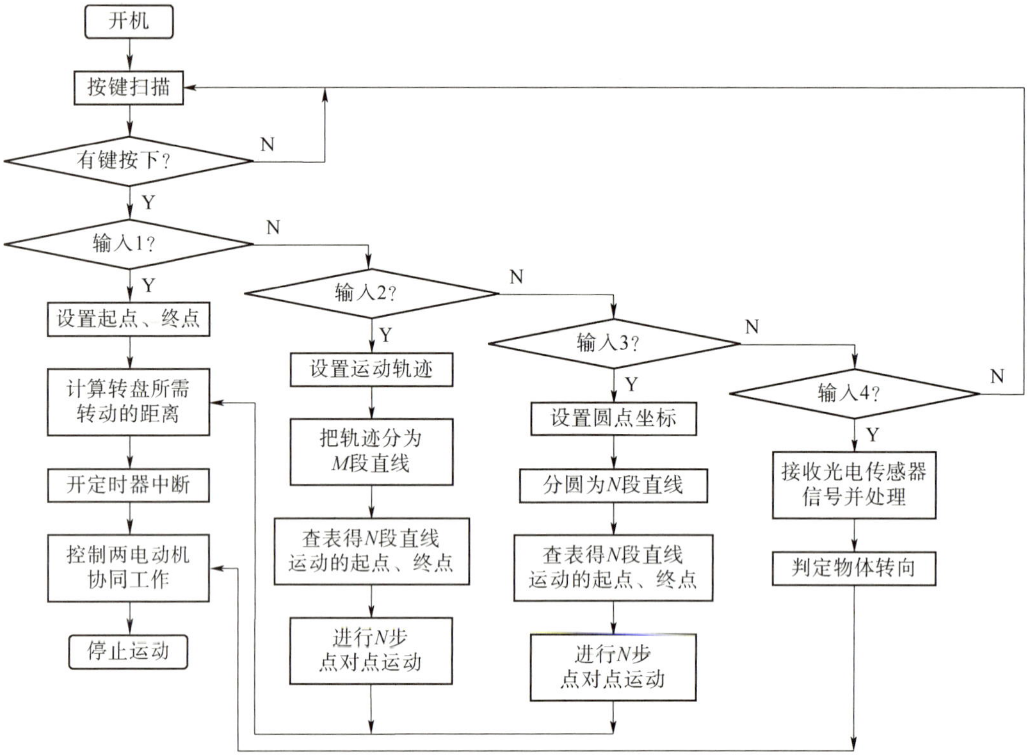

图 4.53 系统主程序流程图

当“3”键被按下时，LCD 换屏并显示“输入圆点坐标:”的字样；利用按键设定好坐标，按“确认”键，单片机调用圆周运动的子程序，把圆周分为 N 条线段，并通过查表确定圆周上 N 条线段的起点和终点坐标；最后调用点对点的子程序，进行 N 步点到点的运动，最终完成沿任意点作半径为 25 cm 的圆周运动。

当“4”键被按下时，单片机接收传感器的输入信号，判定物体的转向，从而控制两台电动机协调工作，完成物体沿连续黑线和断续黑线的运动。

(2) 点对点运动程序的设计。

根据题目要求，物体在作点对点运动时，不仅有时间的限制，还有运动轨迹长度的要求，所以点对点的运动不是简单的物体从起点沿一条直线运动到另一点的运动。当起点和终点的直线距离小于题目规定的距离时，就要通过算法来设定物体运动的轨迹。点对点运动的程序流程图如图 4.54 所示。点对点运动方式的示意图如图 4.55 所示。

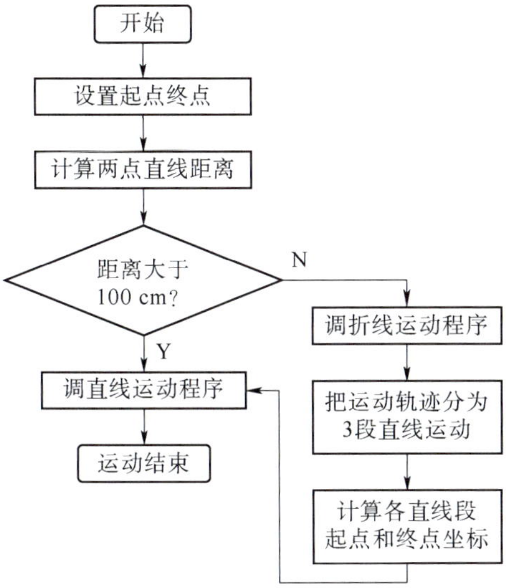

图 4.54　点对点运动的程序流程图

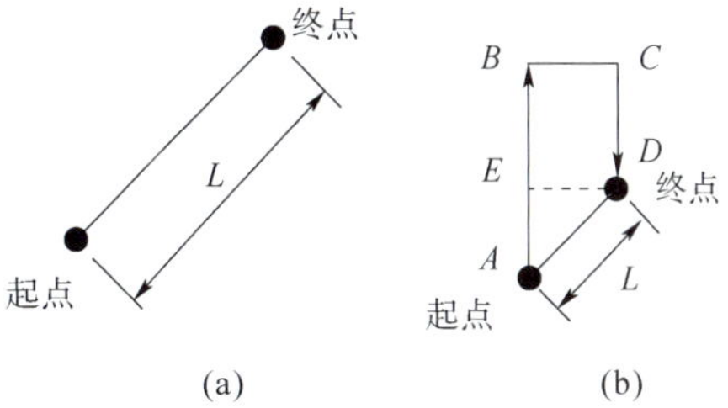

图 4.55　点对点运动方式的示意图

（a）$L \geqslant L_0$；（b）$L<L_0$

当设定的起点 A 与终点 D 的直线距离大于或等于设定值 L_0 时（在技术要求（2）中，L_0为100 cm），单片机直接调用直线运动子程序，完成运动。当设定的起点与终点的直线距离小于 L_0 时，设定物体从起点到终点的轨迹长度 L_1 为（L_0+5 cm），其轨迹由两条平行于 Y 轴的线段 AB、CD 和平行于 X 轴的线段 BC 构成，其各线段的起点和终点坐标可用以下方式取得。

根据题目要求，在图 4.42 中，起点坐标 A 和终点坐标 D 是通过按键输入的，其坐标视为常数。在此假设点 A 坐标为（a，b），点 B 坐标为（X_1，Y_1），点 C 坐标为（X_2，Y_2），点 D 坐标为（c，d），且物体从点 A 到点 B 的轨迹长度为 L_1，则 B 点的坐标可通过下列公式得：

$$X_1=a, Y_1=d+[L_1-(d-a)-(c-a)]/2=(L_1-\Delta X-\Delta Y)/2$$

式中，ΔX、ΔY 分别为起点坐标与终点坐标的横坐标差与纵坐标差。采用类似的方法可计算出各点的坐标，便可调用直线运动的子程序，从而满足点对点运动的要求（技术要求（4）是该运动形式的一个特例）。该运动的起点为原点（0，0），通过直线运动到设定的终点。其主要指标是运动的时间，只要调节电动机的转速就可完成该功能。

（3）直线运动程序的设计。

在起始点和终止点坐标已知的情况下，在 80 cm×100 cm 的直角坐标中，可求出该两点所确定线段的函数表达式。当该函数的横坐标以某一确定的量 X_0 分为 N 等份时，所对应的纵轴坐标也有 N 个值与之相对应。当步进量 X_0 确定时，N 也就确定了，对应直线上各点等分点的坐标也就确定了。又由于两个滑轮中心的坐标是确定的，滑轮中心到直线上各点的距离也就确定了，那么从一个分点 A 运动到另一分点 B 时，两电动机转轴分别输出的位移量 L_1、L_2 就近似等于滑轮中心到两分点距离的差值 ΔL。L_1、L_2 确定后，两电动机从 A 运动到 B 时，单片机所输出的脉冲数 M 与 ΔL 及步进电动机输出的步距有以下关系：

$$M=\Delta L/S=\Delta L/\theta r$$

式中，θ 为步进电机输出的步距角；r 为电动机转轴的半径。

假设计算出单片机应对电动机 A 输出 M_1 个脉冲，对电动机 B 输出 M_2 个脉冲，则只要控制单片机在相同的时间完成对两电动机分别输出 M_1、M_2 脉冲，就可以较准确地完成从 A 到 B 的运动。当相邻的两分点都按这个规律运动时，那么画笔所运动的轨迹从宏观上看近似为一条直线。直线运动程序流程图如图 4.56 所示。

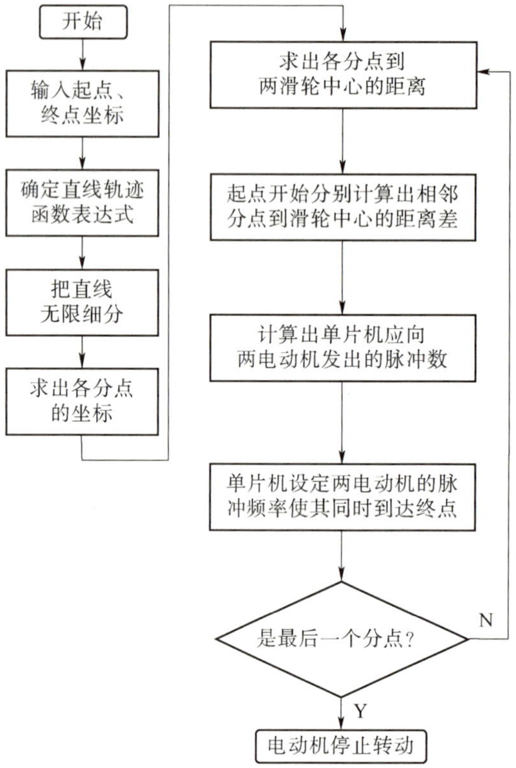

图 4.56　直线运动程序流程图

(4) 自设定运动程序的设计。

在设计中，自设定运动的轨迹为一锐角为 30°的直角三角形。自设定运动程序流程图如图 4.57 所示。当系统通电后，通过按键输入“2”，单片机调用主程序，默认进入自设定运动模式；通过按键输入画笔所在位置的坐标和三角形某顶点的坐标，按“确认”键，物体开始运动。

(5) 圆周运动程序的设计。

物体作圆周运动的程序设计采用了无限细分的思想，把一个圆细分为 180 等份。因为每一份圆弧的弧长小，所以可近似把每一份圆弧看作一条直线段，而每一个线段的端点可通过查表得到。不过，物体开始作圆周运动的起始点是固定的。假设设定的圆点坐标为 (x, y)，则物体应在该圆的最低点，也就是从点 $(x, y-25)$ 开始运动，把圆划分为 180 等份时，也是从该点 $(x, y-25)$ 开始的。圆周运动程序流程图如图 4.58 所示。

(6) 黑线检测程序的设计。

在设计中，检测黑线的传感器信号主要是由从机 AT89C52 接收和处理的。黑线检测程序流程图如图 4.59 所示。

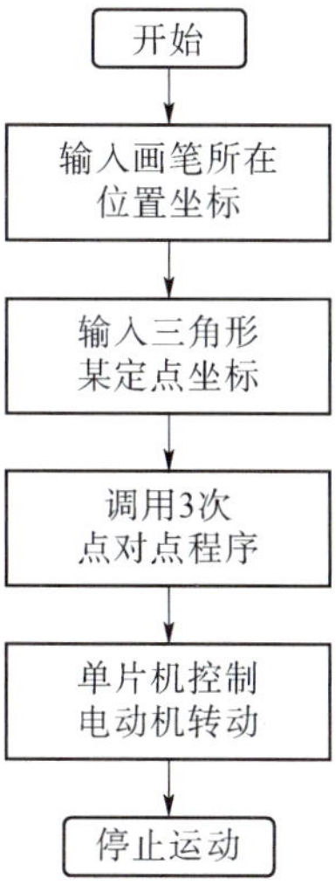

图 4.57　自设定运动程序流程图

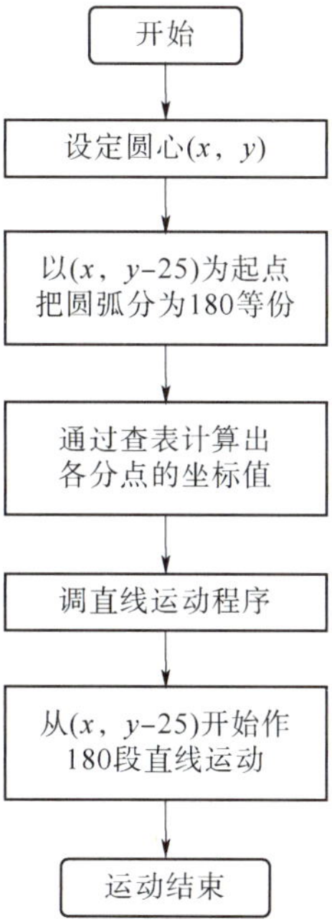

图 4.58　圆周运动程序流程图

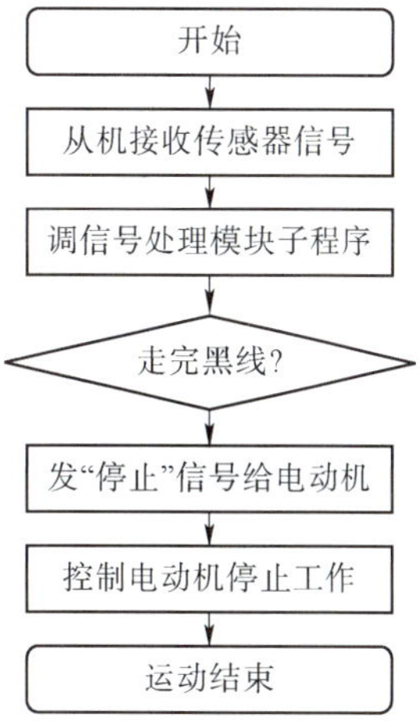

图 4.59　黑线检测程序流程图

从机接收传感器输出的信号，然后通过调用信号处理模块子程序判断出物体的状态，从而判定物体下一步的运动方向，并把该信号发送给主机，主机根据从机的信号控制两电动机的协调工作。

4.6　简易智能灭火小车

4.6.1　任务与要求

4.6.1.1　设计任务

设计一款简易智能灭火小车，实现小车寻找火源、消灭火源的功能，其原理如图 4.60 所示。

4.6.1.2　技术要求

（1）在一定范围内，小车能自动找到火源，并且停在火源前灭火。

（2）当灭火传感器感应到有火源时，单片机会立即控制小车去寻找火源。

（3）当小车前面有障碍物时，小车能自动避开障碍物后继续寻找火源。

（4）当小车找到火源时，能自动打开灭火装置进行灭火（风扇模拟）。

（5）当小车灭火结束时，小车会继续寻找火源。

（6）能显示小车运行状态，并能显示灭火次数。

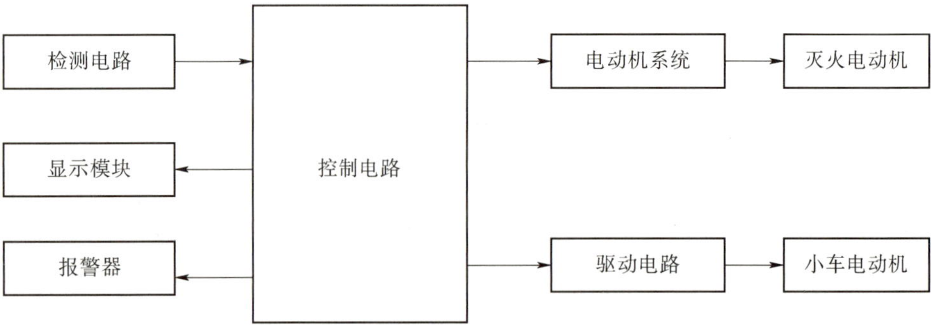

图 4.60　简易智能灭火小车原理

4.6.2　整体设计方案

小车控制核心选择 STC 公司生产的单片机 STC89C52。智能灭火小车在寻找火源的过程中，不仅需要火焰传感器寻找火源，而且需要红外避障传感器来寻找正确的道路，及时避开障碍物。红外避障传感器具有一对红外信号发射与接收二极管，发射管发射一定频率的红外信号，接收管接收这种频率的红外信号，当传感器的检测方向遇到障碍物（反射面）时，红外信号反射回来被接收管接收，经过处理之后，通过数字传感器接口返回到小车的主机，小车利用返回的红外信号来识别周围环境的变化。

智能灭火小车要通过左转、右转、前进、后退来避开障碍物，从而找到火源，所以小车的两个轮子都需要一个单独的电动机。L298N 是一个具有高电压、大电流的全桥驱动芯片，它频率高，一片 L298N 可以分别控制两个直流电动机，而且还带有控制使能端。用该芯片作为电动机驱动，操作方便，稳定性好，性能优良。

当然，比较器对传感器收集的数据进行的精确计算也对寻火灭火小车的设计有很大的影响。本设计选用 LM393、LM339 两款比较器，一方面是因为符合本次设计要求，另一方面是因为功耗较低。

简易智能灭火小车总体设计方案框图如图 4.61 所示。设计中，将 9 V 电源经过稳压芯片降压到 5 V，给系统供电。单片机控制电路的核心是 STC89C52，单片机控制电路主要增加了看门狗、外置晶振和复位电路。电动机驱动电路采用的是 L298N。火源检测电路由 5 mm 的火焰传感器及其外围电路组成。5 mm 火焰传感器是一款专门感应火源的传感器，其通过辨别火焰的组成来寻找火焰的位置。风扇电动机为三极管驱动，能耗低。红外避障电路采用 E18-D50NK，操作简单，使用方便。当有光线反射回来时，输出低电平；当没有光线反射回来时，输出高电平。

4.6.3　智能灭火小车硬件

4.6.3.1　单片机最小系统

单片机 STC89C52 是一款低功耗、高性能的 8 位微控制器，具有 8 KB 的系统内可编程闪存。该系统使用内部时钟电路和由复位供电的复位电路。由于单片机 P0 口不包含上拉电

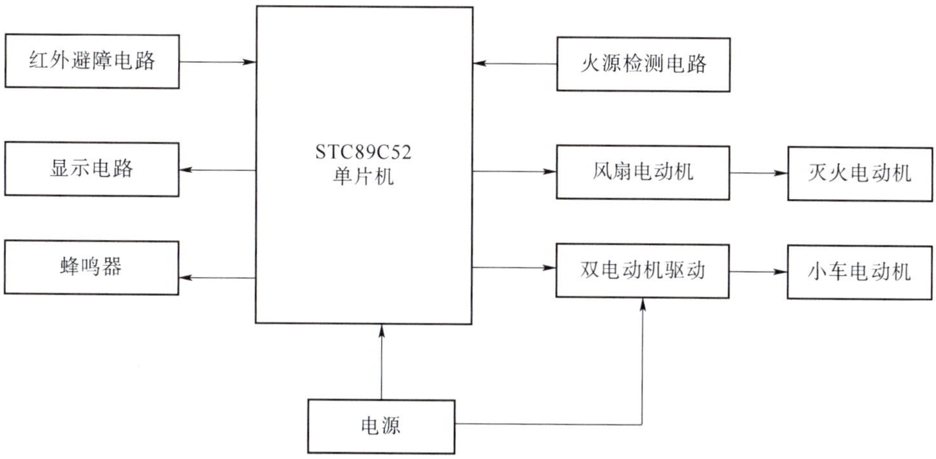

图 4.61　简易智能灭火小车总体设计方案框图

阻，因此为高阻状态，不能正常输出高电平或低电平。因此，必须使用这组 I/O 接口的外部上拉电阻。STC89C52 单片机最小系统如图 4.62 所示。

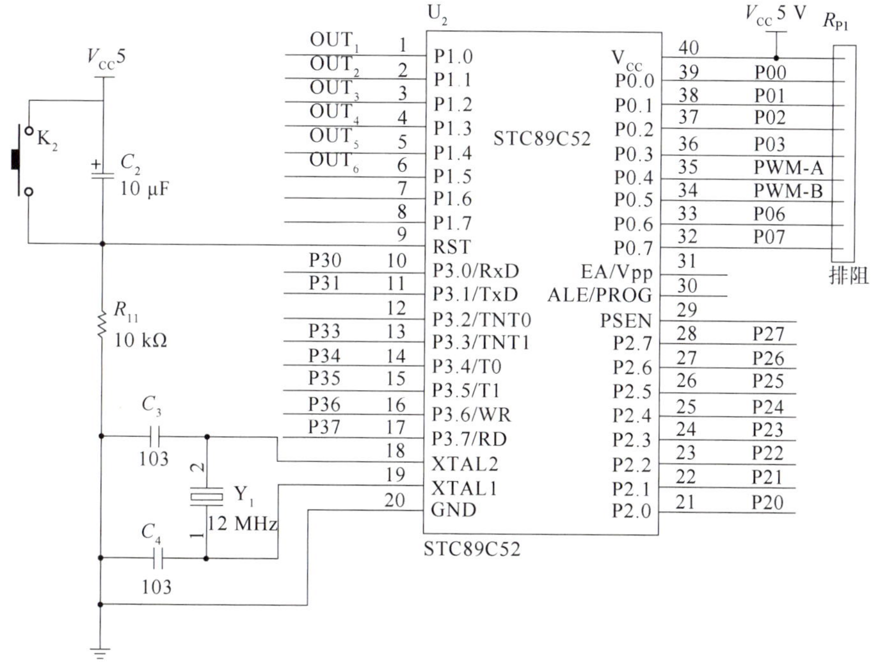

图 4.62　STC89C52 单片机最小系统

4.6.3.2　火源检测电路

火焰传感器是使用特殊的红外线接收管来检测火焰，然后把火焰的亮度转化为高低变化的电平信号，输入中央处理器中，中央处理器根据信号的变化做出相应的指令处理。

火焰传感器具体参数如下。

（1）尺寸：长 30 mm×宽 10 mm×高 13 mm。

（2）主要芯片：LM339、红外接收头。

（3）工作电压：直流 3~5 V。

火焰传感器特点如下。

（1）具有信号输出指示。

（2）单路信号输出。

（3）输出有效信号为低电平。

（4）用于检测波长在 760~1 100 nm 的热源。

火焰传感器是用来识别火源的主要器件，设计的火源检测电路如图 4.63 所示。

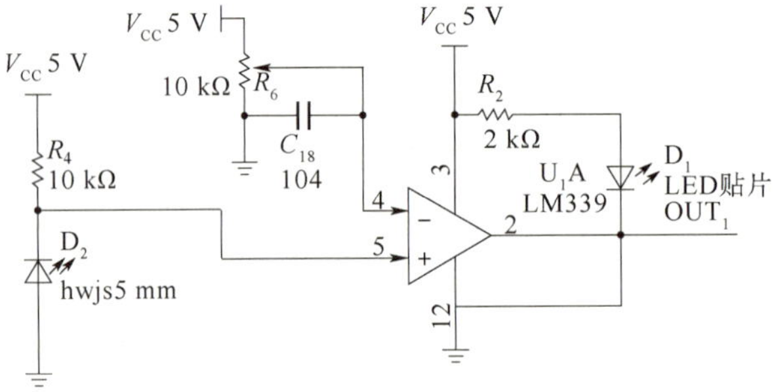

图 4.63　火源检测电路

当火焰传感器未检测到火焰时，火焰传感器不导通，火焰传感器的阳极上拉电阻 R_4 上拉至高电平，滤波和整形后，比较器输出高电平。当检测到火焰时，火焰传感器开启，比较器输出低电平。

系统总共使用了 6 个火焰检测传感器，分别以 45°角排开。这样就可以在小车前进时多方位检测火源。由于灭火装置在车前段，因此小车前部的火焰传感器需要有一些保护措施，以免其被烫坏或撞坏。

4.6.3.3　红外避障电路

对障碍物的检测采用 E18-D50NK 型号的红外传感器。E18-D50NK 传感器是一种红外线反射式接近开关传感器，用于物体的反射式检测，该传感器具有体积小、功耗低、应用方便、稳定可靠、探测距离远、受可见光干扰小、价格便宜等优点。输出信号为数字量，不需要进行 A/D 转换，可直接与单片机的 I/O 接口相连，检测到目标时信号线输出为低电平，正常状态时为高电平，为能让单片机正常检测，在信号输出端需外接一个 1 kΩ 上拉电阻。检测距离可达 50 cm，距离可通过可调电位器调节。

E18-D50NK 的技术参数如下。

（1）输出电流：100 mA（5 V 供电）。

（2）消耗电流：DC<25 mA。

（3）响应时间：<2 ms。

（4）指向角：≤15°，有效距离 3~50 cm 可调。

（5）检测物体：透明或不透明体。

（6）工作环境温度：-25~+55 ℃。

（7）标准检测物体：太阳光 10 000 lx 以下，白炽灯 3 000 lx 以下。

（8）外壳材料：塑料。

E18-D50NK 红外光电开关发射出红外线，被物体阻断或部分反射，E18-D50NK 内部红外接收管接收到反射回来的红外线，然后有一个由高到低的电压变化，E18-D50NK 内部电压比较器根据这个电压的变化输出数字信号给单片机处理。当有光线反射回来时，E18-D50NK 信号引脚输出低电平。红外避障电路如图 4.64 所示。

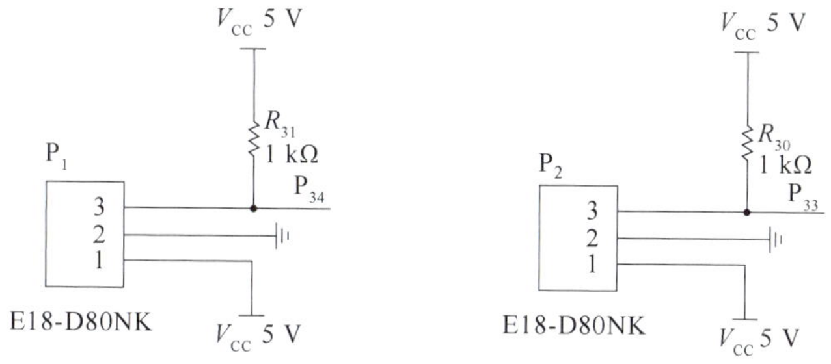

图 4.64　红外避障电路

在避障传感器的设计中，车体底盘的前端装有两个避障传感器，起到避开障碍物的作用。两个传感器微微向两边倾斜一点，防止有障碍物时擦边。红外避障传感器安装位置如图 4.65 所示。

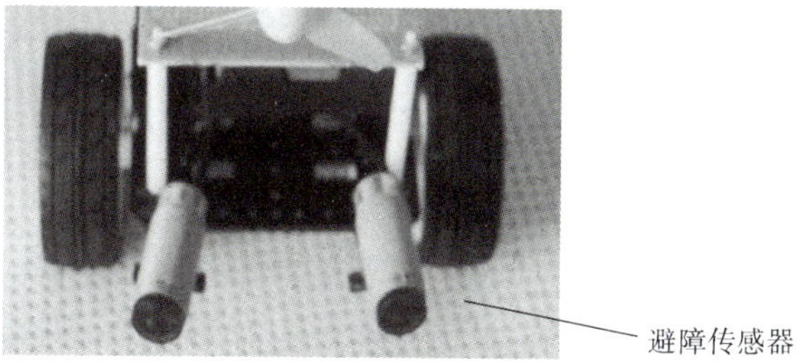

图 4.65　红外避障传感器安装位置

4.6.3.4　电动机驱动部分

L298N 是 ST 公司生产的一种高电压、大电流电动机驱动芯片，是专用驱动集成电路。其工作电压高，最高工作电压可达 46 V；输出电流大，瞬间峰值电流可达 3 A，持续工作电流为 2 A；内含两个 H 桥的高电压大电流全桥式驱动器，可以用来驱动直流电动机和步进电动机、继电器、线圈等感性负载；采用标准 TTL 逻辑电平信号控制；具有两个使能控制端，在不受输入信号影响的情况下允许或禁止器件工作；有一个逻辑电源输入端，使内部逻辑电路部分在低电压下工作；可以外接检测电阻，将变化量反馈给控制电路。

L298N 的特性如下。

（1）供电电压高达 46 V。

（2）总直流电流达 4 A。

（3）低饱和电压。

（4）超温保护。

（5）逻辑“0”输入电压高达 1.5 V（高噪声免疫）。

L298N 的输入端可以与单片机直接相连，从而很方便地受单片机控制。当驱动直流电动机时，可以直接控制步进电动机，通过改变输入端的逻辑电平，实现电动机正转与反转的控制。

L298N 芯片可以驱动两个二相电动机，也可以驱动一个四相电动机，最高输出电压可达

50 V，可以通过电源直接来调节输出电压；可以用单片机的 I/O 接口直接提供信号；电路简单，安装方便。

电动机驱动芯片 L298N 的引脚图如图 4.66 所示。

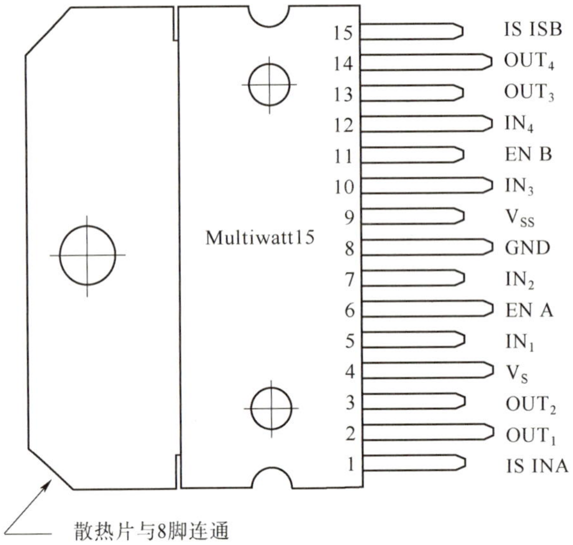

图 4.66　电动机驱动芯片 L289N 的引脚图

L298N 的引脚 9 为 V_{SS}，即逻辑供应电压，可接收标准 TTL 逻辑电平信号 V_{SS}，V_{SS} 可接电压为 4.5~7 V。4 脚 V_S 接电源电压，其电压 V_S 范围为 2.5~46 V。输出电流可达 2 A，可驱动电感性负载。1 脚和 15 脚连接的发射极分别单独引出以便接入电流用来采样电阻，形成电流传感信号。

L298N 的引脚 2、3 为 OUT_1、OUT_2，引脚 13、14 为 OUT_3、OUT_4，这 4 个引脚为芯片输入信号到电动机的输出端，其中引脚 2 和 3 能控制两相电动机，对于直流电动机，即可控制一个电动机。同理，引脚 13 和 14 也可控制一个直流电动机。可见 L298N 可驱动两个电动机，OUT_1、OUT_2 和 OUT_3、OUT_4 之间可分别接一个直流电动机。引脚 5、7、10、12 为单片机输入信号到 L298N 芯片的输入引脚，通过调整输入控制电平，控制电动机的正反转。引脚 6 和 11 脚为电动机的使能接线端，可用于控制电动机的停转。

表 4.4 是 L298N 的使能、输入引脚和输出引脚的逻辑关系。

表 4.4　L298N 引脚的逻辑关系

ENA（B）	IN_1（IN_3）	IN_2（IN_4）	电动机运转情况
H（高电平）	H	L	正转
H	L	H	反转
H	同 IN_2（IN_4）	同 IN_1（IN_3）	立即停止
L（低电平）	X（随意电平）	X	停止

1 脚和 15 脚可单独引出连接电流采样电阻器，形成电流传感信号，也可以直接接地，在本设计中就将它们直接接地。引脚 8 为芯片的接地引脚，它与 L298N 芯片的散热片连接

在一起。由于芯片的工作电流比较大，发热量也比较大，因此在芯片的散热片上又连接了一块铝合金，以增大它的散热面积。

在本设计中，采用由达林顿管组成的 H 型桥式电路。用单片机控制达林顿管，使之工作在占空比可调的开关状态下，准确地调整电动机转速。这种电路由于管子工作在饱和截止模式下，因此效率非常高。H 型桥式电路可以简单地实现转速和方向的控制，电子管的开关速度很快，稳定性也极强，是一种广泛采用的 PWM 调速技术。H 型桥式电路如图 4.67 所示。

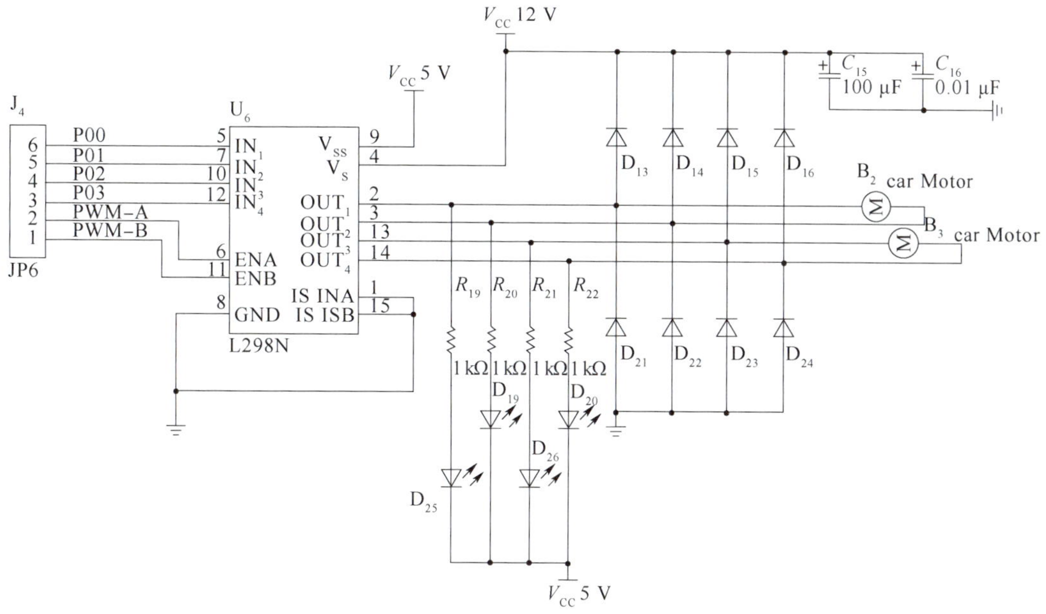

图 4.67　H 型桥式电路

4.6.3.5　显示电路

显示电路采用 LCD1602。LCD1602 采用标准的 14 脚（无背光）或 16 脚（带背光）接口，各引脚接口说明如表 4.5 所示。

表 4.5　LCD1602 各引脚接口说明

编号	符号	引脚说明	编号	符号	引脚说明
1	GND	电源地	9	DB_2	数据
2	V_{CC}	电源正极	10	DB_3	数据
3	V_0	液晶显示偏压	11	DB_4	数据
4	R/S	数据/命令选择	12	DB_5	数据
5	R/W	读/写选择	13	DB_6	数据
6	E	使能信号	14	DB_7	数据
7	DB_0	数据	15	BG/V_{CC}	背光源正极
8	DB_1	数据	16	BG/GND	背光源负极

显示屏主要用于显示工作状态。当小车处于巡逻模式时，显示屏第一行显示小车运行状态“run”，第二行为灭火次数“0”；当小车处于灭火模式时，第一行显示“stop”，当灭火结束时，第二行显示“1”。显示电路如图 4. 68 所示。

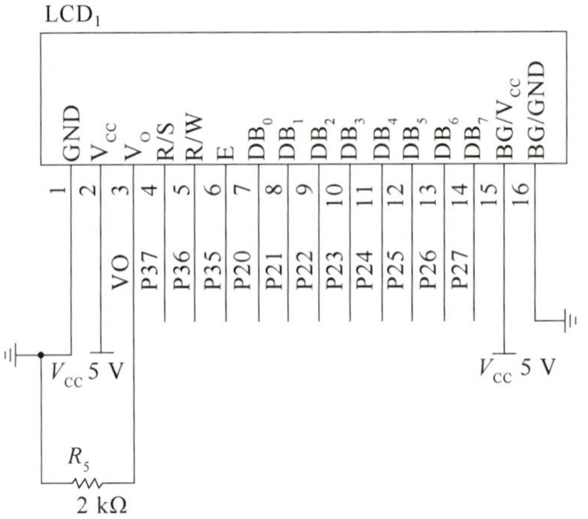

图 4. 68　显示电路

4. 6. 3. 6　电源

电源部分的设计主要采用三端集成稳压器 7805，完全能够满足避障小车单片机控制系统和 L298N 芯片的逻辑供电的供电需要。该电源在正常情况下可以提供 1. 5 A 的电流；在散热足够的情况下，可以提供大于 1. 5 A 的电流。7805 的输入电压可以为 9 V、12 V、15 V 不等，输出电压稳定在 5 V，正负误差不超过 0. 2 V。

结合电动机的工作电压，选取了 6 节干电池 12 V 作为 7805 的输入电源，搭建的电源部分电路如图 4. 69 所示。其中，电容 C_{11}、C_{12}、C_{13}是为了防止稳压器产生高频自激振荡和抑制电路引入的高频干扰，C_{14}是为了减小稳压电源输出端由输入电源引入的低频干扰。D_{18}为 LED 指示灯，显示电源是否在工作。输入为 12 V，由干电池组提供，输出为 5 V，误差大小在正负 0. 2 V 左右。

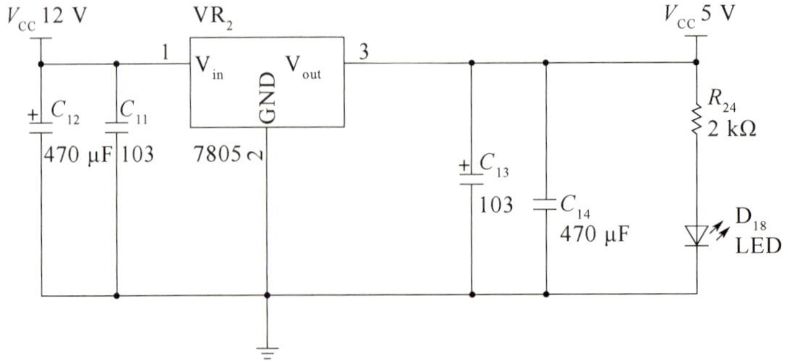

图 4. 69　电源部分电路

4.6.4　智能灭火小车软件

4.6.4.1　主程序

系统软件主程序流程图如图 4.70 所示。

系统软件主程序的核心任务是使 STC89C52 单片机通过火焰传感器和红外避障传感器收集的数据，将这些数据进行分析和处理，和比较器计算得到控制参量，再用单片机控制电动机驱动芯片进行调速控制。LCD1602 用来显示小车的状态参数。

4.6.4.2　寻火程序

小车通过火焰传感器对火源进行感应，并将收集的数据传给单片机处理，寻火程序设计流程图如图 4.71 所示。

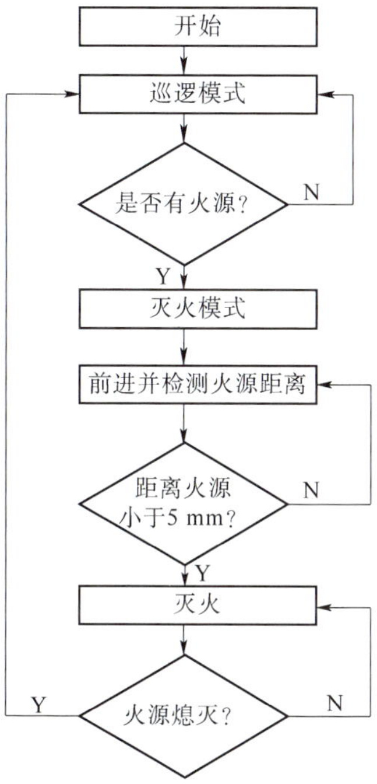

图 4.70　系统软件主程序流程图

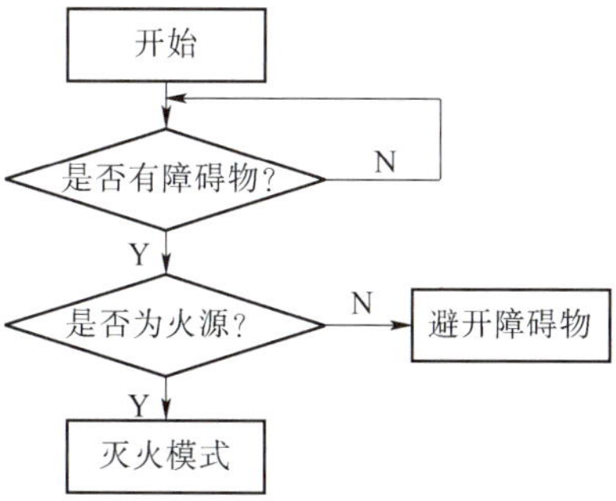

图 4.71　寻火程序设计流程图

4.6.4.3　灭火程序

灭火程序是整个小车的核心部分之一，根据前面介绍的火源检测电路工作原理，当检测到前方火源信号时，将输出低电平，信号线均与单片机相连，供单片机检测。

系统共使用 6 个火焰传感器，装在小车车头，每隔 45°角装载一个，正前方装有两个，一个近距离的，一个远距离的。近距离火焰传感器用来判断是否启动灭火装置。

表 4.6 所示为小车检测到火焰运动状态表。

表 4.6　小车检测到火焰运动状态表

	左 1	左 2	中近	中远	右 2	右 1	小车运动状态
传感器状态	1	1	1	1	1	1	前进
	0	1	1	1	1	1	左转
	1	0	1	1	1	1	左转
	1	1	1	0	1	1	前进
	1	1	0	0	1	1	停止
	1	1	1	1	1	0	右转
	1	1	1	1	0	1	右转
	1	1	1	0	1	1	前进
	0	0	1	1	1	1	左转
	1	1	1	1	0	0	右转

当火焰传感器检测到火源时，小车将根据火源的方向控制转向；在无火源的情况下，单片机控制电动机向前行驶；当右侧火焰传感器检测到火源时，单片机控制电动机向右转，直到中间火源传感器检测到火源，然后前进到中间近距离火源传感器检测到火源。当左侧火源检测到火源时，单片机控制电动机向左转，直到中间火源传感器检测到火源，然后前进到中间近距离火源传感器检测到火源。灭火程序流程图如图 4.72 所示。

4.6.4.4　显示程序

采用 LCD1602 型显示屏，LCD1602 型显示屏用 5×7 点阵图形来显示字符，可以显示两行，每行 16 个字符。它是一种专门用来显示字母、数字、符号等的点阵型液晶模块。

LCD1602 显示程序流程图如图 4.73 所示。

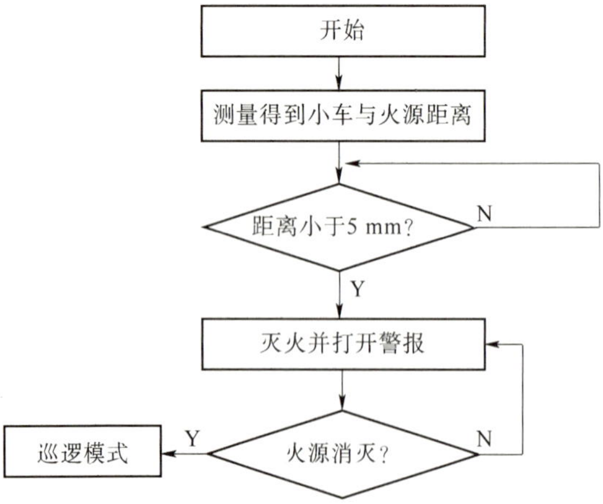

图 4.72　灭火程序流程图

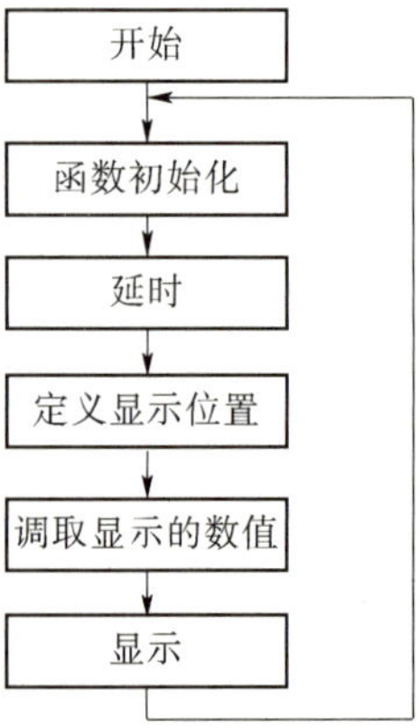

图 4.73　LCD1602 显示程序流程图

LCD1602 显示程序的作用是为整个系统提供显示数字的功能，将小车系统处理得出的数字信息显示出来。

主要显示内容如下：第一行显示小车的工作状态，第二行显示小车的灭火次数。当开机时，显示内容为“run”和“次数：0”；当小车处于巡逻模式，显示屏第一行显示小车运行状态“run”，第二行为“次数 0”；当遇到障碍物时，显示“stop”和“次数：0”；避开后，显示“run”和“次数：0”；当灭火时，显示“stop”和“次数 0”；灭火成功后，显示“run”和“次数：1”。

4.6.4.5　红外避障程序

根据红外传感器工作原理，当检测到前方障碍物时，信号线被置为低电平，信号线均与单片机相连，供单片机检测。

小车运动状态如表 4.7 所示。红外避障程序流程图如图 4.74 所示。

表 4.7　小车运动状态

	左避障头	右避障头	小车运动状态
传感器状态	0	0	后退
	0	1	右转
	1	0	左转
	1	1	前进

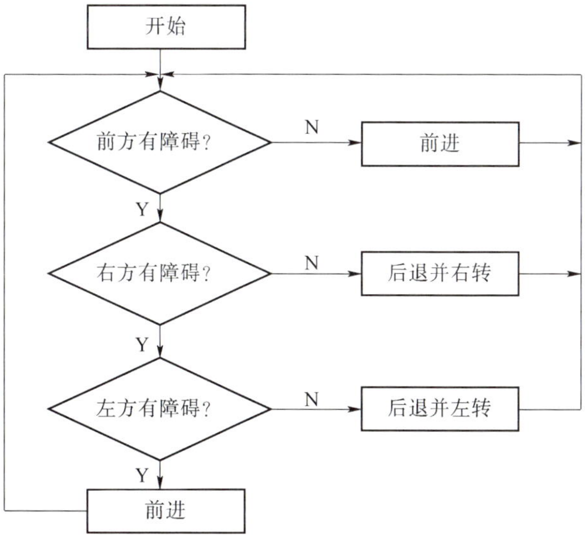

图 4.74　红外避障程序流程图

当红外传感器检测到障碍时，小车将根据障碍物的方向控制转向；在无障碍的情况下，单片机控制电动机向前行驶；当右侧光电开关检测到障碍时，单片机控制电动机向左转；当左侧光电开关检测到障碍时，单片机控制电动机向右转；当左、右两侧光电开关都检测到障碍时，单片机控制电动机使其后退；当两侧光电开关都没检测到障碍物时，单片机控制电动机直行。

4.7 家居环境监控系统

4.7.1 任务与要求

4.7.1.1 设计任务

设计家居环境监控系统，实时采集温湿度、烟雾、火焰和空气质量数据，用液晶屏显示，可按键调节参数和手机号码，灾情发生时，产生声光报警信号，报警信息可分级别远程发送。家居环境监控系统原理如图 4.75 所示。

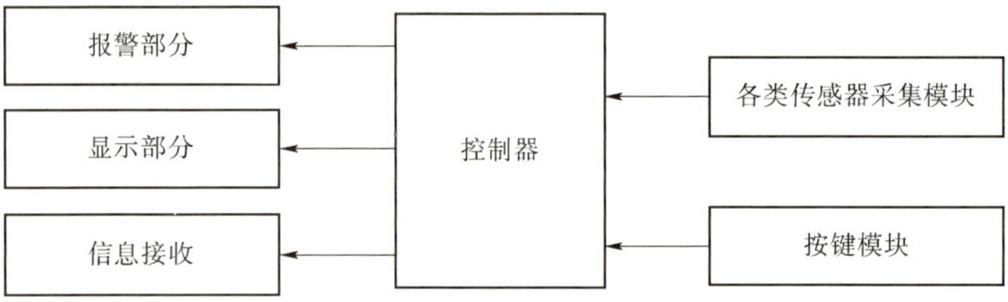

图 4.75 家居环境监控系统原理

4.7.1.2 技术要求

(1) 利用 DS18B20 温度传感器，实时采集环境的温度数据。

(2) 利用 DHT11 湿度传感器，实时采集环境的湿度数据。

(3) 利用烟雾和火焰传感器，实时采集环境的烟雾和火焰数据。

(4) 利用 PM2.5 传感器，实时监控空气质量。

(5) 当温度高于 28 ℃时，系统将自动打开风扇降温；当湿度低于 30%RH 时，系统自动打开加湿器。

(6) 按键可调节参数，修改手机号码。

(7) 当发生火灾时，产生声光报警信号，报警信息可分级别远程发送。

4.7.2 总体设计方案

4.7.2.1 单片机控制电路

单片机控制电路设计根据功能要求，需要双串口单片机作为控制电路，其主要功能为实现控制屏幕显示检测温度、湿度和烟雾火焰浓度等信息，并能够发送短信。

STC15W4K48S4 单片机是新一代 8051 单片机，具有抗干扰能力强、功耗低、速度快等优点。采用无法解密的第九代加密技术，指令代码完全兼容传统的 8051，内部集成高精度 R/C 时钟，可设置 5~35 MHz 的带宽范围，除此之外，晶振和外部复位电路也可以完全省略掉，足以保证系统性能的可靠，也可以在短时间内使单片机的设计更加简洁，外部电路也得到了简化。因此选用 STC15W4K48S4 单片机作为控制核心芯片。

4.7.2.2　GSM 通信电路

无线收发电路要求能够完成较远距离的无线信号传输。

下面采用 GA6 进行设计。GA6 支持短信业务，支持 GPRS 数据业务，支持两个串口，一个下载串口，一个 AT 命令口。GSM A6 模块的尺寸只有 22.8 mm×16.8 mm×2.5 mm，待机平均电流在 3 mA 以下。模块默认是 USB 供电，模块上电后会自启动，无须手动将 PWR 引脚接到 V_{CC}。

4.7.2.3　显示电路

显示电路主要完成系统初始化后温度、湿度及控制信息的显示，采用 LCD1602。

4.7.2.4　系统总体设计方案

家居环境监控的设计精度、可靠性、抗干扰能力都高于模拟系统，系统的总体思路如下：主控机采用 STC15W4K48S4 单片机；温度与湿度采集模块选用了 DS18B20 数字温度传感器和 DHT11 温湿度传感器；PM2.5 和烟雾数据的采集选用夏普 GP2Y1010AUOF 粉尘传感器和 MQ-2 烟雾传感器；火焰数据采集采用火焰传感器。部分信号的显示与传输由主控模块实现，并实现报警功能。

本设计包括主控模块、温湿度采集模块、火焰采集模块、PM2.5 采集模块、烟雾采集模块、报警模块、数据显示模块、GSM 信息接收模块、按键模块和电源模块。家居环境监控系统总体设计方案框图如图 4.76 所示。

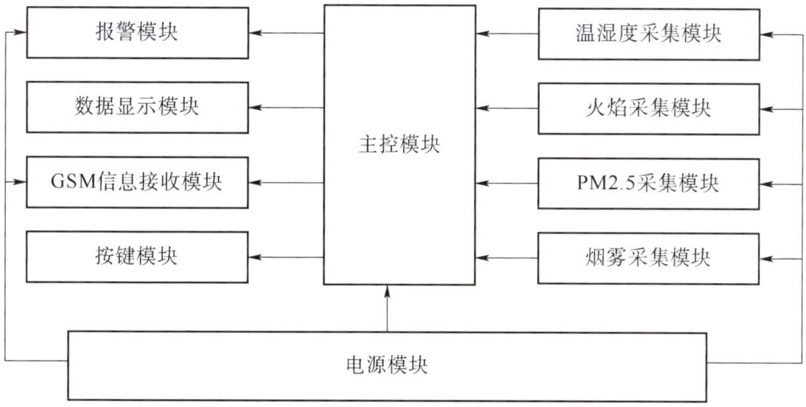

图 4.76　家居环境监控系统总体设计方案框图

主控模块。主控单元由一片 STC15W4K48S4 单片机作为控制核心。STC15W4K48S4 系列单片机是抗干扰能力强、稳定性好、速度快、功耗低的全新 8051 单片机。采用无法解密的第九代加密技术，指令代码可完全兼容传统的 8051，速度是传统单片机的 8~12 倍。内部集成高精度 *R/C* 时钟，可设置 5~35 MHz 的带宽范围，昂贵的晶振和外部复位电路可完全被省掉。

温度采集模块。温度采集选用 DS18B20 数字温度传感器。DS18B20 具有小体积封装模式，封装后可用于多种场合，接线方便，型号也多种多样，测温分辨率可达 0.062 5 ℃。适用于各种狭小空间，且在使用中不需要任何外部元件。

湿度采集模块。湿度采集选用 DHT11 数字温湿度传感器。DHT11 为 4 针单排引脚封装，连线方便。它采用专门的数字模块采集技术的湿度传感技术，确保产品具备极高的可靠性和稳定性。传感器里有一个电阻式感湿元件，并与一个高性能的8位单片机相连接。湿度采集范围为0~99%RH。

PM2.5采集模块。PM2.5采集选择GP2Y1010AU0F粉尘传感器。此传感器可以检测室内空气中的尘埃粒子，传感器的内部安装着红外线发光二极管和光敏晶体管，尘埃的反射光可以被其检测到。此模块输出的值为模拟电压，当输出电压值较大时，代表检测到的粉尘浓度较高。

烟雾采集模块。烟雾采集选择MQ-2烟雾传感器，该传感器可安装在家庭中，适用于多种气体的检测，如家中的液化气、酒精等。其检测灵敏度高，检测范围大，并且响应迅速，拥有良好的稳定性，驱动电路也十分简单。此模块输出的值为模拟电压，与烟雾浓度基本成正比。

火焰采集模块。火焰采集采用A162火焰传感器，其对火焰最为敏感，能够检测热辐射波长在760~1 100 nm范围内的火焰，输出接口能够直接与单片机I/O接口相连接。此模块输出的同样为模拟电压，电压值越大，火焰越大。

数据显示模块。信息显示采用LCD1602显示屏。LCD1602可显示两行信息，且电路相对简单。考虑设计成本，所以电路板采用功耗低、操作简单的LCD1602。

GMS信息接收模块，该模块用于向指定账号发送信息，采用GA6。GA6是一个4频的GSM/GPRS模块，模块默认是USB供电，模块上电后会自启动，无须手动将PWR引脚接到V_{CC}。该模块可用于长距离传输，且操作简单。

报警模块。设计报警装置，当烟雾浓度超出指定范围后，指示灯亮起并报警。蜂鸣器通过三极管扩流并与单片机相连，若超过设定值将报警。

按键模块。按键修改手机号码信息和按键设置温湿度范围。

电源模块。该模块采用2 A充电宝供电。

4.7.3 家居环境监控系统硬件

4.7.3.1 主控电路设计

主控电路是整个系统的控制核心。STC15W4K48S4单片机作为控制系统的核心处理器，在处理性能上要优于基于8051内核的单片机。同时，单片机内部包含丰富的资源，省去了部分复杂外设电路的搭建，系统只需要结合部分硬件，就能实现相应的功能。

STC15W4K48S4的核心控制电路包括时钟电路、复位电路、启动方式选择电路及核心处理器。该单片机的工作电压为5 V。STC15W4K48S4单片机引脚如图4.77所示。

单片机复位是为了让程序计算器回到0000H这个地址，程序从头开始执行，将一些寄存器、存储单元都设置为初始设定值。STC15W4K48S4单片机复位可以采用软件复位、掉电复位方式，就是在上电复位后增加一个180 ms的延时。在STC15W4K48S4单片机复位电路中，当程序运行不正常或者出现异样时，就需要复位，所以说复位电路是必不可少的。STC15W4K48S4单片机复位引脚为RST/P5.4，外部RST复位引脚就是从外部向RST引脚施加一定宽度的复位脉冲，从而实现单片机复位。

设计采用10 kΩ的电阻、10 nF的电容及独立按键构成复位电路。一般来说，只需在

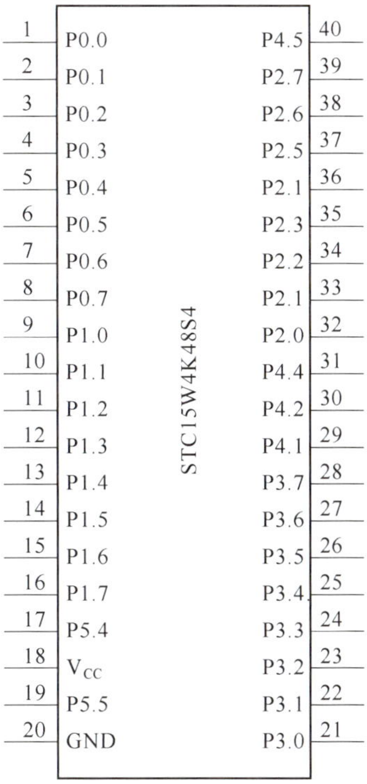

图 4.77　STC15W4K48S4 单片机引脚

RST 引脚上连接 10 ms 以上低电平，就能使单片机有效复位。上电瞬间，电容两端电压不能突变，而电容和 RST 相连端的电压会逐渐升高，RST 复位引脚的输入为低电平，芯片被复位。随着+5 V 电源给电容充电，电阻上的电压逐渐变大，最后 RST 复位引脚上的电平为+5 V，芯片正常工作。在芯片正常工作后，按下按键可以使 RST 引脚出现电容瞬间放电变成低电平的现象，达到手动复位的效果，而单片机正常工作的时钟来源是时钟电路。

4.7.3.2　按键与报警电路设计

本设计中采用独立按键，通过按下此键实现相应的功能。采用单片机的 P3. 2、P3. 3、P3. 6 实现按键扫描，可以设置按键功能，如调节参数、设置报警范围、修改手机号码等。通过配置接口的模式，就可以实现键盘的扫描功能。按键控制电路如图 4. 78 所示。

家居环境监控系统具有蜂鸣器报警功能，便于及时发现火灾提醒人员转移，采用声音提醒效果更直接。蜂鸣器声音报警容易被更多的人员第一时间听到，以便做出相应补救措施。系统声音报警条件：一是检测到烟雾会报警；二是检测到火焰会报警；三是当温湿度达到要求时会报警。蜂鸣器报警电路如图 4. 79 所示。

蜂鸣器通过三极管扩流并与单片机相连，若超过设定值，则单片机通过控制蜂鸣器报警。通过按键可以设置报警范围。蜂鸣器和家用电器上的喇叭在用法上有着类似的地方，二者的工作电流都比较大，电路上的 TTL 电平基本上驱动不了蜂鸣器，所以需要增加一个三极管来放大通过蜂鸣器的电流。将蜂鸣器正极性的一端接到三极管的集电极，另一端接地。三极管的基极由单片机的 FMQ 引脚控制，当 FMQ 引脚为低电平时，三极管导通，这样蜂鸣器的电流形成回路，发出声音。当 FMQ 引脚为高电平时，三极管截止，蜂鸣器不发出声响。

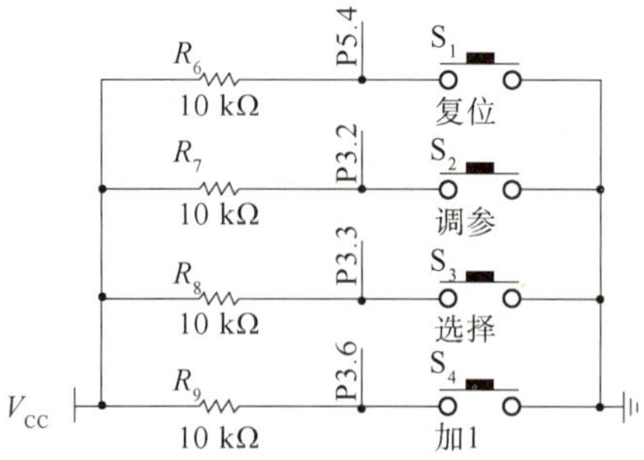

图 4.78　按键控制电路

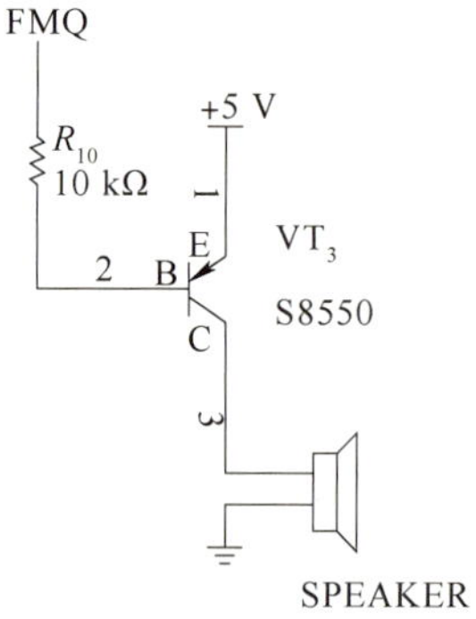

图 4.79　蜂鸣器报警电路

4.7.3.3　显示电路设计

显示电路采用 LCD1602 液晶显示屏。设计中，LCD1602 显示两行字符，其中第一行左端显示当前温度的采集数据，右端为系统报警信息。第二行左端为湿度显示数据，显示范围为 0~99% RH，中间显示烟雾及火焰情况，右端则为 PM2.5 的采集显示。显示电路如图 4.80 所示。

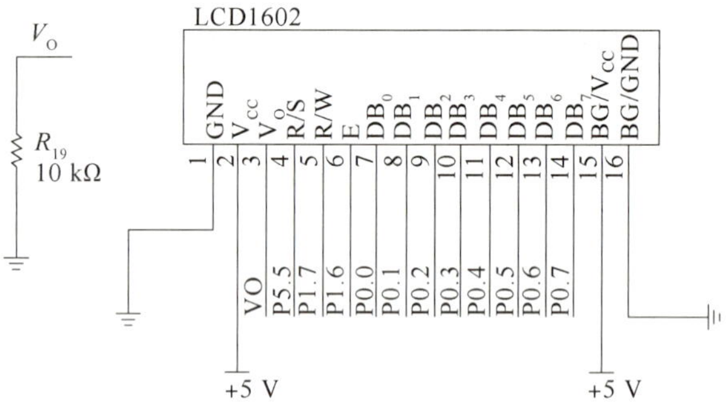

图 4.80　显示电路

4.7.3.4　检测电路设计

检测电路检测的数据包含温度、湿度、PM2.5、烟雾等参数，这些参数对家居环境监控系统至关重要，特别是可以实时检测室内环境状态。

（1）温度检测电路设计。

温度传感器 DS18B20 是最常用的测温传感器，测量范围为 -55 ~ +125 ℃，精度为 0.1 ℃。DS18B20 有 3 个主要的数据部件：激光 ROM、温度灵敏元件及非易失性温度告警触发器。每个 DS18B20 包含唯一一个 64 位长的序号，此序号存储在内部的 ROM 中，可识别多个传感器，也可提供高达 9 位温度读数，信息通过单线接口输入或送出，所以只需要控制一条信号线，就可以实现对温度数据的读取和控制。

DS18B20 有两种供电方式：一种是可以在单线的通信线上获取电源，当信号线处于高电平的时间周期内，内部的电容可以存储电能；另一种供电方式是采用外部的 5 V 电源供电，相比于在单线的通信线上获取电源，外部供电的好处是提高了 DS18B20 的工作稳定性，降低了电路设计的难度，同时提高了 DS18B20 的抗干扰能力。

为了实现数据的传输，使 DQ 数据输入输出引脚通过单总线的连接方式与 STC15W4K48S4 的引脚相连。考虑到 STC15W4K48S4 单片机工作在 5 V 的低电压条件下，根据其数据手册可知 PB7 引脚可耐受 5 V 的电平，因此选择 P2.4 作为与 DS18B20 相连的引脚，通过控制该引脚就可实现对 DS18B20 的控制。同时 DQ 数据接口接 4.7 kΩ 的上拉电阻。

DS18B20 的温度转换部分出厂测试默认状态为 12 bit 模式，转换时间为 750 ms。温度转换数据组成包括 MSB 和 LSB，其中，MSB 由高 5 位的符号位和低 3 位的数据位组成，LSB 由高 4 位的整数部分和低 4 位的小数部分组成。

正温度下温度的计算值为：

$$\text{Data}=(\text{MSB}+\text{LSB})\times 0.0625$$

负温度下温度的计算值为：

$$\text{Data}=[-(\text{MSB}+\text{LSB})+1]\times 0.0625$$

可以通过判断 MSB 中的符号标志位，来实现对 0 ℃以下温度的检测。系统获得的温度值可通过显示电路直观地显示出来，也可通过通信串口上传温度信息。DS18B20 检测电路如图 4.81 所示。

（2）湿度检测电路设计。

DHT11 数字温湿度传感器是一款温湿度复合传感器。其中累积了温度传感元件和湿度敏感元件，在测量湿度的同时也能进行温度补偿，这样可以提高测量精度。DHT11 器件选用简单的单总线通信。单总线就是只有一根数据线，系统中的控制和数据的传输都由单总线来完成。单总线通常要外接一个约 5.1 kΩ 的上拉电阻，这样当总线闲置时，其状态才为高电平。因为它们是主从结构，所以主机访问器件都要严格遵守单总线的序列规则，只要出现偏差和乱序，从机就不会响应主机。DATA 上拉后与微处理器的 I/O 接口相连，在典型应用电路中，当用 5.1 kΩ 上拉电阻时，连接线长度短于 20 m。当连接线大于 20 m 时，会根据实际情况降低上拉电阻的阻值。使用 3.3 V 电压供电时，连接线长度不得大于 1 m，否则线路压降会导致传感器供电不足，造成测量偏差。每一次读出的温湿度的显示数值是上次测量的结果，需要连续读两次才能获得实时的温湿度值，但不建议连续多次读取传感器。若想获得准确的数据，需要间隔时间大于 5 s。DHT11 检测电路如图 4.82 所示。

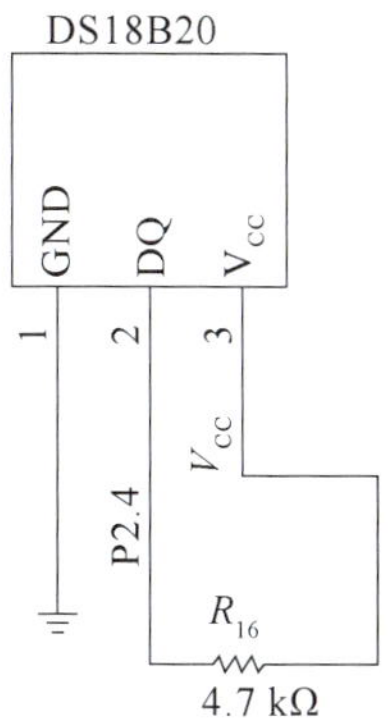

图 4.81　DS18B20 检测电路

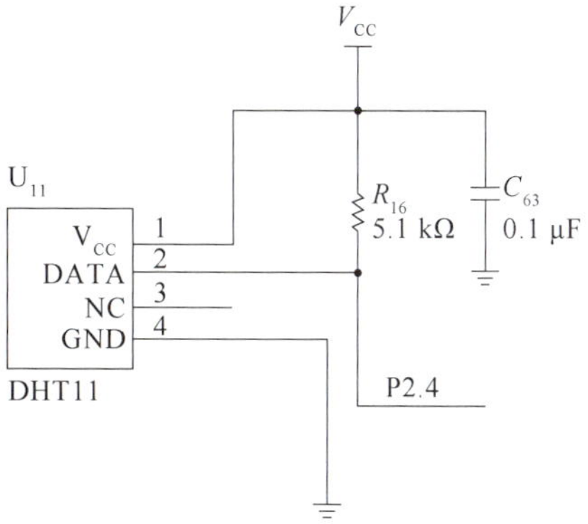

图 4.82　DHT11 检测电路

（3）PM2.5 检测电路设计。

空气质量检测选用 GP2Y1010AU0F 粉尘传感器，此传感器可以感应空气中的尘埃粒子，传感器的内部放置着红外线发光二极管和光敏晶体管，空气中的尘埃反射光可以被其检测到，无论多么小的粉尘颗粒都会被检测到。比传感器通常与空气净化系统配合使用。该传感器输出的是模拟电压，即电压值越高，则 PM2.5 的值也会越高。传感器不仅可以测量 0.8 μm以上的微小粒子，还可以检测烟草产生的气体、花粉及房屋内粉尘等。其安装简单，体积小巧，质量小，可与空气清新机、换气空调和换气扇等产品搭配使用。其输出电压可变，范围等于输出电压范围与无尘时输出电压值之差，将其转换可算得粉尘浓度，具体计算方法为：

检出粉尘浓度范围（mg/m^3）= 检出可能范围［输出电压可变范围（V）］÷检出感度K［V/（0.1 mg/m^3）］

检出的情况下，其判定值如下：

判定值=检出浓度（mg/m^3）÷10×K［V/（0.1 mg/m^3）］+无尘时输出电压（V）

灰尘的检出是在规定时间内，测得某一输出电压的变化是否超出标准，从而检出有无灰尘。PM2.5 检测电路如图 4.83 所示。

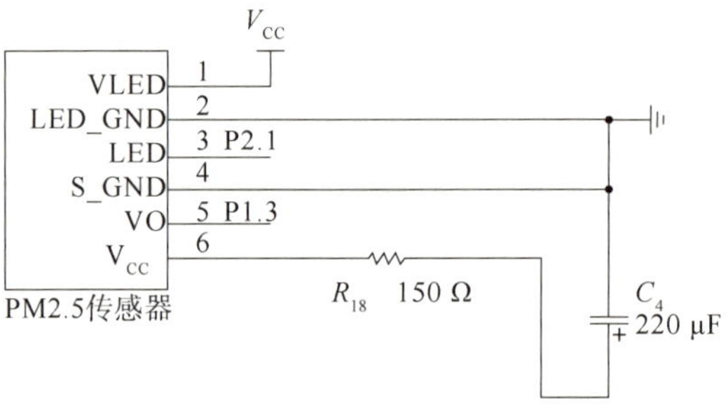

图 4.83 PM2.5 检测电路

（4）烟雾检测电路设计。

检测烟雾采用 MQ-2 烟雾传感器。当处于 200～300 ℃时，空气中的氧会附着到二氧化锡上，形成氧的负离子吸附，而半导体中的电子密度会随着氧的吸附而减少，从而使其电阻值增加。当传感器与烟雾接触时，就会引起表面电阻率的变化，利用传感器这一特点就可以获得烟雾信息。

当遇到可燃烟雾时，二氧化锡吸附的氧会脱落；氧脱落的过程中会释放出电子，烟雾在正离子吸附过程中也要放出电子，这会使二氧化锡半导体带电子密度增加，从而电阻值下降。当传感器在正常状况时，二氧化锡半导体又会自动恢复氧的负离子吸附，使电阻值升高到原始状态。以上就是 MQ-2 烟雾传感器的基本工作原理。MQ-2 烟雾传感器电路如图 4.84 所示。

（5）火焰检测电路设计。

火焰检测采用火焰传感器 A162，火焰传感器 A162 模块电路如图 4.85 所示。

火焰传感器 A162 能够检测热辐射波长在 760～1 100 nm 范围内的火焰，若用打火机进行测试，则距离为 80 cm 最合适，火焰越大的，测试距离就要相应拉远。它的输出接口可以直接与单片机的 I/O 接口相连接，探测角度为 60°左右，对火焰极为敏感，且灵敏度可调节；采用比较器输出，信号“干净”，波形好，驱动能力强。内部使用宽电压 LM393 比较器。

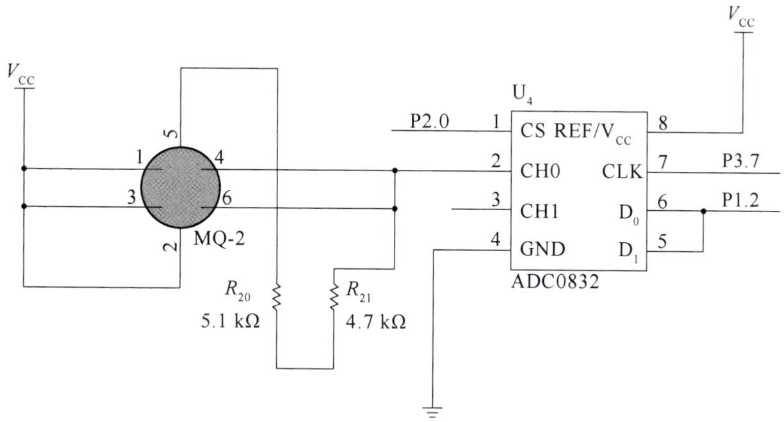

图 4.84　MQ-2 烟雾传感器电路

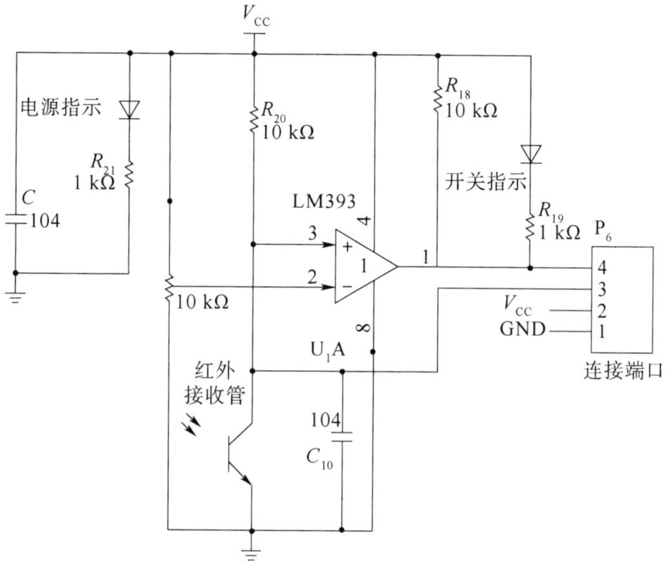

图 4.85　火焰传感器 A162 模块电路

4.7.3.5　GSM 通信电路设计

GA6 是一个 4 频的 GSM/GPRS 模块。GA6 模块的尺寸只有 22.8 mm×16.8 mm×2.5 mm，待机平均电流在 3 mA 以下。模块默认是 USB 供电，模块上电后会自启动，无须手动将 PWR 引脚接到 V_{CC}。

GA6 的短信发送格式有两种：一种是 TEXT 格式，只能发英文字符、数字；另一种是 PDU 格式，也就是常说的中文短信。本设计中采用第二种格式。GSM 通信模块引脚图如图 4.86 所示。

GA6 采用单电源供电，VBAT 的电压输入范围为 3.5~4.2 V，推荐电压为 4.0 V。模块发射的突发会导致电压跌落，这时电流的峰值最高会达到 2 A。因此，电源的供流能力不能小于 2 A。这里采用 2 A 充电宝供电。GA6 内嵌 TCP/IP，这在数据传输应用时非常有用。GA6 芯片连接电路如图 4.87 所示。

GSM 模块 GA6 插入手机卡后，系统根据运行状态及温度、湿度、烟雾和火焰传感器的实

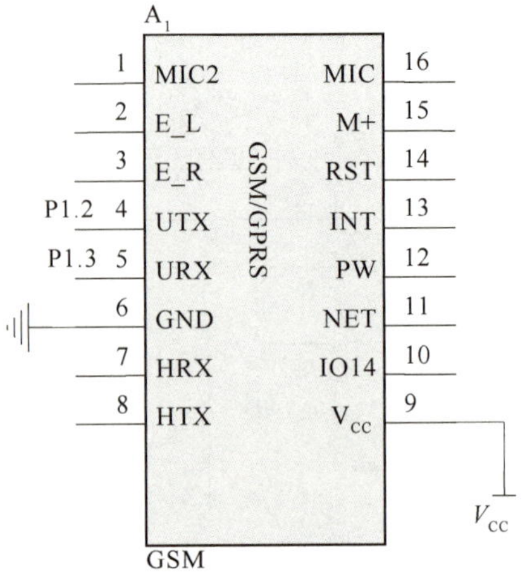

图 4.86　GSM 通信模块引脚图

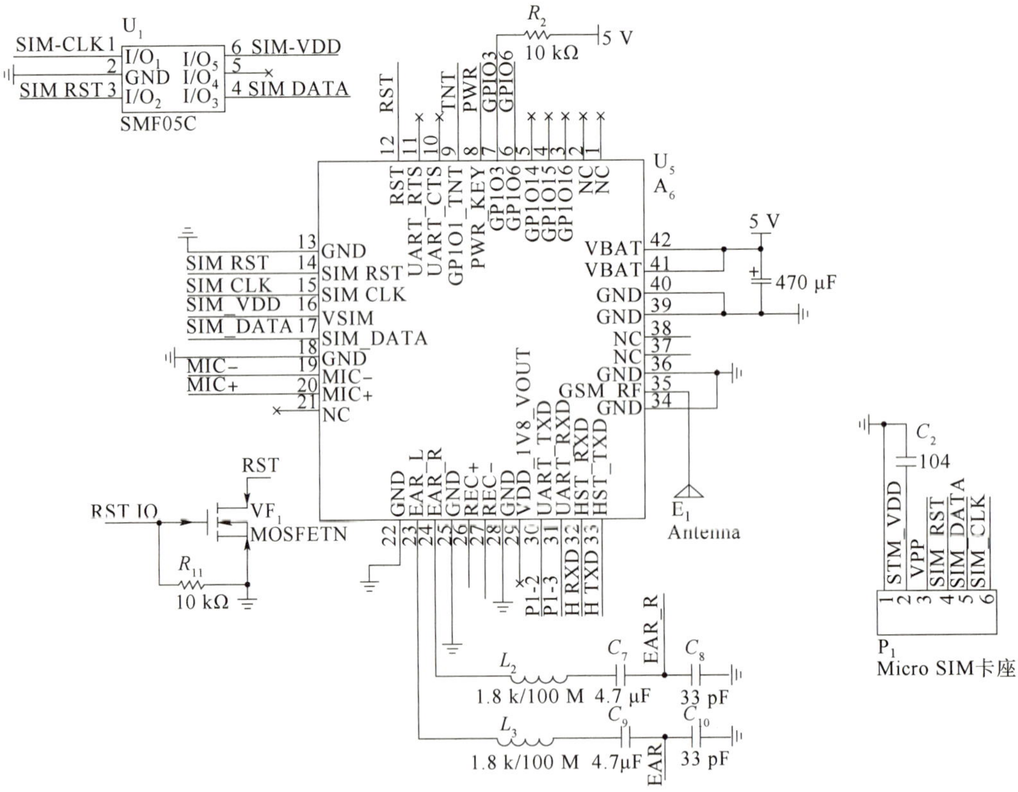

图 4.87　GA6 芯片连接电路

时状态，自动向手机发送短信。系统报警有效时间为 30 s，若 30 s 内检测参数一直超限，则报警的手机短信发送一次，等 30 s 结束后，再检测是否超限，进而决定是否报警。模块的 SIM 卡接口支持 GSM Phase 1 和 GSM Phase 2+规范以及 FAST 64 kbit/s SIM 卡，支持 1.8 V 和 3.0 V SIM 卡。SIM 卡的接口电源正常电压值为 2.8 V 或者 1.8 V。SIM 卡的外围电路的器件应该靠近 SIM 卡座。

GA6 可以通过复位引脚使设备进入复位状态。这个信号仅用于紧急复位，比如模块无法接收短信，或者无法响应 AT 指令。当 RST 引脚为低电平时，将使模块复位，此引脚已在模块内部上拉，应在 RST 引脚上并接去耦电容来防止干扰。复位以后，需要重新按开机键，使模块重新开机。

4.7.4 家居监控系统软件

4.7.4.1 主程序设计

本设计的整体硬件电路设计基于 STC15W4K48S4 单片机，通过单片机协调控制环境参数检测电路、GSM 通信模拟电路、显示电路、报警电路，实现家居环境监控系统的设计，还能通过液晶屏直观地将检测所得的参数显示出来。按键电路设计了部分按键的功能，通过按键可以手动控制和调节一些参数。在通信方面，单片机还提供一路串口连接 GSM 通信电路，在此基础上可以通过串口服务器将得到的参数信息传至远程的手机，这样就实现了对家居环境的监测。

主程序软件流程图如图 4.88 所示。初始化硬件接口配置，并配置串口，系统依次进行温湿度等环境参数的监测和串口数据传输，以及信息的显示。系统具有良好的自检功能，可通过 LCD1602 实时地显示相关的参数信息，同时通过单片机与 GSM 模块之间的串口通信，实现数据传输。整体系统软件设计达到了家居环境监控系统的设计要求。

4.7.4.2 环境参数检测程序设计

DS18B20 温度传感器和 DHT11 传感器等传感器都和单片机通过单总线的方式连接，通过单片机对相应接口的时序操作，实现传感器的硬件初始化、寄存器读取等。同时，通过判断 ACK 信号判断传感器是否正常工作。若传感器工作异常，则立即标记相应的自检标志位为异常，然后通过液晶屏显示异常类型，这样使得控制系统具有了自检功能。各类型传感器采集得到的数据通过相应计算就能变成实际的数值，然后通过液晶屏直观地显示出来。环境参数检测电路软件流程图如图 4.89 所示。

初始化程序包括初始化温度、湿度等传感器，通过配置 STC15W4K48S4 的接口输入/输出模式，就可以实现相应引脚的功能。配置串口通过串口调试助手，就能得到采集数据，这样使得系统能够实现数据的通信。

4.7.4.3 按键电路程序设计

按键电路可以实现对家居环境监控系统装置的控制。

按键分别与 STC15W4K48S4 单片机的 P1.4~P1.7 引脚相连，其中一个引脚配置为外部中断模式，P1.5 处于外部中断线 EXTI15_10_IRQn 向量通道中，而 P1.4 处于外部中断线 EXTI9_5_IRQn 向量通道中，而且 P1.4 引脚的优先级应该高于 P1.5，这样才能在按键按下时，系统及时地响应中断，调整另外两个按键的功能。

在正常情况下，单片机引脚 P1.5 和 P1.6 控制的按键可以设置报警范围，每次按下的增加数量是 1，但当单片机引脚 P1.4 控制的按键按下后，进入设置中心位置状态，单片机引脚 P1.5 控制的按键按下代表确认，单片机引脚 P1.6 控制的按键按下代表返回。按键电路软件流程图如图 4.90 所示。

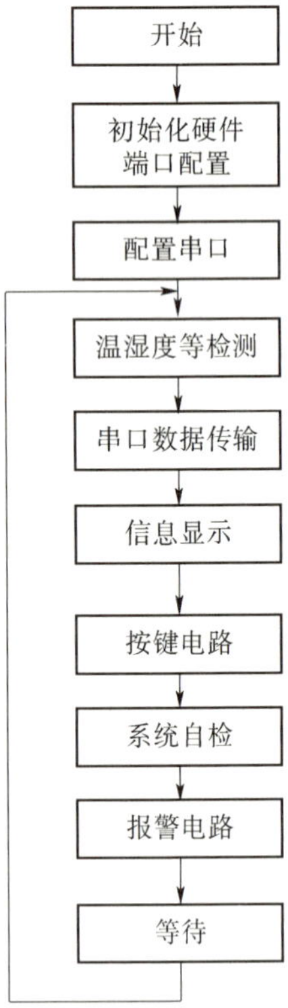

图 4.88　主程序软件流程图

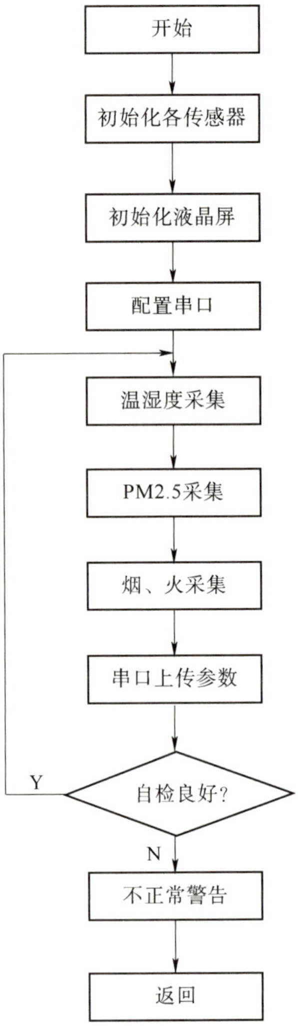

图 4.89　环境参数检测电路软件流程图

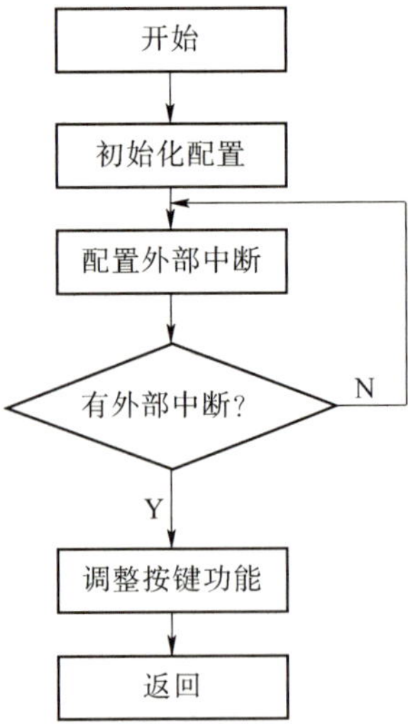

图 4.90　按键电路软件流程图

4.7.4.4　GSM 通信电路程序设计

无线数据传输技术被应用于数据传输领域，传统数据通信通常以通信线缆为基础，通过信号线中高低电平信号的变化来传递相应的信息。使用有线数据通信增加了设计成本，同时需要定期检查通信线缆以确保数据通信的正常，这样加大了设备维护成本。

该家居环境监控系统需要对温度和湿度等信息进行采集，选用有线数据通信是难以实现的，因此采用无线数据通信。本设计所需要的 GSM 通信电路采用 GA6 模块，GSM 通信电路软件流程图如图 4.91 所示。

当超出范围后，会发送短信进行报警。短信报警软件流程图如图 4.92 所示。

初始化接口配置中设置了相应引脚的 GPIO 模式，通过 STC15W4K48S4 单片机与 GA6 模块的通信，就能实现无线数据的传输。当系统检测到烟雾火焰时，家居环境监控系统会自动发送一条警告短信到指定号码，通过软件编程调试，实现了家居环境监控系统设计中

GSM 通信部分的软件设计。

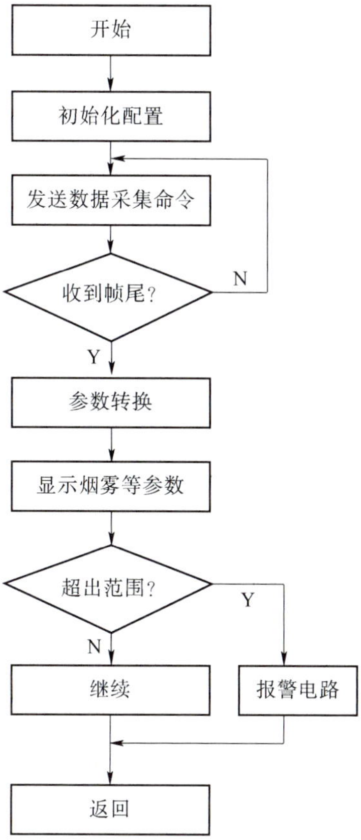

图 4.91　GSM 通信电路软件流程图

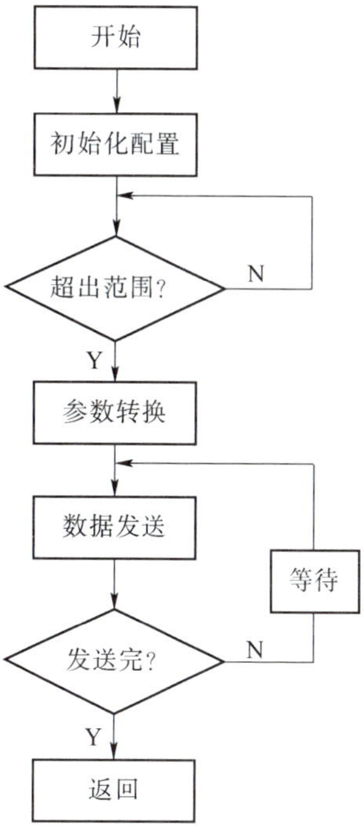

图 4.92　短信报警软件流程图

4.8　智能阳台农场

4.8.1　任务与要求

4.8.1.1　设计任务

设计一个智能阳台农场，可对花木生长环境进行实时检测，当检测的环境值低于用户设定值时，及时给植物进行补充，当检测值高于系统设定值时，停止给植物供应。可以设置温湿度和光线的上下限报警范围，超出范围后，蜂鸣器报警，并发送短信。智能阳台农场工作原理如图 4.93 所示。

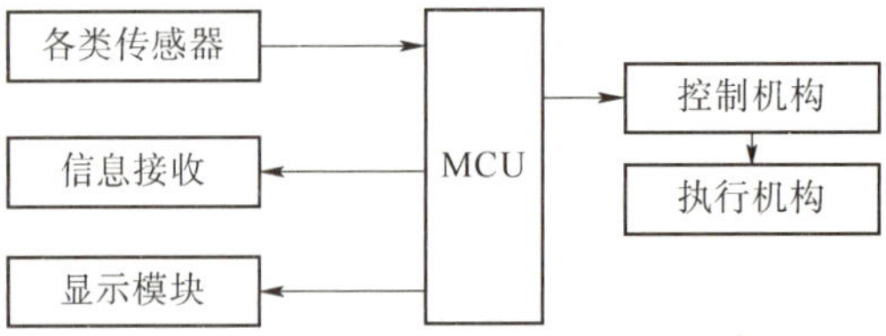

图 4.93　智能阳台农场工作原理

4.8.1.2　技术要求

（1）利用光照、温湿度传感器，检测阳台农场的温湿度和光照强度。

（2）可精确地对温湿度和光照进行相应的调整，以保障农场内的植物生长。

（3）依靠温湿度的检测改变水泵、风扇和补光灯等设备的工作状态。

（4）采用蓄电池供电，对环境无污染，并可以反复充电使用。

（5）可以与手机设备结合，利用 SIM900 对主人发送短信。

4.8.2　总体设计方案

4.8.2.1　控制模块

本设计采用 STC89C52 单片机实现系统功能和程序参数的调整，由于其已经拥有了完善的系统，因此更加有利于本次设计工作。STC89C52 单片机相关内容在 4.6 节已有介绍，这里不再赘述。

4.8.2.2　光照传感器

本设计采用 BH1750 数字式光照传感器，该数字式传感器可以直接通过导线连接到单片机 I/O 接口，不需要进行 A/D 转换。BH1750 光照范围为 0～65 535 lx，分辨率高，误差小，输出为数字信号。不区分光源，更加近似于人们的视觉灵敏度的分光特性。对于本系统来说，数字式传感器更适合，不仅可以省去 A/D 转换电路的设计，使电路结构更加简洁，还能节省 I/O 接口，使控制更方便。

另外，该系统既可放于环境庇荫处，也可放于室外阳光直射区，因此，根据植物的生长需要，应该模拟太阳的光源，为了更接近自然光，不对系统内部环境造成影响，且有效防水，补光设施使用全光谱环境光合育苗蔬菜花卉防水节能补光 LED 灯管，发热小，功耗低。

4.8.2.3　空气温度和湿度传感器

温度与湿度直接影响植物的生长状况，适宜的温湿度能够使植物生长得更快，因此需要采集环境的温度和湿度值，并且通过加热、加湿和加快空气流通来调整环境的这两项指标。

空气温度和湿度采集采用温湿度一体的数字式传感器 DHT11，其温度测试范围为 -55～125 ℃，测温分辨率可达 0.062 5 ℃，湿度测试范围为 10%RH～95%RH，符合本次设计的要求。在 DHT11 的内部组成中包括以电阻为基础的湿度感应端和以 NTC 为基础的温度感应端，通过两个端子与单片机的连接来实现对温湿度的测量。在实际的生产应用中，DHT11 本身就拥有成熟的技术开发、对信号能进行高速处理变换、对外界不良环境的抵抗特性高等优点。其温湿度误差小，测试量程范围宽。空气中的湿度在很大程度上受温度影响，因此在测量湿度时，尽可能地在同一环境下进行。

4.8.2.4　显示电路

本设计以LCD1602作为环境参数的显示模块。LCD1602是由多位的点阵字符位结合组成，每个点阵字符都是相对独立存在的，可以对不同的字符进行显示，也可以多行显示，具有良好的显示能力。

4.8.2.5　GSM远程通信模块设计

本设计以SIM900模块作为特征指标的传输手段，根据SIM900模块可以实现多频信号输出的特点来实现数据传输功能，将采集到的环境参数信息以短信形式发送到用户手机。SIM900构成的GPRS模块在使用中有着更少的消耗，部件的尺寸结构也更为精简，也可以实现数据传输的高速化，更加适合本次设计对于环境参数的数据通信要求。

4.8.2.6　系统总体设计方案

系统主要对影响植物生长的温度、湿度、通风与光照等因素进行控制。以单片机为基础的全自动控制系统通过温湿度传感器、光照传感器，以及其他传感器采集温度、湿度及光照强度等信息，单片机将采集的数据进行分析、处理。在单片机中，会预先置入适合植物生长的参数参考值，然后单片机将采集到的数据与预置数据进行比较后，通过执行机构调节系统环境以适应植物生长。显示模块LCD1602可以实时显示植物生长的环境参数。智能阳台农场总体设计方案框图如图4.94所示。

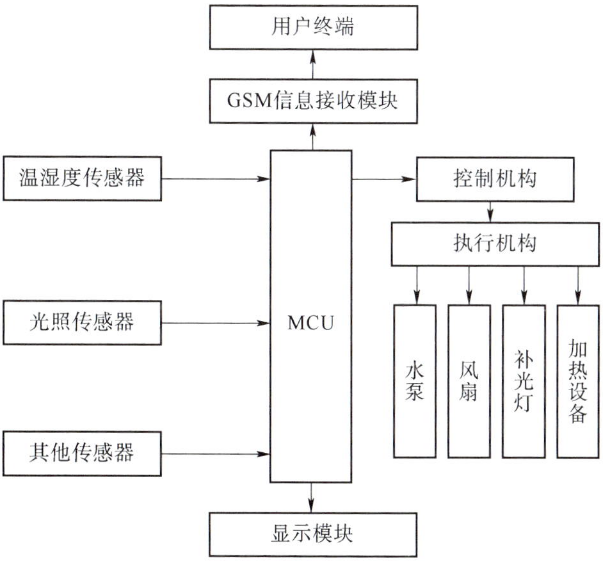

图4.94　智能阳台农场总体设计方案框图

4.8.3　智能阳台农场硬件

4.8.3.1　单片机最小系统

本设计以STC89C52单片机作为控制系统的核心，在单片机最小系统的基础上实现对电路的控制功能，单片机的最小系统由时钟电路与复位电路组成，如图4.95所示。

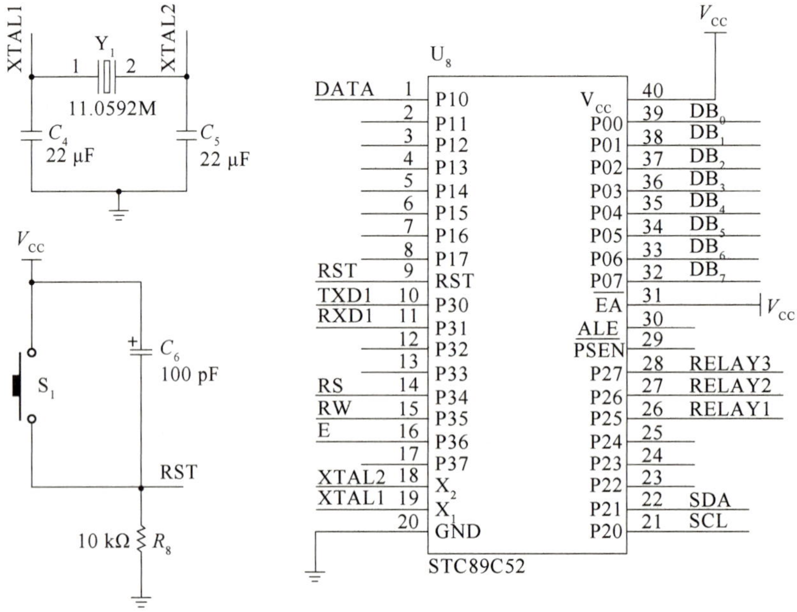

图 4.95 单片机最小系统

4.8.3.2 显示电路设计

智能阳台农场采用 LCD1602 作为系统的显示模块。该部分内容参见 4.7 节显示部分。显示电路如图 4.96 所示。

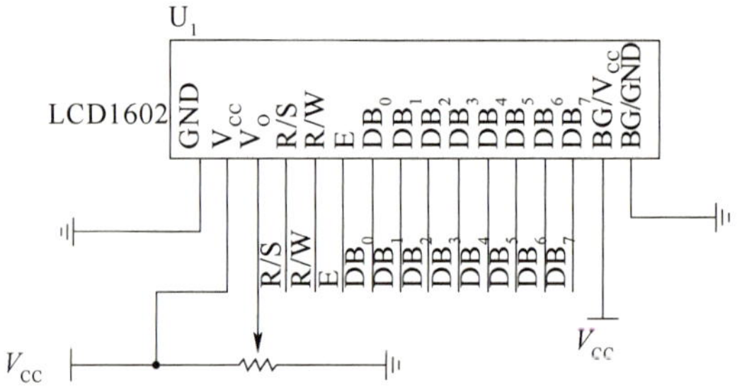

图 4.96 显示电路

LCD1602 自带可调电位器，可以通过对可调电阻的阻值调整来改变屏幕的色彩对比。当调整后的阻值与预置的校正电阻值相同时，屏幕的显示对比度会保持在一个正常范围内，实现字符的清晰显示。因为本次所使用的 LCD1602 本身带有调节电位器，因此其第三引脚的 V_o 接口可以根据实际需求来决定是否需要接到矫正电阻上。

4.8.3.3 环境检测电路设计

(1) 温湿度检测电路设计。

本设计选择温湿度传感器 DHT11 作为温湿度采集模块，用以实现对环境的温湿度参数的采集，温湿度检测电路如图 4.97 所示。

(2) 光照检测电路设计。

本设计采用 BH1750 传感器来测量环境的光照强度。BH1750 数字式光照传感器可以直

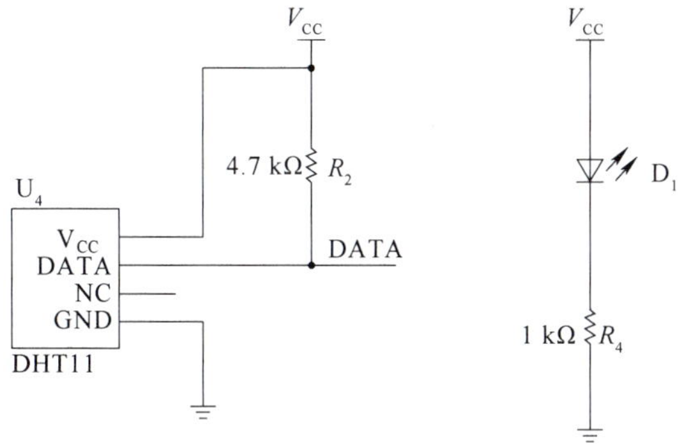

图 4.97　温湿度检测电路

接通过导线连接到单片机 I/O 接口，BH1750 的供电电压很低，可接收的光照度很大，分辨率很高，误差小到可直接以数字信号输出，不用复杂的数字计算。不区分光源，更加地近似于人们视觉灵敏度的分光特性。

光照强度在一定程度上影响植物的生长，因为植物需要进行光合作用，而决定光合作用强度的大小取决于光照强度的大小，既不能太强也不能太弱，应该保证在一定范围内。只有在光照强度适当的时候，才能保证光合作用的最大化。所以想要影响植物的光合作用，需要控制光照的强度。光照强度太强代表着温度的升高，温度升高后，水分蒸发得快，就会使植物因缺水而死亡；如果光照强度太弱，就会影响植物的光合作用，对植物生长产生很大的影响。由于阳台所接收的光照强度有限，并且光照不均匀，无法达到植物生长所需的光照，因此必须人工补充光照。光照强度控制系统的主要作用是根据植物所接收的自然光照强度，调节人工光照系统的光照强度及开关，使植物接收的光照达到最佳状态。光照检测电路如图 4.98 所示。

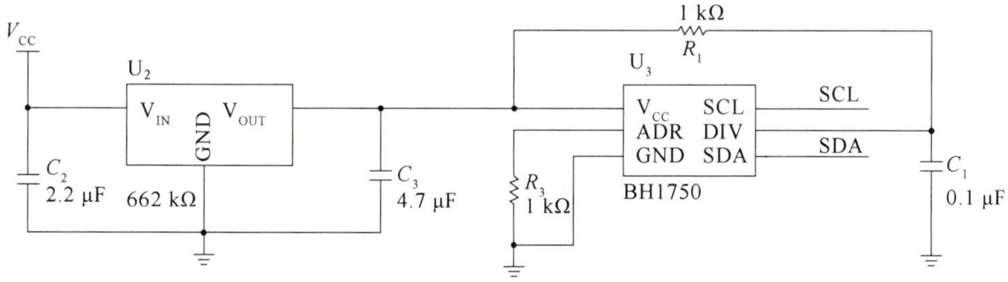

图 4.98　光照检测电路

4.8.3.4　通信电路设计

（1）SIM900 电路的设计。

环境参数检测系统采用 SIM900 模块来进行 GPRS 的远程数据传输。在实际使用中，要保证测得的环境参数数据传输到手机终端时的实时准确性，从而确保各个参数传感器的具体工作状态。本设计通过选用 GPRS 模块 SIM900，来实现数据信息的远程无线数据传输功能。

SIM900 模块可以实现多频信号输出，它采用 SMT 的封装结构，具有信号输出稳定，结构紧凑，性能优良的特质，能够满足大多数场合的使用需求。在实现语音输入、SMS 数据交互的过程中，它能够以低功耗模式运行。SIM900 的尺寸紧凑，最小的结构仅为 24 mm×

24 mm×3 mm，能够满足多种狭小场合的设计需求。由于模块在工作中遵循 TCP/IP，因此在扩展 TCP/IP AT 命令的使用中可以更加灵活多变，这一点在数据传输方面有着很好的实用价值。SIM900 的功能框图如图 4. 99 所示。

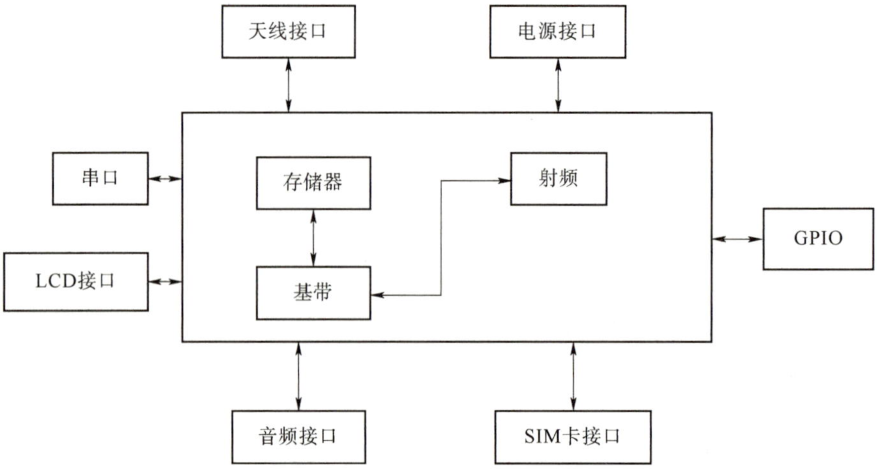

图 4. 99　SIM900 的功能框图

本设计中采用的 SIM900 的优势在于部件结构紧凑，几乎可以满足大多数对电路规模有要求的场合，且功率损耗较低。在 GPRS 通话状态下，两个用户处于连接中。在这种情况下，模块的功耗和网络及模块的配置有关。在 GPRS 数据传输状态下，此时 GPRS 数据正在传输中，功率损耗会受到网络状况的限制，如功率的控制层级，上下行数据之间的传输时速，以及硬件的 GPRS 配置。GPRS 远程通信模块电路如图 4. 100 所示。

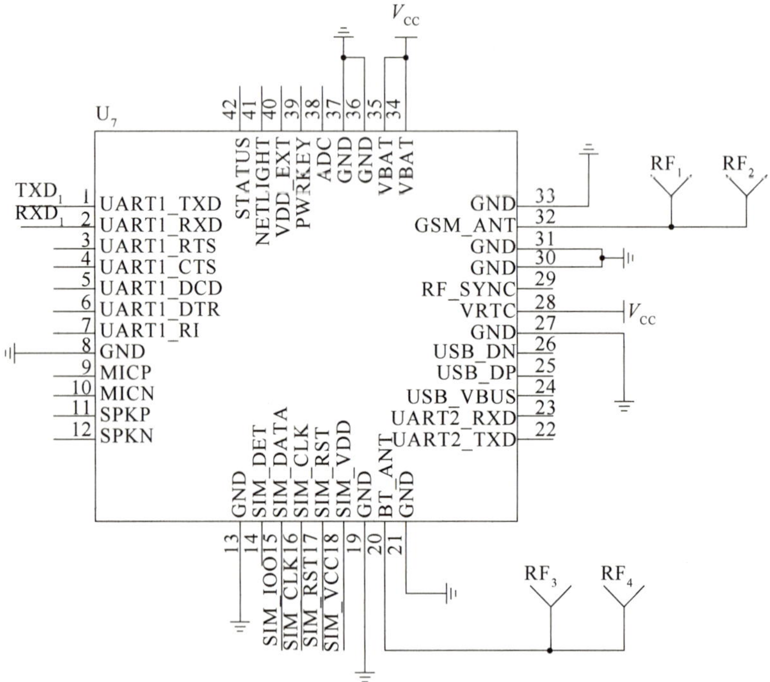

图 4. 100　GPRS 远程通信模块电路

在系统不断电持续工作的情况下，可以由预先设置的“AT+CFUN”指令将模块调整成低功耗模式。在低功耗模式下，GPRS 模块的数据接收功能可以暂时停止使用，但数据的输出串口仍然可以发送数据，以便对环境参数进行发送，但此时的功率损耗会有很大程度的降低。

（2）SIM 卡电路的设计。

SIM 卡电路需要电路保护，保护方式为静电保护。为了实现保护，电路需要增加阻抗，就是在 I/O 接口线中的匹配模块和 SIM 卡之间串联一个 22 Ω 的电阻，模块内部已经连接好了数据信号线。为了保护 SIM 卡外围电路，要注意使 SIM 卡的外围电路的器件靠近 SIM 座。

检测 SIM 卡的插取动作主要依靠 SIMCARD I/O 脚。可以使用 AT 命令“AT+CSDT”来配置 SIM 卡的该引脚。如果不使用 SIM 卡的检测功能，可以让 SIM_PRESENCE 悬空。SIM 卡的接口正常电压值为 2. 8 V 或者 1. 8 V。复位后，所有引脚输出低电平。SIM 卡座的接口电路如图 4. 101 所示。

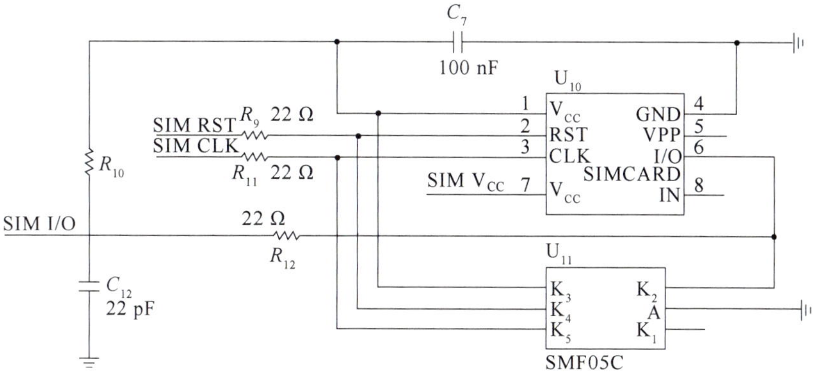

图 4. 101　SIM 卡座的接口电路

4. 8. 3. 5　直流稳压电源电路设计

本设计中的环境参数检测系统选择 5 V 直流电源作为整个系统的供电电源，所以在实际的电路设计中，要对电源电压进行升降压处理，因此采用 7805 系列稳压芯片对电源电压进行转换。电源电路如图 4. 102 所示。

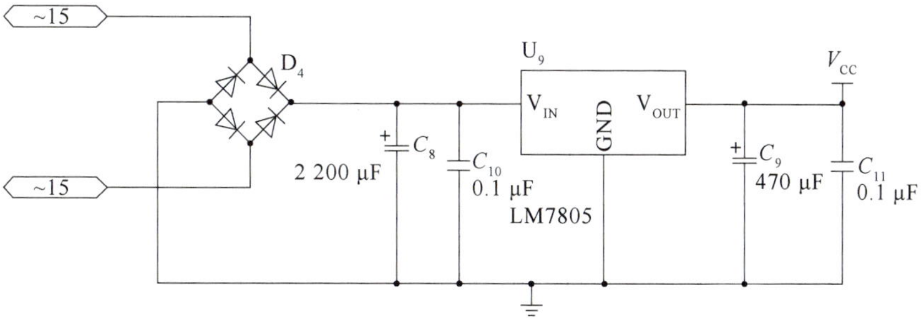

图 4. 102　电源电路

在实际使用中，因为 SIM900 模块需要更好的电压稳定性来确保信号接收与发送的稳定。因此，GSM 远程通信模块采用单独的 5 V 电源来供电。当指示灯闪烁时，证明 GSM 模块达到稳定的工作状态。

4.8.3.6 控制机构模块电路的设计

（1）继电器控制电路设计。

为了能够更好地控制各个元器件，并且能够保证单独工作，本设计采用了继电器模块来控制风扇、补光灯等设备，以保证植物的正常生长，在电路中还能够实现自动转换电路、自动调节、自动保护等功能。继电器控制电路如图 4.103 所示。

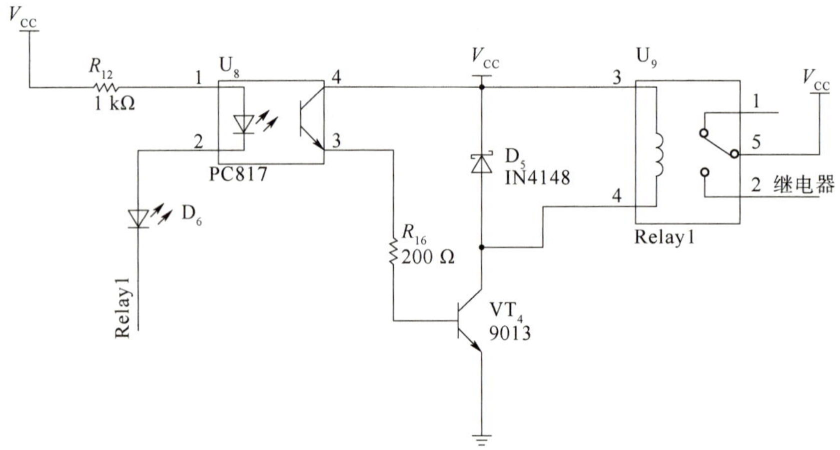

图 4.103　继电器控制电路

PC817 光电耦合器能够保证风扇、加热器等电路之间的正常运作，不会出现短路、断路等现象，它能够完全隔离前端与负载之间的关系，可以增加安全性，减小电路干扰，简化电路设计。

（2）温度控制系统电路设计。

本设计中，需要将系统的温度控制在植物生长所需的最佳温度范围内。温度传感器会定时对系统温度进行检测，并将数据送入单片机，与参考值进行对比。当采集到的温度高于设定的上限值时，单片机向执行机构发出降低系统温度的信号，启动风扇，使空气流通，以降低环境温度。同理，当采集到的温度低于设定的下限值时，单片机向执行机构发出升高系统温度的信号，加温设备将会被启动，以提高系统温度。温度控制系统电路如图 4.104 所示。

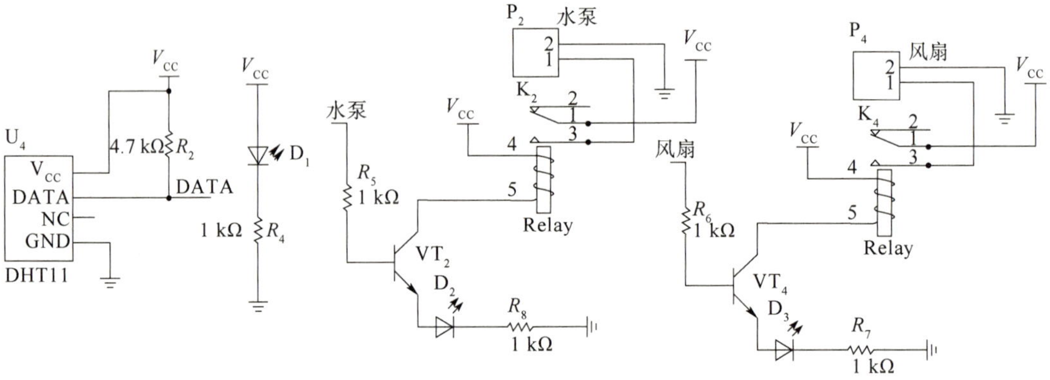

图 4.104　温度控制系统电路

(3) 湿度控制系统电路设计。

由于系统处于相对封闭的状态，湿度过大会使植物的茎叶腐烂，破坏植物正常生长状态。湿度传感器会定时对系统湿度进行采集，并将数据送入单片机，与参考值进行对比。当采集到的湿度值高于设定的上限值时，单片机向执行机构发出降低系统湿度的信号，并启动风扇，使空气流通，以降低环境湿度。当采集到的湿度值低于设定的下限值时，单片机向执行机构发出升高系统湿度的信号，启动加湿器进行加湿。与温度控制不同之处在于，在调节湿度的过程中，系统的温度也会相应发生变化，因此在调节完湿度后，系统也会将温度调节到正常水平。湿度采集同样由 DHT11 数字温湿度传感器完成，其测量范围满足系统要求，在此不作介绍。湿度控制系统电路如图 4.105 所示。

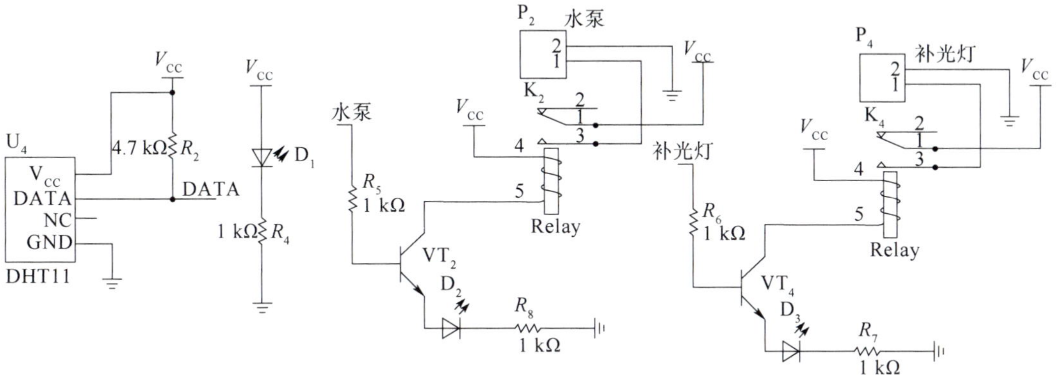

图 4.105　湿度控制系统电路

(4) 光照强度控制系统电路设计。

由于阳台所接受的光照强度有限，并且光照不均匀，无法达到植物生长所需的最佳光照条件，因此必须人工补充光照。光照强度控制系统的主要作用就是根据植物所接受的自然光照强度，调节人工光照系统的光照强度及开关，使植物接受的光照达到最佳状态。为模拟自然光，不对系统内部环境造成影响，且有效防水，补光设施需要选用全光谱防水补光灯。本系统采用 LED 防水节能补光灯，光照强度控制系统电路如图 4.106 所示。

(5) 水循环控制系统电路设计。

水循环控制系统的主要作用是让植物所处的培养液始终保持流动状态。使培养液中的养分与氧气充足。继电器控制营养液中的水泵及加热装置，由内部定时器自动完成。水循环控制系统电路如图 4.107 所示。

4.8.4　智能阳台农场软件

4.8.4.1　主程序设计

系统软件设计包括温度、湿度、光照检测程序，对采集到的数据进行处理的程序，设置温度、湿度上下限的程序，显示程序，蜂鸣器程序等。主程序流程图如图 4.108 所示。

4.8.4.2　温湿度检测程序设计

温度传感器会定时对系统温度进行检测，并将数据送入单片机与参考值进行比较。当采

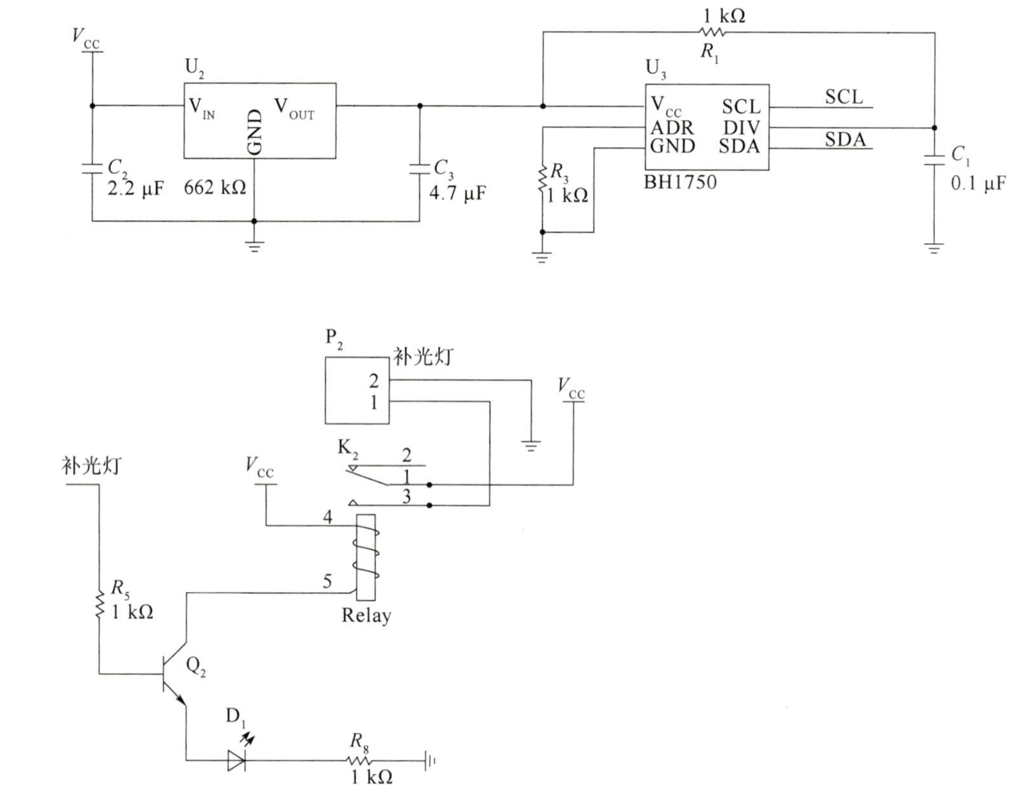

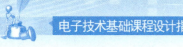

图 4.106　光照强度控制系统电路

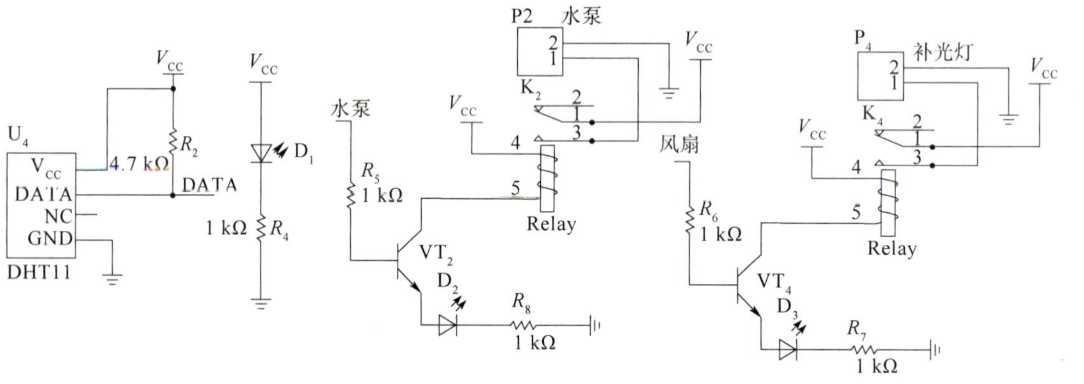

图 4.107　水循环控制系统电路

集到的温度高于设定的上限值时，单片机向执行机发出降低系统温度的信号，启动风扇使空气流通来降低环境温度；同理，当采集到的温度低于设定的下限值时，单片机向执行机发出升高系统温度的信号，加温设备将会被启动来提高系统温度。

初始化程序包含初始化温湿度传感器，光照传感器，通过配置 STC89C52 的接口输入/输出模式就可以实现相应引脚的功能。通过软件编程调试，实现了智能阳台农场设计中环境参数采集部分的硬件和软件的设计。温度检测电路软件流程图如图 4.109 所示。

传感器定时对系统湿度进行采集，并将数据送入单片机与参考值进行比较。当采集到的

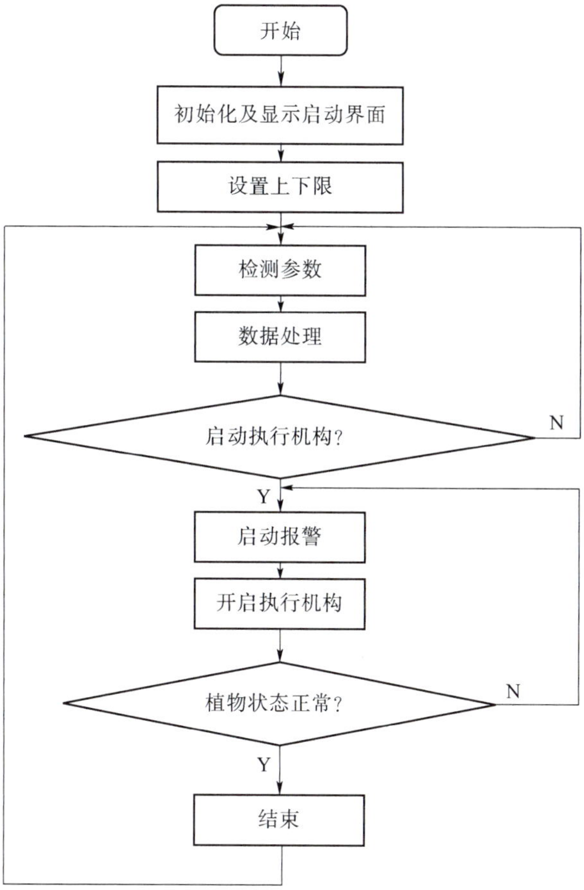

图 4.108　主程序流程图

湿度值高于设定的上限值时，单片机向执行机构发出降低系统湿度的信号，启动风扇使空气流通来降低环境湿度。当采集到的湿度值低于设定的下限值时，单片机向执行机构发出升高系统湿度的信号，启动加湿装置。湿度电路软件流程图如图 4.110 所示。

4.8.4.3　光照强度控制系统设计

植物生长离不开光照，光照强度在一定程度上影响着植物的生长，因为植物需要进行光合作用。而光合作用强度大小取决于光照强度的大小，因此需要有合适的光照强度。光照强度太强代表着温度的升高，温度越高水分蒸发得越快，就会使植物因缺水而死亡；如果光照强度太弱就会影响植物的生长。光照电路软件流程图如图 4.111 所示。

4.8.4.4　GSM 通信电路程序设计

GSM 通信电路采用 SIM900 模块。GSM 通信电路软件流程图如图 4.112 所示。当检测到的信息超出正常设定范围后，会发送短信报警。

智能阳台农场可以实现对环境信息的采集，如果选用有线数据通信是难以实现的，因此应该采用无线数据通信。由于智能阳台农场自身电池电量有限，因此通信电路不工作时的功耗不能太大，否则将会影响智能阳台农场的工作时间。

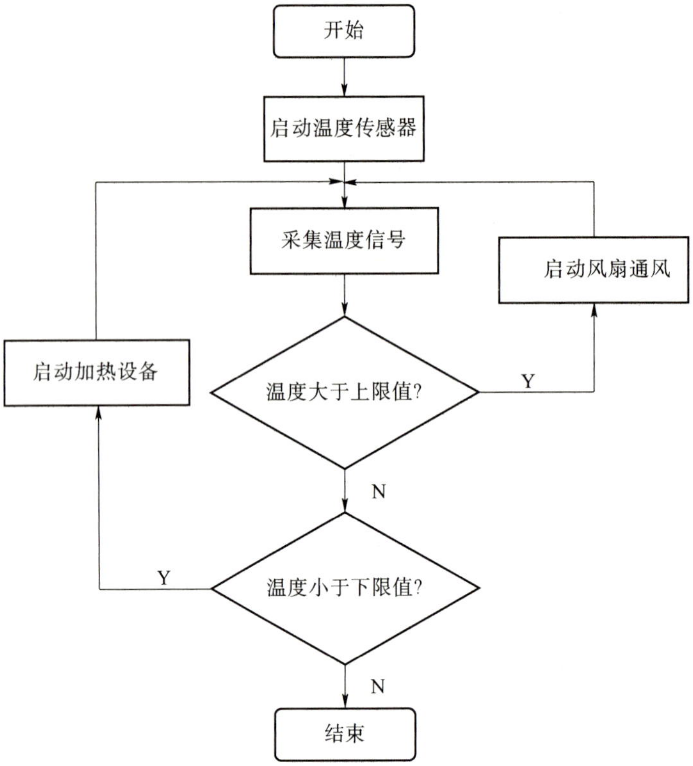

图 4.109　温度检测电路软件流程图

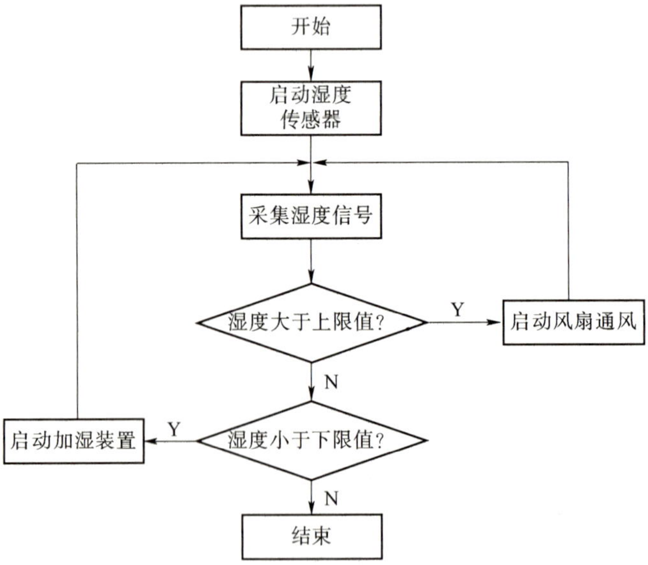

图 4.110　湿度电路软件流程图

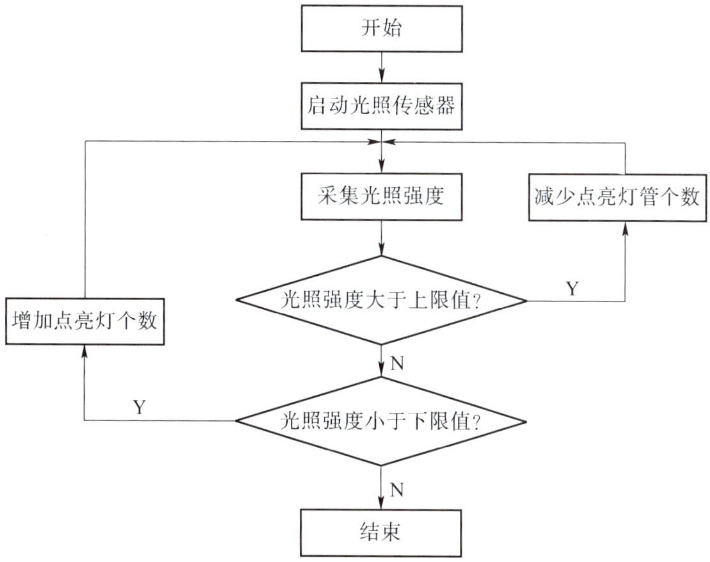

图 4.111　光照电路软件流程图

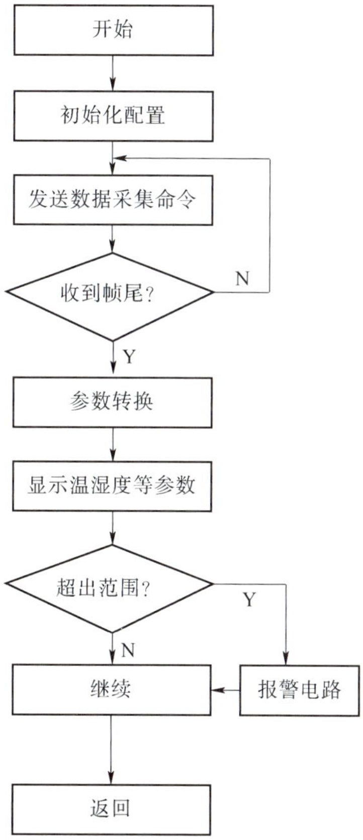

图 4.112　GSM 通信电路软件流程图

第5章　电子电路绘图与制作

5.1　电路原理图绘制

随着计算机软件技术的发展，电子电路原理图开始采用计算机辅助设计。如今用计算机辅助设计电路原理图、电路板图已非常普遍，相关软件也有很多。不同的软件，其功能也各有侧重：有注重电路仿真的，如 ORCAD；有注重电路综合设计的，如 Protel 系列；有注重高速 PCB 设计和仿真的，如 Cadencc；有偏向电力电子线路设计的，如 Prower PCB 等。

电路原理图要能够让读者清晰地认知电路的组成，使用的同类元器件应统一编号，这样能够直观地反映每个元器件之间的电气连接关系，交待清楚每一个电路的外部接口，如电源、信号输入、信号输出等。

下面用计算机绘制电路原理图，这里以 Protel 99SE 为例介绍。Protel 99SE 不仅能够实现电路原理图的功能，还可以根据原理图生成网络表，并根据网络表进行 PCB 的自动布局和自动布线。因此由电路原理图生成的网络表正确与否是非常关键的，为了得到正确的网络表，在绘制电路原理图时，必须根据软件所设定的规则来绘制。

用计算机辅助设计的时候，要根据原理图的复杂程度设置图纸的格式、尺寸和方向等参数，可以根据需要设置图纸信息。Protel 99SE 中的元器件都是以库的形式保存在文件中的，要使用元器件，需要先将所需要的元器件库装载到设计系统中。这样不仅方便查找和选定所需的元器件，而且大多数的库中存在的元器件都包含封装信息，这使得在绘制 PCB 的时候节省了一道工序。放置元器件到建立好的图纸中，并对元器件的位置进行调整，如水平位置和垂直位置等，还需要将每一个元器件的序号、封装形式、显示状态等进行定义和设置，方便下一步工作。接下来就是利用 Protel 99SE 提供的各种工具、命令画图，将事先放置好的元器件用具有电气意义的导线、网络标号等连接起来，使各元器件之间具有所需的电气连接关系。电路原理图布线工作结束之后，一张完整的电路原理图就基本完成了。有必要的话，可以根据需要对电路作进一步的调整和修改，保证电路原理图既正确又美观。

在用计算机辅助绘制电路原理图的过程中，需要注意以下 4 个问题。

（1）绘制电路原理图时，需要选择电路原理图工具栏中的导线、总线等工具，切忌使用图形工具栏中的连线工具。

打开 Protel 99SE 的原理图绘制软件时，有两个悬浮的工具栏呈现在用户面前，分别是图形工具栏和原理图工具栏。图形工具栏如图 5.1 所示，原理图工具栏如图 5.2 所示。图形工具栏绘制的是图形，其连线、标注等均没有电气意义，只有用原理图工具栏中的命令绘制出的才是需要的导线、网络标号等元素。

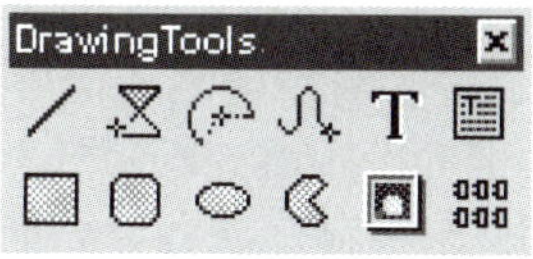

图 5.1　图形工具栏

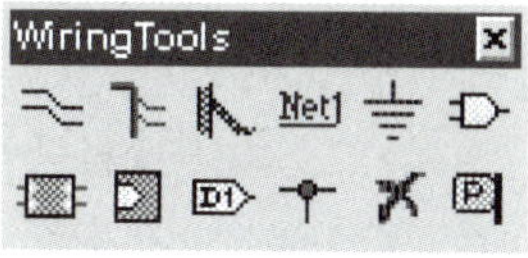

图 5.2　原理图工具栏

例如，绘制元器件之间的连线要使用原理图工具栏中的 Wire 命令，而不使用图形工具栏中的 Line 命令。虽然从绘图结果上看，两者都是直线，只是颜色稍有不同，但用 Wire 命令放置的导线具有电气特性，而用 Line 命令放置的直线不具有电气意义，两者具有本质的区别。

另外，需要注意图形工具中的注释说明文字（Annotation）和原理图工具栏中的网络标号（Net Label）的区别，注释说明文字是没有电气特性的，只是纯粹的文字标注，而网络标号是有电气特性的，它可以把电路图中具有相同网络标号的电气连线连在一起，即在两个以上没有相互连接的网络中，把应该连接在一起的电气连接点定义成相同的网络标号，可以使它们在电气意义上属于同一个网络。

在绘制电路原理图时，通常总线、总线分支线和网络标号是一起存在的，要注意总线和总线分支线不具有电气特性，而网络标号是具有电气特性的，因此在放置总线时不能用加粗的导线来替代，也不能用导线来替代总线分支线。总线分支线和元件引脚之间不能直接连在一起，而应通过导线接在一起。网络标号应放在导线上，不能放在元件引脚上，不能用说明文字来替代网络标号。

（2）绘制电路原理图时，需要注意不要将导线与导线重叠，不要将元件引脚与导线重叠，也不要删除自动生成的节点。导线之间的重叠无疑会产生电气连接错误，这个通常都会注意，但元器件的引脚与导线重合是很多初学者经常犯的错误，最常见的错误是当导线与元件引脚重叠时，这时软件会自动在元件引脚的端点加一节点，器件引脚与导线重合的错误如图 5.3 所示。有的初学者将该生成节点删除掉，认为这样就正确了，如果只是为了得到一张电路原理图，这样做并没有什么不妥，但实际内部并没有电气连接，以后生成网络表的时候本应连接的两点却断开了。因此画图的时候，要时刻检查导线与元器件之间是否多出了这样的节点，如果有，要及时将导线改短，使导线与元器件引脚电气连接还没有节点。

对于软件自动添加节点的功能，这里需要特别说明一下，软件只有在引线端（包括导线端）与导线连接时，会在引线端自动添加节点，而对于交叉的导线不添加节点。电路连接实例如图 5.4 所示。在遇到导线交叉还需要增加节点的地方，通常用两条导线分别与导线连接，让软件自动生成一个节点，而不用添加节点工具，如图 5.4 中 R_4 和 R_5 之间的连接导线所示。

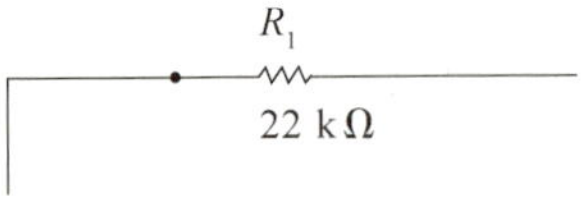

图 5.3　器件引脚与导线重合的错误

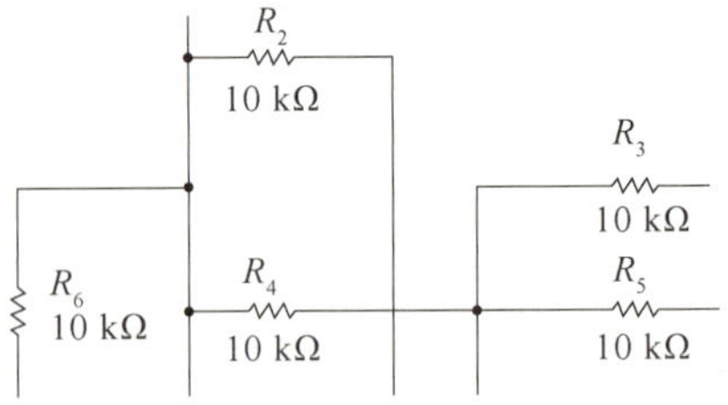

图 5.4　电路连接实例

（3）不要在同一个地方放两个或两个以上相同的元器件。对于电阻或电容这些具有序号和标注的元件来说，一般不会出现这种错误，这样的错误经常发生于电源和地的符号，如图 5.5 所示。由于电源和地的符号通常没有标注，使用该符号的时候需要额外注意。如果不确定是否在同一地方放置两个或多个元器件的时候，可以试着拖动元器件，看是否只选择了一个。

图 5.5　电源和地的符号

另外，在放置电源地符号的时候，在 Power Port 对话框中，电源地符号的显示类型（Style）为 Power Ground，网络标号（Net）的内容默认不显示，如图 5.6 所示。

有些初学者在放置电源地符号时，没有留意网络标号的内容，致使有些网络标号（Net）的内容为“GND”，有些网络标号的内容却为“VCC”，在绘制单纯的电路原理图时可以这样做，但若利用自动布线来设计 PCB 时，这样做就会造成电源和地短路，从而使整块 PCB 报废。正确的做法是在放置电源地符号时，把 Power Port 对话框中网络标号（Net）全部设置为 GND，如图 5.7 所示。

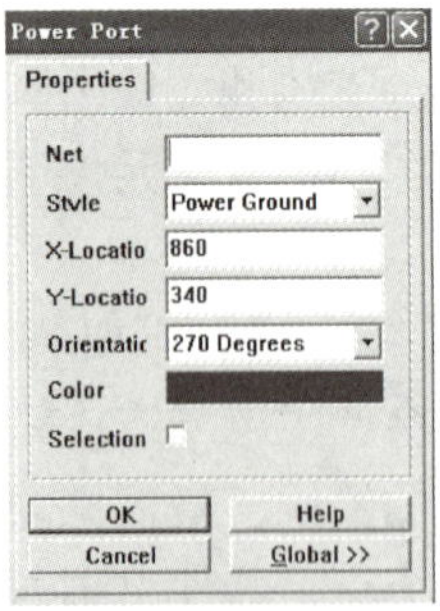

图 5.6　Power Port 对话框

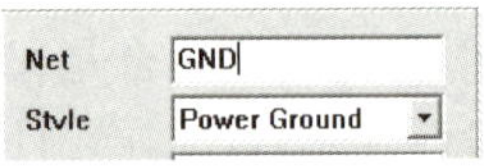

图 5.7　设置网络标号

（4）有些元器件在现成的元器件库中没有，这时就需要自行制作元器件。在使用自行制作的元器件时，需要注意制作元器件的过程，要严格按照步骤进行，引脚按照一定规律进行排列，尽量不要将引脚隐藏，防止在后期使用的时候发生错误。

绘制好的电路原理图可以直接打印输出，还可以添加到 Word 中。有些初学者不会在 Word 中添加电路，因此而采用屏幕截图的方法添加电路图，这样添加的电路非常不清楚。这里介绍一种在 Word 中添加电路图的方法，不仅可以添加整个图纸，还可以添加图纸中的一部分，非常方便。

如果要添加整个图纸（包括图纸边框），使用 Protel 99SE 的默认设置就可以。选中整个电路原理图并复制，鼠标指针会变成十字形状，在文档中单击即可完成复制，将图纸粘贴到 Word 文档中。

如果要添加图纸中的一部分，那么需要修改一下 Protel 99SE 的默认设置。选择 Tools 下拉菜单中的 Preferences…选项，如图 5.8 所示，打开 Preferences 对话框，选择其中的 Graphical Editing 选项卡，如图 5.9 所示。

图 5.8　选择 Tools 下拉菜单中的 Preference

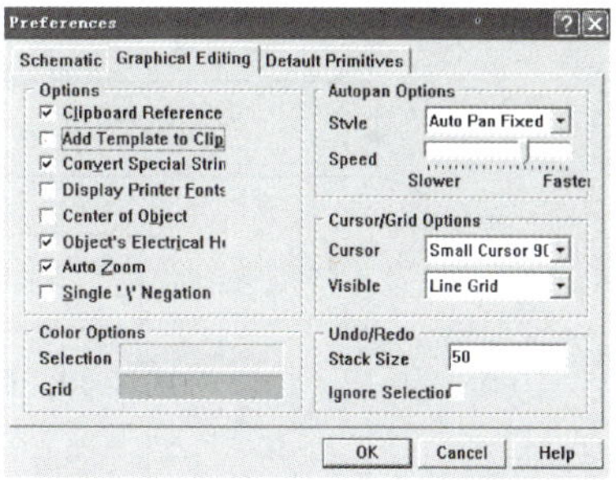

图 5.9　Preferences 对话框

取消勾选 Options 选项组中的 Add Template to Clip 复选框，然后单击 OK 按钮，完成整个设置过程。此时再选择电路原理图中需要添加的部分电路并复制，鼠标指针会变成十字形状，再在电路附近单击即可完成复制，将选择的电路图粘贴到 Word 文档中。

5.2　电子电路 PCB 制作

5.2.1　软件辅助设计 PCB

常见的 PCB 设计软件有 Protel、Cadence、PowerPCB 等，其中使用较多的就是 Protel 设计软件，前面介绍的原理图辅助设计软件只涉及其中的一部分功能，用户还可以用它设计制作 PCB。

PCB 设计的关键是要掌握电路板图的布局和走线。以 Protel 99SE 为例，图 5.10 所示为 PCB 设计的工作流程。

启动 Protel 99SE 的 PCB 编辑器，进入编辑环境以后，需要对元器件的布置参数、电路板层参数、布线参数等进行相应的调整。其中有很多参数是系统默认的，能够满足使用要求，但还有很多参数必须要根据具体的设计要求进行修改。

完成了软件的相应参数设置以后，用户要根据所设计电路的复杂程度，对 PCB 的相关

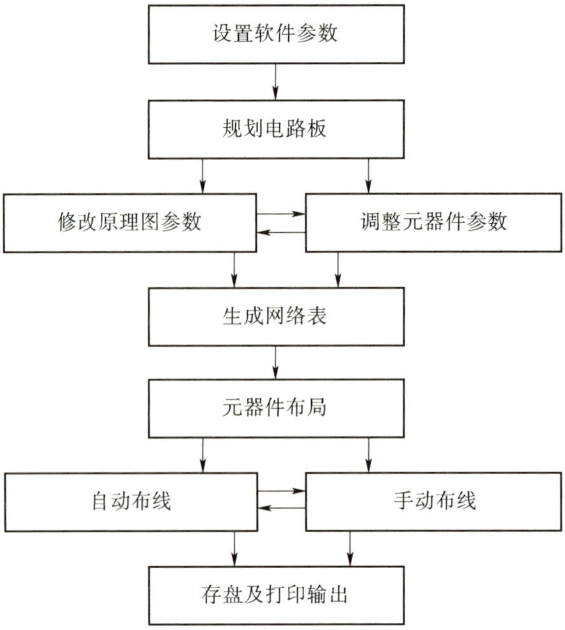

图 5.10　PCB 设计的工作流程

参数进行初步规划，如 PCB 采用单面板、双面板还是多层电路板，电路板的外形尺寸，外接电路的连接方式等。

接下来要对完成的电路原理图中的元器件参数和相应的电路参数进行调整，使每一条导线的连接、每一个元器件的封装参数及元器件各引脚与导线之间的连接等一一对应。

完成了元器件参数和相应电路参数的调整以后，就要根据电路原理图导出对应的网络表，生成网络表文件。网络表其实是 Protel 软件描述各个元器件连接关系的一种描述形式，是设计 PCB 自动布线的基础。具体网络表文件的生成方法很多资料都已给出，基本都是在界面菜单中进行设置即可。在此介绍一种简单方法：在电路原理图的任意空白位置右击，会弹出图 5.11 所示的快捷菜单，选择 Create Netlist...选项，打开设置网络表文件的 Netlist Creation 对话框，如图 5.12 所示。无须修改其参数，直接单击 OK 按钮就能生成一个“ *. net”的网络表文件。

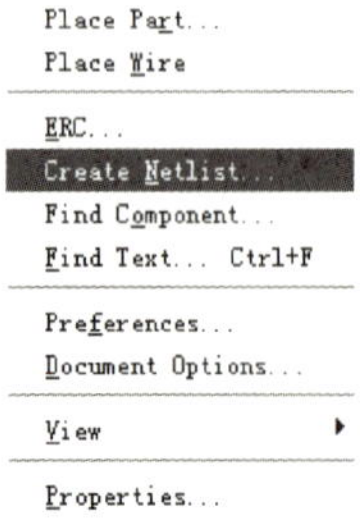

图 5.11　右键快捷菜单

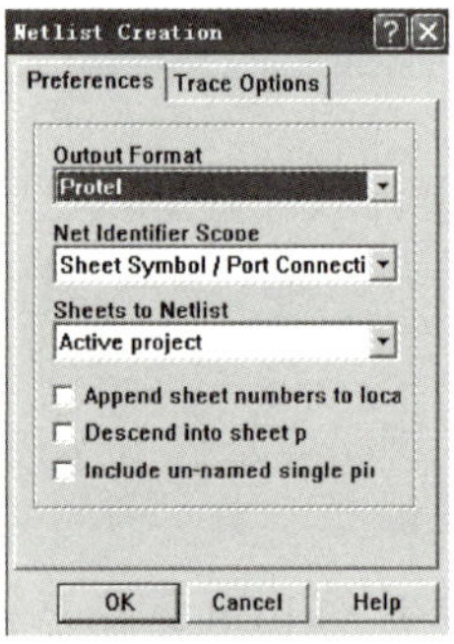

图 5.12　网络表文件设置对话框

接下来需要在 PCB 编辑器的运行环境下装载网络表，导入网络表相当于告诉软件电路板图中每一个元器件的封装形式及其电气连接关系。导入网络表以后，会在 PCB 编辑器的运行环境下添加很多元器件，这些元器件在电路板图上的位置将是实际电路中每一个元器件的实际位置，因此接下来的工作就是在设定好的电路板尺寸内，确定好每一个元器件的位置。尽管可以使用软件程序实现位置的自动摆放，但实际电路中每一个元器件的位置都是根据需要放置的，自动摆放不能完全满足设计要求，因此有必要对每一个元器件的放置位置进行手动调整，如图 5. 13 所示。

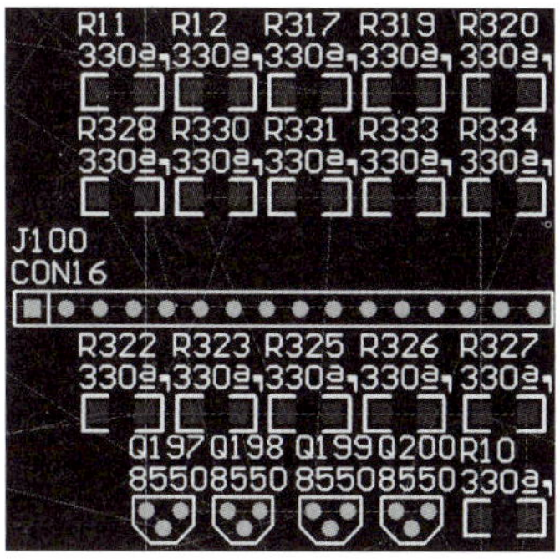

图 5. 13　手动调整元器件位置

图中连接每一个元器件之间的细线被称为飞线，是根据导入网络表文件中各元器件之间的电气连接关系自动生成的。接下来的工作就是根据各个元器件的电气连接关系连接电路，可以采用自动布线和手动布线两种方法。自动布线需要事先设定自动布线的相关参数，如果参数设置不当，可能会导致自动布线失败。自动布线的参数包括布线层面、布线优先级、走线宽度、布线拐角模式、过孔孔径类型等，自动布线会根据这些参数进行，因此设置这些参数需要认真细致。

自动布线设置菜单如图 5. 14 所示，选择 Design 下拉菜单中的 Rules...选项，可以打开 Design Rules 对话框，在其中可以对不同的自动布线参数进行设置，如图 5. 15 所示。

图 5. 14　自动布线设置菜单

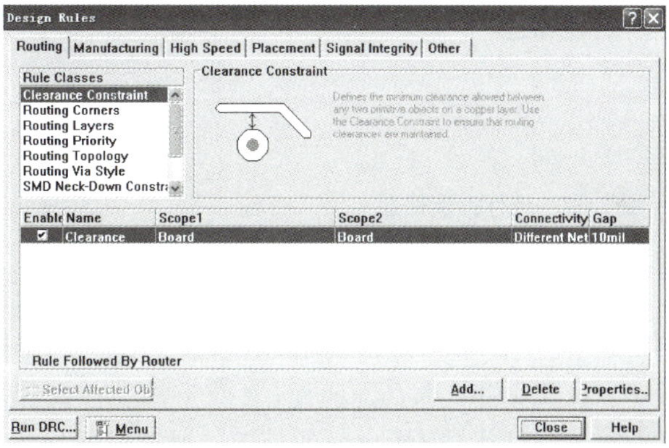

图 5. 15　设置自动布线参数

布线参数设定完成以后，就可以进行自动布线了，布线可以选择全局布线和根据需要指定区域、指定网络、指定元器件的连接进行布线。虽然自动布线非常方便、快捷，但自动布线结果有很多让人不满意甚至不合理的地方，这主要是由于软件程序的算法受限，因此有必要在自动布线的基础上进行手动布线调整。手动布线调整就是删除不合理的自动布线部分，用手动添加导线的方法将器件根据需要连接在一起。

另外，有很多电路不适合用自动布线的方法，如电源电路、功率放大电路等，由于不同功率需求的走线宽度不同，因此整体电路需要手动布线。

图 5. 16 所示为 PCB 编辑器运行环境下的放置工具栏（Placement Tools），也称绘图工具栏。放置工具栏中每一个按钮的功能都可以通过菜单命令来实现，但通常情况下直接选择放置工具栏中的按钮进行放置更加省时省力。按照其排列顺序，上面一排按钮由左向右分别是绘制

导线、绘制直线、放置焊盘、放置过孔、放置字符串、放置坐标、放置尺寸标注、设置坐标原点、放置空间，下面一排按钮由左向右分别是放置元器件、边缘法绘制圆弧、中心法绘制圆弧、边缘中心法绘制圆弧、中心法绘制圆、放置矩形、放置多边形填充、放置内部电源/地层、批量放置元器件。使用的时候需要注意绘制导线与绘制直线的区别，前者绘制的是导线，其具有电气连接特性，后者绘制的是单纯的直线，其没有电气连接特性。

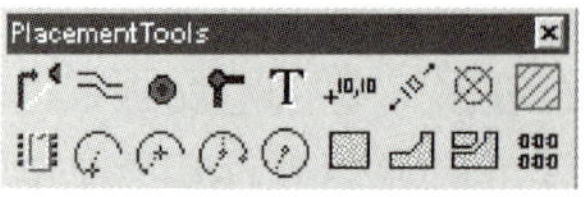

图 5.16　放置工具栏

当然，设计过程中可能会出现不可预见的错误，可以通过选择 Tools 下拉菜单中的 Design Rule Check...选项进行错误检查，如图 5.17 所示。选择该选项后，打开 Design Rule Check 对话框进行错误检查设置，如图 5.18 所示。如果没有特殊需要，使用系统默认的设置就可以，单击对话框左下角的 Run DRC 按钮，系统就会给出一份“ * . DRC”的错误检查报告，可以从错误检查报告中查看电路板图中是否存在设计错误。

图 5.17　进行错误检查

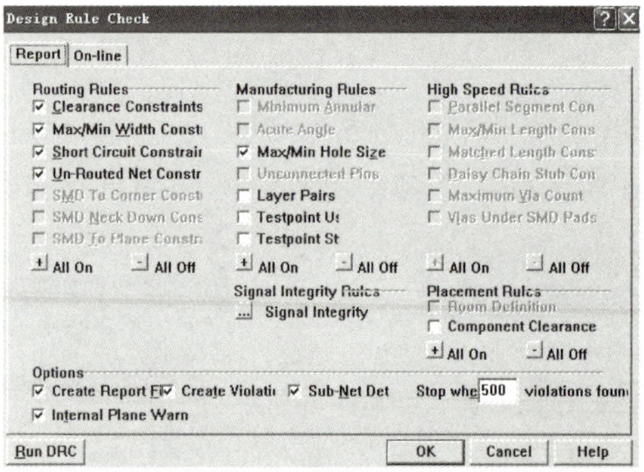

图 5.18　错误检查设置

对于 Protel 99SE 来说，经常会自动生成许多备份文件，不仅占用用户的硬盘空间，还为日后查找文件带来麻烦，用户可以通过改变 Protel 99SE 的基础设定不生成这些备份文件。单击 Protel 99SE 左上角 File 左边的向下箭头按钮，在弹出菜单中选择 Preferences...选项，如图 5.19 所示，会打开 Preferences 对话框，取消勾选 Create Backup 复选框，即可取消备份，如图 5.20 所示。

图 5.19　选择 Preferences...选项

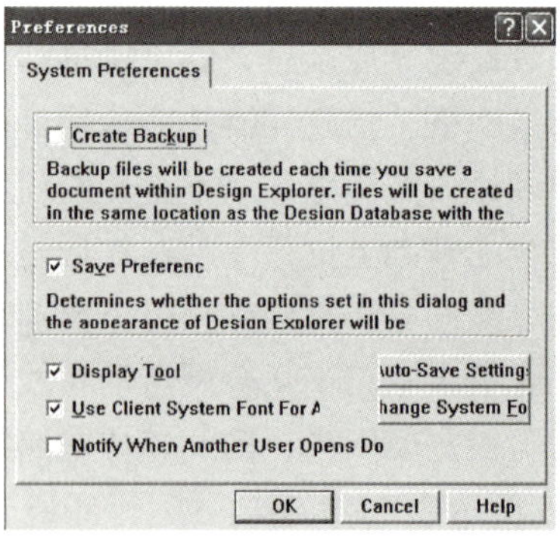

图 5.20　取消备份

备份功能是系统自带的一种保护文件的方法，改变设置虽然能够防止 Protel 99SE 自动生成许多备份文件，但如果遇到意外情况，则可能造成一定的损失，如文件丢失或文件部分功能损坏等，用户应慎用该功能。

5.2.2 基本功能单元举例

5.2.2.1 电源电路

图 5.21 所示为常用双电源整流滤波稳压电路，通过改变电路中相关电子元器件的参数，可以改变稳压电路的输出电压。另外，只要对电路中负电源对地短路处理，就可以很方便地将此电路变成单电源整流稳压电路。由此可见此电路变换能力很强，做成模块电路非常适合。

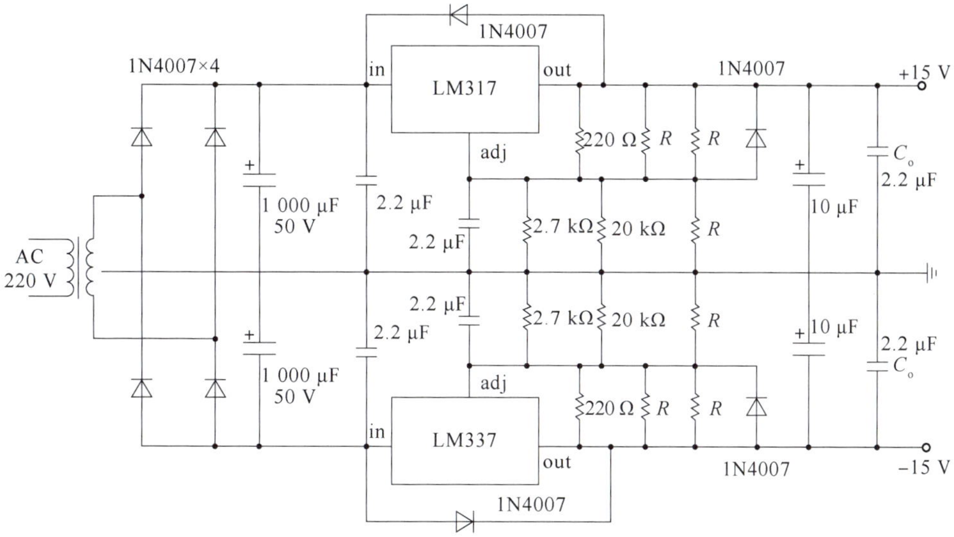

图 5.21　常用双电源整流滤波稳压电路

由于电路相对简单，可以采用单层电路板结构。输出电流不大的时候，集成稳压器可不用散热器或采用小的散热器。如果需要较大的电流输出，集成稳压器需要加装较大的散热器，由于集成稳压器靠近电路板边缘，安装大尺寸的散热器比较方便。电路板元器件分布如图 5.22（a）所示，稳压电源的电路板图如图 5.22（b）所示。

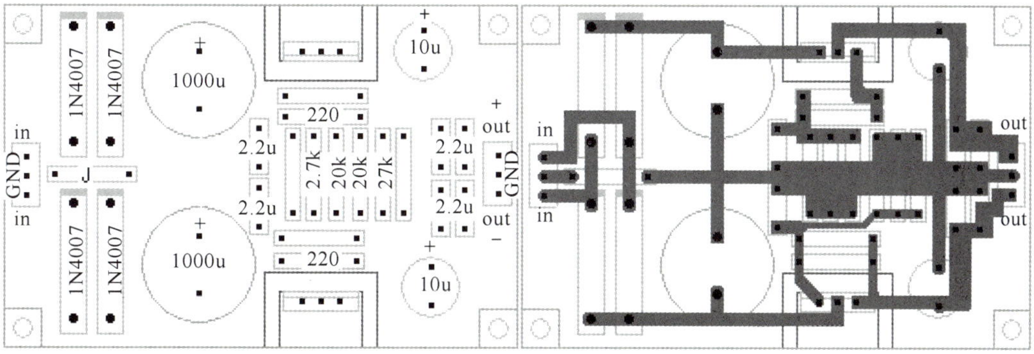

(a)　　　(b)

图 5.22　稳压电源元器件分布及电路板图

（a）电路板元器件分布；（b）稳压电源的电路板图

5.2.2.2 信号变换电路

信号变换电路实际上是用集成运算放大器构成的电压放大电路，图 5.23 所示为电压跟随器后接一个增益为 1 的反相放大器。整体电路结构非常简单，只要改变反馈电阻和输入电阻比值、改变输出端对比关系等，就很容易做成反相比例放大器、同相比例放大器、差分放大器、积分电路等。

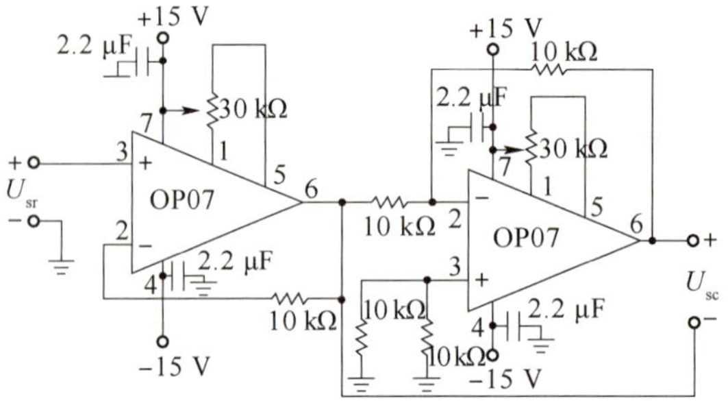

图 5.23　信号变换电路

由于电路相对简单，因此可以采用单层电路板结构。电路中采用了 OP07 作为集成运算放大器，也可以采用其他单运算放大器构成电路，电路结构不发生变化。为了获得良好的电路性能，所有电阻应选择同一精度，如为 1%的 10 kΩ 金属膜电阻，因为各电阻间的阻值容差远优于精度，所以实际上可以获得优于 0.5%的精度。电路板元器件分布如图 5.24（a）所示，电路板图如图 5.24（b）所示。

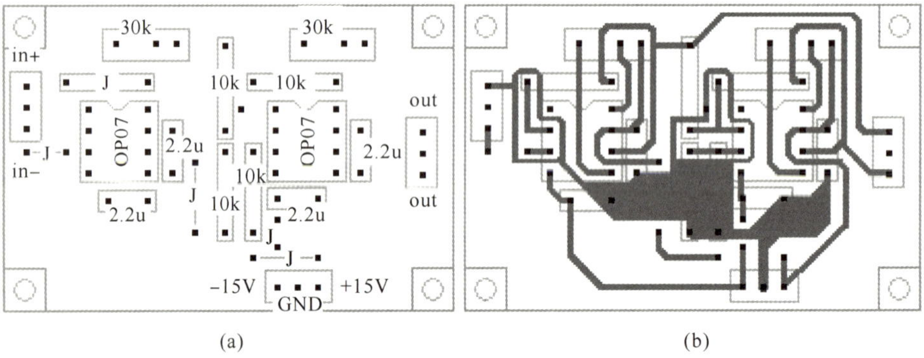

图 5.24　信号变换电路板图

（a）电路板元器件分布；（b）电路板图

5.2.2.3 功率放大电路

图 5.25 所示为 LM3875 典型应用电路，由于电子电路设计中经常会用到类似的功率放大电路，因此可以选择一些性能优良的集成功率放大器，将其设计成功率放大电路模块。图 5.26 所示为 LM3875 音频功率放大电路 PCB 顶层，图 5.27 所示为 LM3875 音频功率放大电路 PCB 底层。

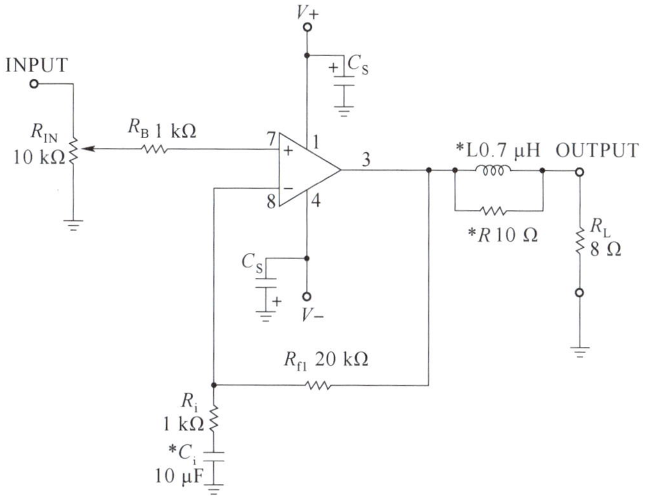

图 5.25　LM3875 典型应用电路

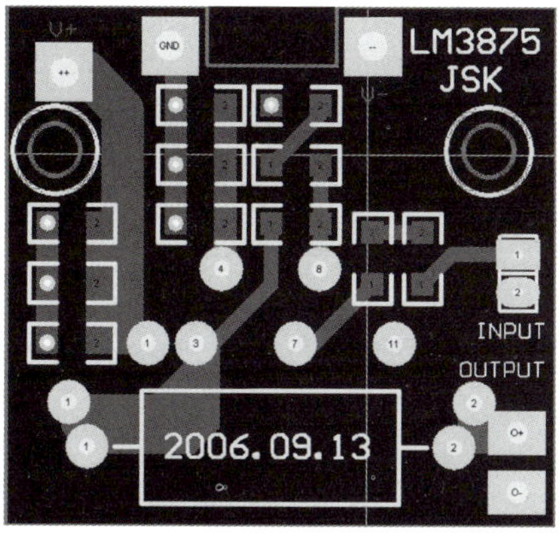

图 5.26　LM3875 音频功率放大电路 PCB 顶层

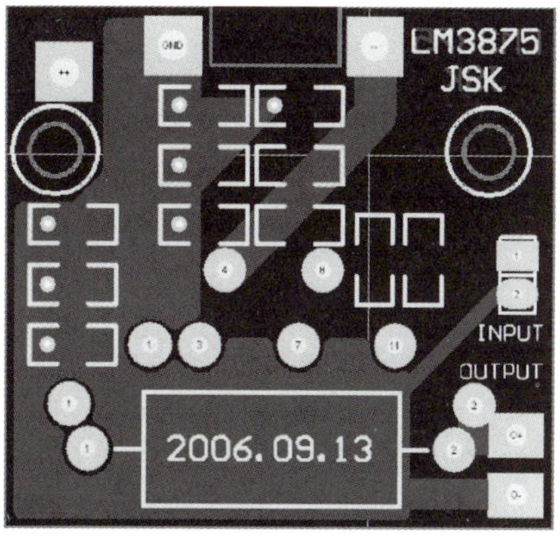

图 5.27　LM3875 音频功率放大电路 PCB 底层

5.3　手工制作 PCB

自己设计 PCB 的好处在于，可以在很短的时间内制作出需要的 PCB，相比使用面包板和多功能板跳线等方法连接的电路，其抗干扰性能更加优良。用多功能电路板制作的电路如图 5.28 所示。那么如何自己设计制作 PCB 呢？一般有两种方法：一种是直接在覆铜板上手工设计线路，而后用刻刀将不需要的铜箔去除；另一种是用转印纸将设计好的线路图印制在覆铜板上，用腐蚀的方法将不需要的铜箔去除。这两种方法各有优缺点，用户在设计过程中可以根据实际情况灵活选择。

手工设计 PCB 如图 5.29 所示。设计过程中可以根据需要灵活调整设计方法，可以做到边调试边设计，但这种方法不适用于复杂电路的设计。另外，设计双面电路板时需要注意的问题又有很多，因此这种设计 PCB 的方法适用于需要反复调整元器件参数的模拟电路、有

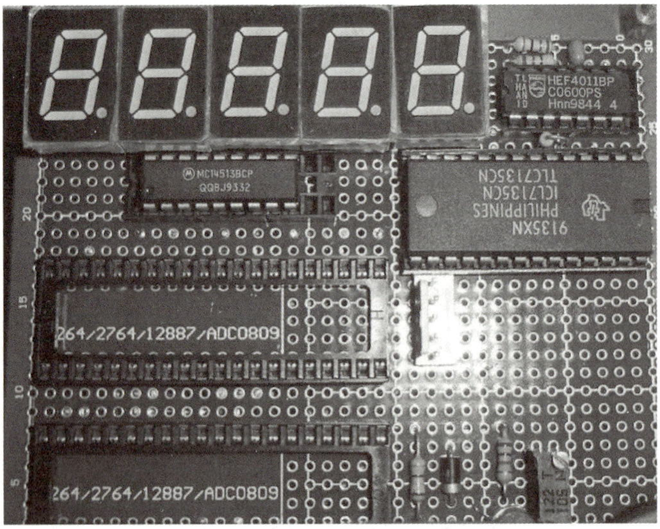

图 5.28　用多功能电路板制作的电路

功率需求的电路和一些简单电路等。用转印纸的方法设计制作周期相对较长，制作过程复杂，对转印纸、打印机、覆铜板的要求较高。采用这种方法可以设计制作双面电路板等较复杂的电子线路，如果制作的电路是数字逻辑电路或单片机控制电路等，可以采用这种方法。

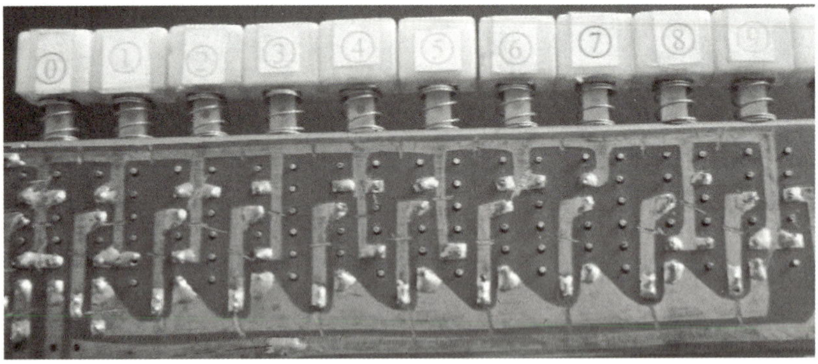

图 5.29　手工设计 PCB

虽然这两种方法不同，但也不是相互独立的，用户在应用时可以根据具体情况灵活选择。如可以通过转印的方法将电路板图印制到覆铜板上，用手工的方法刻制 PCB；也可以用油性记号笔在覆铜板上手工绘制出电路板图，采用腐蚀的方法去除无用铜箔制作 PCB，都可以达到手工设计制作 PCB 的目的。

5.3.1　手工设计制作 PCB

手工设计制作 PCB 也就是手工刻制 PCB，要完成这项工作，用户需要有一定的电路设计经验作为基础，还需要明确了解整个电路中各个元器件之间的电气连接关系，了解元器件的大概摆放位置。例如，芯片电源上的去耦电容应该放在芯片电源引脚周围，对于有功率承担的部分电路走线，要考虑充分的电流负荷等。手工制作 PCB 时，不能反复修改元器件的位置，画好的电路走线不能轻易修改，因此在设计之初就需要做到心中有数。

手工设计制作PCB需要准备的工具有铅笔、橡皮、记号笔、钢钉、锤子、台钻、刻刀、镊子、酒精、棉布、砂纸、锉刀等。

设计工作的第一步是画好需要制作的电路原理图，可以通过计算机辅助设计，也可以直接在纸上画。这时就要考虑电路中各器件的摆放位置，将需要靠近的元器件尽可能地放在一起，注意在电路上标注有功率需求的走线。另外，还需要在电路原理图上标出各元器件的引脚号，为手工画电路板提供方便，电路原理图上标记出的引脚号要与实际元器件引脚一一对应。

接下来根据电路需要，找一块尺寸合适的覆铜板。初次设计为方便走线，可以选择尺寸稍微大一点的覆铜板，用锉刀将四周边缘毛刺去掉。在选择好的覆铜板上用铅笔标记出电路与外部电路连接位置，有条件的最好选用快速接插件，并标记好连接线名称功能，找出所有电路用到的元器件。将体积较大和对位置有特殊要求的元器件摆放在PCB上，对照查看摆放位置是否合适，并用铅笔标记好各元器件位置。对于插脚的元器件，在PCB上的摆放位置是其镜像的位置。用记号笔标记出元器件的引脚和定位孔位置，用铅笔标记出元器件的引脚号和必要的电源极性，并将需要打孔的引脚及定位孔用钢钉冲出标记。用台钻在冲出标记的位置打孔，孔的大小可以根据元器件引脚尺寸来选择，对于定位孔的大小，可以根据电路需要来确定。确定元器件位置和打孔大小如图5.30所示。

图5.30　确定元器件位置和打孔大小

元器件位置及引脚的孔打好以后，根据电路原理图，将电路中的各元器件和接插件需要电气连接的地方连接好，并将连接好的部分在原理图上做一个标记。通常用数字的方法标记，方便检查时使用。有条件的可以采用不同颜色的记号笔分别标记信号线、电源线、地等，以示区分。这个过程要心细，划线时要尽可能地考虑其他走线，在修改的地方要做好明显标记加以区分。标记电路中的重点如图5.31所示。

根据电路原理图描绘好电路板以后，需要将每一个走线的轮廓用钢钉或刻刀描绘出来，这样做可以很清楚地看到每一条走线的情况。根据电路原理图中数字标记的每一条连接线，逐一检查电路板上每一条走线，检查电气连接是否存在问题，检查过程中若有问题可以及时修改。用记号笔将需要保留的走线铜箔部分都涂上颜色，这样易于与需要去除的铜箔部分进行区分。一般情况下，由于手工刻制电路板是通过手工刀刻的方法去除无用铜箔，因此为了减少工作量，应尽可能地减少去除铜箔部分面积，走线轮廓应简单明了。

接下来对照画好的PCB，先在草稿纸上画出各个元器件的位置，根据PCB上记录的元器件引脚和电源极性等标记，在草稿纸上对应位置做好标记，方便在做好PCB后焊接元器件使用。这个时候也相当于对电路的器件摆放位置和电气连接走线部分进行检查。

电路走线部分检查无误后就可以手工刻制PCB了，用刻刀在每一条走线的轮廓上用力刻出划痕，一定要划破铜箔。自制刻刀工具如图5.32所示。用刻刀挑起需要去除的铜箔边缘，用镊子夹紧翘起的铜箔，将不要的铜箔去除。这个过程中需要时刻小心，不要破坏需要保留的铜箔部分，并且对于走线相对较密的地方要格外小心。

图 5.31　标记电路中的重点

图 5.32　自制刻刀工具

PCB 刻好以后，用棉布沾酒精擦除留有的记号笔印记，一定擦出电路板铜箔本色，方便焊接元器件。如果覆铜板本身铜箔表面已经氧化，可以用砂纸将其表面氧化层去除，再用沾有酒精的棉布擦拭干净。

即使用酒精将铜箔表面的污垢去除，由于不同覆铜板铜箔材质不同，其可焊性也不同。因此可在 PCB 留有铜箔的地方都涂上松香酒精溶液，待松香酒精溶液干结凝固以后，再对制作的 PCB 进行焊接和调试。这样做的好处在于利用松香作为助焊剂，提高覆铜板的可焊性。另外，松香酒精溶液干结凝固以后，会在铜箔表面形成薄薄的一层松香层，松香具有很好的绝缘性和抗氧化性，有效地保护了制作的 PCB，使得调试过程更加方便。图 5.33 所示为手工设计制作完成的 PCB。

PCB 做好以后，就可以根据草稿纸上标记的元器件位置和引脚信息，焊接和调试 PCB 了。

接下来焊接元器件。常规电阻、电容等元器件应尽可能用表贴封装的器件，由于表贴器件体积较小，焊盘及走线较为方便，也省去了引脚元器件需要打孔预留焊盘的工作，在很大程度上减少工作量。而对于集成芯片，最好采用直插式的，为了避免直插式器件的焊盘打孔，通常的做法是将引脚弯折成可以表贴的形状，这样可以使 PCB 上的走线直观而简洁。将直插式器件作为表贴器件使用的实例如图 5.34 所示。

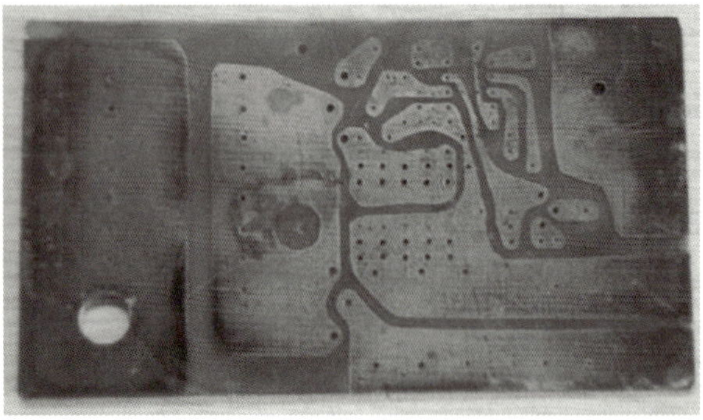

图 5.33　手工设计制作完成的 PCB

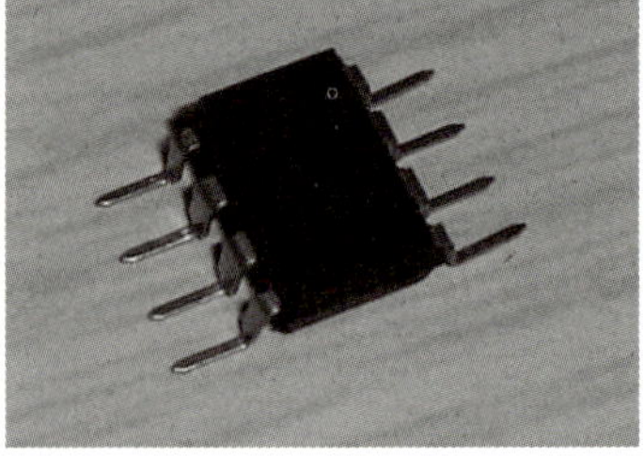

图 5.34　将直插式器件作为表贴器件使用

5.3.2　转印腐蚀法制作 PCB

使用热转印腐蚀的方法制作 PCB 需要准备的工具、设备和材料有：快速制板机、腐蚀机、激光打印机、热转印纸、酒精、棉布、砂纸、三氯化铁、记号笔、钢钉、锤子、台钻、锉刀等。快速制板机俗称热转印机，如图 5.35 所示，它是用来将打印在热转印纸上的电路图转印到覆铜板上的设备。

图 5.36 所示为简易腐蚀机，是用来快速腐蚀 PCB 的，其基本原理是利用抗腐蚀小型潜水泵使三氯化铁溶液进行循环，被腐蚀的 PCB 就处在流动的腐蚀溶液中，为了保证腐蚀速度，腐蚀机能够自动加热并保持腐蚀溶液的温度。

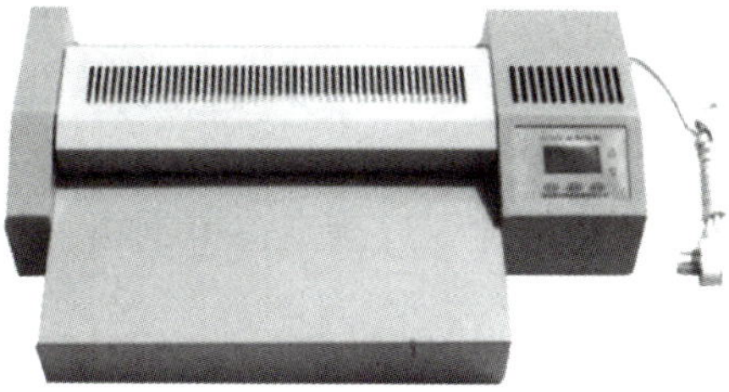

图 5.35　快速制板机

图 5.36　简易腐蚀机

热转印纸如图 5.37 所示，它是经过特殊处理的、通过高分子技术在表面覆盖了数层特殊材料的专用纸，具有耐高温、不粘连的特性，热转印纸是转印媒介，是用热转印法制作 PCB 的必要条件，不能缺少。另外，转印纸为一次性用纸，不能用一般纸代替。平时转印纸应保存在阴凉干燥处，不可受日光长期照射，否则会影响转印效果。

三氯化铁如图 5.38 所示，它是将铜箔腐蚀的化学试剂，利用铜置换三氯化铁中的铁起到去除铜箔的作用。腐蚀溶剂也可以用其他能和铜反应的溶剂代替，如用双氧水、盐酸和水的混合溶液代替。使用强腐蚀液时，需要注意安全。

图 5.37　热转印纸

图 5.38　三氯化铁

材料准备好后，就可以开始制作 PCB 了。首先选择一块覆铜板，覆铜板的尺寸要比计算机辅助设计的尺寸略大一点，用锉刀将四周边缘毛刺去掉，用砂纸或少量去污粉去掉表面的氧化物，用沾有酒精的棉布彻底清洁覆铜板表面，洗净后晾干，或用干净棉布擦干备用。然后用激光打印机在热转印纸上打印设计的电路板图，这里对激光打印机和转印纸的要求都很高。激光打印机的出图要线条清晰，不能有坏点；转印纸表面光洁没有污垢，热转印纸的正反面也不能混淆，否则不但起不到转印的效果，而且还会影响激光打印机硒鼓的寿命。值得注意的是，在转印纸上打印的电路板图应该是覆铜板实际电路板图的镜像，因此在打印的过程中要格外注意，确认没有问题了再用热转印纸打印。

接下来分别介绍制作单面板和双面板的操作过程。

（1）对于单面板来说，只有一面印制板图要转印到覆铜板上，因此其转印操作过程比较简单，具体的方法如下。

①将热转印纸平铺于桌面，有图案的一面朝上。

②将单面板置于热转印纸上，有覆铜的一面朝下。

③将覆铜板的边缘与热转印纸上的印制图的边缘对齐。

④热转印纸按左右和上下弯折将覆铜板与转印纸固定，然后在交接处用透明胶带黏结。

（2）对于双面板来说，由于覆铜板的两面均要转印印制板图，其转印操作相对比较复杂，具体方法如下。

①用一张普通的纸打印一份设计的 PCB 图，用其定位孔以确定出覆铜板上的定位孔，如四角作定位孔。

②用装有 0.7 mm 左右钻头的台钻在覆铜板四角上打出定位孔。

③将裁剪好的有底层图（有图案的一面朝上）的热转印纸的四角定位孔处插入大头针，针尖朝上，作为定位针。

④将打好定位孔的双层覆铜板放置于有底层图的热转印纸上。

⑤将镜像打印的有顶层图的热转印纸置于双层覆铜板之上，有图案的一面朝下。

⑥将上、下层热转印纸与双层覆铜板压紧，用透明胶带粘接，退出四角上的大头针。

固定好覆铜板和转印纸以后，就需要用制板机将转印纸上的图转印到覆铜板上。把制板机放置平稳后，接通电源，打开电源开关进入工作状态。将温度设定在 150 ℃，调整电动机转速比为合适状态，可采用默认值。当制板机的温度接近 150 ℃时，将贴有热转印纸的覆铜板放进制板机中进行热转印。转印完成后，待其温度下降后，将转印纸轻轻掀起一角进行观察，此时转印纸上的图形应完全被转印在覆铜板上。如果有较大缺陷，应将转印纸按原位置贴好，送入转印机再转印一次；如有较小缺陷，可以用油性记号笔进行修补，应采用笔尖较细的油性笔，修补的过程中不要破坏敷在覆铜板上的碳粉。

按照 3∶5 的比例配置好三氯化铁溶液，将装有三氯化铁溶液的腐蚀机放置平稳，戴好乳胶手套，以防腐蚀液侵蚀皮肤。将转印好的覆铜板放入腐蚀槽中，调整好预设温度，接通电源，观察溶液是否覆盖整个 PCB。如果不能覆盖整个电路板，则在切断电源后，调整覆铜板在腐蚀槽中的位置，以求溶液覆盖整个电路板。盖上腐蚀槽盖子，接通电源进行腐蚀，待覆铜板上裸露铜箔被完全腐蚀掉后，断开电源。用镊子或竹筷取出被腐蚀的电路板，用清水反复清洗后擦干。

如果没有腐蚀机，用热水溶解三氯化铁，调制腐蚀用三氯化铁溶液，配置好的三氯化铁溶液如图 5.39 所示。腐蚀过程中需要搅动腐蚀液，也可以用镊子或竹筷夹起 PCB 一角在腐蚀液中晃动，使腐蚀液与铜箔充分接触，增加腐蚀速度。

另外，也可以用双氧水、盐酸、水，按照 2∶1∶2 的比例配制混合腐蚀液，这种腐蚀液不需要加热，腐蚀过程快捷，腐蚀液清澈透明，容易观察 PCB 被腐蚀的程度。这种腐蚀液

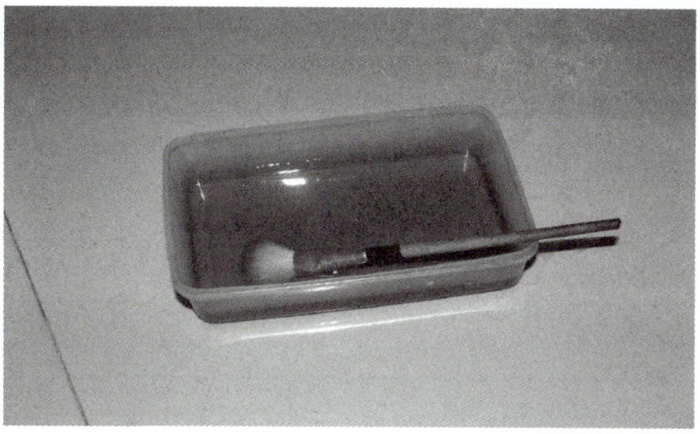

图 5.39　配置好的三氯化铁溶液

的腐蚀性很强，在使用的过程中要时刻注意安全。如果不小心溅到皮肤或衣服上要及时有效处理，没有掌握处理方法的初学者不建议使用。

在腐蚀好的 PCB 需要打孔的地方用台钻打孔，打孔时一定要对准 PCB 上的焊盘中心。有条件的可以使用带有定位锥的专用钻头，定位锥可以磨掉钻孔附近的墨粉，形成一个非常干净的焊盘，效果更好。

最后清洁 PCB，用沾有酒精的棉布将 PCB 上残留的墨粉擦干净，将调好的松香酒精助焊溶液涂在 PCB 上进行保护。图 5.40 所示是采用转印腐蚀法制作的 PCB，经过简单的修理以后，可以和生产线生产的 PCB 媲美。

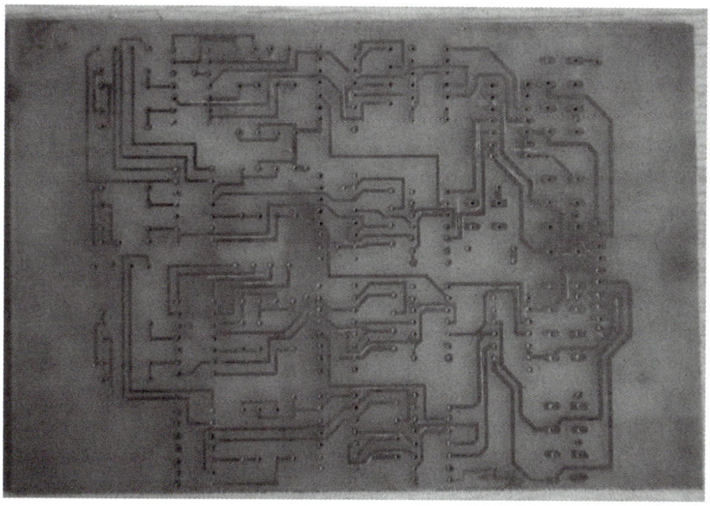

图 5.40　采用转印腐蚀法制作的 PCB

使用转印腐蚀法制作 PCB 的注意事项如下。

（1）转印纸为一次性用纸，不可多次使用，也不能用一般纸代替，将多余的转印纸保存在阴凉干燥处，不可受日光长期照射，否则会影响转印效果。

（2）激光打印机清晰度要高，转印纸转印表面清洁。

（3）为保证所制 PCB 的质量，所绘线条宽度应尽可能在 15 mil（1 mil = 0.025 4 mm）或以上，线间距应在 10 mil 或以上。

（4）元器件引脚焊盘可以定义大一点，普通 IC 引脚焊盘直径应在 70 mil 或以上。

（5）转印温度不要过高，温度过高不但转印效果不佳，而且容易损坏覆铜板。

5.4 电子电路的抗干扰方法

5.4.1 噪声概述

电路中的噪声可以分为两大类：内部噪声和外部噪声。内部噪声主要是由于传输途径相邻电路之间的寄生耦合产生的，还有的是内部电路由于温度漂移产生的无用信号，以及各元器件之间的场耦合引起的信号交叉等。内部噪声通常存在于电路内部，需要通过合理地搭配各个元器件的摆放位置、采用好的电路布线方法或改进电路模式来减小或消除。外部噪声主要是外部电路引入的噪声干扰，通常可能由信号输入端、电源、空间电磁耦合而引入电路的。对于外部噪声，需要通过改进电路连接方式、改变电路结构来减小或消除。

设计电路时，经常会遇到硬件电路失常的状况，如果检查电路连接没有问题，很多情况都是由于过多的噪声介入而导致的。如果整体的设计作品是由多个电路模块连接组成的，那么可以电路模块为单位进行划分，其内部产生的噪声为内部噪声，而由相互连接而引起的噪声为外部噪声。

5.4.2 内部噪声的解决办法

如果只考虑模块电路内部，可以将内部噪声归结于 PCB 的抗干扰问题。PCB 设计经常会产生噪声干扰，主要有元器件的摆放问题和电路布线问题。元器件的摆放，也就是元器件的布局，对产品的寿命、稳定性、电磁兼容都有很大的影响。首先需要注意摆放元器件的顺序，先放置与结构有关的固定位置的元器件，如定位孔、电源插座、指示灯、开关、连接件之类，这些器件放置好后，可以使用软件的锁定功能将其锁定，使之以后不会被误移动；再放置线路上的特殊元件和大的元器件，如发热元件、变压器、IC 等；最后放置小元器件。另外，元器件布局还要特别注意功率器件的散热问题。对于大功率电路，应该将那些发热元器件（如功率管、变压器等）尽量靠边分散，便于热量散发，不要集中在一个地方，也不要靠电解电容太近，以免使电解液干涸过早老化，导致电解电容失效。

对于 PCB 的布线，通常需要注意以下 9 个问题。

(1) 大电流信号、高电压信号与小信号之间应该注意隔离，隔离距离与要承受的耐压有关，通常情况下 1 kV 的电压，需要在 PCB 上留出 2 mm 以上距离，电压更高其间距要更大。如要承受 3 kV 的耐压测试，则高低压线路之间的距离应在 5 mm 以上。在有些情况下，为避免“爬电”，需要在 PCB 的高低压之间开隔离槽。

(2) 当两面板布线时，两面的导线宜相互垂直、斜交或弯曲走线，避免相互平行，以减小寄生耦合；作为电路的输入、输出用的印制导线，应尽量避免相邻平行，以免发生输入/输出串扰，在这些导线之间最好加接地线。

(3) 元器件和导线不能靠 PCB 边缘太近，单面板受力后容易断裂，如果在边缘连线或放元器件就会受到影响。为了方便焊接，单面板焊盘必须要大，焊盘相连的线一定要粗，可以的话应放置泪滴（Teardrops），防止 PCB 因多次焊接产生问题。

（4）在 PCB 的关键地方均放置适当的去耦电容，如在集成电路的电源输入端和地之间，抗噪声弱、可能具有高频干扰的电路的电源接口处，应尽可能使用没有引线的贴片陶瓷电容（0. 01 ~1 μF），使用引线式电容时也要使其引线尽可能短，尤其是高频旁路电容一定要消除引线对电路的影响。

（5）对于高频电路布线，需要良好的元器件排布，要细一些、短一些，尽可能缩短布线长度，避免输入与输出之间的有害耦合。简而言之，按电路图的结构安排元器件的位置，尽可能缩短布线距离，拐角尽量使用 45°折线，而不使用垂直折线布线，以减小高频信号对外的发射与耦合。

（6）对于同时存在模拟电路和数字电路的场合（如 A/D 类器件电路），其数字部分和模拟部分要分开，不能在 PCB 上交叉布线，可以将模拟地和数字地分开。

（7）要尽量少用过孔、跳线，PCB 上使用过孔和跳线能够为布线和切换电路提供方便，但过多的过孔与跳线会对电路的稳定性造成极大的影响。由于过孔的生产工艺通常是金属化处理的，存在一定的连接电阻，而且过多的过孔在 PCB 上势必会延长引线距离，因此通常在一条连接引线上最多有两个过孔。

（8）对于如集成运算放大器一类的器件，需要双电源供电，而且双电源供电的对称性直接影响电路性能，此时如果正、负电源线无法排布，可以将正、负电源线布置在大平面地一侧，但是需要另行布线，不能破坏大平面地的结构，可以用连线的方式将正、负电源连接到集成运算放大器的正、负电源端。另外由于集成运算放大器高输入阻抗的特点，对所有的集成运算放大器的输入端，有条件的均采取屏蔽环的屏蔽措施，避免 PCB 将临近引脚信号引入输入端而成为噪声源。

（9）如果没有很好的单层 PCB 的电磁兼容设计经验，应选择具有大平面地的双层 PCB 设计，这样可以尽可能地降低接地的阻抗，尽可能地降低因接地阻抗而引起的附加噪声。

5.4.3　外部噪声的解决办法

即使每一个模块电路均具有优良的特性，也不能保证每一个模块电路连接到一起后相互之间没有干扰，而这部分干扰主要产生于连接各个模块电路的连接线。模块电路间连接线会直接影响电路噪声敏感度，因此在各个模块电路联装以后，要认真检查、调整，对连接线作合理安排，彻底清除超过额定值的地方，解决接口之间存在的匹配问题。使用模块电路之间连接线时，应注意以下 5 点。

（1）板间信号线越短越好，且不宜与电力线同时排列（或靠近），可采取两者相互垂直配线的方式，以减少静电感应、漏电流的影响，必要时应采取适宜的屏蔽措施。

（2）对于多个模块连接，接地线需采用“一点接地”方式，切忌使用串联型接地，以免出现电位差。地线电位差会降低设备抗扰度，是常见的干扰源之一。

（3）远距离传送的输入/输出信号应有良好的屏蔽保护，屏蔽线与地应遵循一端接地原则，且仅将易受干扰端屏蔽层接地。

（4）当用扁平电缆传输多种电平信号时，应用闲置导线将各种电平信号线分开，并将该闲置导线接地。扁平电缆力求贴近接地底板，若串扰严重，可采用双绞线结构的信号电缆。

（5）交流中线（交流地）与直流地要严格分开，以免相互干扰，影响系统正常工作。

第 6 章　常用电子元器件选用指南

6.1　无源元件

6.1.1　电阻器

6.1.1.1　固定电阻器

（1）电阻器的命名方法。

电阻器（一般简称为电阻）的型号命名方法如表 6.1 所示。

例如，一个 RJ73 的电阻器就可以通过上表查出，主称 R 代表电阻器、材料 J 代表金属膜、特征 73 代表精密超高频，综合起来就是精密超高频金属膜电阻器。

（2）电阻器的电阻值（也可简称为电阻或阻值）精度。

E 系列允许偏差及计算方法如表 6.2 所示。E 系列对应关系及数值如表 6.3 所示。

（3）直标法。

电阻器的阻值是通过数字或字母数字混合的形式进行标注的，这种标注方法称为直标法。现在生产的贴片式电阻器一般采用这种标注方法，如电阻器标注 224，其中 22 表示标称值，4 表示权位（倍乘数）即 10^4。因此 224 所代表的阻值为 $22\times10^4\ \Omega=220\ \mathrm{k}\Omega$。另外直标法还有一种字母与数字混合标注形式，如标注为 220 k 的电阻器也表示的是阻值为 220 kΩ 的电阻器。

表 6.1　电阻器的型号命名方法

第一部分：主称		第二部分：材料		第三部分：特征			第四部分：序号
符号	意义	符号	意义	符号	电阻器	电位器	
R W	电阻器 电位器	T	碳膜	1	普通	普通	对主称、材料相同，仅性能指标尺寸大小有区别，但基本不影响互换使用的产品，给同一序号；若性能指标、尺寸大小明显影响互换使用时，则在序号后面用大写字母作为区别代号。
		H	合成膜	2	普通	普通	
		S	有机实芯	3	超高频	—	
		N	无机实芯	4	高阻	—	
		J	金属膜	5	高温	—	
		Y	氧化膜	6	—	—	
		C	沉积膜	7	精密	精密	
		I	玻璃釉膜	8	高压	特殊函数	
		P	硼酸膜	9	特殊	特殊	
		U	硅酸膜	G	高功率	—	
		X	线绕	T	可调	—	
		M	压敏	W	—	微调	
		G	光敏	D	—	多圈	
		R	热敏	B	温度补偿用	—	
				C	温度测量用	—	
				P	旁热式	—	
				W	稳压式	—	
				Z	正温度系数	—	

表 6.2　E 系列允许偏差及计算方法

E 系列	允许偏差/%	计算公式
E6	±20(M)	$\sqrt[6]{10n}$，$n=1\sim6$
E12	±10(K)	$\sqrt[12]{10n}$，$n=1\sim12$
E24	±5(J)	$\sqrt[24]{10n}$，$n=1\sim24$
E48	±2(G)	$\sqrt[48]{10n}$，$n=1\sim48$
E96	±1(F)	$\sqrt[96]{10n}$，$n=1\sim96$

表 6.3　E 系列对应关系及数值

E6	E12	E24	E48	E96	E6	E12	E24	E48	E96	E6	E12	E24	E48	E96
10	10	10	100	100				215	215				464	464
				102	22	22	22		221	47	47	47		475
			105	105				226	226				487	487
				107					232					499
		11	110	110				237	237			51	511	511
				113			24		243					523
			115	115				249	249				536	536
				118					255					549
	12	12	121	121				261	261		56	56	562	562
				124					267					576
			127	127		27	27	274	274				590	590
		13		130					280					604
			133	133				287	287			62	619	619
				137					294					634
			140	140			30	301	301				649	649
				143					309					665
			147	147				316	316	68	68	68	681	681
15	15	15		150					324					698
			154	154	33	33	33	332	332				715	715
				158					340					732
		16	162	162				348	348			75	750	750
				165					357					768
			169	169			36	365	365				787	787
				174					374					806
			178	178				383	383		82	82	825	825
						39	39		392					845
	18	18		182				402	402				866	866
			187	187					412					887
				191				422	422			91	909	909
			196	196			43		432					931
		20		200				442	442				953	953
			205	205					453					976
				210										

常见的电阻器阻值允许偏差均采用字母作为标志符号，允许偏差与字母的对应关系如表 6.4 所示。

表 6.4　允许偏差与字母的对应关系

允许偏差/%	标志符号	允许偏差/%	标志符号	允许偏差/%	标志符号
± 0.001	E	± 0.1	B	± 10	K
± 0.002	Z	± 0.2	C	± 20	M
± 0.005	Y	± 0.5	D	± 30	N
± 0.01	H	± 1	F		
± 0.02	U	± 2	G		
± 0.05	W	± 5	J		

(4) 色标法。

现在的引脚式电阻器通常采用将不同颜色的色环涂在电阻器上的方法来表示电阻的标称值及允许误差。带有 4 个色环的，其中第一、二环分别代表阻值的前两位数；第三环代表倍乘数；第四环代表允许误差。带有 5 个色环的，其中第一、二、三环分别代表阻值的前三位数；第四环代表倍乘数；第五环代表允许偏差。固定电阻器色环标志读数识别规则如图 6.1 所示。固定电阻器各种颜色与数值对应关系如表 6.5 所示。

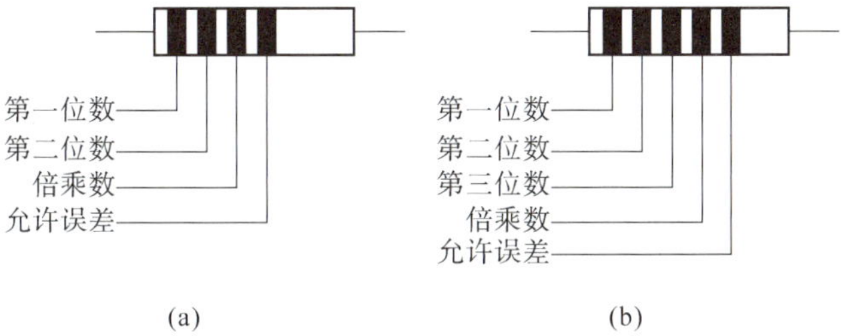

图 6.1　固定电阻器色环标志读数识别规则

(a) 一般电阻；(b) 精密电阻

表 6.5　固定电阻器各种颜色与数值对应关系

颜色	有效数字第一位数	有效数字第二位数	倍乘数	允许偏差/%
棕	1	1	10^1	±1
红	2	2	10^2	±2
橙	3	3	10^3	—
黄	4	4	10^4	—
绿	5	5	10^5	±0.5
蓝	6	6	10^6	±0.2
紫	7	7	10^7	±0.1
灰	8	8	10^8	—
白	9	9	10^9	—

续表

颜色	有效数字第一位数	有效数字第二位数	倍乘数	允许偏差/%
黑	0	0	10^{0}	—
金	—	—	10^{-1}	±5
银	—	—	10^{-2}	±10
无色	—	—	—	±20

(5) 电阻器的额定功率。

电阻器的额定功率指电阻器在直流或交流电路中，长期连续工作所允许消耗的最大功率。有两种标志方法：2 W 以上的电阻，直接用数字印在电阻体上；2 W 以下的电阻，以自身体积大小来表示功率。在电路图中表示电阻器的功率时，采用图 6.2 所示的电路符号。

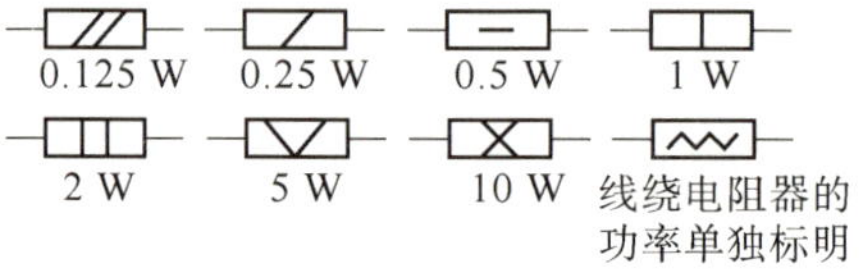

图 6.2 电阻器额定功率的电路符号

6.1.1.2 可调电阻器

可调电阻器一般称为电位器，按形状不同，可分为圆柱体、长方体等多种形状；按结构不同，可分为直滑式、旋转式、带开关式、带紧锁装置式、多连式、多圈式、微调式和无接触式等多种形式；按材料不同，可分为碳膜、合成膜、有机导电体、金属玻璃釉和合金电阻丝等多种电阻材料。碳膜电位器是其中较常用的一种。电位器在旋转时，其相应的阻值依旋转角度而变化。变化规律有 3 种不同形式，具体如下。

(1) X 型为直线型，其阻值按角度均匀变化。它适于作分压、调节电流等用，如在电视机中作场频调整。

(2) Z 型为指数型，其阻值按旋转角度依指数关系变化（阻值变化开始缓慢，以后变快），它普遍使用在音量调节电路里。由于人耳对声音响度的听觉特性是接近于对数关系的，当音量从零开始逐渐变大的一段过程中，人耳对音量变化的听觉最灵敏，当音量大到一定程度后，人耳听觉逐渐变迟钝。所以音量调整一般采用指数式电位器，使声音变化听起来显得平稳、舒适。

(3) D 型为对数型，其阻值按旋转角度依对数关系变化（即阻值变化开始快，以后缓慢），这种方式多用于仪器设备的特殊调节。在电视机中采用这种电位器调整黑白对比度，可使对比度更加适宜。

电路中进行一般调节时，采用价格低廉的碳膜电位器；在进行精确调节时，宜采用多圈电位器或精密电位器。

6.1.1.3 光敏电阻器

光敏电阻器主要有 CdS 元件、CdSe 元件和 PbS 元件。表 6.6 中列出了几种 CdS 光敏电阻器的参数，其中峰值波长指光谱响应中最敏感的波长值；响应时间指光敏电阻器两端加电压后，从受光照开始，电阻器中的光电流从 0 增加到正常电流值的 63%所经历的时间 t，遮光后，光电流从正常值衰减到 37%时所经历的时间 t_f。

表 6.6　几种 CdS 光敏电阻器的参数

参数 型号	光谱响应范围/m	峰值波长/m	允许功耗/mW	最高工作电压/V	响应时间		光电特性		电阻温度系数/(%·℃$^{-1}$)(20~60 ℃)
					t/ms	t_f/ms	暗电阻/MΩ	光电阻/kΩ(100 lx)	
UR-74A	0.4~0.8	0.54	50	100	40	30	1	0.7~1.2	-0.2
UR-74B	0.4~0.8	0.54	30	50	20	15	10	1.2~4	-0.2
UR-74C	0.5~0.9	0.57	50	100	6	4	100	0.5~2	-0.5

6.1.2　电容器

6.1.2.1　电容器的分类

电容器（一般简称为电容）可以分为两大类：固定电容器和可调电容器。固定电容器又可以根据介质的不同分为陶瓷、云母、纸质、薄膜、电解等。图 6.3 所示为一些常见电容器实物图。

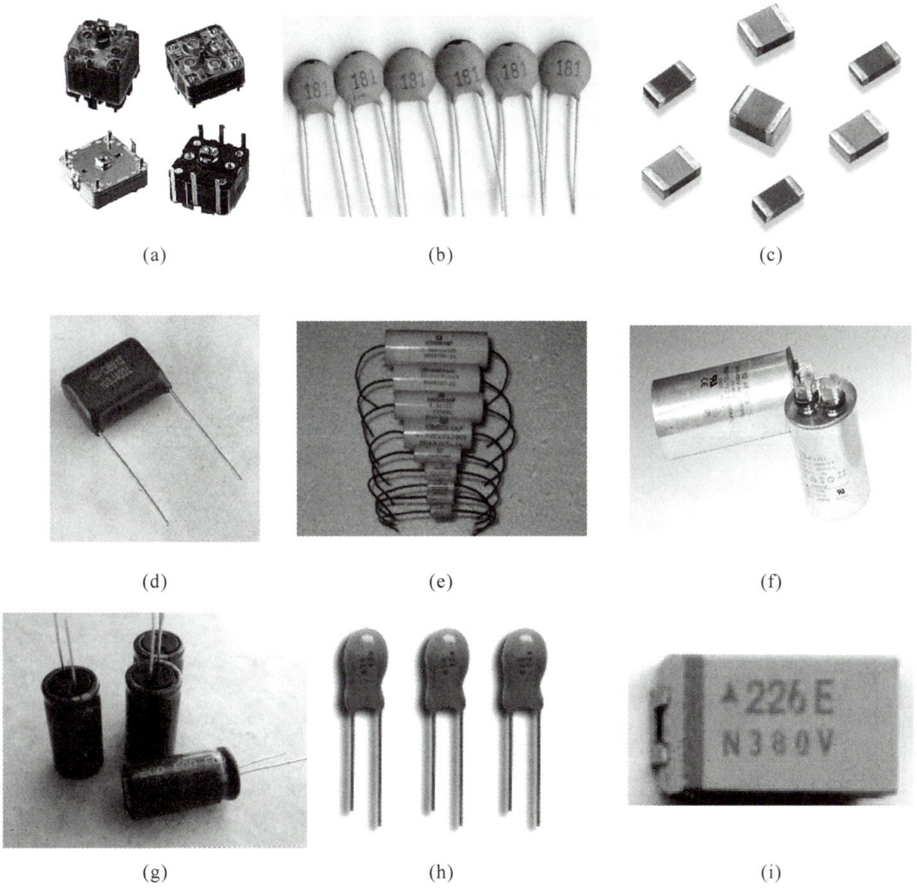

图 6.3　常见电容器实物图

(a) 用于收音机的可调电容器；(b) 陶瓷介质电容器；(c) 贴片封装的陶瓷电容器；(d) 独石电容器；(e) 云母电容器；(f) 薄膜电容器；(g) 铝电解电容器；(h) 引脚式钽电解电容器；(i) 贴片封装的钽电解电容器

6.1.2.2 固定电容器

根据国家标准，国产电容器的型号一般由 4 个部分组成：第一部分表示名称，用字母表示，电容器用 C 表示；第二部分表示电容器的制造材料，用字母表示；第三部分表示特征分类，用字母和数字表示；第四部分为产品序号，用数字表示，包括品种、尺寸、代号、温度特性、直流工作电压、标称值、允许偏差、标准代号，详见表 6.7 和表 6.8。

表 6.7 电容器命名规则

第一部分		第二部分		第三部分		第四部分
用字母表示主称		用字母表示材料		用数字或字母表示特征		序号
符号	意义	符号	意义	符号	意义	包括：品种、尺寸、代号、温度特性、直流工作电压、标称值、允许偏差、标准代号
C	电容器	C	瓷介质			
		I	玻璃釉			
		O	玻璃膜			
		Y	云母			
		V	云母纸			
		Z	纸介质			
		J	金属化纸	T	铁电	
		B	聚苯乙烯	W	微调	
		F	聚四氟乙烯	J	金属化	
		L	涤纶	X	小型	
		S	聚碳酸酯	S	独石	
		Q	漆膜	D	低压	
		H	纸膜复合	M	密封	
		D	铝电解	Y	高压	
		A	钽电解	C	穿心式	
		G	金属电解			
		N	铌电解			
		T	钛电解			
		M	压敏			
		E	其他材料			

表 6.8 第三部分是数字时所代表的意义

符号	特征（型号的第三部分）的意义			
（数字）	瓷介质电容器	云母电容器	有机电容器	电解电容器
1	圆片		非密封	箔式
2	管型	非密封	非密封	箔式
3	迭片	密封	密封	烧结粉液体
4	独石	密封	密封	烧结粉固体

续表

符号	特征（型号的第三部分）的意义			
5	穿心		穿心	
6				
7				无极性
8	高压	高压	高压	
9			特殊	特殊

6.1.2.3　电容器容量的标注形式

（1）直标法，就是用数字和单位符号直接将电容量（也可简称为电容或容量）表示出来。如 1 μF 表示 1 微法，有些电容用“R”表示小数点，这并不是表示电阻，而是容量的另一种直标方式，如 R56 表示电容器的容量为 0.56 μF。

（2）文字符号法，即用数字和文字符号有规律的组合来表示容量，如 p10 表示 0.1 pF，1p0 表示 1 pF，6P8 表示 6.8 pF，2μ2 表示 2.2 μF。值得注意的是，由于早期的印刷字符库缺少“μ”这个字符，因此有些生产厂商经常用“u”来代替“μ”，如 2u2 表示的也是 2.2 μF。

（3）色标法，是用色环或色点表示电容器的主要参数。电容器的色标法与电阻器相同。

电容器偏差标志符号：+100%-0--H、+100%-10%--R、+50%-10%--T、+30%-10%--Q、+50%-20%--S、+80%-20%--Z。

（4）数学计数法，和阻值的表示方法类似，需要注意的是，用这种方法表示的容量单位为“pF”。如标值 272 的电容器，其容量就是 2 700 pF（计算方法 27×10^2 pF=2 700 pF）；如标值 473 的电容器，表示容量为 0.047 μF 的电容器（计算方法 47×10^3 pF=0.047 μF）；又如标值 106 的电容器，表示容量值为 10 μF 的电容器（计算方法 10×10^6 pF=10 μF）。

6.1.3　电感器

电感器（一般简称为电感）种类及特点如表 6.9 所示。

表 6.9　电感器种类及特点

种类	特点
色环电感器	结构坚固，成本低廉，适给自动化生产。特殊铁芯材质，高 Q 值及自共振频率。外层用环氧树脂处理，可靠度高。电感范围大，可自动插件
共模电感器	共模电感器实质上是一个双向滤波器：一方面要滤除信号线上共模电磁干扰，另一方面又要抑制本身不向外发出电磁干扰，避免影响同一电磁环境下其他电子设备正常工作。 共模扼流圈可以传输差模信号，直流和频率很低的差模信号都可以通过。而对于高频共模噪声则呈现很大的阻抗，发挥了一个阻抗器的作用，所以它可以用来抑制共模电流干扰
扼流圈	扼流圈又称阻流线圈、差模电感器，用来限制交流电通过的线圈，分高频阻流圈和低频阻流圈。采用开磁路构造设计，有结构性佳、体积小、Q 值高、成本低等特点

下面介绍几种常见的电感器。

固定电感器以立式居多，图 6.4 所示都是立式固定电感器，可用于电视机和其他电子设备中，起到滤波和扼流作用。

另外，还有一种外形和常见的引脚式电阻相似的固定电感器，称为卧式固定电感器，如图 6.5 所示，国产有 LG1、LGA、LGX 等系列。

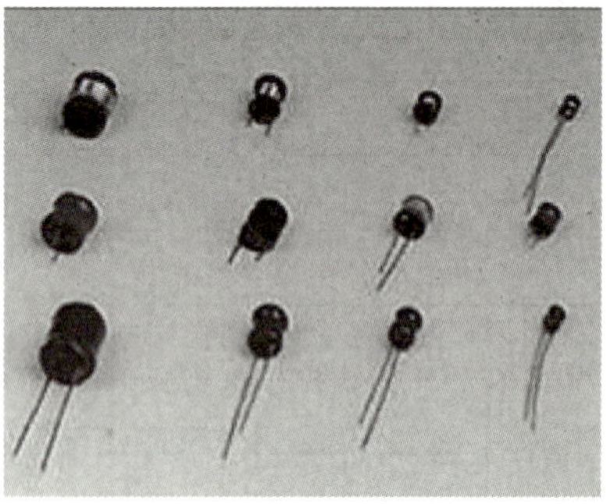

图 6.4　立式固定电感器

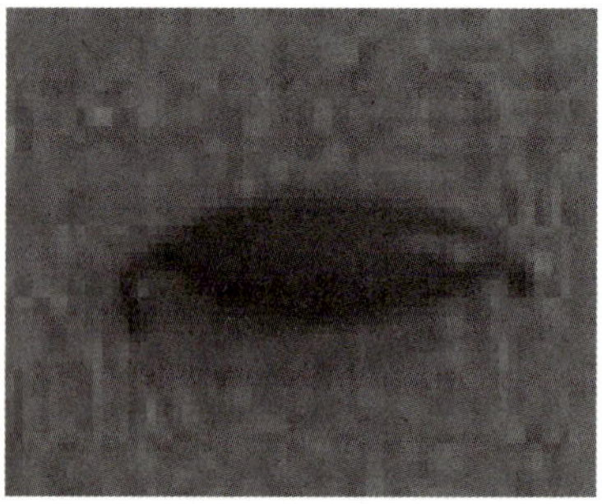

图 6.5　卧式固定电感器

图 6.6、图 6.7 所示是棒状电感器和环形电感器，它们也是用漆包线缠绕在棒形的铁氧体磁芯上制作出来的。不同的是，这种电感器的漆包线缠绕圈数是用户根据自己需要的电感量的大小来决定的，因此可以通过改变漆包线的圈数决定电感量的大小。

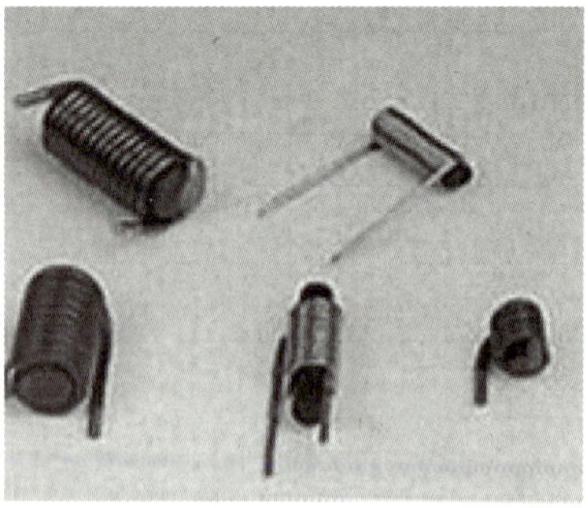

图 6.6　棒状电感器

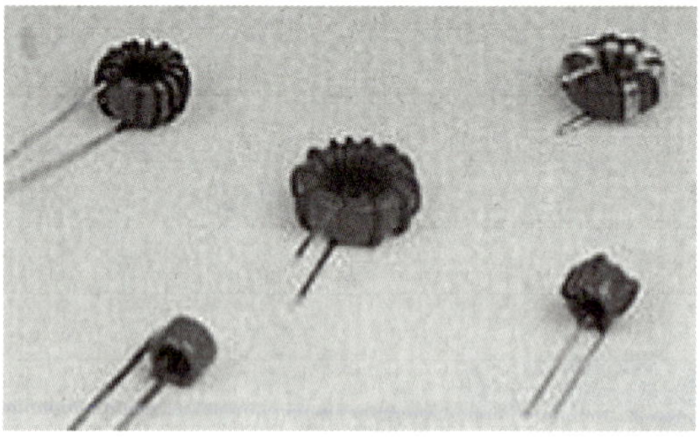

图 6.7　环形电感器

6.2　半导体分立器件

6.2.1　半导体分立器件命名方法

国产的二极管和三极管根据国家标准都有统一的规定，由 5 个部分组成。第一部分用阿拉伯数字表示器件的电极数；第二部分用字母表示器件的材料和极性；第三部分用汉语拼音字母表示器件的类型；第四部分用阿拉伯数字表示器件序号；第五部分用汉语拼音字母表示规格号。国产半导体分立器件的命名，方法如表6.10所示，命名规则如图6.8所示。

表6.10　国产半导体分立器件的命名方法

型号组成	第一部分		第二部分		第三部分		第四部分	第五部分
	用阿拉伯数字表示器件的电极数		用字母表示器件的材料和极性		用汉字拼音字母表示器件的类型			
符号及其意义	符号	意义	符号	意义	符号	意义	用阿拉伯数字表示器件序号	用汉语拼音字母表示规格号
	2	二极管	A	N型，锗材料	P	普通管		
			B	P型，锗材料	V	微波管		
			C	N型，硅材料	W	稳压管		
			D	P型，硅材料	C	参量管		
	3	三极管	A	PNP型锗材料	Z	整流管		
			B	NPN型锗材料	L	整流堆		
			C	PNP型硅材料	S	隧道管		
			D	NPN型硅材料	N	阻尼管		
			E	化合物材料	U	光电器件		
					K	开关管		
					X	低频小功率管 $f_\alpha<3$ MHz，$P_c<1$ W		
					G	高频小功率管 $f_\alpha\geqslant3$ MHz，$P_c<1$ W		
					D	低频大功率管 $f_\alpha<3$ MHz，$P_c\geqslant1$ W		
					A	高频大功率管 $f_\alpha\geqslant3$ MHz，$P_c\geqslant1$ W		
					T	可控整流管		
					Y	体效应器件		
					B	雪崩管		
					J	阶跃恢复管		
					CS	*场效应管		
					BT	*半导体特殊器件		
					FH	*复合管		
					PIN	*PIN型管		
					JG	*激光器件		

注：“*”器件的型号命名只有第三、四、五部分。

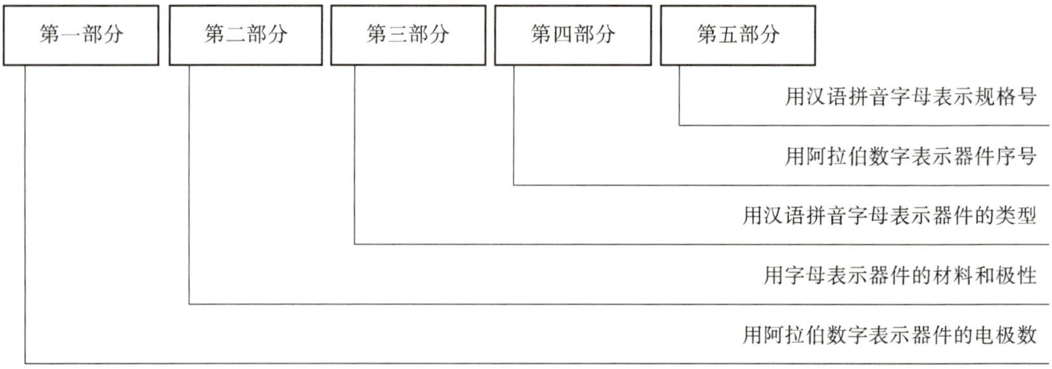

图 6.8 半导体器件的命名规则

例如 2CZ55A，第一部分“2”代表了它是一个二极管，第二部分“C”代表了它是 N 型硅材料基板制作的，第三部分“Z”说明它是整流管。

6.2.2 二极管

6.2.2.1 二极管符号

几种常见的二极管符号如图 6.9 所示，其中 D_1 是普通二极管，D_2 是肖特基二极管，D_3 是隧道二极管，D_4 是变容二极管，D_5、D_6 是稳压二极管（齐纳二极管），D_7 是发光二极管，D_8 是光敏二极管。

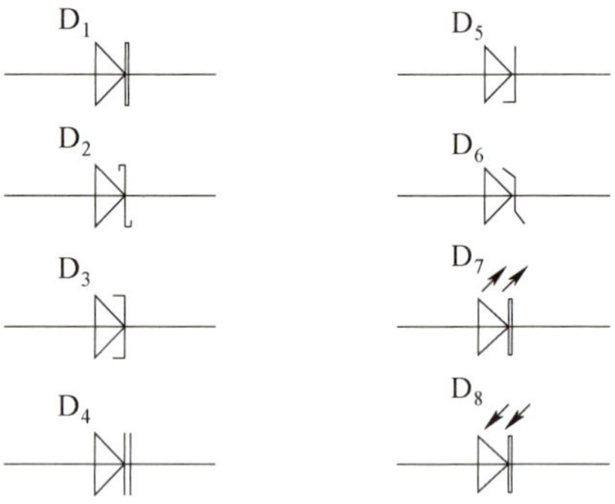

图 6.9 几种常见的二极管符号

6.2.2.2 锗检波二极管

几种常见锗检波二极管的主要参数如表 6.11 所示。

表 6.11 几种常见锗检波二极管的主要参数

型号	最大整流电流/mA	最高反向工作电压/V	反向击穿电压/V	最高工作频率/MHz
2AP1	16	20	≥40	150
2AP2	16	30	≥45	
2AP3	25	30	≥45	
2AP4	16	50	≥75	
2AP5	16	75	≥110	
2AP6	12	100	≥150	
2AP7	12	100	≥150	
2AP8	35	10	≥20	
2AP8A	35	15	≥20	
2AP9	5	10	≥20	100
2AP10	5	30	≥40	

6.2.2.3　开关二极管

部分常用开关二极管的主要参数如表 6.12 所示。

表 6.12　部分常用开关二极管的主要参数

型号	正向压降/V	正向电流/mA	最高反向工作电压/V	反向击穿电压/V	反向恢复时间/ns
2AK1	≤1	≥100	10	≥30	≤200
2AK2	≤1	≥150	20	≥40	≤200
2AK3	≤0.9	≥200	30	≥50	≤150
2AK6	≤0.9	≥200	50	≥70	≤150
2AK7	≤1	≥10	30	50	≤150
2AK10	≤1	≥10	50	70	≤150
2AK14	≤0.7	≥250	50	70	≤150
2AK18	≤0.65	≥250	30	50	≤100
2AK20	≤0.65	≥250	50	70	≤100
2CK1	≤1	≥100	30	≥40	≤150
2CK6	≤1	100	180	≥210	≤150
2CK13	≤1	30	50	75	≤5
2CK20A	≤0.8	50	20	30	≤3
2CK20D	≤0.8	50	50	75	≤3
2CK70A～E	≤0.8	≥10	A≥20，B≥30，C≥40，D≥50，E≥60	A≥30，B≥45，C≥60，D≥75，E≥90	≤3
2CK71A～E	≤0.8	≥20			≤4
2CK72A～E	≤0.8	≥30			≤4
2CK73A～E	≤1	≥50			≤5
2CK76A～E	≤1	≥200			≤5

6.2.2.4　硅整流二极管

常见硅整流二极管的部分参数如表 6.13 所示。

表 6.13　常见硅整流二极管的部分参数

型号	最高反向工作电压（峰值）V_{RM}/V	最大整流电流 I_F/A	正向不重复峰值电流 I_{FSM}/A	正向压降 V_F/V	反向电流 I_R/μA
1N4001	50	1	30	≤1	<5
1N4002	100				
1N4003	200				
1N4004	400				
1N4005	600				
1N4006	800				
1N4007	1000				

续表

型号	最高反向工作电压（峰值）V_{RM}/V	最大整流电流 I_F/A	正向不重复峰值电流 I_{FSM}/A	正向压降 V_F/V	反向电流 I_R/μA
1N5400	50	3	150	≤0.8	<10
1N5401	100				
1N5402	200				
1N5403	300				
1N5404	400				
1N5405	500				
1N5406	600				
1N5407	800				
1N5408	1000				
2CZ55A~X	25~3 000	1	20	≤1	<10
2CZ56A~X	25~3 000	3	65	≤0.8	<20
2CZ57A~X	25~3 000	5	100	≤0.8	<20

6.2.2.5 稳压二极管

常见硅稳压二极管的部分参数如表 6.14 所示。

表 6.14 常见硅稳压二极管的部分参数

		稳定电压 V_Z/V	稳定电流 I_Z/mA	额定电流 I_{ZM}/mA	额定功率 P_{ZM}/W	动态电阻 r_z/Ω	正向压降 V_F/V
1N747-9	2CW52	3.2~4.5	10	55	0.25	≤70	≤1
1N750-1	2CW53	4~5.8		41		≤50	
1N752-3	2CW54	5.5~6.5		38		≤30	
1N754	2CW55	6.2~7.5	5	33		≤15	
1N755-6	2CW56	7~8.8		27		≤15	
1N757	2CW57	8.5~9.5		26		≤20	
1N758	2CW58	9.2~10.5		23		≤25	
1N962	2CW59	10~11.8		20		≤30	
1N963	2CW60	11.5~12.5	3	19		≤40	
1N964	2CW61	12.2~14		16		≤50	
1N965	2CW62	13.5~17		14		≤60	

6.2.2.6　发光二极管

发光二极管发光的颜色有红、绿、黄、白、蓝等，常见的发光二极管如图 6.10 所示。

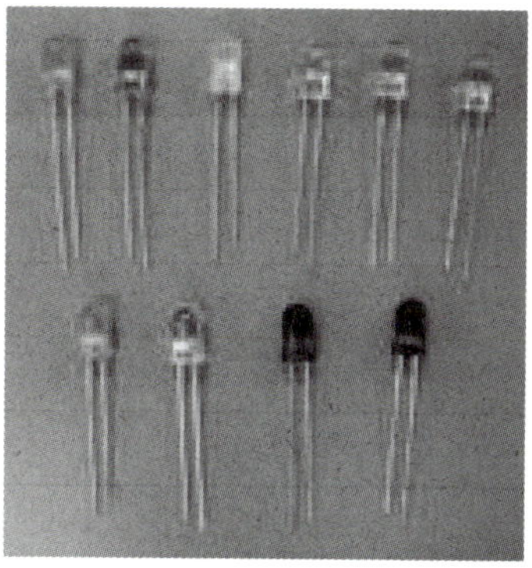

图 6.10　常见的发光二极管

几种常见的红色发光二极管的主要参数如表 6.15 所示。

表 6.15　几种常见的红色发光二极管的主要参数

型号	极限参数			电参数			
	最大功率 P_M/mW	最大正向电流 I/mA	反向击穿电压 V/V	正向电流 I_F/mA	正向电压 V_F/V	反向电流 I_R/μA	结电容 C/pF
FG112001	100	50	≥5	10	≤2	≤100	≤100
FG112002	100	50		20			
FG112004	30	20		5			
FG112005	100	70		10			

点阵式排列的 LED 被称为 LED 点阵模块，如图 6.11 所示，常用来构成大屏幕 LED 显示器。

如果将这些 LED 按照数码的形式排列，制作成的器件被称为 LED 数码管，图 6.12 所示是一些 LED 数码管的实物。

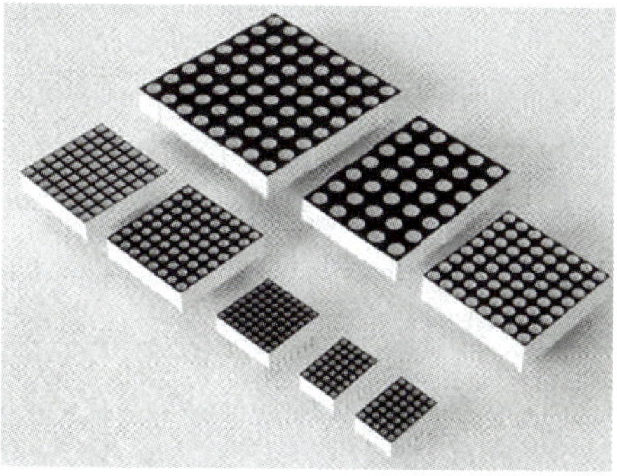

图 6.11　LED 点阵模块

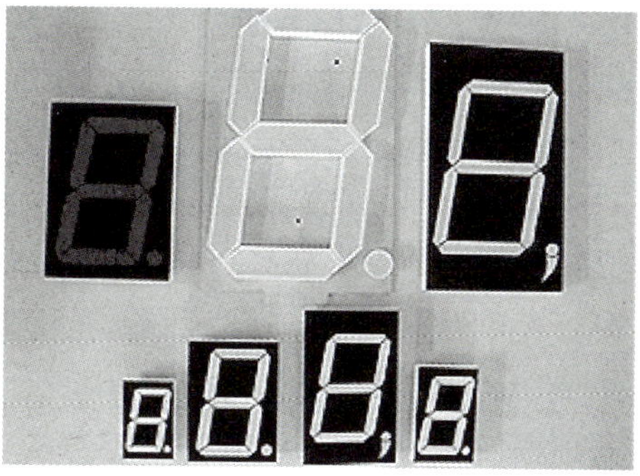

图 6.12　一些 LED 数码管的实物

几种常见数码管的参数如表6.16所示。

表6.16　几种常见数码管的参数

型号	起辉电流/mA	亮度/$(cd \cdot m^{-2})$	正向电压/V	反向耐压/V	极限电流/mA	材料
5EF31A	≤1	≥1 500	≤2	≥5	15	GaAsAl
5EF31B	≤1	≥3 000			15	
5EF32A	≤1.5	≥1 500			30	
5EF32B	≤1.5	≥3 000			30	
测试条件		$I_F=1.5$ mA	$I_F=10$ mA	$I_R=50$ μA	每段	

6.2.2.7　光敏二极管

几种常见光敏二极管的参数如表6.17所示。

表6.17　几种常见光敏二极管的参数

参数		最高工作电压/V	暗电流/μA	光电流/μA	灵敏度/$(\mu A \cdot \mu W^{-1})$	峰值相应波长/μm	响应时间/s		结电容/pF
							t_r	t_f	
型号	2CU1A	10	≤0.2	≥80					
	2CU1B~1E	20~50							
	2CU2A	10	≤0.1	≥30	≥0.5	0.88	≤5	≤50	8
	2CU2B~2E	20~50							
	2CU5	12	≤0.1	≥5					
	2CUL1		<5		≥0.5	1.06	≤1	≤1	≤4
测试条件			无光照 $V=V_{RM}$	100 lx $V=V_{RM}$	波长0.9 μm $V=V_{RM}$		$R_L=50\ \Omega$, $V=10$ V $f=300$ Hz		$V=V_{RM}$ $f<5$ MHz

6.2.2.8　光电耦合器

把发光器件和光敏器件按适当方式组合，就可以实现以光信号为媒介的电信号变换。采用这种组合方式制成的器件被称为光电耦合器。光电耦合器大致分为3类：第一类是光隔离器，它是把发光器件和光敏器件对置在一起构成的，可用它完成电信号的耦合和传递。第二类是光传感器，它有反光式和遮光式两种，用光传感器可测量物体的有无、个数和移动距离等。第三类是光敏元件集成功能块，它是把发光器件、光敏器件和双极型集成电路组合在一起的集成功能块。

几种不同结构形式的光电耦合器如图6.13所示。

部分光电耦合器的参数如表6.18、表6.19、表6.20所示，其封装形式均为双列直插式。

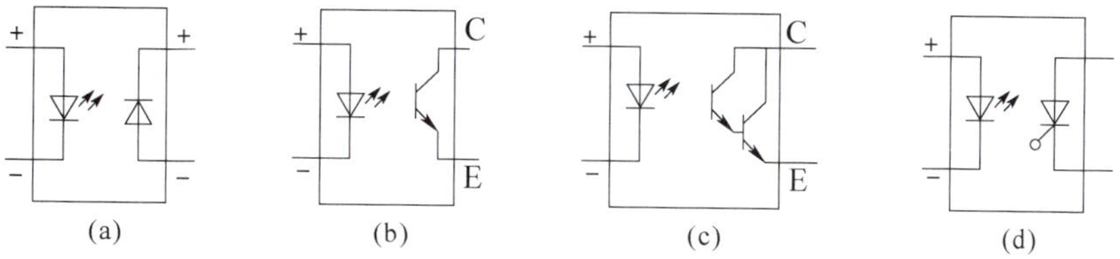

图 6.13 几种不同结构形式的光电耦合器

(a) 二极管型；(b) 三极管型；(c) 达林顿型；(d) 晶闸管驱动型

表 6.18 部分光电耦合器的参数（输入部分为发光二极管、光敏二极管型）

	参数	测试条件	二极管型号			
			CH201A	CH201B	CH201C	CH201D
输入部分	正向压降 V_F/V	$I_F=10$ mA	≤1.3	≤1.3	≤1.3	≤1.3
	反向电流 I_R/μA	$V_R=5$ V	≤20	≤20	≤20	≤20
	最大工作电流 I_{FM}/mA	—	50	50	50	50
输出部分	暗电流 I_D/μA	$V_{CE}=V_R$	≤0.1	≤0.1	≤0.1	≤0.1
	最大反向工作电压 V_{RM}/V	$I=0.1$μA	80	80	80	80
	反向击穿电压 V_{BE}/V	$I=1$μA	≥100	≥100	≥100	≥100
传输特性	传输比 CTR/%	$I_F=10$ mA，$V=V_R$	0.2~0.5	0.5~1	1~2	2~3
	响应时间 t_{τ}/μs	$V_R=10$ V，$R_L=50$ Ω $f=300$ Hz	≤5	≤5	≤5	≤5
	响应时间 t_f/μs		≤5	≤5	≤5	≤5
隔离特性	隔离阻抗/Ω	$V_R=10$ V	10^{10}	10^{10}	10^{10}	10^{10}
	输入输出耐压/V	直流	1 000	1 000	1 000	1 000
	输入输出电/pF	$f=1$ MHz	≤1	≤1	≤1	≤1

表 6.19 部分光电耦合器的参数（输入部分为发光二极管、光敏三极管型）

	参数	测试条件	二极管型号		
			CH301	CH302	CH303
输入部分	正向压降 V_F/V	$I_F=10$mA	≤1.3	≤1.3	≤1.3
	反向电流 I_R/μA	$V_R=5$V	≤20	≤20	≤20
	最大工作电流 I_{FM}/mA	—	50	50	50
输出部分	暗电流 I_D/μA	$V_{CE}=10$V	≤0.1	≤0.1	≤0.1
	击穿电压 $V_{(BR)CEO}$/V	$I_{CE}=1$μA	≥15	≥30	≥50
	饱和压降 $V_{CE(SAT)}$/V	$I_F=20$ mA，$I_C=1$ mA	≤0.4	≤0.4	≤0.4

续表

	参数	测试条件	二极管型号		
			CH301	CH302	CH303
传输特性	传输比 CTR%	$I_F = 10$ Ma，$V_C = 10$ V	10～150	10～150	10～150
	响应时间 $t_{\tau}/\mu s$	$V_{CE} = 10$ V，$R_L = 50\ \Omega$ $I_F = 25$ mA，$f = 100$ Hz	≤3	≤3	≤3
	响应时间 $t_f/\mu s$		≤3	≤3	≤3
隔离特性	隔离阻抗/Ω	$V_R = 10(V)$	$\geqslant 10^{10}$	$\geqslant 10^{10}$	$\geqslant 10^{10}$
	输入输出耐压/V	直流	1 000	1 000	1 000
	输入输出电容/pF	$f = 1$ MHz	≤1	≤1	≤1

表 6.20　部分光电耦合器的参数（输入部分为发光二极管、达林顿型）

	参数	测试条件	二极管型号			
			CH331A	CH331B	CH332A	CH332B
输入部分	正向压降 V_F/V	$I_F = 10$ mA	≤1.3	≤1.3	≤1.3	≤1.3
	反向电流 $I_R/\mu A$	$V_R = 5$ V	≤10	≤10	≤10	≤10
	最大工作电流 I_{FM}/mA	—	40	40	40	40
输出部分	暗电流 $I_D/\mu A$	$V_{CE} = 5$ V	≤1	≤1	≤1	≤1
	击穿电压 $V_{(BR)CEO}/V$	$I_{CE} = 50\ \mu A$	≥15	≥15	≥30	≥30
	饱和压降 $V_{CE(SAT)}/V$	$I_F = 10$ mA，$I_C = 10$ mA	≥1.5	≥1.5	≥1.5	≥1.5
传输特性	传输比 CTR/%	$I_F = 5$ mA，$V_C = 5$ V	100～500	100～500	100～500	100～500
	响应时间 $t_{\tau}/\mu s$	$V_{CE} = 10$ V，$R_L = 50\ \Omega$ $I_F = 10$ mA，$\tau = 0.5$ ms	≤50	≤50	≤50	≤50
	响应时间 $t_f/\mu s$		≤50	≤50	≤50	≤50
隔离特性	隔离阻抗/Ω	$V_R = 10$ V	$\geqslant 10^{10}$	$\geqslant 10^{10}$	$\geqslant 10^{10}$	$\geqslant 10^{10}$
	输入输出耐压/V	直流	1 000	1 000	1 000	1 000
	输入输出电容/pF	$f = 1$ MHz	≤1	≤1	≤1	≤1

6.2.3　三极管

常见小功率三极管的主要参数如表 6.21 所示。

表 6.21　常见小功率三极管的主要参数

型号	P_{CM}/mW	f_T/MHz	I_{CM}/mA	V_{CEO}/V	I_{CBO}/μA	h_{FE}/min	极性
3DG4A	300	200	30	0. 1	20	20	NPN
3DG4B	300	200	30	0. 1	20	20	NPN
3DG4C	300	200	30	0. 1	20	20	NPN
3DG4D	300	300	30	0. 1	30	30	NPN
3DG4E	300	300	30	0. 1	20	20	NPN
3DG4F	300	250	30	0. 1	30	30	NPN
3DG6	100	250	20	0. 01	25	25	NPN
3DG6B	300	200	30	0. 01	25	25	NPN
3DG6C	100	250	20	0. 01	20	20	NPN
3DG6D	100	300	20	0. 01	25	25	NPN
3DG6E	100	250	20	0. 01	60	60	NPN
3DG12B	700	200	300	1	20	20	NPN
3DG12C	700	200	300	1	30	30	NPN
3DG12D	700	300	300	1	30	30	NPN
3DG12E	700	300	300	1	40	40	NPN
2SC1815	400	80	150	0. 1	20～700	20～700	NPN
JE9011	400	150	30	0. 1	28～198	28～198	NPN
JE9013	500	—	625	0. 1	64～202	64～202	NPN
JE9014	450	150	100	0. 05	60～1 000	60～1 000	NPN
8085	800	—	800	0. 1	55	55	NPN
3CG14	100	200	15	0. 1	40	40	PNP
3CG14B	100	200	20	0. 1	30	30	PNP
3CG14C	100	200	15	0. 1	25	25	PNP
3CG14D	100	200	15	0. 1	30	30	PNP
3CG14E	100	200	20	0. 1	30	30	PNP
3CG14F	100	200	20	0. 1	30	30	PNP
2SA1015	400	80	150	0. 1	70～400	70～400	PNP
JE9012	600	—	500	0. 1	60	60	PNP
JE9015	450	100	450	0. 05	60～600	60～600	PNP
3AX31A	100	0. 5	100	12	40	40	PNP
3AX31B	100	0. 5	100	12	40	40	PNP

续表

型号	P_{CM}/mW	f_T/MHz	I_{CM}/mA	V_{CEO}/V	I_{CBO}/μA	h_{FE}/min	极性
3AX31C	100	0.5	100	12	40	40	PNP
3AX31D	100	—	100	12	25	25	PNP
3AX31E	100	0.015	100	12	25	25	PNP

部分国产光敏三极管的参数如表 6.22 所示。

表 6.22　部分国产光敏三极管的参数

<table>
<tr><th>型号</th><th>额定功耗/mW</th><th>最高工作电压/V</th><th>暗电流 I_D/μA</th><th>光电流/mA</th><th>相应波长/μm</th></tr>
<tr><td>2DU11</td><td>70</td><td>≥10</td><td rowspan="3">≤0.3</td><td rowspan="3">0.5～1</td><td rowspan="11">0.88</td></tr>
<tr><td>2DU12</td><td>50</td><td>≥30</td></tr>
<tr><td>2DU13</td><td>100</td><td>≥50</td></tr>
<tr><td>2DU14</td><td>100</td><td>≥100</td><td>≤0.2</td><td>0.5～1</td></tr>
<tr><td>2DU21</td><td>30</td><td>≥10</td><td rowspan="3">≤0.3</td><td rowspan="3">1～2</td></tr>
<tr><td>2DU22</td><td>50</td><td>≥30</td></tr>
<tr><td>2DU23</td><td>100</td><td>≥50</td></tr>
<tr><td>2DU31</td><td>70</td><td>≥10</td><td rowspan="3">≤0.3</td><td rowspan="3">≥2</td></tr>
<tr><td>2DU32</td><td>50</td><td>≥30</td></tr>
<tr><td>2DU33</td><td>100</td><td>≥50</td></tr>
<tr><td>2DU51</td><td>30</td><td>≥10</td><td>≤0.2</td><td>≥0.5</td></tr>
<tr><td>测试条件</td><td>—</td><td>$I_{CE}=I_D$</td><td>无光照 $V_{EC}=V_{CEM}$</td><td>1 000 lx，$V_{CE}=10$ V</td><td>—</td></tr>
</table>

6.2.4　金属-氧化物-半导体场效应管

几种常见的金属-氧化物-半导体场效应管参数如表 6.23 所示。

表 6.23　几种常见的金属-氧化物-半导体场效应管参数

型号	类型	I_{DSS} /mA	$V_{GS(off)}$ 或 $V_{GS(th)}$/V	g_m /mS	C_{gs} /pF	C_{gd} /pF	$V_{(BR)DS}$ /V	$V_{(BR)GS}$ /V	P_{DM} /mW	I_{DM} /mA
CS4868	NJFET	1～3	−1～−3	1～3	<25	<5	40	−40	300	—
CS187	NDMOS	5～30	−0.5～−4	>7	4～8.5	<0.03	20	6.5～12	330	50
3C01	PEMOS	—	−2～−6	0.5～3	—	—	15	20	100	15
3DJ6H	NJFET	6～10	<9	>1	≤5	≤2	≥20	≥20	100	15

6.3　半导体集成电路

6.3.1　集成电路命名方法

国产集成电路的命名方法参照国家标准（GB/T 3430—1989），该标准适用于按半导体集成电路系列和品种的国家标准生产的半导体集成电路，用该标准命名的集成电路由 5 个部分组成：第一部分用字母表示器件符合国家标准，第二部分用字母表示器件类型，第三部分用阿拉伯数字和字母表示器件的系列和品种代号，第四部分用字母表示器件工作范围，第五部分用字母表示器件封装形式，如表 6.24 所示。

表 6.24　国产集成电路命名方法

第一部分		第二部分		第三部分	第四部分		第五部分	
字母表示器件符合国家标准		字母表示器件类型			字母表示器件工作范围		字母表示器件封装形式	
符号	意义	符号	意义		符号	意义	符号	意义
C	中国制造	T	TTL	阿拉伯数字和字母表示器件的系列和品种代号	C	0~70 ℃	W	陶瓷扁平
		H	HTL		E	-40~85 ℃	B	塑料扁平
		E	ECL		R	-55~85 ℃	F	密封扁平
		C	CMOS		M	-55~125 ℃	D	陶瓷直插
		F	线形放大器				P	塑料直插
		D	音频、视频				J	黑陶瓷扁平
		W	稳压器				K	金属菱形
		J	接口电路				T	金属圆形
		B	非线性电路					
		M	存储器					
		μ	微型电路					

6.3.2　模拟集成电路

6.3.2.1　集成运算放大器

（1）常用集成运算放大器的主要参数如表 6.25 所示。

表 6.25 常用集成运算放大器的主要参数

运放类	型号	电源电压范围/V	差模输入电压/V	共模输入电压/V	输入失调电压/mV	输入失调电流/nA	输入偏置电流/nA	差模电压增益/dB	共模抑制比/dB	差模输入电阻/MΩ	增益带宽积/MHz	转换速率/($V\cdot\mu s^{-1}$)	失调电压温漂/($\mu V\cdot ℃^{-1}$)	失调电流温漂/($nA\cdot ℃^{-1}$)
条件					$R_S=10\ k\Omega$			$R_L=2\ k\Omega$	$R_S\leqslant 10\ k\Omega$	$R_L=2\ k\Omega$, $C_L=100\ pF$				
通用型	CF741M	≤|±22|	≤|±30|	≤|±15|	≤5	≤200	≤500	≤94	≤70	≤0.3		0.5	20	1
	CF324C	3~30 或 ±1.5~±15	$V_-\sim V_+$	$0\sim V_+-1.5$	≤7	≤50	≤250	≤87	70				7	0.01
					$V_+=5\ V$, $V_-=0\ V$									
高阻型	CF3130	5~16 或 ±2.5~±8	≤|±8|	$V_++8\sim V_--0.5$	≤15	≤0.03	≤0.05	≤94	≤70	1.5×10^5	15	30		
					$V_+=7.5\ V$, $V_-=-7.5\ V$			$V_+=15\ V$, $V_-=0\ V$						
	CF347C	≤|±18|	≤|±30|	≤|±15|	≤10					106	4	13	10	
宽带	CF318	≤|±20|			≤10	≤200				3	15	>50		
低功耗	CF253	±3~±18	≤|±30|	≤|±15|	≤5	≤50	≤100			6	1		3	<1
高速	CF715M	≤|±18|		≤|±15|	≤5	≤250	≤750			1	65			
高压	CF143	±4~±40	≤80	≤|±40|	≤5	≤3	≤20				1	2.5		
			$V_S=\pm40\ V$		$V_S=\pm28\ V$									
程控	CF4250M	±1~±18	≤|±30|	<|±15|	≤5	≤10	≤50				0.25	0.16		
					$V_S=\pm15\ V$, $I=10\ \mu A$									
高精度	CF7650	±3~±8			≤5 μV	5×10^{-4}	<0.01	>120	120	10^4	2	2.5		

（2）集成运算放大器功能端符号如表 6.26 所示。

表 6.26　集成运算放大器功能端符号

符号	含义	符号	含义	符号	含义
IN_+	同相输入	V_+	正电源	BI	偏置
IN_-	反向输入	V_-	负电源	GND	地
OA	调零	COMP	补偿	ST	选通
OUT	输出	CAS	工射共基	BW	带宽控制

（3）常用集成运算放大器引脚图如图 6.14 所示。

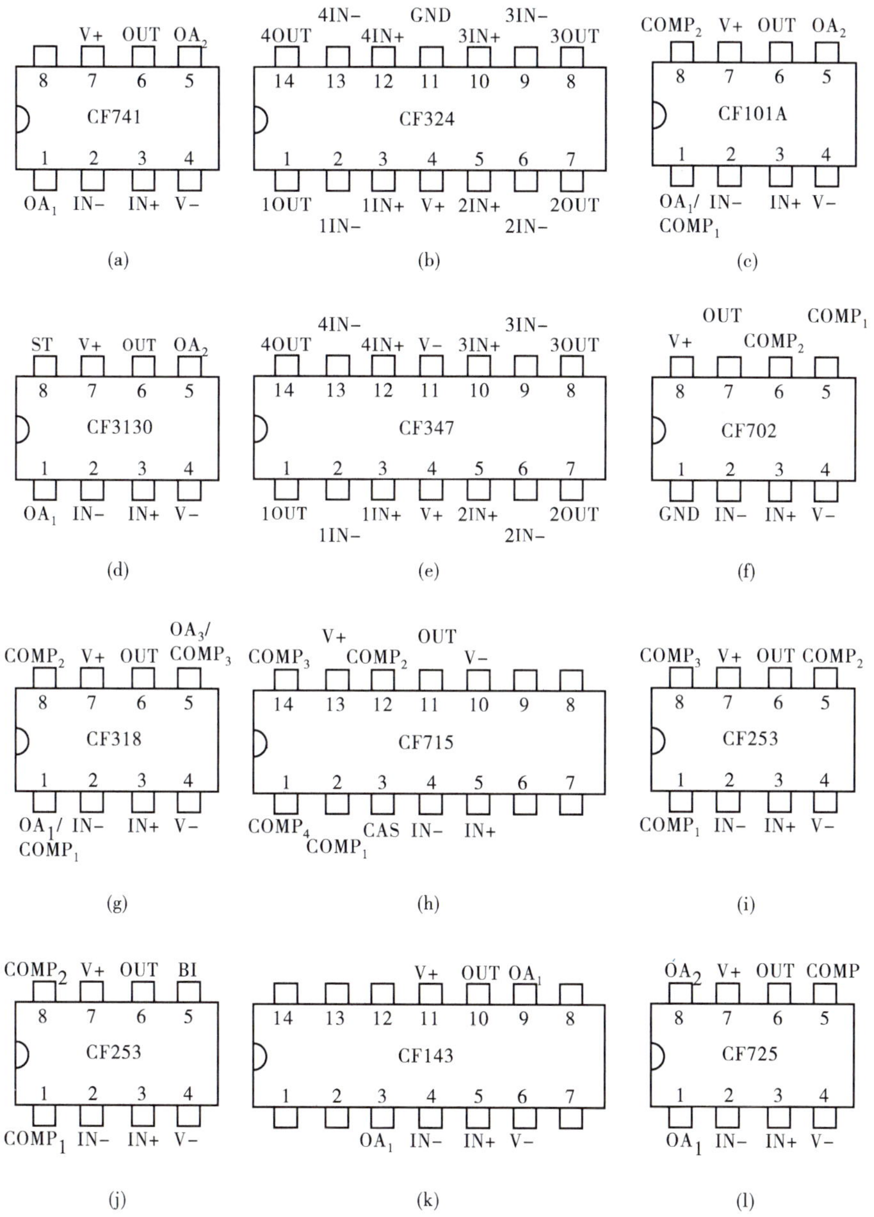

图 6.14　常用集成运算放大器引脚图

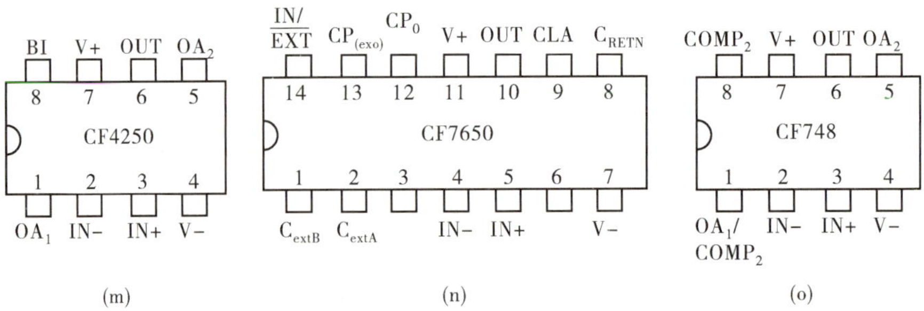

图 6.14　常用集成运算放大器引脚图（续）

（4）部分国内外集成运算放大器型号对照表如表 6.27 所示。

表 6.27　部分国内外集成运算放大器型号对照表

国内型号	国外同类产品型号
CF0024	LH0024
CF101A	LM101A、CA101A、AD101A、SG101A
CF102	LM102
CF107	LM107、CA107、SG107、μA107A
CF108	LM108、AD108、μA108、PM108
CF110	LM110
CF118	LM118
CF124	LM124、CA124、SG124、μA124
CF143	LM143
CF144	LM144
CF146	LM146
CF147	LF147
CF148	LM148
CF155	LF155
CF156	LF156
CF157	LF157
CF158	LM158、CA158
CF159	LM159
CF201A	LM201A、CA201A、AD201A、SG201A
CF202	LM202
CF207	LM207、CA207、SG207、μA207
CF208	LM208、AD208、μA208、PM208
CF210	LM210

续表

国内型号	国外同类产品型号
CF218	LM218
CF224	LM224、CA224、SG224、μA224
CF246	LM246
CF248	LM248
CF255	LF255
CF256	LF256
CF257	LF257
CF258	LM258、CA258
CF301A	LM301A、CA301A、AD301A、SG301A
CF302	LM302
CF307	LM307、CA307、SG307
CF308	LM308、AD308、μA308、PM308
CF310	LM310
CF318	LM318、μPC159
CF324	LM324、CA324、SG324、μA324、μPC451
CF343	LM343
CF344	LM344
CF346	LM346
CF347	LM347、TL084、μA774
CF348	LM348、μA348
CF351	LF351、TL081、μA771
CF353	LF353、TL082、μA772
CF355	LF355、PM355
CF356	LF356、PM356
CF357	LF357、PM357
CF358	LM358、CA358
CF359	LM359
CF411	LF411、OP-15
CF411A	LF411A
CF412	LF412
CF412A	LF412A
CF441	LF441

续表

国内型号	国外同类产品型号
CF441A	LF441A
CF442	LF442
CF442A	LF442A
CF444	LF444
CF444A	LF444A
CF702	μA702
CF709	LM709、μA709、MC1709
CF714	μA714、RC714、OP-07、μPC254
CF715	μA715
CF725	μA725、LM725、RC725、PM725
CF741	μA741、LM741、CA741、MC1741
CF747	μA747、LM747、CA747、MC1747
CF748	μA748、LM748、CA748、MC1748
CF1420	MC1420
CF1436	MC1436、SG1436
CF1437	MC1437
CF1439	MC1439
CF1456	MC1456
CF1458	MC1458、LM1458、μA1458、CA1458
CF1458N	MC1458N
CF1458S	MC1458S
CF1520	MC1520
CF1536	MC1536、LM1536、SG1536
CF1537	MC1537
CF1539	MC1539
CF1556	MC1556
CF1558	MC1558、LM1558、μA1558、CA1558
CF1558N	MC1558N
CF1558S	MC1558S
CF2500	HA2500
CF2505	HA2505
CF2520	HA2520、AD509

续表

国内型号	国外同类产品型号
CF2525	HA2525
CF2620	HA2620、AD507
CF2625	HA2625
CF2900	LM2900
CF3078	CA3078
CF3080	CA3080、LM3080
CF3094A	CA3094A
CF3094B	CA3094B
CF3130	CA3130
CF3140	CA3140
CF3193	CA3193
CF3401	MC3401、LM3401、CA3401、RC3401
CF3900	LM3900
CF4156	RC4156
CF4250	LM4250
CF4558	MC4558、RM4558
CF4741	MC4741
CF5037	CAW5037、OP-37
CF7600	ICL7600
CF7601	ICL7601
CF7611	ICL7611
CF7612	ICL7612
CF7613	ICL7613
CF7614	ICL7614
CF7615	ICL7615
CF7621	ICL7621
CF7622	ICL7622
CF7631	ICL7631
CF7632	ICL7632
CF7641	ICL7641
CF7642	ICL7642
CF7650	ICL7650

续表

国内型号	国外同类产品型号
CF13080	LM13080
CF14573	MC14573

（5）国产集成运算放大器型号索引如表 6.28 所示。

表 6.28　国产集成运算放大器型号索引

型号	器件名称
CF0024	○高速运算放大器
CF101A	○通用运算放大器
CF102	○电压跟随器
CF107	通用运算放大器
CF108	○通用运算放大器
CF110	○电压跟随器
CF118	○高速运算放大器
CF124	○四通用单电源运算放大器
CF143	○高压运算放大器
CF144	○高压运算放大器
CF146	○四程控运算放大器
CF147	○四 JFET 输入运算放大器
CF148	○四通用运算放大器
CF155	○JFET 输入运算放大器
CF156	○JFET 输入运算放大器
CF157	○JFET 输入运算放大器
CF158	○双通用单电源运算放大器
CF159	○双电流差动运算放大器
CF201A	通用运算放大器
CF202	电压跟随器
CF207	通用运算放大器
CF208	通用运算放大器
CF210	电压跟随器
CF218	高速运算放大器
CF224	四通用单电源运算放大器
CF246	四程控运算放大器

续表

型号	器件名称
CF248	四通用运算放大器
CF253	○低功耗运算放大器
CF255	JFET 输入运算放大器
CF256	JFET 输入运算放大器
CF257	JFET 输入运算放大器
CF258	双通用单电源运算放大器
CF301A	通用运算放大器
CF302	电压跟随器
CF307	通用运算放大器
CF308	通用运算放大器
CF310	电压跟随器
CF318	高速运算放大器
CF324	四通用单电源运算放大器
CF343	高压运算放大器
CF344	高压运算放大器
CF346	四程控运算放大器
CF347	四 JFET 输入运算放大器
CF348	四通用运算放大器
CF351	JFET 输入运算放大器
CF353	双 JFET 输入运算放大器
CF355	JFET 输入运算放大器
CF356	JFET 输入运算放大器
CF357	JFET 输入运算放大器
CF358	双通用单电源运算放大器
CF359	双电流差动运算放大器
CF411	○低失调、低漂移、JFET 输入运算放大器
CF411A	低失调、低漂移、JFET 输入运算放大器
CF412	○双低失调、低漂移、JFET 输入运算放大器
CF412A	双低失调、低漂移、JFET 输入运算放大器
CF441	○低功耗 JFET 输入运算放大器
CF441A	双低功耗 JFET 输入运算放大器
CF442	低功耗 JFET 输入运算放大器

续表

型号	器件名称
CF442A	○双低功耗 JFET 输入运算放大器
CF444	○四功耗 JFET 输入运算放大器
CF444A	四功耗 JFET 输入运算放大器
CF702	○通用运算放大器
CF709	○通用运算放大器
CF714	○高精度运算放大器
CF715	○高速运算放大器
CF725	○高精度运算放大器
CF741	○通用运算放大器
CF747	○双通用运算放大器
CF748	通用运算放大器
CF1420	宽带运算放大器
CF1436	高压运算放大器
CF1437	双通用运算放大器
CF1439	高速运算放大器
CF1456	通用运算放大器
CF1458	双通用运算放大器
CF7614	○CMOS 低功耗运算放大器
CF7615	○CMOS 低功耗运算放大器
CF7621	○双 CMOS 低功耗运算放大器
CF7622	○双 CMOS 低功耗运算放大器
CF7631	○三 CMOS 低功耗运算放大器
CF7632	○三 CMOS 低功耗运算放大器
CF7641	○四 CMOS 低功耗运算放大器
CF7642	○四 CMOS 低功耗运算放大器
CF7650	○CMOS 高精度运算放大器
CF13080	○功率程控运算放大器
CF14573	○CMOS 程控运算放大器
CF1458N	双通用运算放大器
CF1458S	双通用运算放大器
CF1520	○宽带运算放大器
CF1536	○高压运算放大器

续表

型号	器件名称
CF1537	双通用运算放大器
CF1539	高速运算放大器
CF1556	通用运算放大器
CF1558	○双通用运算放大器
CF1558N	双通用运算放大器
CF1558S	双通用运算放大器
CF2500	○高速运算放大器
CF2505	高速运算放大器
CF2520	○高速运算放大器
CF2525	高速运算放大器
CF2620	○宽带运算放大器
CF2625	宽带运算放大器
CF2900	○四电流差动运算放大器
CF3078	微功耗运算放大器
CF3080	○跨导型运算放大器
CF3094A	○跨导型运算放大器
CF3094B	○跨导型运算放大器
CF3130	○MOSFET 输入运算放大器
CF3130A	MOSFET 输入运算放大器
CF3130B	MOSFET 输入运算放大器
CF3140	○MOSFET 输入运算放大器
CF3140A	MOSFET 输入运算放大器
CF3140B	MOSFET 输入运算放大器
CF3193	BI-MOS 精密运算放大器
CF3401	四电流差动运算放大器
CF3900	四电流差动运算放大器
CF4156	四通用运算放大器
CF4250	○低功耗程控运算放大器
CF4558	双通用运算放大器
CF4741	○四通用运算放大器
CF5037	低噪声运算放大器
CF7600	○CMOS 高精度运算放大器

续表

型号	器件名称
CF7601	○CMOS 高精度运算放大器
CF7611	○CMOS 低功耗运算放大器
CF7612	○CMOS 低功耗运算放大器
CF7613	○CMOS 低功耗运算放大器

注：器件名称前面加○者为全国集成电路标准化委员会提出的优选集成电路。

6.3.2.2 集成音频放大器

几种常用集成音频放大器的主要参数如表 6.29 所示。

表 6.29 集成音频放大器的主要参数

型号	电源电压/V	静态电流/mA	开环电压增益/dB	输出功率/W	谐波失真度	输出噪声电压/mV	输入电阻	国内外型号互换
SL30（前置放大）	9	—	60	—	<1.5%	—	≥50 kΩ	HA14.51（日本）
D3220（前置放大）	9（可 5~13）	4.5	85	—	0.1%	—	30 kΩ	SF3220 TB3220 LA3220（日本）
D7331（功率放大）	3（可 2~5）	3	50	0.120（$R_L=8\ \Omega$）	1%	0.2	—	SL7331 TA7331P（日本）
D4140（功率放大）	6（可 3.4~12）	11	50	0.5（$R_L=8\Omega$）	0.3%	0.4	15 kΩ	XG4140 LA4140（日本）
TB4420（功率放大）	13.2	50	50	5.5（$R_L=4\ \Omega$）	0.3%	0.6	20 kΩ	LA4420（日本）
D2006（功率放大）	±12（可±6~±15）	40	75	8（$R_L=8\ \Omega$）	(0.1~0.2)%	—	5 MΩ	TDA2006（意大利）
XG1263C2（功率放大）	12（可 3~13）	10	44	2（$R_L=8\ \Omega$）	0.8%	0.6	5 MΩ	D1263 MPC1263C2（日本）
XG4505（功率放大）	15（可 6~24）	20	50	8.5（$R_L=3\ \Omega$）	0.3%	0.4~0.6	30 kΩ	LA4505（日本）
D7114（功率放大）	6	15	70	1（$R_L=4\ \Omega$）	0.5%	1	20 kΩ	AN7114（日本）

6.3.2.3　集成电压比较器

集成电压比较器的主要参数如表 6.30 所示。

表 6.30　集成电压比较器的主要参数

型号	电源电压/V	输入失调电压/mV	输入失调电流/nA	输入偏置电流/nA	差模输入电压/V	差模电压增益/dB	输出电压/V		响应时间/ns	功耗/mW
							V_{OH}	V_{OL}		
LM311（通用型）	$V_+=15$ $V_-=-15$	≤7.5	≤50	≤250	-30~30	≥92	—	—	200	—
CJ0710（高速型）	$V_+=12$ $V_-=-6$	≤5	≤5 000	≤25 000	-5~5	≥60	2.5~4	-1~0	40	150
CJ0339（低功耗低失调）	$V_+=5$	≤5	≤50	≤250	36	86（$V_+=15$ V）	—	—	1 300	2
MC14574（CMOS 型）	$V_+=15$	<30	<0.1	<0.05	—	≥60	—	—	250	<800

6.3.2.4　集成稳压器

（1）几种集成稳压器的引脚排列。

三端稳压器 78XX/79XX 系列中最常应用的是 TO-220 和 TO-202 两种封装形式。两种封装形式的 78XX/79XX 引脚排列规则如图 6.15 所示。

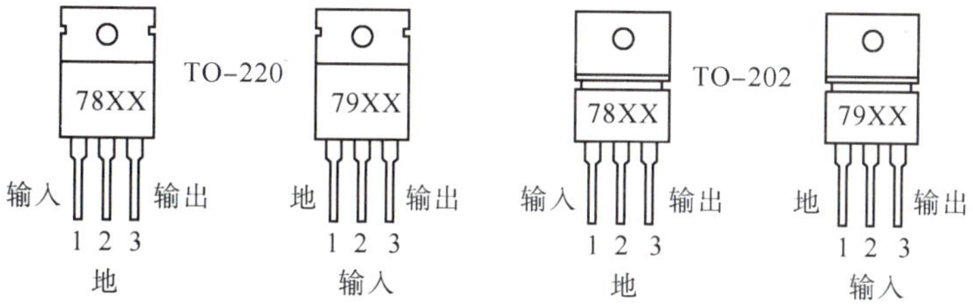

图 6.15　两种封装形式的 78XX/79XX 引脚排列规则

三端可调正/负稳压器集成电路 LM317/LM337，其封装形式和引脚排列规则分别如图 6.16 和图 6.17 所示。

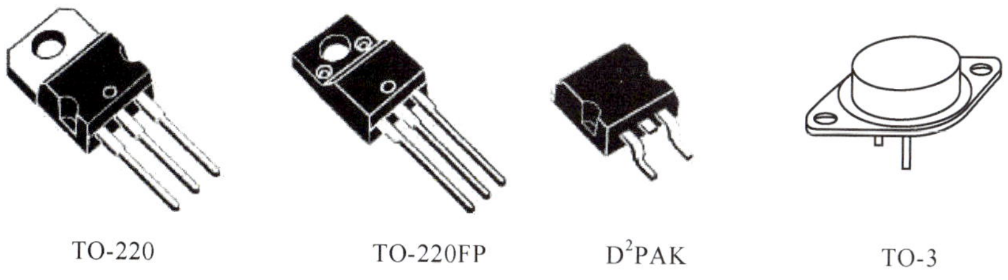

图 6.16　常见的 LM317/LM337 封装形式

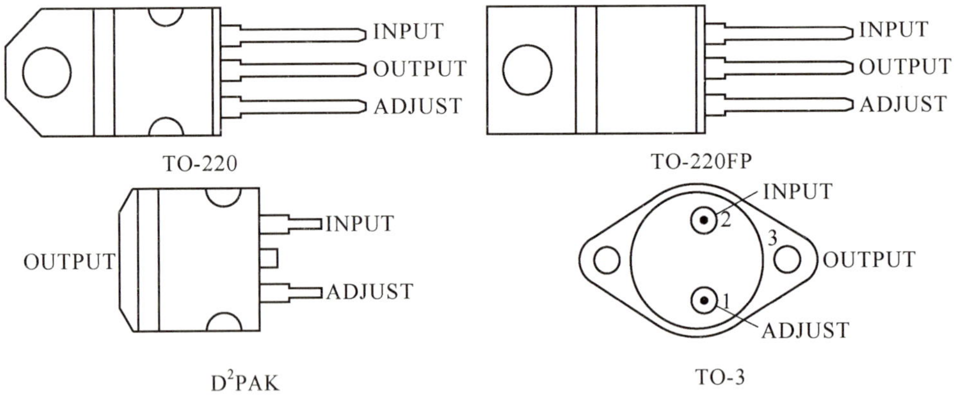

图 6.17　几种封装形式的引脚排列规则

（2）几种集成稳压器的主要参数如表 6.31 所示。

表 6.31　几种集成稳压器的主要参数

	参数型号	7805	7815	7915	78L15
固定输出电压	输出电压范围/V	4.8~5.2	14.4~15.6	−14.6~−15.6	14.4~15.6
	输入电压最大值/V	35	35	−35	35
	最大输出电流/A	1.5	1.5	1.5	0.1
	偏置电流/mA	6	6	3	<6
	输出电阻/mΩ	17	19	—	—
	器件压降/V	<2.5	<2.5	<1.1	<1.7
		$I_o=1$ A	$I_o=1$ A	$I_o=1$ A	$I_o=0.1$ A
	ΔV_o/mV（V_i 变化引起）	50	150	300	<300
		$V_i=(7\sim25)$ V	$V_i=(17.5\sim30)$ V	$V_i=(-17.5\sim-30)$ V	$V_i=(17.5\sim30)$ V
	ΔV_o/mV（温度变化引起）	0.6	1.8	−0.9	—
		$I_o=5$ mA	$I_o=5$ mA	$I_o=5$ mA	—

	参数	输出电压/V	电压调整率/(%·V^{-1})	电流调整率/%	调整端电流/μA	最小负载端电流/mA	噪声电压/μV	纹波抑制比/dB
可调输出电压	测试条件	—	$V_i-V_o=(3\sim40)$ V	$I_o=10$ mA~1.5 A	—	—	10 Hz~10 kHz	—
	W317	1.2~37	0.01	0.1	50	5	50	65
	W337	−1.2~−37	0.01	0.1	50	5	50	65

续表

	参数	稳定电压/V	稳定电压随电流变化量/mV	动态电阻/Ω	稳定电压温度系数/(%·℃$^{-1}$)	噪声电压/μV	恒温器功耗电流/mA	恒温器电源电压/V
基准电压源	测试条件	0.5 mA≤ I_R≤10 mA	0.5 mA≤ I_R≤10 mA	I_R=1 mA	−55 ℃≤T_A≤85 ℃ (SW199) −25 ℃≤T_A≤85 ℃ (SW299) 0 ℃≤T_A≤70 ℃	10 Hz≤ 5≤10 kHz	T_A=25 ℃ V_s=30 V T_A=−55 ℃	—
	SW199/SW299	6.95	6	0.5	0.000 03	7	8.5~22	9~40
	SW399	6.95	6	0.5	0.000 02	7	8.5	9~40

（3）部分国内外集成稳压器可互换的型号如表 6.32 所示。

表 6.32　部分国内外集成稳压器可互换的型号

国外型号	名称	国内对应型号	国内生产厂
μA723 LM723 CA723 MC723 TDA0723 HA723	多端可调式正集成稳压器	W723 FW723	上海无线电七厂 4433 厂
SG1511	多端可调式负集成稳压器	W1511	上海无线电七厂
LM7805μA7805 LM7806μA7806 LM7812μA7812 LM7815μA7815 LM7818μA7818 LM7824μA7824	三端固定式正集成稳压器	W7805 W7806 W7812 W7815 W7818 W7824	北京半导体器件五厂 上海无线电七厂 4433 厂
LM7905μA7905 LM7906μA7906 LM7912μA7912 LM7915μA7915 LM7918μA7918 LM7924μA7924	三端固定式负集成稳压器	W7905 W7906 W7912 W7915 W7918 W7924	北京半导体器件五厂 上海无线电七厂 4433 厂

续表

国外型号	名称	国内对应型号	国内生产厂
LM117μA117 LM317μA317	三端可调式正集成稳压器	W117 W317	北京半导体器件五厂
LM137μA137 LM337μA337	三端可调式负集成稳压器	W137 W337	北京半导体器件五厂
LM104 LM204 LM304	多端可调式正集成稳压器	W104 W204 W304	无锡无线电元件一厂
LM105 LM205 LM305	多端可调式 负集成稳压器	W105 W205 W305	
LM1468 LM1568	正、负电压输出集成稳压器	W1468 W1568	上海无线电七厂

（4）几种常用的开关稳压电源集成控制电路的性能参数如表 6.33 所示。

表 6.33　几种常用的开关稳压电源集成控制电路的性能参数

型号	振荡电路		驱动电路		基准电压		
	波形	频率/kHz	最大驱动电流/mA	电路形式	电压/V	误差/V	温度系数
SG3524	锯齿波	300	100	OC×2	5. 00	±0. 40	15 mV/℃
SG3525	锯齿波	300	100	SEPP×2	5. 10	±0. 10	20 mV/℃
SG3526	锯齿波	50 Hz～300 kHz	100	SEPP×2	5. 00	±0. 05	15 mV/℃
SG3527	锯齿波	300	100	SEPP×2	5. 10	±0. 10	20 mV/℃
MC3420	对称三角波	2～200	50	OC×2	7. 8	±0. 4	0. 008%/℃
TL493C	锯齿波	1～300	250	OC×2	5. 0	±0. 25	0. 2%/℃
TL494C	锯齿波	1～300	250	OC×2	5. 0	±0. 25	0. 2%/℃
TL495C	锯齿波	1～300	250	OC×2	5. 0	±0. 25	0. 2%/℃
TL496C	导通时间一定	—	—80	9V（固定）	—	—	—
TL497AC	导通时间一定	—	500	OC×2	1. 2	±0. 12	
NE5560	锯齿波	50 Hz～100 kHz	40	OC×1	—	—	—
ZN1066	锯齿波	5×10^{-4} Hz～500 kHz	±60×4	SEPP×4	2. 52	+0. 10 −0. 12	50 μV
SL442	三角波	与外同步	5	集电极输出×1	—	—	—
TEA1001SP	锯齿波	50	±3A	SEPP×1	2. 5	—	—

续表

型号	振荡电路		驱动电路		基准电压		
	波形	频率/kHz	最大驱动电流/mA	电路形式	电压/V	误差/V	温度系数
μPC1042C	对称三角波	20~100	100	OC×2	5.0	±0.4	—
CSR7800A	三角波	18~25	500	OC×2	4.5	±0.25	200 μV/℃
CSR7100B	三角波	18~22	200	OC×1	3.98	—	0.01%/℃
RC4191	锯齿波	—	150	OC×1	1.3	—	0.2%/℃

（5）音频功率放大器 TPA4861 的内部简要原理如图 6.18 所示。

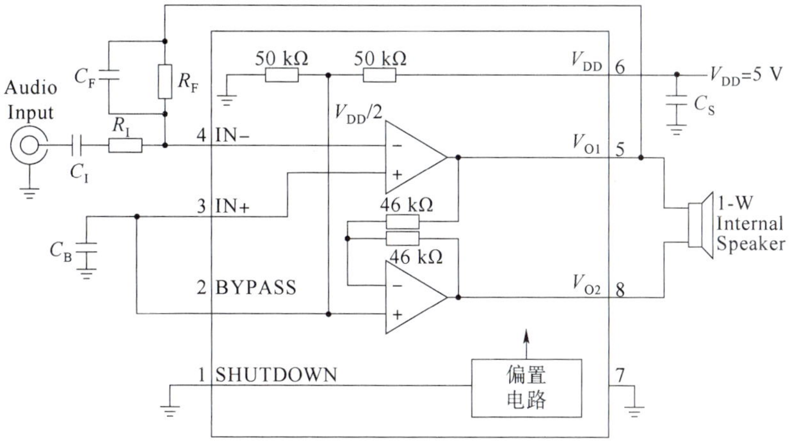

图 6.18　TPA4861 的内部简要原理

TPA4861 的引脚功能和工作特性分别如表 6.34 和表 6.35 所示。

表 6.34　TPA4861 的引脚功能

引脚名称及序号		I/O	功能介绍
BYPASS 中点电压旁路	2	I	实际上应该是电源电压的中点，以获得放大器在单电源电压工作的输入端的支流工作点，同时这个端子对地需要连接一个 0.1~1 μF 的旁路电容
GND 电路参考端	7	I	接地端（参考端）
IN−反相输入端	4	I	反相输入端（在典型应用时的信号输入端）
IN+同相输入端	3	I	同相输入端（在典型应用时，与 BYPASS 相接）
SHUTDOWN 关机	1	I	输入信号为高电位时为关机模式
V_{O1}输出 1	5	O	BTL 模式下的正输出端
V_{O2}输出 2	8	O	BTL 模式下的负输出端
V_{DD}电源端	6	I	芯片电源电压端

表 6.35　TPA4861 的工作特性

电源电压 $V_{DD}=3.3$ V						
参数		测试条件	TPA4861			单位
			最小值	典型值	最大值	
P_o(输出功率)		THD=0.2%，f=1 kHz，$A_V=-2$		400		mV
		THD=2%，f=1 kHz，$A_V=-2$		500		mW
B_{oM}(最大输出功率带宽)		增益：−10，THD=2%		20		kHz
B_1(单位增益带宽)		开环		1.5		MHz
电源纹波抑制比	BTL	f=1 kHz，　$C_B=0.1$ μF		56		dB
	SE	f=1 kHz，　$C_B=0.1$ μF		30		dB
V_n(输出噪声电压)		增益：−2		20		μV
P_o(输出功率)		THD=0.2%，f=1 kHz，$A_V=-2$		400		mW
		THD=2%，f=1 kHz，$A_V=-2$		500		mW
B_{oM}(最大输出功率带宽)		增益：−10，THD=2%		20		kHz
B_1(单位增益带宽)		开环		1.5		MHz
电源纹波抑制比	BTL	f=1 kHz，　$C_B=0.1$ μF		56		dB
	SE	f=1 kHz，　$C_B=0.1$ μF		30		dB
V_n(输出噪声电压)		增益：−2		20		μV

（6）函数信号发生器 MAX038 的内部原理如图 6.19 所示，引脚功能如表 6.36 所示。

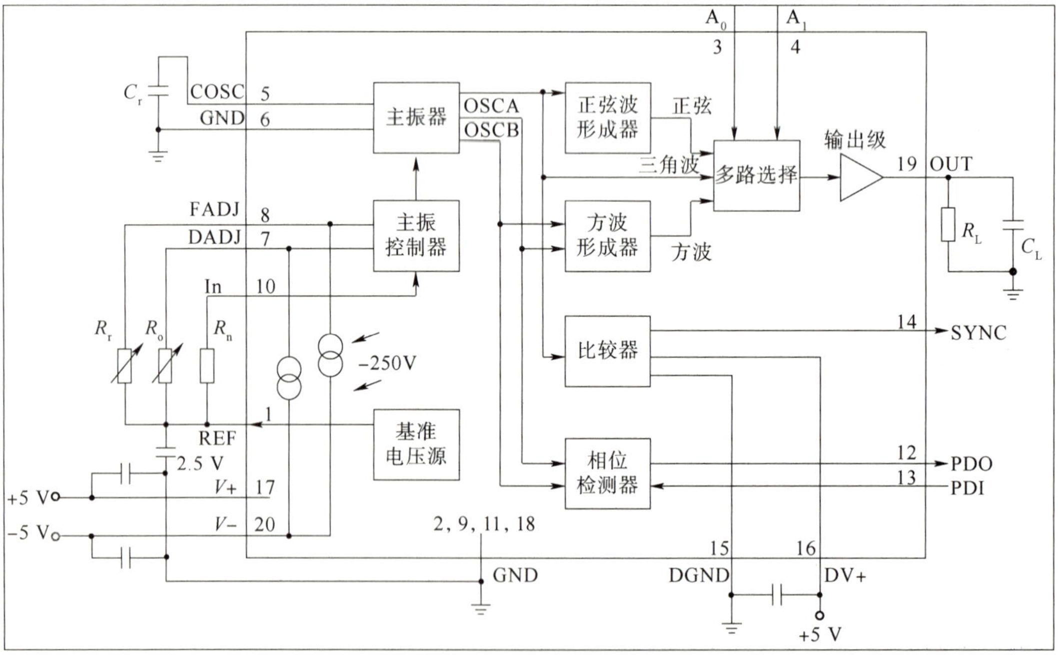

图 6.19　MAX038 的内部原理

表 6.36　MAX038 的引脚功能

引脚序号	标记符号	功能说明
1	REF	2.5 V 的基准电压输出
2, 6, 9, 11, 18	GND	地
3	A_0	波形选择编码输入端（兼容 TTL/CMOS 电平）
4	A_1	波形选择编码输入端（兼容 TTL/CMOS 电平）
5	COSC	主振器外接电容接入端
7	DADJ	占空比调整输入端
8	FADJ	频率调整输入端
10	IIN	电流输入端，用于频率调节和控制
12	PDO	相位检测器输出端，若相位检测器不用，则该端接地
13	PDI	相位检测器基准时钟输入，若相位检测器不用，则该端接地
14	SYNC	TTL/CMOS 电平输出，用于同步外部电路，不用时开路
15	DGND	数字地。在 SYNC 不用时开路
16	DV_+	数字+5 V 电源。若 SYNC 不用，则该端开路
17	V_+	+5 V 电源输入端
19	OUT	正弦、方波或三角波输出端
20	V_-	-5 V 电源输入端

6.3.3　数字集成电路

6.3.3.1　典型电参数

常用数字集成电路的典型电参数如表 6.37 所示。

表 6.37　常用数字集成电路的典型电参数

参数	74LS（TTL）	74HC（与 TTL 兼容的高速 CMOS）	4000 系列 CMOS 电路	单位
电源电压范围	4.75~5.25	2~6	3~18	V
电源电压 V_{CC}	5	5	—	V
电源电流	12	0.008	0.004	mA
高电平输入电流 I_{IH}	20	0.1	0.1	μA
低电平输入电流 I_{IL}	-400	0.1	0.1	μA

续表

参数	74LS（TTL）	74HC（与 TTL 兼容的高速 CMOS）	4000 系列 CMOS 电路	单位
高电平输入电压 V_{IH}	2	3.15	3.5($V_{DD}=5$) 7($V_{DD}=10$) 11($V_{DD}=15$)	V
低电平输入电压 V_{IL}	0.7	1.35	1.5($V_{DD}=5$) 3($V_{DD}=10$) 4($V_{DD}=15$)	V
高电平输出电压 V_{OH}	2.7	3.98	4.95($V_{DD}=5$) 9.95($V_{DD}=10$) 14.95($V_{DD}=15$)	V
低电平输出电压 V_{OL}	0.4	0.26	0.05 ($V_{DD}=5,10,15$)	V
高电平输出电流 I_{OH}	-0.4	5.2	1.3	mA
低电平输出电流 I_{OL}	8	5.2	1.3	mA
平均传输延迟时间 t_{pd}	10	30	150	ns

6.3.3.2 引脚图

下面介绍几种常用的数字集成电路引脚。

（1）74LS 系列门电路引脚如图 6.20 所示。

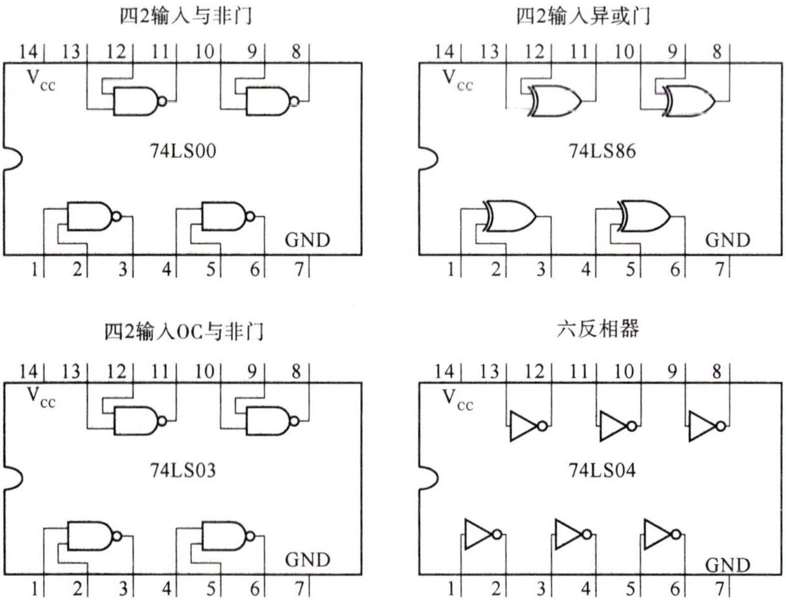

图 6.20　74LS 系列门电路引脚

（2）CC4000 系列门电路引脚如图 6.21 所示。

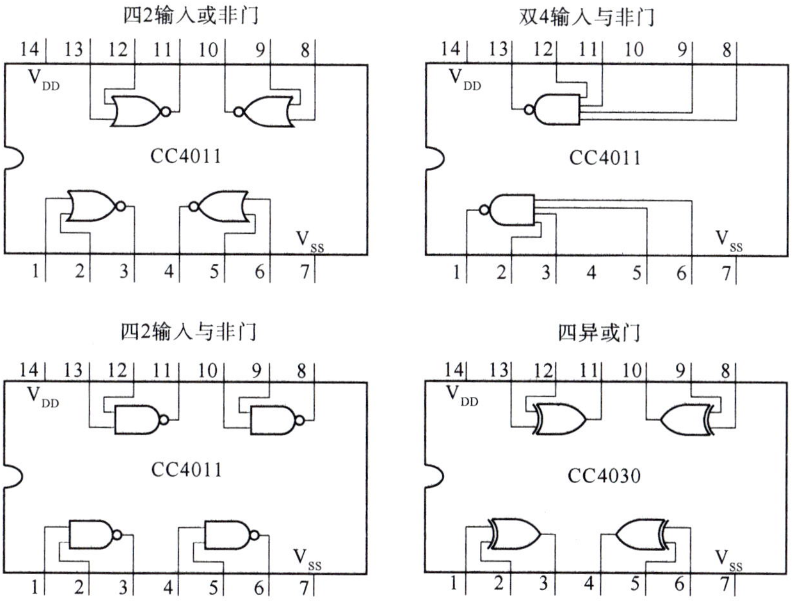

图 6.21　CC4000 系列门电路引脚

（3）CC4500 系列门电路引脚如图 6.22 所示。

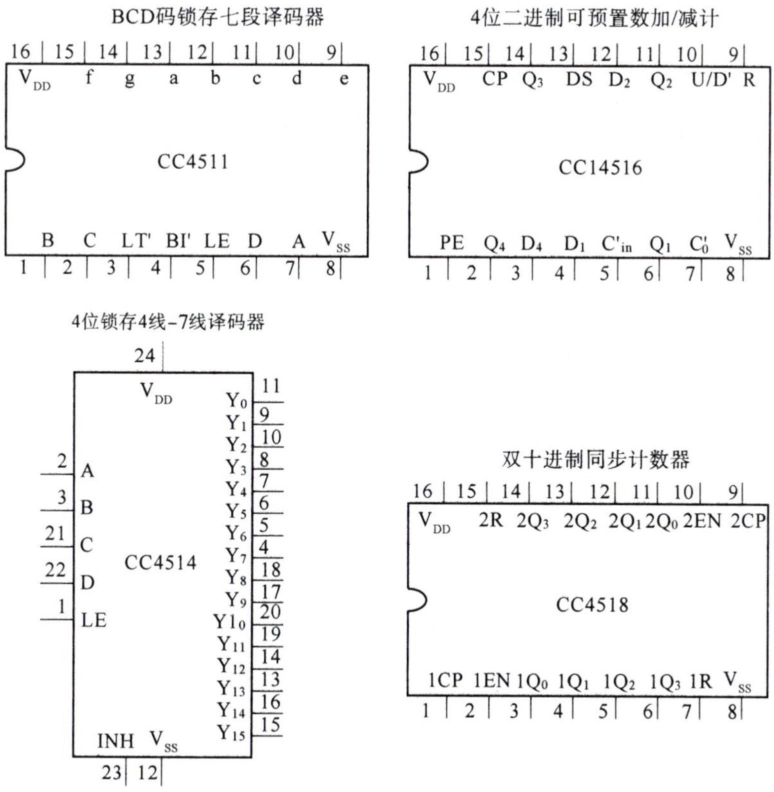

图 6.22　CC4500 系列门电路引脚

6.3.4 A/D 和 D/A 变换器

6.3.4.1 A/D 变换器

A/D 变换器 ADC0809 引脚如图 6.23 所示。

6.3.4.2 D/A 变换器

D/A 变换器 DAC0832 引脚如图 6.24 所示。

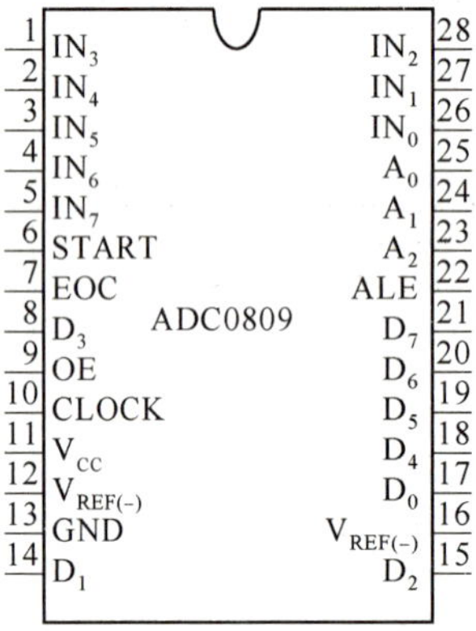

图 6.23 ADC0809 引脚

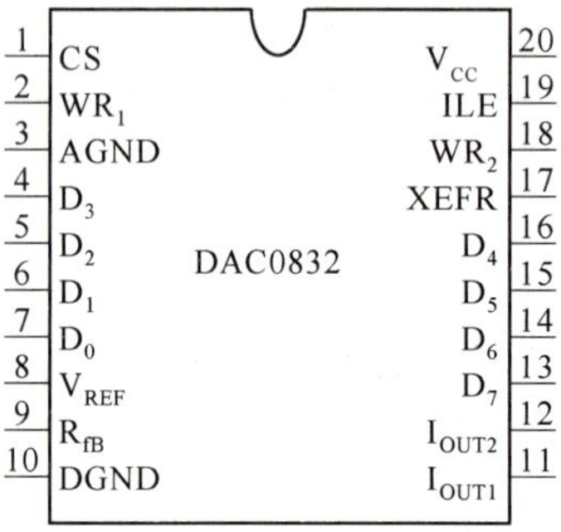

图 6.24 DAC0832 引脚

参考文献

[1] 华中科技大学电子技术课程组，康华光. 电子技术基础：模拟部分 [M]. 6 版. 北京：高等教育出版社，2013.
[2] 清华大学电子学教研组，阎石. 数字电子技术基础 [M]. 6 版. 北京：高等教育出版社，2016.
[3] 彭介华. 电子技术课程设计指导 [M]. 北京：高等教育出版社，1997.
[4] 陈永真，宁武. 全国大学生电子设计竞赛试题精解选 [M]. 北京：电子工业出版社，2007.
[5] 王振红，张斯伟. 电子电路综合设计实例集萃 [M]. 北京：化学工业出版社，2008.
[6] 宁武. 全国大学生电子设计竞赛基本技能指导 [M]. 北京：电子工业出版社，2009.
[7] 潘启勇. 电力电子电路故障诊断与预测技术研究 [M]. 长春：吉林大学出版社，2020.
[8] 曹文. 电子设计基础 [M]. 北京：机械工业出版社，2013.
[9] 陈永真，王亚君，宁武，等. 通用集成电路应用、选型与代换 [M]. 北京：中国电力出版社，2007.
[10] 丁镇生. 电子电路设计与应用手册 [M]. 北京：电子工业出版社，2013.
[11] 门宏. 怎样识别和检测电子元器件 [M]. 2 版. 北京：人民邮电出版社，2019.
[12] 晶体管技术编辑部. 电子技术——原理 · 制作 · 实验（图解趣味电子制作）[M]. 杨洋，唐伯雁，李大寨，等，译. 北京：科学出版社，2005.
[13] 杨力. 电子技术课程设计 [M] 北京：中国电力出版社，2009.
[14] 王进君，丁镇生. 电子电路设计与调试 [M] 北京 ：电子工业出版社，2018.
[15] 蔡大山. PCB 制图与电路仿真 [M] 北京：电子工业出版社，2010.
[16] 王剑宇，苏颖. 高速电路设计实践 [M] 北京：电子工业出版社，2010.
[17] 张建强. 电子电路设计与实践 [M]. 西安 ：西安电子科技大学出版社，2019.
[18] 刘志友. Protel 99 SE 电路设计实例教程 [M]. 北京：清华大学出版社，2019.
[19] 刘一. 电子电路设计实例教程 [M]. 北京：中国铁道出版社，2014.
[20] 徐美清. 电子电路分析与应用 [M]. 北京：机械工业出版社 ，2020.
[21] 李金平，沈明山，姜余祥. 电子系统设计 [M]. 北京：电子工业出版社，2012.
[22] 宋万年. 模拟与数字电路实验 [M]. 上海：复旦大学出版社，2006.